网页设计与开发殿堂之路

Home About Services Team Blog Contact

Axure RP 8.0 网站产品原型设计全程揭秘

张晓景 编著

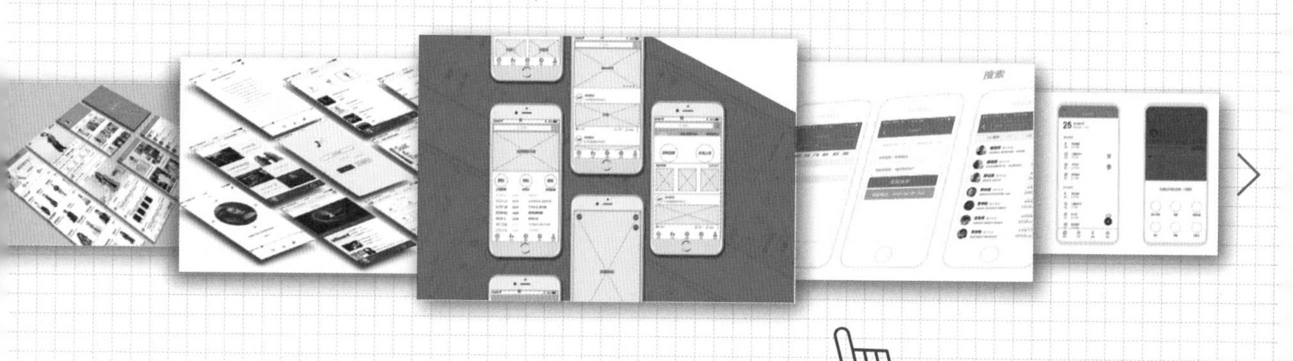

清华大学出版社
北京

内 容 简 介

本书以Axure RP 8.0 为设计工具，对主流网站原型设计的流程和制作技巧进行了全面、细致的剖析。

本书首先从产品原型设计概述进行介绍，其中对原型设计中的交互设计进行了多方面的讲解，然后介绍了Axure RP 8.0在原型设计中的实际应用，将最实用的技术、最快捷的操作方法、最丰富的内容介绍给读者，使读者在掌握软件功能的同时，迅速提高产品原型设计的效率，并极大地提高从业素质。

本书结构清晰、实例经典、技术实用，适合网站产品原型设计初、中级读者阅读，也可以作为高等院校相关专业的教材。

图书在版编目(CIP)数据

Axure RP 8.0网站产品原型设计全程揭秘 / 张晓景 编著. —北京：清华大学出版社，2019
(网页设计与开发殿堂之路)
ISBN 978-7-302-52694-0

Ⅰ. ①A… Ⅱ. ①张… Ⅲ. ①网页制作工具 Ⅳ. ①TP393.092.2

中国版本图书馆CIP数据核字(2019)第057422号

责任编辑：李 磊 焦昭君
封面设计：王 晨
版式设计：孔祥峰
责任校对：牛艳敏
责任印制：刘海龙

出版发行：清华大学出版社
网 址：http://www.tup.com.cn，http://www.wqbook.com
地 址：北京清华大学学研大厦A座 邮 编：100084
社 总 机：010-62770175 邮 购：010-62786544
投稿与读者服务：010-62776969，c-service@tup.tsinghua.edu.cn
质 量 反 馈：010-62772015，zhiliang@tup.tsinghua.edu.cn

印 装 者：三河市铭诚印务有限公司
经 销：全国新华书店
开 本：185mm×260mm 印 张：15 字 数：433千字
版 次：2019年9月第1版 印 次：2019年9月第1次印刷
定 价：79.80元

产品编号：077860-01

前言

在如今这个互联网技术飞速发展的时代，网络已经成为人们生活中不可或缺的一部分。同时，网页设计也开始被众多的企事业单位所重视，这就为网站产品原型设计人员提供了很大的发展空间。

网站产品原型设计作为网页设计的前期储备，有着至关重要的作用，所以一些专门设计网站原型的软件应运而生。

作为目前非常流行的网站原型设计软件——Axure RP 8.0，凭借其强大的功能和易学易用的特性深受广大原型设计师的喜爱。本书以 Axure RP 8.0 版本进行讲解，全面细致地讲解了原型设计在网站设计领域的相关知识。本书共分 10 章，各章内容安排如下。

第 1 章　网站产品原型设计概述，主要介绍网站产品原型设计的概念、参与网站产品原型设计的人员、创建网站产品原型的方法和网站产品原型设计的重要性等内容。

第 2 章　初识 Axure RP，主要介绍 Axure RP 的一些基本操作，包括 Axure RP 的下载与安装、Axure RP 工作界面简介、Axure RP 的菜单栏、Axure RP 的工具栏、Axure RP 的面板和工作区、自定义工作界面、使用 Axure RP 的帮助资源和 Axure RP 的主要功能等知识。

第 3 章　页面设置与自适应视图，主要介绍如何进行页面设置与使用自适应视图，包括使用欢迎界面、新建和设置 Axure RP 文件、“页面”面板、“检视”面板、辅助线和网格的使用、设置遮罩以及使用自适应视图等内容。

第 4 章　Axure RP 元件的使用，主要介绍各种元件的使用方法，包括了解“元件”面板、元件的类型、“概要”面板的作用、元件的属性、设置元件的样式、创建和管理样式、元件的转换、创建元件库和使用外部元件库等内容。

第 5 章　Axure RP 母版的使用，主要介绍母版的使用方法，包括母版的基本概念、创建和编辑母版、使用母版和母版使用情况等内容。

第 6 章　变量、表达式和函数的使用，主要介绍各种变量、表达式和函数的使用方法，包括使用变量、设置条件、使用表达式、函数的使用方法以及常见的函数等内容。

第 7 章　动态面板元件的使用，主要介绍动态面板元件的使用方法，包括熟悉动态面板元件、转换为动态面板元件和动态面板元件的作用等内容。

第 8 章　中继器元件的使用，主要介绍中继器元件的基本组成、数据集的操作、项目列表操作等内容。

第 9 章　网站产品原型的发布与输出，主要介绍创建共享位置、TortoiseSVN 客户端应用、使用团队项目、使用 Axure Share、发布和查看原型等内容。

第 10 章　商业性综合案例，主要介绍商业案例的设计思路以及制作过程，包括网站登录界面案例、购物网站商品筛选案例、网页版微博案例和网页版百度首页案例。

本书由张晓景编著，另外李晓斌、高鹏、胡敏敏、张国勇、贾勇、林秋、胡卫东、姜玉声、周晓丽、郭慧等人也参与了部分编写工作。本书在写作过程中力求严谨，由于作者水平所限，书中难免有疏漏和不足之处，希望广大读者批评、指正，欢迎与我们沟通和交流。QQ 群名称：网页设计与开发交流群；QQ 群号：705894157。

为了方便读者学习，本书为每个实例提供了教学视频，只要扫描一下书中实例名称旁边的二维码，即可直接打开视频进行观看，或者推送到自己的邮箱中下载后进行观看。本书配套的立体化学习资源中提供了书中所有实例的素材源文件、最终文件、教学视频和 PPT 课件，并附赠海量实用资源。读者在学习时可扫描下面的二维码，然后将内容推送到自己的邮箱中，即可下载获取相应的资源（注意：请将这几个二维码下的压缩文件全部下载完毕后，再进行解压，即可得到完整的文件内容）。

编　者

Search

目录

第 1 章 网站产品原型设计概述

第 2 章 初识 Axure RP

第 3 章 页面设置与自适应视图

第 4 章 Axure RP 元件的使用

第 5 章 Axure RP 母版的使用

第 6 章 变量、表达式和函数的使用

第 7 章 动态面板元件的使用

第 8 章 中继器元件的使用

第 9 章 网站产品原型的发布与输出

第 10 章 商业性综合案例

第1章 网站产品原型设计概述

原型，又被叫作线框图、原型图和 Demo，其主要用途是在正式设计和开发之前，通过一个逼真的效果图来模拟产品的最终视觉效果和交互效果。本章将向用户介绍互联网网站产品原型设计的相关知识，并帮助用户了解互联网网站产品原型设计的特点，通过合理的设计提高产品的用户体验。

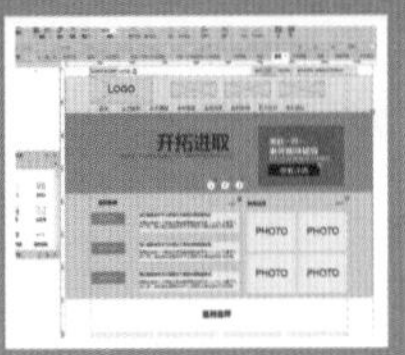
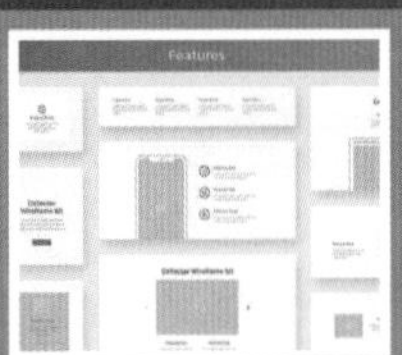
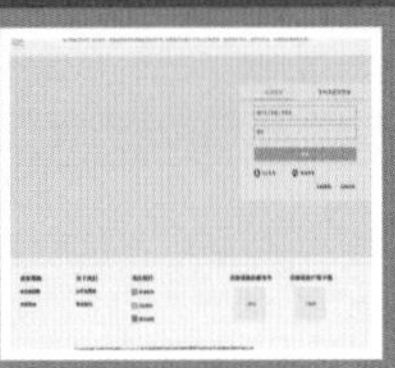
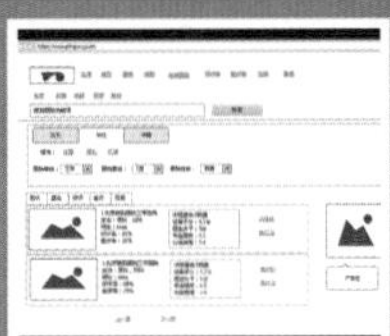

1.1 网站产品原型设计的概念

概括来说，网站产品原型就是网站产品面世之前的一个简单框架设计。简单来说，就是将页面的模块、元素和人机交互等形式，利用线框描述的方式，将产品在脱离皮肤的状态下进行更加具体和生动的表达，如图 1–1 所示。

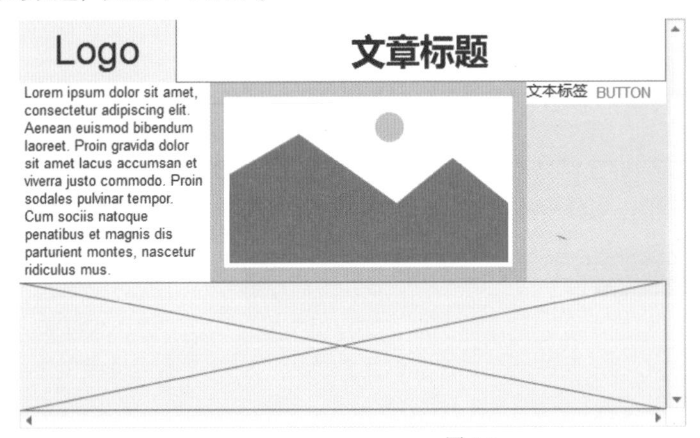

图 1-1

提示

随着互联网技术的日益普及，为了获得更好的原型效果，很多产品经理采用“高保真”的原型，以确保策划与最终的展示效果一致。

1.2 参与网站产品原型设计的人员

一个项目的设计与开发，通常需要多位人员的共同努力。很多人认为产品原型设计是整个项目的早期过程，只需要产品经理参与即可。但实际上产品经理只是了解产品特性、用户和市场需求的角色，对于页面设计和用户体验设计只是停留在初级水平。一般设计师独立设计出原型图后，可能需要与产品经理反复讨论，反复修改。

为了避免以上情况，在开始原型设计时，产品经理应要求界面设计师 (UI) 和用户体验设计师

(UE) 一起，共同参与产品原型的设计与制作，如图 1–2 所示。这样才可以设计出既符合产品经理预期，又具有良好用户体验、页面精美的产品原型，可以有效地避免产品设计开发过程中反复修改的情况。

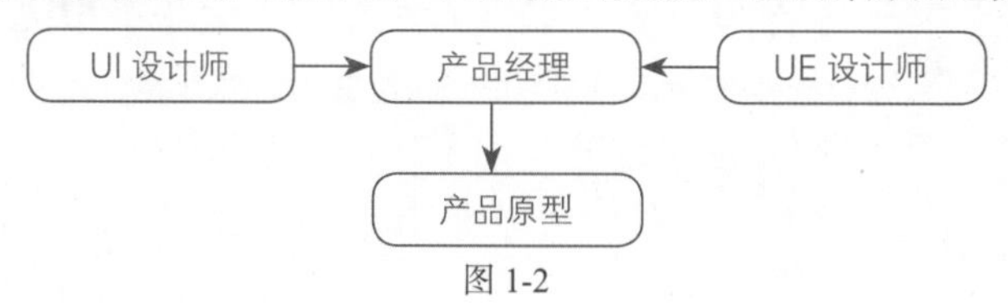

图 1-2

互联网产品经理是互联网公司中的一种职位，负责互联网产品的计划和推广，以及互联网产品生命周期的演化。

提示

产品经理是企业中专门负责产品管理的职位，主要负责市场调查，根据用户的需求确定开发何种产品，选择何种技术、商业模式等。并推动相应产品的开发组织，还需要根据产品的生命周期，协调研发、营销、运营等，确定和组织实施相应的产品策略，以及其他一系列相关的产品管理活动。

1.2.1 UI 设计师

UI 是 User Interface 的缩写，即用户界面。UI 设计师简称 UID，即 User Interface Designer，是指从事对软件界面的人机交互、操作逻辑、界面美观等整体相关设计工作的人员。

UI 设计师的设计范围包括高级网页设计和移动应用界面设计，是目前信息产业中较为抢手的人才之一。

1.2.2 UE 设计师

UE 是 User Experience 的缩写，UE 设计师指的是用户体验相关的设计人员。用户体验是指用户访问一个网站或者使用一个产品时的全部体验。他们的印象和感觉是否良好，是否享受，是否还想再使用网站。他们能够忍受的问题、疑惑和 BUG 的程度，都是 UE 设计师的工作范畴。

1.2.3 产品经理

根据所负责的互联网产品是用户产品还是商业产品，可以分为互联网用户产品经理和互联网商业产品经理。用户产品经理最关心的是互联网用户产品的用户体验，商业产品经理最关心的是互联网商业产品的流量变现能力。

互联网产品经理在互联网公司中处于核心位置，需要非常强的沟通能力、协调能力、市场洞察力和商业敏感度，不但要了解消费者和市场，而且要能与各种风格迥异的团队，如开发团队和销售团队进行默契的配合。可以说互联网产品经理决定了一个互联网产品的成败。

互联网产品经理由于行业的不同，可能工作职责也不尽相同。但是核心工作内容基本包含以下几个方面。

- 负责提出网站需求方案和运营策略可行性的建议。
- 负责网站的内容规划、广告位开发和管理及日程运营管理。
- 统计网站的各项数据和用户反馈，分析用户需求、行为，搜集网站运营中产生的产品购买及网站功能需求，综合各部门的意见和建议，统筹安排，讨论、修改、制定出可行性方案。
- 与技术部、编辑部等部门紧密结合，确保产品实现进度和质量，协调相关部门进行网站的开发及日常维护。
- 配合市场部、客服部进行相关的商品合作，跟踪竞争对手；把握互联网市场趋势，制定产品竞争战略和计划。

1.3 创建网站产品原型的方法

用户可以使用直接在纸上绘制的方式创建产品原型，也可以使用 PowerPoint 和 Visio 等软件创建产品原型，当然还可以选择一款专业的原型设计软件来创建产品原型。

1.3.1 纸张描绘网站原型

设计师用笔直接在纸上进行产品原型的描绘，获得大致的原型效果，如图 1–3 所示。这种方式通常是在产品经理进行原型构思阶段使用。通过这种方式可以将原型产品的构思和框架基本确定，然后再通过专业的软件将原型更形象更直观地转移到电子文档中，以便后续的研讨、设计、开发和备案。

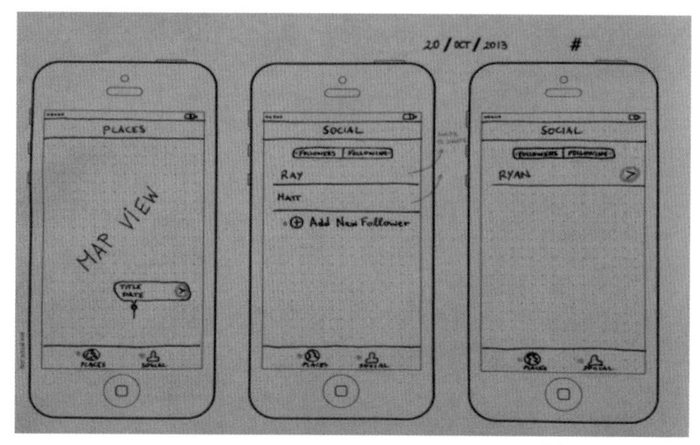

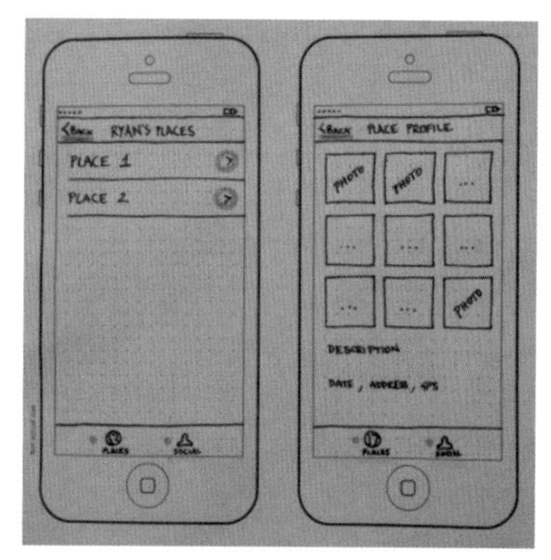

图 1-3

1.3.2 使用 PowerPoint 和 Visio 绘制网站原型

PowerPoint 可以在 Mac 或 Windows 系统的计算机上使用，可以阅读和编辑 PPT 格式的原型图。同时在手机微信的聊天窗口中，也可以直接阅读 PPT 格式的原型图，甚至可以通过第三方软件将画好的原型图导入 PowerPoint 中，如图 1–4 所示。

图 1-4

但是，PowerPoint 页面的面积太小，又不支持表达多个页面之间的跳转关系，页面的缩放也难以操作，而且 PowerPoint 里面的画图控件太少，画图工具隐藏得比较深，所以用户操作起来不太方便。

Visio 在创建原型上比 PowerPoint 更加便于操作，可以快速完成原型设计，但表现力较弱。Visio 可以制作一些简单的页面，但不适合制作一些比较烦琐的大型页面。Visio 软件启动界面及新建页面如图 1–5 所示。

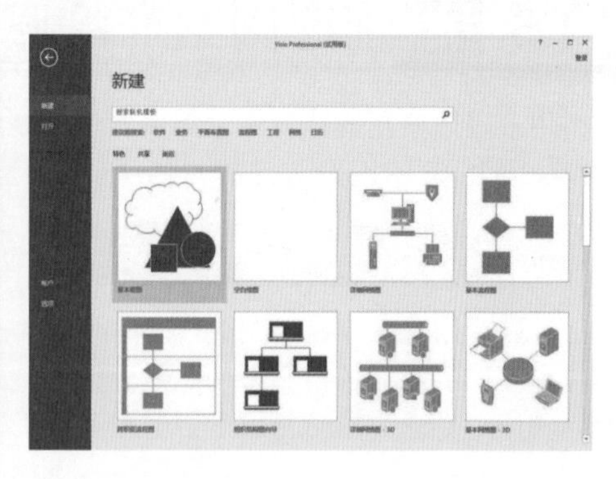

图 1-5

1.3.3 专业网站产品原型设计软件

目前使用最多的专业的原型设计软件非 Axure RP 莫属。Axure RP 不仅具有丰富的 Web 控件，而且交互性也做得很好，被广泛地应用在网站开发设计中。

Axure RP 是一个专业的快速原型设计工具，让负责定义需求和规格、设计功能和界面的专家能够快速创建应用软件或 Web 网站的线框图、流程图、原型和规格说明文档。作为专业的原型设计工具，它能快速、高效地创建原型，同时支持多人协作设计和版本控制管理。软件启动界面如图 1–6 所示。

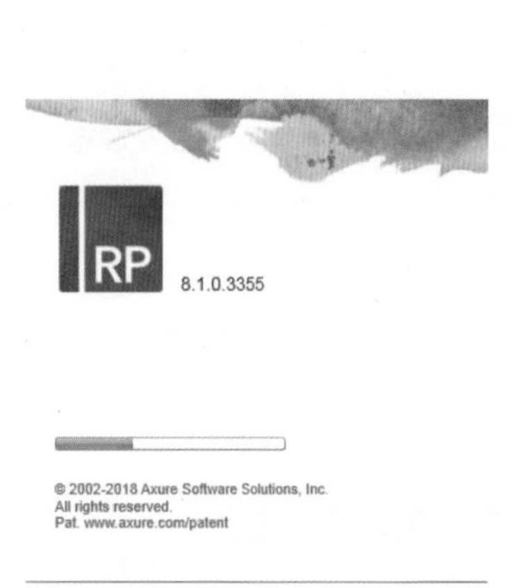

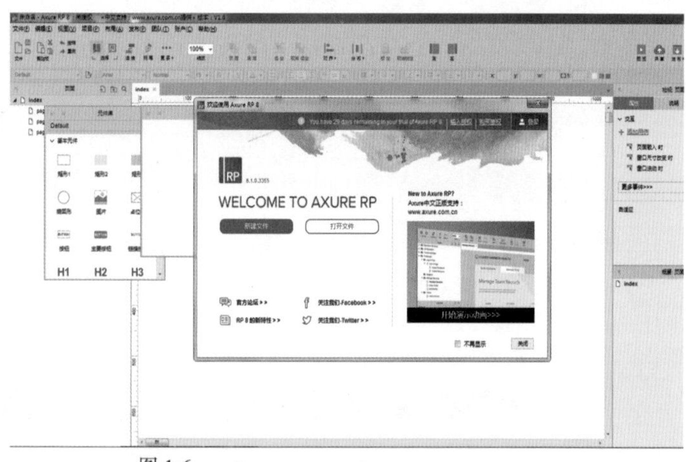

图 1-6

除了 Axure RP 以外，产品原型设计软件还有很多，比较著名的有 iRise Studio、MockupScreens 和 Sketch 等。

> **提示**
>
> 不同的公司和团队，对于互联网网站产品的原型设计可能采用的方式会大相径庭，不一定非要使用某种固定的方式，最适合自己的才是最好的。

1.4 网站产品原型设计的重要性

在网站设计过程中，为什么一定要设计原型呢？能不能不做原型直接设计并开发产品呢？当然可以。但是有了原型，网站的设计开发就会更轻松，同时也减少了由于规划不足而造成的反复修改。

原型设计是帮助网站与 App 设计最终完成标准化和系统化的最好手段。它最大的好处在于，不仅可以有效地避免重要元素被忽略，而且能够阻止设计师做出不准确不合理的假设，如图 1–7 所示。

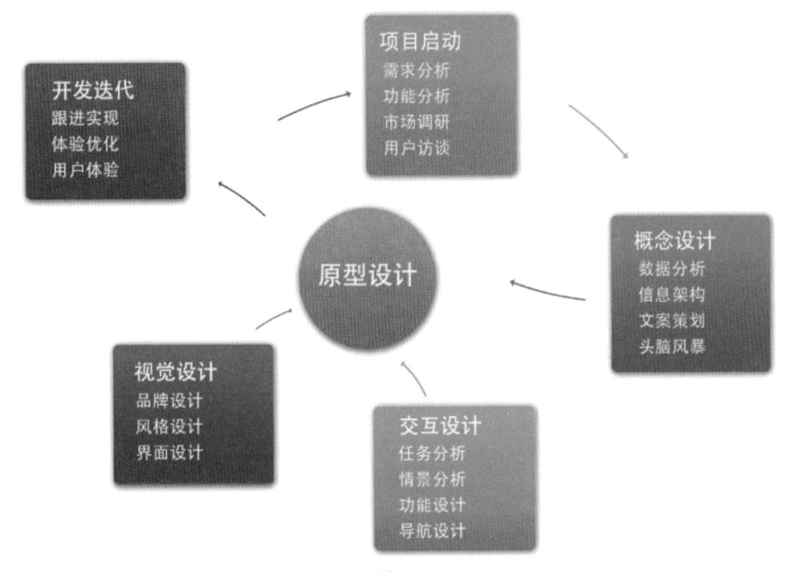

图 1-7

无论你是移动端 UI 设计师还是网页设计师，原型设计的重要性都是显而易见的。原型设计让设计师和开发者将基本的概念和构想使用形象化的原型设计呈现出来，让参与进来的每个人都可以查看和使用，随之给予反馈，并且在最终版本敲定之前进行必要的调整。

在项目开始之初，对每个元素进行调试并确保它们能够如同预期一样运作，这是相当重要的步骤。当完成可交互的原型之后，将它作为一个成型的界面来使用，看看它能否带来预期中的体验效果。

用户可以测试其中所有的功能，看看能否解决规划阶段所计划解决的问题。如果是在完成整体的设计和开发之后再行测试，修改和调整的成本就相当高昂了。

一个可用可交互的原型所带来的好处并不是一星半点，它还可以帮助开发和设计人员从不同的维度上来规划和设计产品。

1.5 网站产品原型设计的作用

首先，绝大多数的客户本身并不懂得设计知识，也不懂得编程知识，而原型为他们展示出了网站或 App 最基本的框架或模型，让他们明白网站的基本外观和运作的机制，如图 1–8 所示。

图 1-8

一个可交互的原型基本上能够像最终完成的产品那样运行，使用者可以对它进行操作，原型则会给予相应的反馈，使用者可以随之明白它的运作方式，而设计人员也可以发现它的漏洞，并寻求解决问题的方案。原型经过可用性测试之后，能够优化出更好的用户体验，能够在产品上线发布之前排除相当一部分的潜在问题和故障。

1. 让开发变得轻松

实际上，原型会让开发更加容易。当网站或者 App 设计师搞定一个满意的原型之后，开发人员能够在此基础上开发出更加完善的代码实现方案。原型让参与者能够看到网站或者 App 发布之后是怎样运作的。

2. 节省时间和金钱

节省时间、控制成本对于任何企业主而言都是非常重要的事情。当设计和开发流程中有了原型之后，将会节省很多时间，降低成本。

当一个公司想要推出一个新的 App 或者发布一个新的网站时，总会集合一批专业的人员来完成这个项目。随着时间的推移，花销会不断增长，项目的投入自然越来越大。有了原型之后，团队成员能够围绕着原型进行快速高效的沟通，哪些地方要增删，什么细节要修改，这样的方式能够更加快速地推进项目进度。

3. 更易沟通与反馈

有了原型之后，团队成员沟通的时候不需要彼此发送大量的图片和 PDF 文档，取而代之的是添加评论和链接，或者是原型工具内建的反馈工具，沟通更快，原型的修订更快。

版本修订是原型设计过程中的重要组成部分，它是最终产品能完美呈现的先决条件。原型能够不断修正进化，这使得它成为产品研发中最有价值的部分。随着一次次的迭代，产品本身会越来越优秀，而版本修订的过程也越来越快速而简单。

4. 双赢

设计和开发团队倾向于借助原型来完善产品，而客户和企业也乐于看到原型。参与到项目中的每个人都能根据他们的所见来判断、探索和决策。原型成为讨论的焦点，也是解决问题的平台。

5. 不断测试与优化

原型主要是用来演示产品是如何运作的，呈现具体流程的流向，不论它是否流畅，是否足够合乎逻辑，都是原型设计。不断地对原型设计进行调试，意味着设计师可以在迭代中不断优化用户体验和产品细节，直到最终完成设计。

随着测试的推进，信息架构、导航和用户流程中的各种缺陷会在不断的交互过程中体现出来。CTA 按钮能否引导用户到设计师计划中的页面？整个页面的布局是否高效？导航是否足够好用？所有的这些问题都能借助可交互的原型逐步得到答案。

1.6 用户体验在网站原型设计中的表现

如今互联网上的网站数量数以万计，当用户面对大量可以选择的网站时，该如何快速访问到自己感兴趣的内容呢？通常都是用户自己盲目浏览，筛选哪个网站的内容符合个人阅读的需求。

随着互联网竞争的加剧，越来越多的企业开始意识到提供优质的用户体验是一个重要的、可持续的竞争优势。用户体验形成了客户对企业的整体印象，界定了企业和竞争对手的差异，并且决定了客户什么时候会再次光顾。

在设计原型的时候，为了更好地表现网站内容并留住更多的浏览者，设计师需要注意以下几点。

- **规避设计时自己个人的喜好：**自己喜欢的东西并不一定谁都喜欢。例如网页的色彩应用，设计师个人喜欢大红大绿，并且在设计的作品中过多使用这样的颜色，那么可能会流失很多潜在客户。原因很简单，就是跳跃的色彩让浏览者失去对网站的信任。现在大部分用户都喜欢简单的颜色，简约而不简单。可以通过先浏览其他设计师的作品，然后再进行设计的方法来实现更符合大众的设计方案。当然浏览别人的作品不等于要抄袭，抄袭的作品会让浏览者对网站失去信任感。这样做的目的是让设计师在别人作品的基础上再提高，以留住更多的浏览者。

- **考虑不同层次的浏览者：**设计师必须要让很多不同层次的浏览者在网站作品上达成一致的意见，也就是常说的“老少皆宜”。那样才能说明设计的网站是成功的，因为抓住了所有浏览者共同的心理特征，吸引了更多新的浏览者。通过奖励刺激浏览的方法尽可能少用，虽然利益是最大的驱动力，但是网络的现状让网民的警惕性非常高，一不小心就会适得其反。想要抓住人们的浏览习惯其实很简单，只要想想周围的人都关注的共同东西就明白了。
- **充分分析竞争对手：**平时多看看竞争对手的网站项目，总结出他们的优缺点，避开对手的优势项目，以他们的不足为突破口，这样才会吸引更多的浏览者注意。也就是说，要把竞争对手的劣势转换为自己的优势，然后突出展现给浏览者看，这一点在网站设计中更易实施。

1.6.1 用户体验内容概述

用户体验一般包含四个方面：品牌 (Branding)、使用性 (Usability)、功能性 (Functionality) 和内容 (Content)。一个成功的设计方案必定在这四个方面充分考虑，使用户可以便捷地访问到自己需要的内容的同时，又在不知不觉中接受了设计本身要传达的品牌和内容。

1. 品牌

就像提起手机，人们就想起苹果，提起洗发水人们就想起海飞丝一样，品牌对于任何一件展示在普通民众面前的事物有着很强的影响力。没有品牌的东西很难受到欢迎，因为它没有任何质量保证。同样对于一个网站来说，良好的品牌也是其成功的决定因素。

网站是不是有品牌取决于两个要素：是不是独一无二的、是不是最有特点或者内容最丰富的，如图 1–9 所示。

网站品牌 = 独一无二的类型 + 内容丰富，更新及时

图 1-9

网站的独一无二很好解释，假如这个行业只有你一个网站，那么就算选择的关键词相当冷门，就算用户不多，但对于这个行业也是品牌。假如网站相对其他同类网站来说内容最丰富，信息更新最快，那么就是最成功的。这两点对于树立网站品牌是非常重要的，归根结底一句话就是你的网站是不是能够吸引浏览者。

此外，视觉体验对于品牌价值的提升也是很有影响的。例如，索尼有一款平民化的数码单反相机“阿尔法 300”，这款相机虽然价格低廉，但是索尼公司却将这款相机的官方网站设计得高贵典雅，让人一眼就觉得这样一款相机一定是上万元的好机子，但实际上这款相机售价只有三千多元，这就是视觉体验对于品牌价值的提升。这一点在网页设计上也是通用的。网页设计的优劣对于人们是不是能记住你的网站有非常重要的作用，而且适当使用图片、多媒体，对于网站也是很有帮助的，如图 1–10 所示。

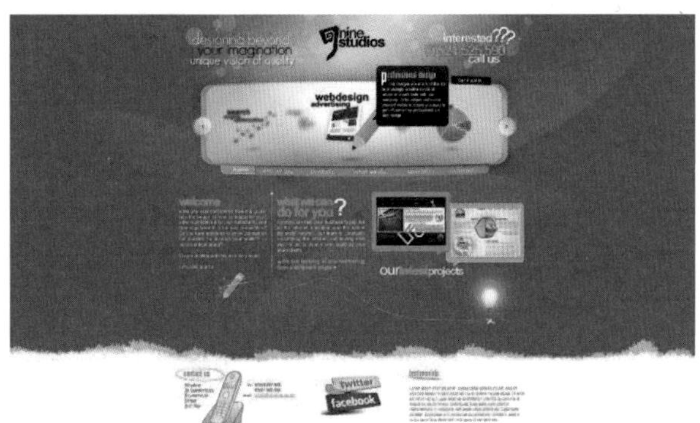

图 1-10

2. 使用性

用户在浏览网站时，偶尔会遇到浏览器标题栏下显示“网页上有错误”这样的提示，如图 1–11 所示。这种情况一般不会影响到网站的正常浏览。但如果错误太大，可能直接影响到网站的重要功能和使用。这会直接对网站的品牌造成影响。

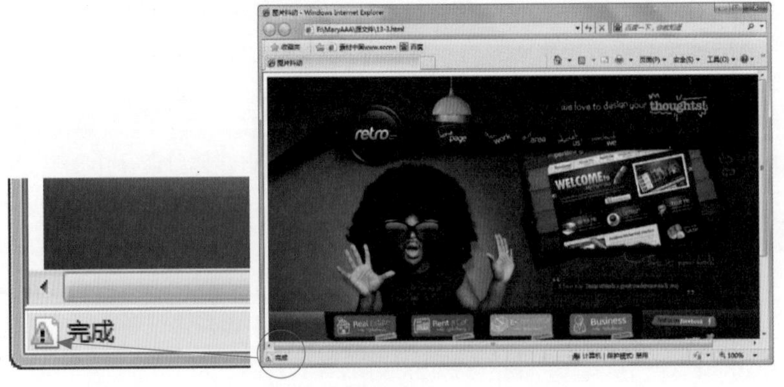

图 1-11

这些错误有的可能是网站后台程序造成的，程序员应该迅速解决，以免影响浏览网站的用户体验。有些错误则是由于浏览者的错误操作引起的。如果没有相关的浏览引导方案，会给很多接触计算机不多的浏览者一种“这个网站太难操作”的错觉，会严重影响用户体验，也就是在这样的环境下，AJAX 应运而生。所以在进行网站设计时，一定要有用户操作错误的预设方案，这样才能更好地提升用户体验。

3. 功能性

这里所说的功能性，并不是仅仅指网站的界面功能，更多的是在网站内部程序上的一些流程。这不仅对网站的浏览者有很大的用处，而且对网站管理员的作用也是不容忽视的。

网站的功能性包含以下内容。

- 网站可以在最短的时间内获取到用户所查询的信息，并反馈给用户。
- 程序功能过程对用户的反馈。这个很简单，例如经常可以看到的网站的“提交成功”或者收到的其他网站的更新情况邮件等。
- 网站对浏览者个人信息的隐私保护策略，这对于增加网站的信任度有很好的帮助。
- 线上线下结合。最简单的例子就是网友聚会。
- 优秀的网站后台管理程序。好的后台程序可以帮助管理员更快地完成对网站内容的修改与更新。

4. 内容

如果说网站的技术构成是一个网站的骨架，那么内容就是网站的血肉了。内容不单单包含网站中的可读性内容，还包括连接组织和导航组织等方面，这也是一个网站用户体验的关键部分。也就是说网站中除了要有丰富的内容外，还要有方便、快捷、合理的链接方式和导航。

综上所述，只要按照用户体验的角度量化自己的网站，一定可以让网站受到大众的欢迎。

1.6.2 用户体验产出过程

体验是人的主观感觉。设计体验要根据不同的行业、不同的产品、产品的不同层面而进行不同的设计。设计方法和设计过程也不相同。

1. 用户体验的生命周期模型

从用户体验的过程来说，设计者总期望体验是一个循环的、长期的过程，而不是直线的、一次性的。

好的用户体验能够吸引人，让人再次来使用，并逐步形成忠诚度，告知并影响他们的朋友；而不好的用户体验，会使网站逐渐失去客户，甚至会由于传播的原因，失去一批潜在的客户。

提示

具有良好用户体验的网站，即使页面中存在一些交互问题，也不会影响浏览者想要继续浏览的兴趣。

用户体验的生命周期如图 1–12 所示。

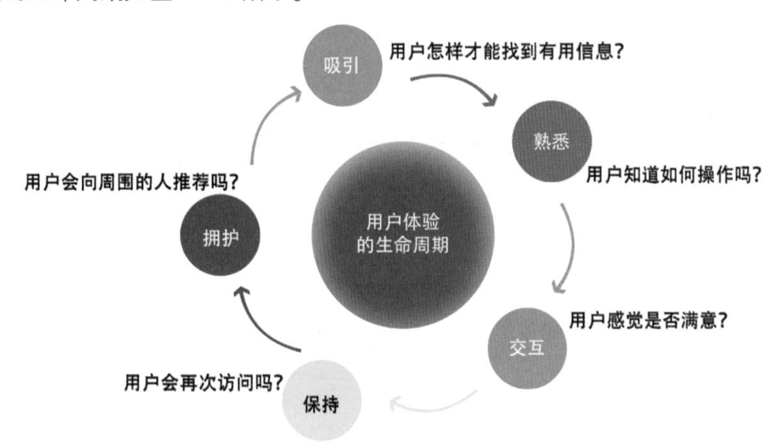

图 1-12

- 网站吸引人是用户体验的第一步，网站靠什么吸引人是用户体验设计首先要考虑的问题。
- 通过明喻和隐喻的设计语义，让用户在不看说明书的前提下轻松访问网站，进一步熟悉网站。
- 在用户与网站的交互过程中，用户的感觉如何，是否满足生理和心理的需要，充分验证了网站的可用性。
- 用户访问该网站后，还会继续使用或放弃?
- 用户是否形成忠诚度，并向其身边的人推荐该站点，也是用户体验设计的关键点。

2. 用户体验需要满足的层次

用户体验可以分为五个需求层次：感觉需求→交互需求→情感需求→社会需求→自我需求，这五个需求层次是逐层增高的。

1) 感觉需求

所谓的感觉需求指的是用户对产品的五官需求，包括视觉、听觉、触觉、嗅觉和味觉等，是对产品或系统的第一感觉。对于网站来说，通常只有视觉、听觉和触觉三种需求。

网站的可用性可以分为外观可用性和内在可用性两种。外观可用性是指一个网站带给浏览者的外观感觉，通常涉及审美方面的问题；而内在可用性指的是传统意义上的可用性。外观可用性和内在可用性既存在着不同，又有一定的一致性，综合处理好这两点的关系可以使网站具有更好的用户体验。

2) 交互需求

交互需求指的是人与网站系统交互过程中的需求，包括完成任务的时间和效率、是否流畅顺利、是否报错等。网站的可用性关注的是用户的交互需求，包括网站页面在操作时的学习性、效率性、记忆性、容错率和满意度等。交互需求关注的是交互过程是否顺畅，用户是否可以简单快捷地完成任务。

3) 情感需求

情感需求指的是用户在浏览网站的过程中产生的情感，例如在网站浏览的过程中感受到互动和乐趣。情感强调页面的设计感、故事感、交互感、娱乐感和意义感。要对用户有足够的吸引力，让用户产生持续关注的动力。

4) 社会需求

在满足基本的感觉需求、交互需求和情感需求后，人们通常要追求更高层次的需求，往往会对某一品牌或站点情有独钟，希望得到社会对自己的认可。例如越来越多的人选择在新浪网上开通个人微博，发布个人日志，希望以此获得社会的关注。

5) 自我需求

自我需求是网站如何满足用户自我个性的需求，包括追求新奇、个性的张扬和自我实现等。对于网站设计来说，需要考虑允许用户个性化定制设计或者自适应设计，以满足不同用户的多样化、个性化的需求。例如网站页面允许用户更改背景颜色、背景图片和文字大小等都属于页面定制。

一个成功的网站必须包含三种可用性：必须有的、更多且更好的和具有吸引力的，如图 1–13 所示。这三种可用性都会直接影响到浏览者的满意度。

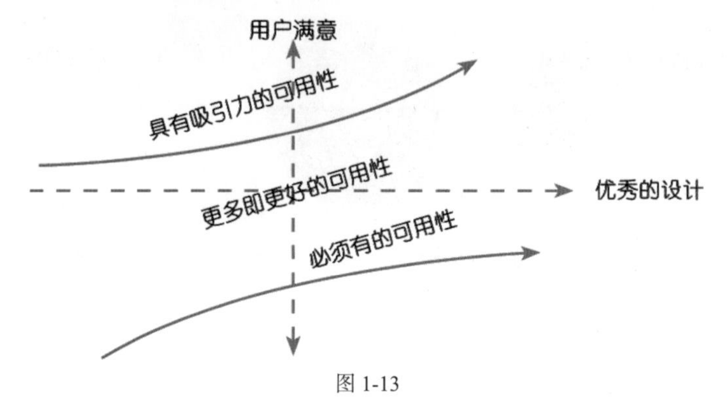

图 1-13

必须有的可用性代表用户希望从网站中获得的资讯内容，也就是网站最基本该具有的可用性。如果页面中没有出现“必须有”的要素，就会直接导致浏览者满意度下降。更多且更好的可用性对用户满意度具有线性影响，即这种可用性越高，顾客就越满意。具有吸引力的可用性可以使一个网站在同类型站点中脱颖而出，提供较高的用户满意度。

提示

一个网站要想在商业上获得成功，至少要拥有“必须有”的可用性。可用性虽然不能提高网站的整体竞争力，但却是提高顾客满意度的必要条件。“更多且更好”的可用性可以使网站与竞争网站保持同一水平。“具有吸引力”的可用性则是网站从同类型网站中脱颖而出的主要原因。

1.7 网站产品原型设计中的用户体验

一般的用户都有网上购物的经验：首先登录购物网站，然后通过搜索引擎或者菜单引导找到需要的产品，下单并填写各种信息后，即可收到预定的产品。这个过程由大大小小的决策组成，这些决策彼此依赖又相互影响，同时也影响着用户体验的各个方面。

为了确保用户在网站上的所有体验都控制在意料之中，在网站原型设计的整个开发过程中，要考虑用户在网站中有可能采用的每一步的每一种可能性，这样可以最大限度满足用户的需求。

1.7.1 网站原型设计中的用户体验层面

可以把网站原型设计的用户体验工作分解成五个层面，用来帮助设计师更好地解决问题。分别是表现层、框架层、结构层、范围层和战略层。

1. 表现层

表现层通常指的是用户可以直接看到的内容，一般由图片和文字组成。通过单击图片或文字执行某种功能。例如进入新闻页面或视频播放页面，如图 1–14 所示。也有一些内容只是作为展示使用，用来说明内容或美化页面。

图 1-14

2. 框架层

框架层主要用于优化设计布局，以方便用户快速、准确地找到需要的内容。通常指的是按钮、表格、照片和文本区域的位置。例如，在购物页面中可以轻松找到购物车的按钮，如图 1–15 所示。在浏览相簿时快速查看多张图片。

图 1-15

3. 结构层

框架层是页面结构的具体表达方式，用来向用户展示页面内容，提高访问效率。而用户先访问什么，后访问什么，访问某个页面后会触发某个页面怎样的交互效果，则是通过结构层完成的。

结构层主要用来设计用户如何到达某个页面，并在完成操作后能去的页面。框架层定义了导航条上各项的排列方式，允许用户自由选择浏览的内容；结构层则决定了这些内容出现在哪里。

4. 范围层

结构层确定了网站不同特性和功能的组合方式，而这些特性和功能就构成了网站的范围层。例如，在购物网站有过一次购物经历后，该用户的姓名、地址和联系方式都被保存下来，以便下次再次使用。该功能是否应该成为网站功能的一部分，就属于范围层要解决的问题。

5. 战略层

战略层可以理解为网站创建者的战略目标。这个目标包括网站经营者想从网站得到什么，还包括用户想从网站得到什么。对于一般的电子商务网站来说，战略目标显而易见：用户希望通过网站购买商品，而网站想要卖出它们。

1.7.2 原型设计中的用户体验层面分析

网站原型设计中用户体验的五个层面包括战略、范围、结构、框架和表现，由下向上为网站提供了一个基本的框架，如图 1–16 所示。接下来以这个框架为基础继续添加完善内容，以获得更为丰富的用户体验。

在每一个层面中，用户要处理的问题都很具体。在最低的层面，完全不用考虑网站的最终效果，只需要把重点放在是否满足网站的战略目的上。在最高的层面上，则只需要关心最终所呈现的页面效果即可。

随着层面的上升，设计师要做的决策会越来越具体，而且要求的内容也会越来越精细。通常每个层面的内容都是根据它下面的那个层面来决定的。例如，表现层由框架层来决定，框架层则要建立在结构层的基础上，结构层的设计基于范围层，范围层要根据战略层来制定，如图 1–17 所示。

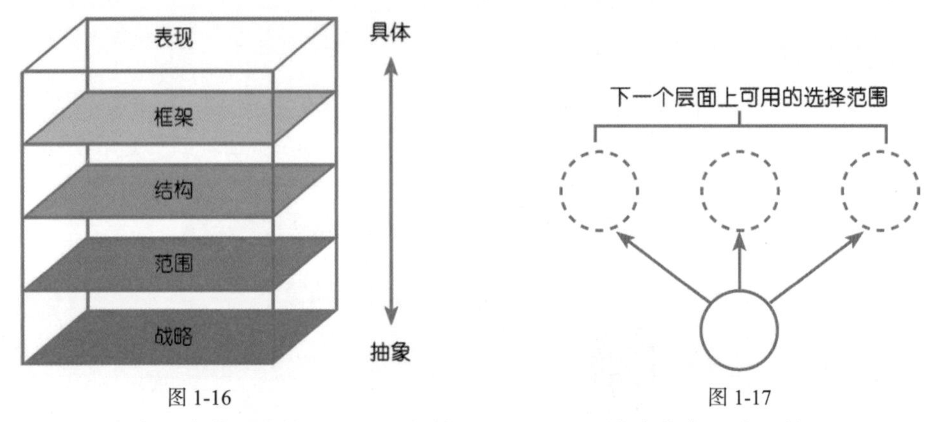

图 1-16　　　　图 1-17

如果设计师做出的决定没有使上下层面保持一致，项目通常会偏离正常的轨道。这样的后果就会造成开发日期延迟、开发费用超支等情况。而且就算开发团队将各种不匹配的元素拼凑在一起，勉强上线，也不会受到用户的欢迎。

在设计用户体验时，要充分考虑层面上的这种“连锁效应”，也就是说在选择每一个层面上的内容时，都要充分考虑其下层面中所确定的内容。每一个层面的决定都会直接影响到它之上层面的可用选项。

在设计的过程中，“较低层面”上的决策不一定都必须在设计“较高层面”之前做出。在“较高层面”中的决定优势会促使对“较低层面”决策的一次重新评估。在每一个层面，都要根据竞争对手所做的变化、行业最佳的实践效果做出修改。在知道建筑的基本形状之前，不能先为其盖一个屋顶。

1.8 网站产品原型设计中用户体验的原则

在开始网站原型设计之前，首先要经过深思熟虑，多参考同行的页面，汲取前人的经验教训，然后在纸上写下来。随着工作经验的积累，设计、架构、软件工程以及可用性方面都会积累很多有益的经验，这些经验可以帮助我们避免犯前人所犯的错误。

创建原型设计时，可以通过遵守以下 10 个原则，以获得好的用户体验。

1.8.1 标志引导设计

对于一个刚刚进入网站的用户，为了确保能够找到他们感兴趣的内容，通常需要了解四个方面的内容。

1. 他们身在何处

首先通过醒目的标识以及一些细小的设计提示来指示位置。例如，Logo 图标提醒访问者正在浏览哪一个网站，也可以通过面包屑轨迹或一个视觉标志，告诉访问者处于站点中的位置。当然简明的页面标题，也是指出浏览者当前浏览什么页面的好方法，如图 1–18 所示。

图 1-18

2. 他们要寻找的内容在哪里

在设计网站导航系统时，要问问自己：“访问这个网站的人究竟想要得到什么？”还要进一步考虑“希望访问者可以快速找到哪些内容？”如图 1–19 所示。确认了这些问题并将它们呈现在页面上，会对提高用户体验的满意度有很大帮助。

图 1-19

3. 怎样才能得到这些内容

“怎样才能得到？”可以通过巧妙的导航设计来实现。将类似的链接分组放在一起，并给出清晰的文字标签。通过特殊的设计，例如下画线、加粗或者特效字体使其看起来是可以单击的，以起到良好的导航作用。

4. 他们已经找过哪些地方

这一点通常是通过区分链接的“过去”和“现在”状态来实现。要显示出被单击过的链接，这种链接被称为“已访问链接”。通常的做法是将访问过的链接设置一种新的颜色，用来保证用户不在同一区域反复寻找。

1.8.2　设置期望并提供反馈

用户在网页上单击链接、按下按钮或者提交表单时，并不知道将出现什么情况。这就需要设计者为每一个动作设定相应的期望，并清楚地显示这些动作的结果。同时，时刻提醒用户正处在过程中的阶段也很重要。

例如，在淘宝网站上购物时，如果将鼠标指针移动到按钮上悬停，会出现单击后将出现的页面提示，这种效果可以很好地满足用户的期望，如图 1–20 所示。

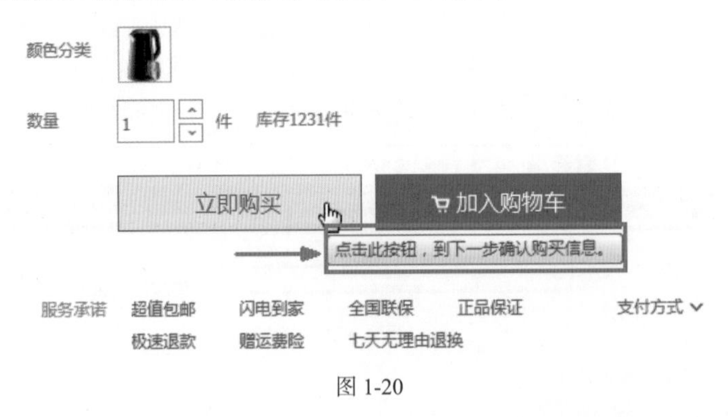

图 1-20

提示

有时候用户必须等待一个过程完成，而这可能会耗费一些时间。为了让用户知道这是由于他们的计算机运行太慢造成的这种等待，可以通过提示信息或动画提醒用户，以避免用户由于等待产生焦虑。

1.8.3 基于人类工程学设计

浏览网站的用户数以亿计，每个人的情况都不相同，为了使这些用户的体验保持一致，在设计页面的时候也要充分考虑人体器官：手、眼睛和耳朵的感受。

例如，根据大多数人都是右手拿鼠标的习惯，为页面右侧增加一些快速访问的导航。针对眼睛进行设计时，要考虑到全盲、色盲、近视和远视的情况。设计网站时，要确认网站的主题客户是视力极佳的年轻人，还是视力模糊的老年人，然后确定网站中的文字大小。针对耳朵进行设计时，不仅要考虑到聋人，还要考虑到人在嘈杂环境中倾听的情况，保证背景音乐不会让上网的人感到厌烦。

1.8.4 页面元素保持一致

一致的标签和设计给人一种专业的感觉。在设计页面时，首先要明确你的网站有哪些约定，想打破这些常规一定要三思而行。然后还要通过事先制定的样式指南约束设计师，以确保设计风格保持一致，如图 1–21 所示。

图 1-21

1.8.5 提供纠错渠道

为了避免用户在浏览网站时出现不能处理的错误，从而产生悲观情绪，可以在页面中设计预防、保护和通知功能。

首先是通过在页面中添加注释，明确地告诉用户选择的条件和要求，避免出现错误。例如用户的注册页面。也可以通过添加暂存功能保护用户的信息，例如 E-mail 的保存草稿功能。当用户在操作时出现错误时，要及时以一种客观的语气明确地告诉用户发生了什么状况，并尽力帮助用户恢复正常。例如未能正确输入用户信息，如图 1–22 所示。

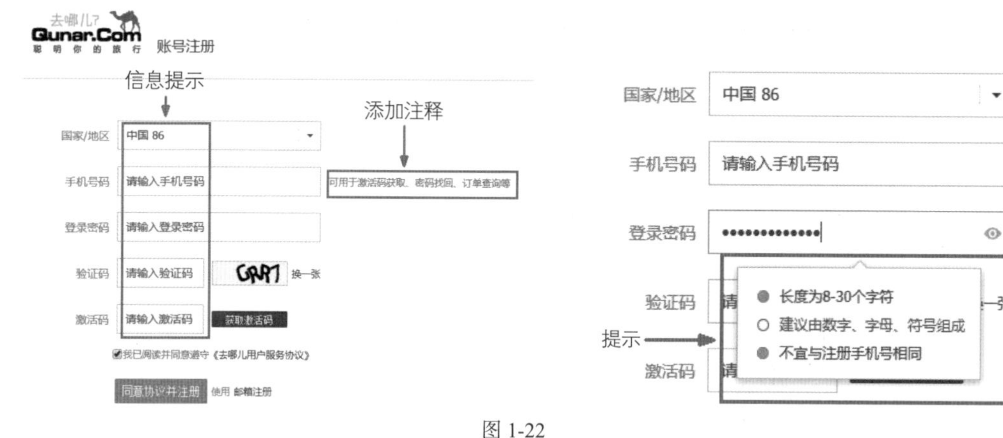

图 1-22

1.8.6 靠机器辨识而非人力记忆

对于互联网上的用户来说，大多数人的记忆是不可靠的。大量的数据如果只通过记忆保存是很难实现的。在设计页面时，可以通过计算机擅长的记忆功能帮助用户记忆。例如用户登录后的用户名和搜索过的内容，通过滚动的功能将多个用户的多个信息记忆，以便用户查找，如图 1–23 所示。将记忆的压力转嫁给计算机，用户对你的网站的体验感受就会更胜一筹。

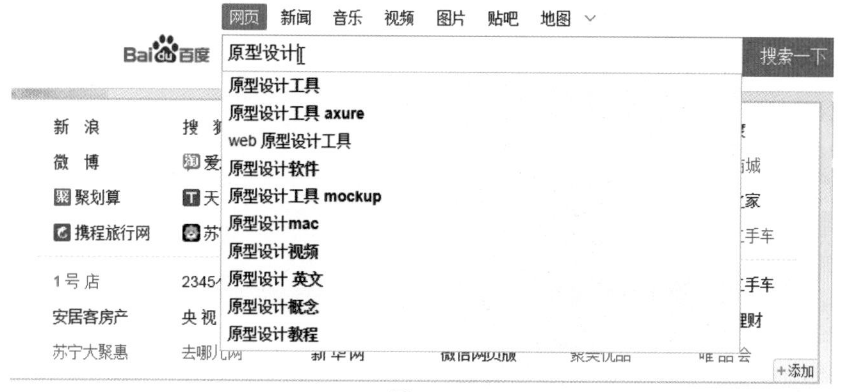

图 1-23

1.8.7 考虑到不同水平的用户

首先应该正确理解用户，用户是一个随时间而变化的真实的人，他会不断改变和学习。你的设计应该有助于用户自我提升，达到一个让他满意的级别。帮助人们上升到自己更觉理想的程度，并不需要用户都成为专家。

例如，淘宝网站针对不同的用户采用了不同的操作界面，同时又提供了丰富的辅助工具，帮助新用户购物或管理店铺，老用户则可以完善美化店铺，获得更好的销量。

1.8.8 提供上下衔接文档

用户在完成某个可能很复杂的任务时，不可避免地需要帮助，但往往又不愿请求帮助。作为设计者，要做的就是在适当的时候以最简单的方式提供适当的帮助。

设计者应当把帮助信息放在有明确标注的位置，而不要全部都放到无所不包的 Help 之下。例如为首次登录网站页面的用户制作一个简单的索引页面，引导用户快速进入网站，找到需要的内容，如图 1–24 所示。

图 1-24

1.8.9 争取特性展示

现代网站设计通常由设计者的方法引导用户的视觉吸引力，例如大按钮的视觉效果等。但是从设计的角度来说这些元素实际上不是一件坏事。相反，这样的指导方针是非常有效的。他们可以带领游客通过用户友好的方式，进入一个非常简单的网站，如图 1–25 所示。

图 1-25

让用户清楚地看到功能是可用的，是一个成功的用户界面设计的基本原则。它是如何实现的这并不重要，重要的是网站内容易于理解、浏览者感到舒适和它们与系统交互的方式。

1.8.10 技巧留白

很多设计师在做内容页的时候，可能需要将一篇特别长的文章放到网站中，这就使网站中文章两侧均为空白，这时很多设计师就会在文章两边添加一些相关文章以及最新文章的列表，如图 1–26 所示。

其实真的很难忽略留白的重要性。它不仅帮助用户减少阅读负荷，还可以帮助用户感知信息的呈现方式。当一个新的访问者进入网站时，他想做的第一件事应该是在最快的时间内找到他最想要的内容，如图 1–27 所示。

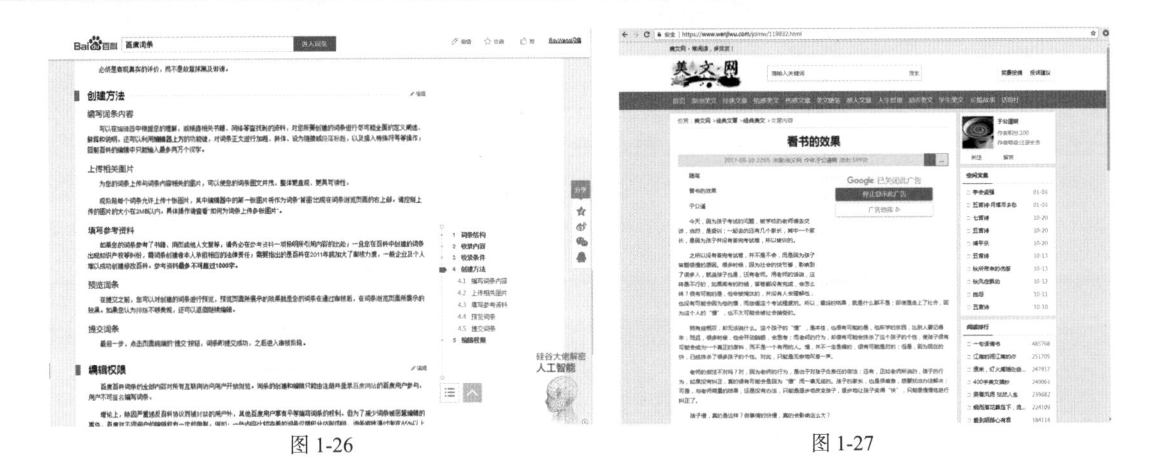

图 1-26　　　　图 1-27

1.9　网站产品原型设计流程

产品经理其实都知道，在这样一个看重颜值的时代，一个赏心悦目的网站（或者移动 App）是多么重要。每一个产品经理，也都希望自己创造出来的产品是与众不同的。好的产品需要一个好的开端，而产品原型设计流程也是至关重要的，如图 1–28 所示。

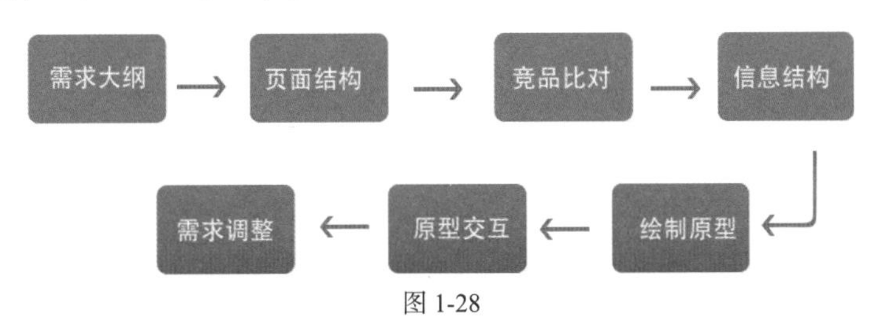

图 1-28

- **需求大纲**：首先产品经理与客户沟通过后，需要先列需求大纲，尽可能使用简短的话把需求阐述清楚，然后把主要流程梳理明确，使用任意记录软件或者纸张都可以。
- **页面结构**：使用 XMind 罗列产品页面结构图，这部分工作主要是让设计师清楚地掌握有多少个页面，以及页面间的父子层级关系，确定功能重要性和开发优先级。
- **竞品比对**：不着急开始画原型，一般设计师会把 AppStore 和应用市场相关的竞品都下载，仔细地看这些竞品是怎么设计的，页面布局是怎样的，怎样处理不同功能之间的联动，版本迭代中的功能上线优先级之类的。这里记住，千万不要截图，就是广泛地看，去体验、去理解、去思考背后设计的初衷。
- **信息结构**：开始梳理信息结构，比如首页分为几个区域，每个区域放哪些元素，采用什么布局方式等。简而言之，搞清楚每个页面都需要放哪些元素，使用 Excel 就足够了。
- **绘制原型**：按照页面结构和信息结构开始绘制原型，确定每个页面的布局和元素的位置，快速地绘制原型初稿。这个阶段主要是流程走通，如账户管理、发布信息、搜索筛选之类。
- **原型交互**：在原型初稿的基础上，开始深度思考功能的必要性和优先级，尽可能把冗余的元素删除或精简掉，突出每个页面的重要元素，使用不同大小的字体、区域的灰度来标识。一边修改，一边添加交互细节，可以把细节用文字的形式标注在原型周围。
- **需求调整**：使用统一的原型标注表格，将原来每个页面混乱的标注整理到表格中。重点标识出异常边界和文案提示，区分全局说明和局部说明，尽可能将标注写得精简、明确、全面。

第 2 章 初识 Axure RP

Axure RP 能帮助产品原型设计师快捷而简便地创建基于网站构架图的带注释页面示意图、操作流程图及交互设计，并可自动生成用于演示的网页文件和规格文件，以供演示与开发。本章将介绍 Axure RP 的基础知识。

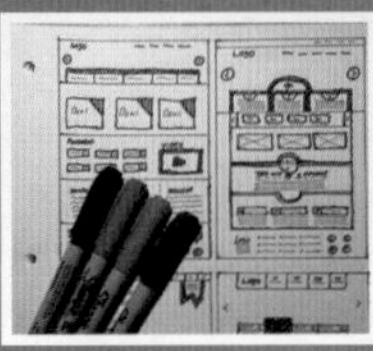

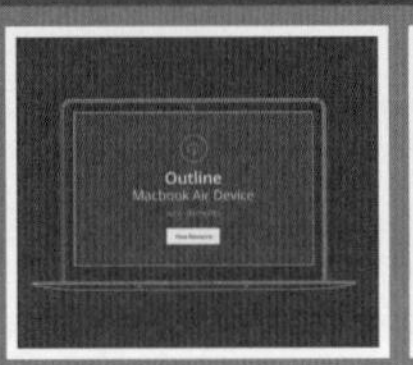

2.1 初步了解 Axure RP

Axure RP 是美国 Axure Software Solution 公司的旗舰产品，是一款专业的快速原型设计软件，让负责定义需求和规格、设计功能和界面的设计师能够快速创建应用软件或 Web 网站的线框图、流程图、原型和规格说明文档。

作为专业的原型设计软件，Axure RP 能快速并且高效地创建原型，同时还支持多人团队设计和版本控制管理，如图 2-1 所示。

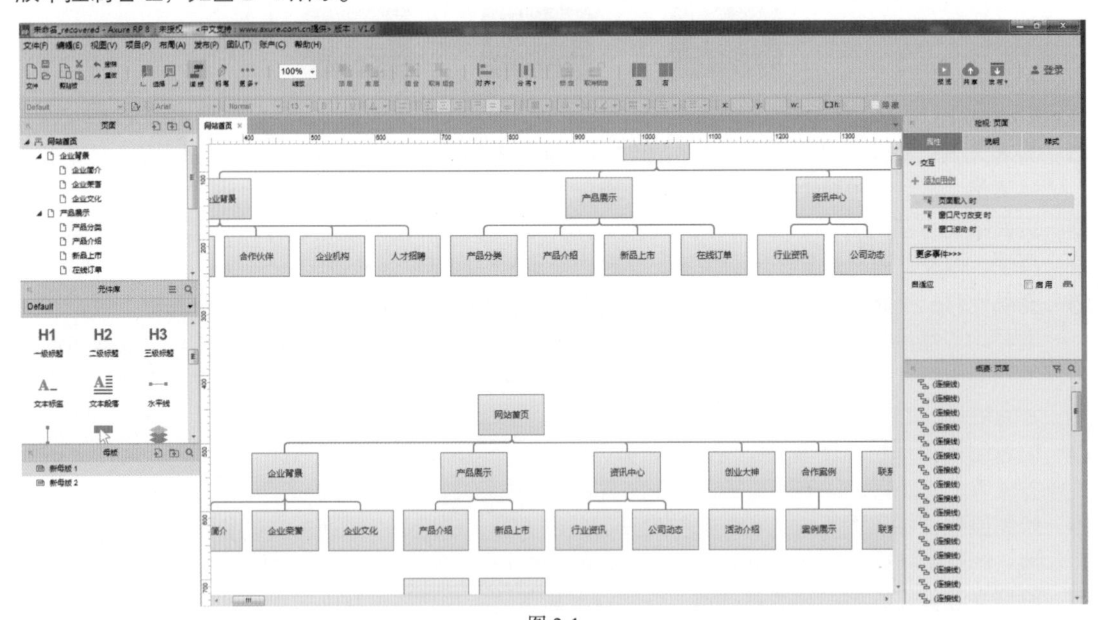

图 2-1

提示

Axure RP 是一款专业的快速原型设计工具。Axure 代表美国 Axure 公司，RP 则是 Rapid Prototyping(快速原型) 的缩写。

2.2 Axure RP 的下载与安装

在开始使用 Axure RP 8.0 之前，需要先将软件安装到本地计算机中，用户可以通过登录官方网址下载需要的软件版本，如图 2–2 所示。

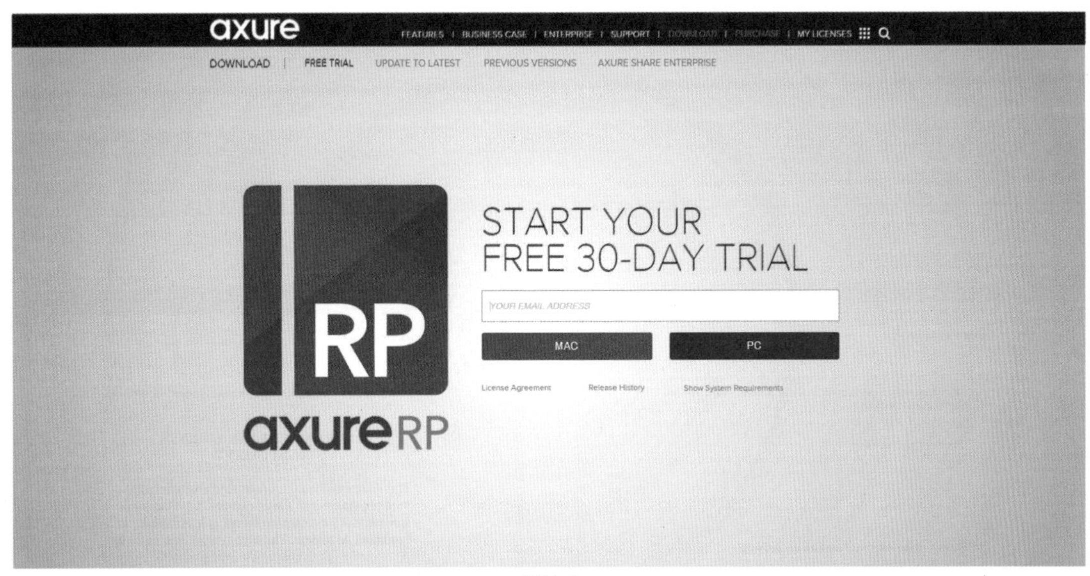

图 2-2

提示

官方下载页面：http://www.axure.com/download，进入页面后，可以看到 MAC 和 PC 两个按钮，用户可以选择相应的版本进行下载。

2.2.1 安装与下载软件

用户在下载页面中单击 MAC 或 PC 按钮，进行 Axure RP 软件的下载，下载完成后，下载页面如图 2–3 所示。

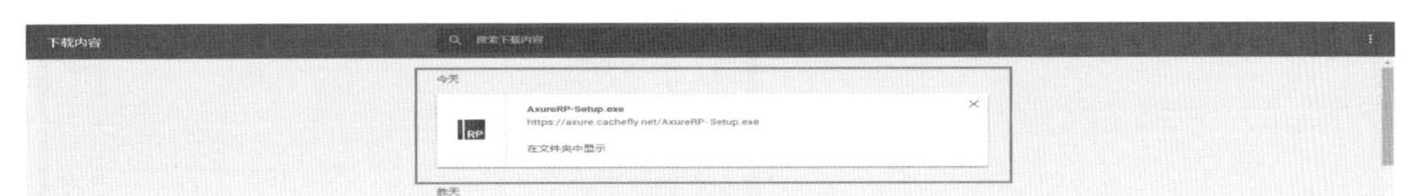

图 2-3

提示

不建议用户去第三方下载软件，因为除了有可能会被捆绑很多垃圾软件外，还有可能感染病毒。由于 Axure RP 8.0 没有发布中文版本，用户可以通过下载汉化版实现对软件的汉化。

实例 01——安装 Axure RP

在开始使用 Axure RP 8.0 之前，需要完成软件的安装。

01 在下载文件夹中双击 Axure-setup 文件，弹出安装 Axure RP 软件界面，如图 2-4 所示。单击 Next 按钮，进入 License Agreement（许可协议）对话框，认真阅读协议后，勾选“I Agree（我同意）”选项，如图 2-5 所示。

▶源文件：无

▶操作视频：视频\第2章\安装Axure RP.mp4

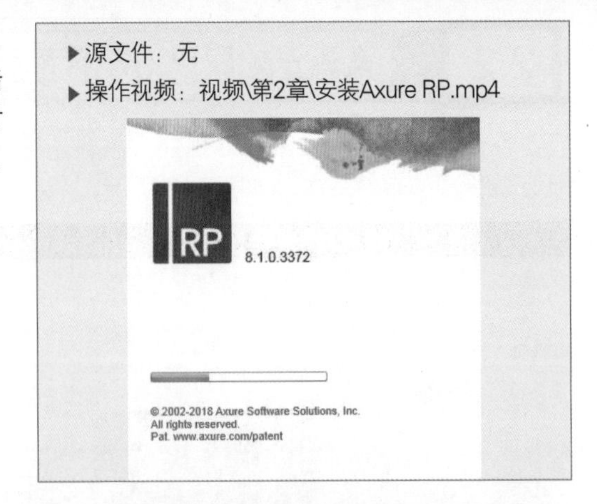

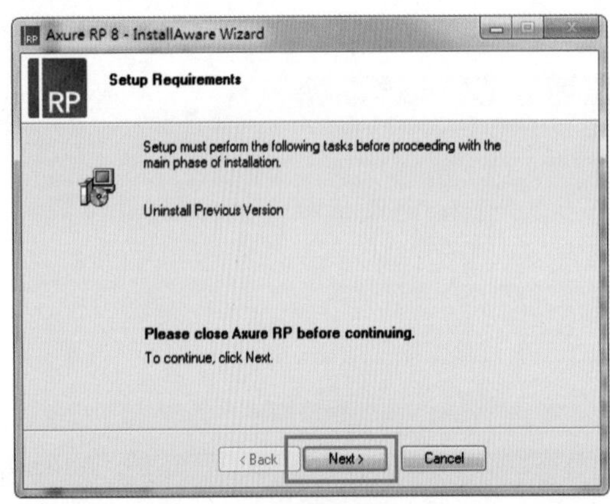

图 2-4

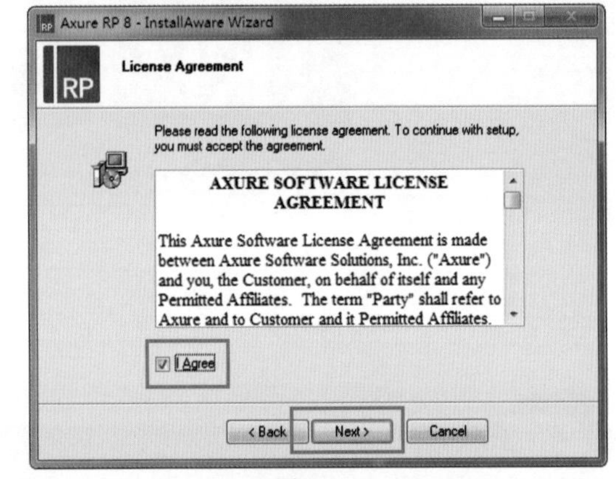

图 2-5

02 单击Next按钮，进入Select Destination（选择安装位置）对话框，如图2-6所示。设置安装地址，单击 Next 按钮，进入 Program Shortcuts（程序快捷方式）对话框，如图 2-7 所示。

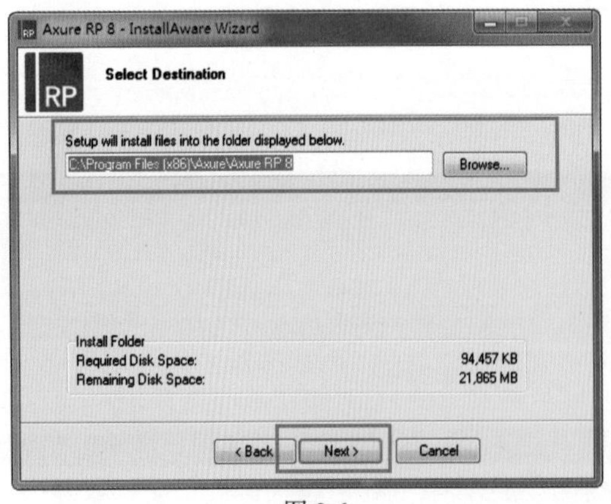

图 2-6

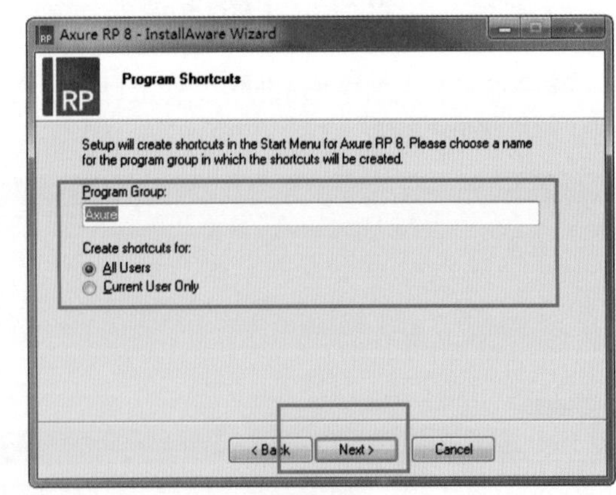

图 2-7

03 继续单击 Next 按钮，进入完成安装向导对话框，如图 2-8 所示。再次单击 Next 按钮，进入 Updating Your System（升级你的系统）对话框，开始软件的安装，如图 2-9 所示。

04 稍等片刻，单击 Finish（完成）按钮，即可完成软件的安装，如图 2-10 所示。用户会发现软件图标已出现在“开始”菜单中，如图 2-11 所示。

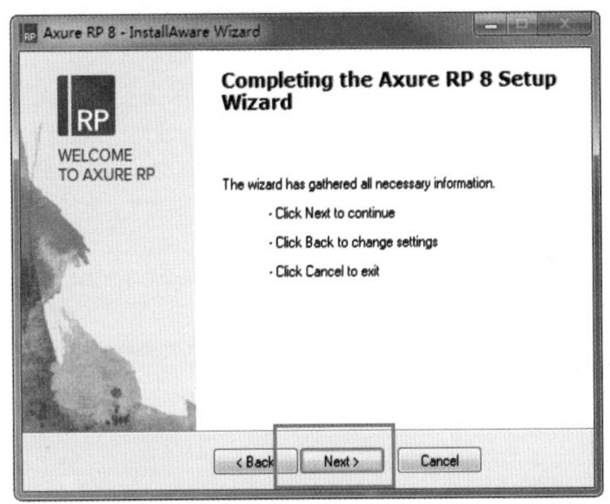

图 2-8

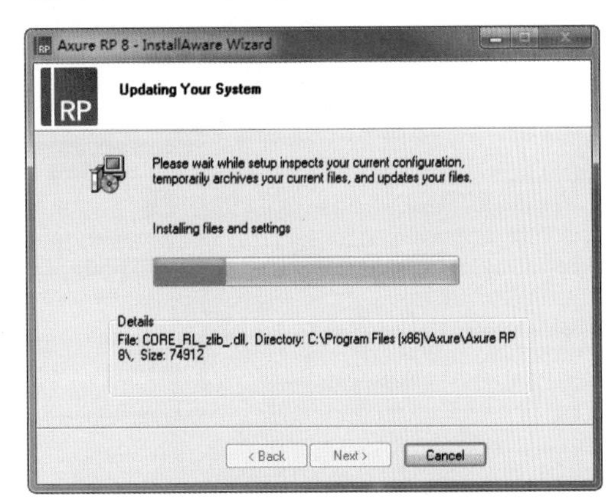

图 2-9

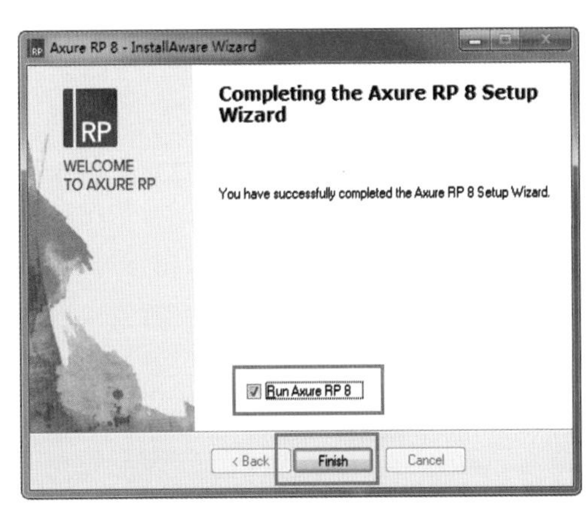

图 2-10

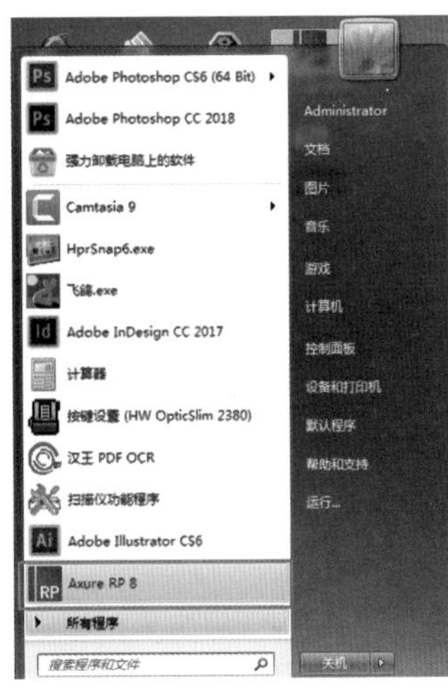

图 2-11

2.2.2 汉化及启动 Axure RP

下载的汉化包解压后通常会包含一个 lang 的文件夹，如图 2–12 所示。将该文件夹直接复制粘贴到 Axure RP 8.0 的安装目录下，如图 2–13 所示。重新启动软件，即可完成软件的汉化。

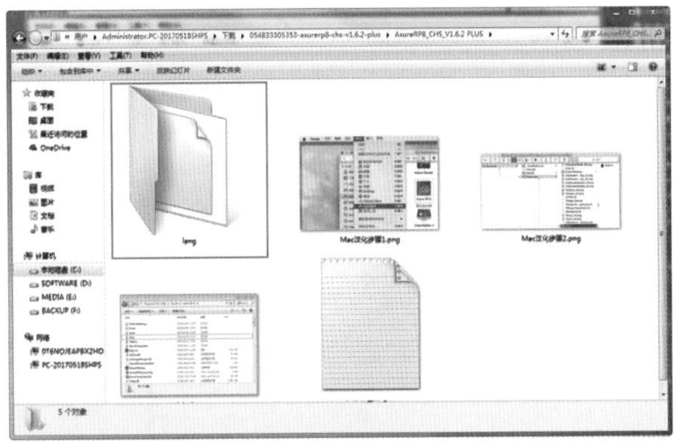

图 2-12

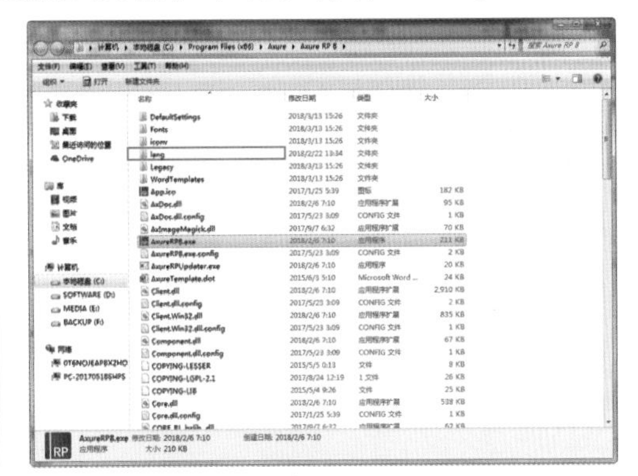

图 2-13

汉化完成后，用户可以通过双击桌面上的图标或单击“开始”菜单中的启动选项来启动软件，软件界面如图 2–14 所示。

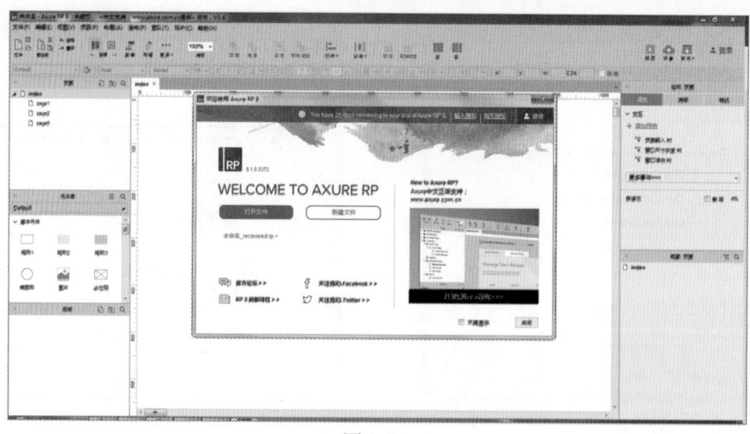

图 2-14

通常在第一次启动软件时，系统会自动弹出“管理授权”对话框，如图 2–15 所示。要求用户输入被授权人和授权密码，授权密码通常是在用户购买正版软件后获得。如果用户没有输入授权码，则软件只能使用 30 天，30 天后将无法正常使用。

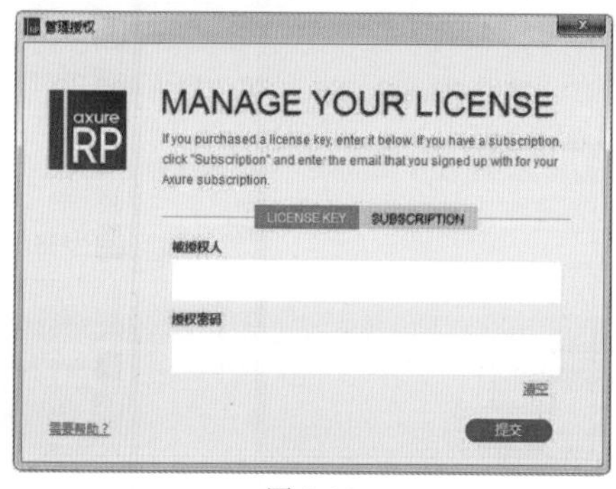

图 2-15

2.3 Axure RP 工作界面简介

相对于 Axure RP 7.0 来说，Axure RP 8.0 的工作界面发生了较大的变化，精简了很多区域，使软件变得更简单、更直接，方便用户使用。界面中各区域如图 2–16 所示。

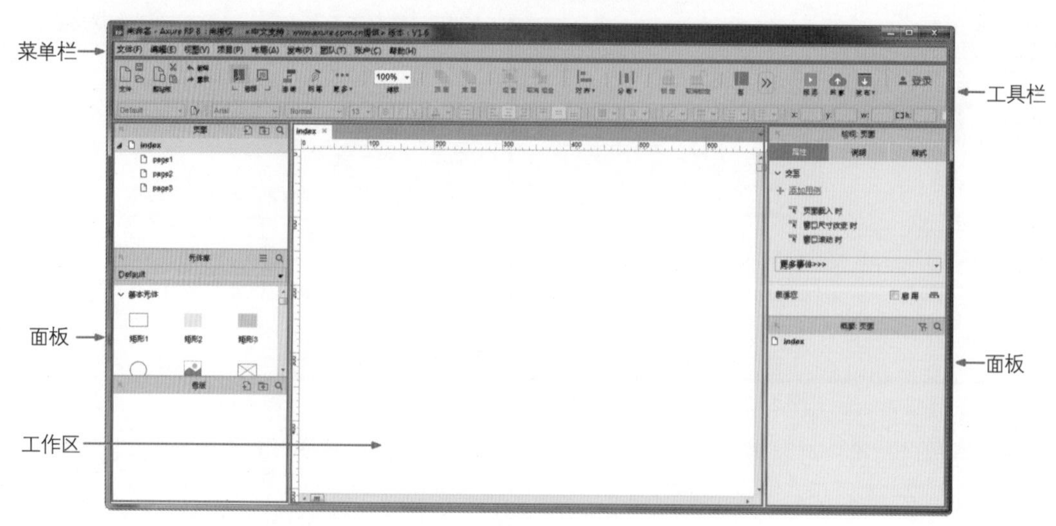

图 2-16

2.4 Axure RP 的菜单栏

菜单栏位于软件界面的最顶端标题栏的下方。按照功能划分为 9 个菜单，如图 2–17 所示。每个菜单中包含同类的操作命令。用户可以根据要执行的操作类型在对应的菜单下选择操作命令。

文件(F)　编辑(E)　视图(V)　项目(P)　布局(A)　发布(P)　团队(T)　账户(C)　帮助(H)

图 2-17

2.4.1 “文件”和“编辑”菜单

“文件”菜单下的命令可以实现文件的基本操作，例如新建、打开、保存和打印等功能，如图 2–18 所示。

“编辑”菜单下包含软件操作过程中的一些编辑命令，例如复制、粘贴、全选和删除等功能，如图 2–19 所示。

图 2-18

图 2-19

2.4.2 “视图”菜单

“视图”菜单下包含与软件视图显示相关的所有命令，例如工具栏、功能区和显示背景等功能，如图 2–20 所示。

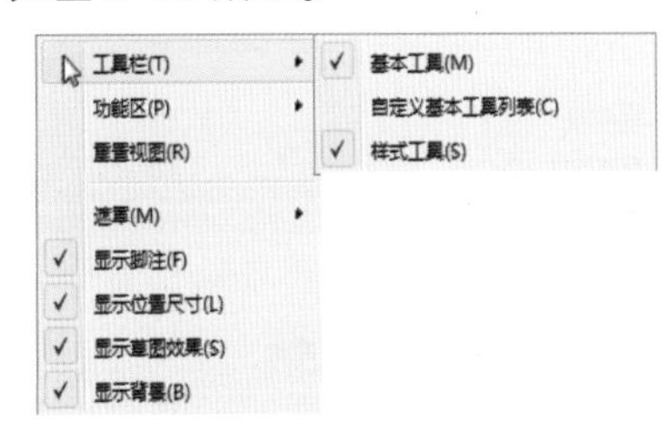

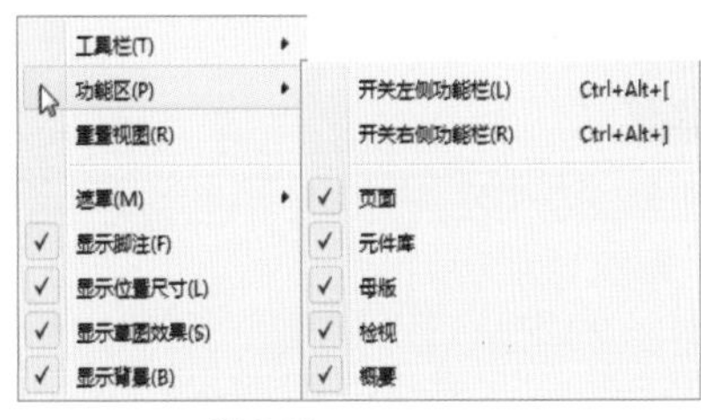

图 2-20

2.4.3 “项目”菜单

“项目”菜单下主要包含与项目有关的命令，例如元件样式编辑、全局变量和项目设置等功能，如图 2–21 所示。

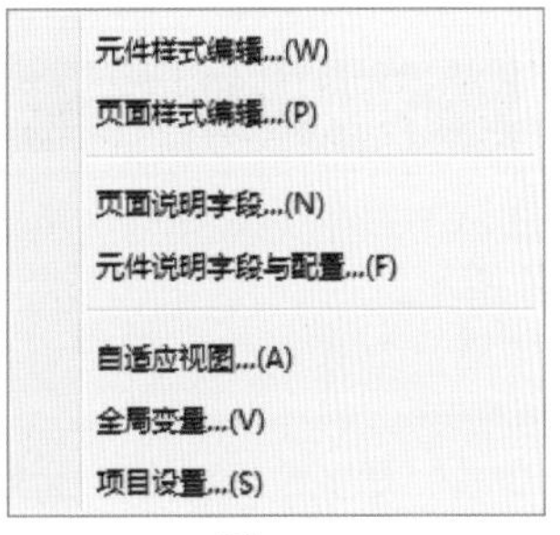

图 2-21

2.4.4 “布局”菜单

“布局”菜单下主要包含与页面布局有关的命令，例如组合、对齐、分布和锁定等功能，如图 2–22 所示。

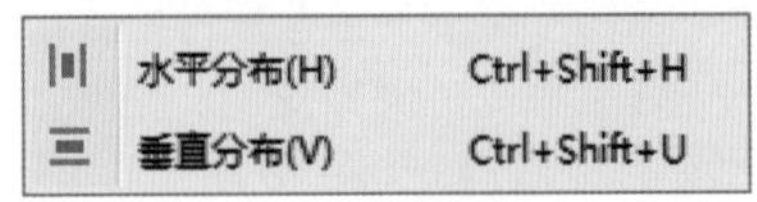

分布　　对齐

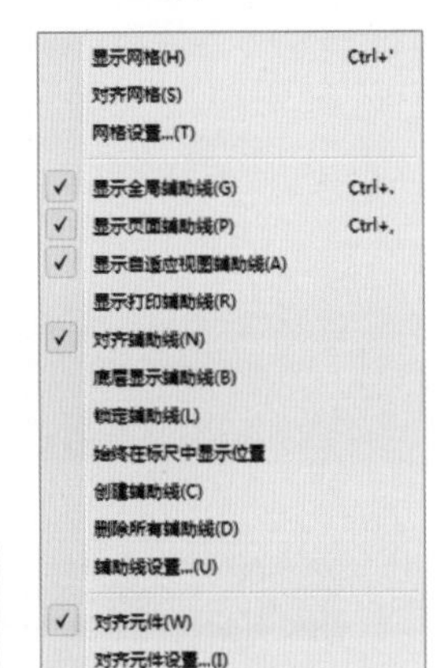

脚注　　锁定　　栅格和辅助线

图 2-22

2.4.5 “发布”菜单

“发布”菜单下主要包含与原型发布有关的命令，例如预览、预览选项和生成 HTML 文件等功能，如图 2–23 所示。

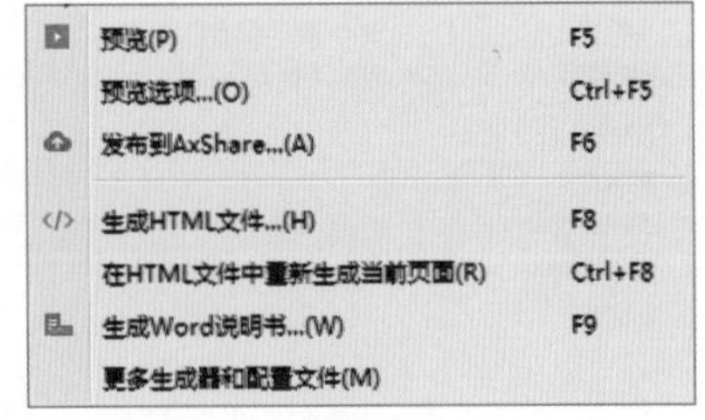

图 2-23

2.4.6 “团队”“账户”和“帮助”菜单

“团队”菜单下主要包含与团队协作相关的命令，例如从当前文件创建团队项目等命令，如图 2–24 所示。

在“账户”菜单下，用户可以登录 Axure RP 的个人账户，获得 Axure RP 的专业服务，如图 2–25 所示。

“帮助”菜单下主要包含与帮助有关的命令，例如在线培训教学和查找在线帮助等命令，如图 2–26 所示。

图 2-24

图 2-25

图 2-26

2.5 Axure RP 的工具栏

Axure RP 8.0 中的工具栏由上半部分的基本工具和下半部分的样式工具两部分组成，如图 2–27 所示。

图 2-27

2.5.1 基本工具

下面针对基本工具按钮进行介绍，关于每个基本工具的具体使用方法，将在本书的后面章节中详细讲解。

- **新建：**单击即可完成一个新文档的创建。
- **打开：**单击即可选择一个文档打开。
- **保存：**单击即可将当前文档保存。
- **复制：**单击将复制当前所选对象到剪贴板中。
- **剪切：**单击将剪切当前所选对象。
- **粘贴：**单击将剪贴板中的复制对象粘贴到页面中。
- **撤销：**单击撤销最近一步操作。
- **重做：**单击再次执行前面的操作。
- **选择：**有两种选择模式，分别是相交选中和包含选中。相交选中情况下，只要选取框与对象相交即可被选中，如图 2–28 所示。包含选中情况下，只有选取框将对象全部包含时，才能被选中，如图 2–29 所示。

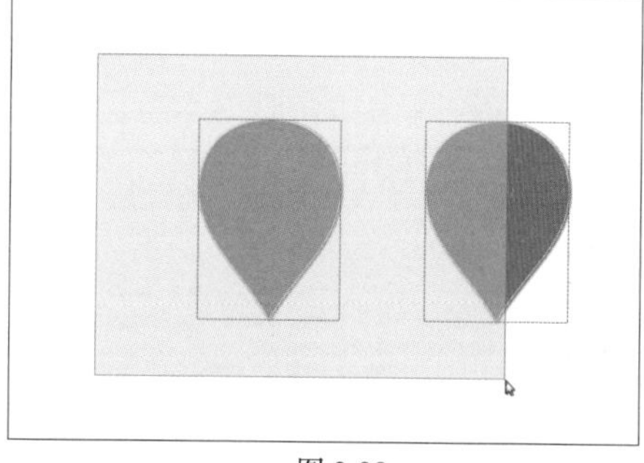

图 2-28

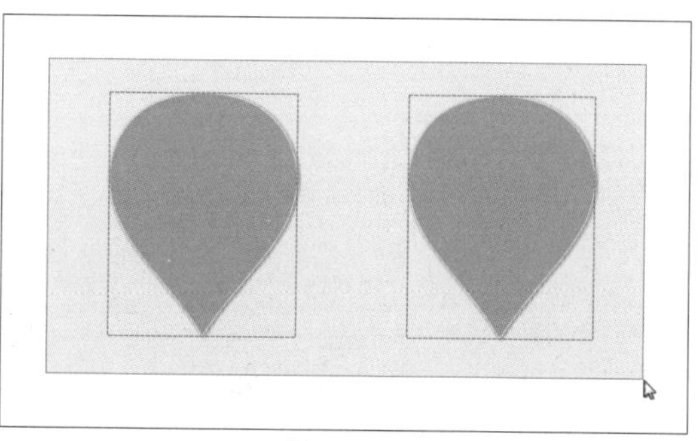

图 2-29

- **连接：**使用该工具可以将流程图元件连接起来，形成完整的流程图，如图 2–30 所示。
- **钢笔：**使用该工具可以任意绘制想要的图形，如图 2–31 所示。

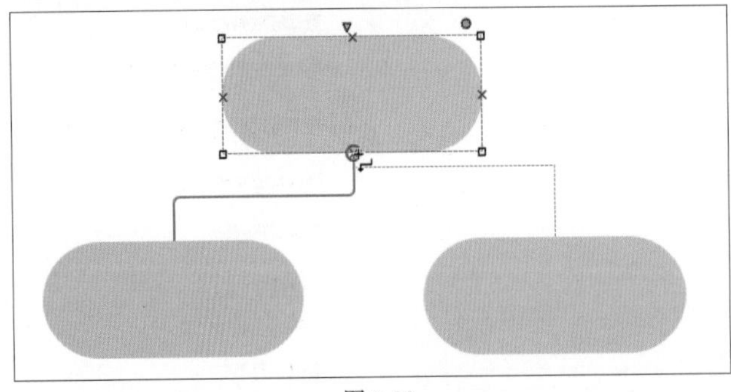

图 2-30

图 2-31

- **边界点：**使用“钢笔工具”绘制图形，或将元件转为自定义形状后，使用该工具可以完成对图形锚点的调整，获得更多的图形效果。
- **切割：**使用该工具可以完成元件的切割操作。当鼠标变为刀柄形状时，用户可根据自己的需求任意切割，如图 2–32 所示。

图 2-32

- **裁剪：**当选中对象为图像时，使用该工具缩减裁剪框，出现“裁剪”“剪切”“复制”“取消”选项，如图 2–33 所示。

裁剪 剪切 复制 取消

图 2-33

裁剪

剪切

复制粘贴

图 2-33(续)

- **连接点**：使用该工具可以调整元件默认的连接位置，如图 2–34 所示。

图 2-34

- **格式刷**：使用该工具可以快速地将设置好的样式指定给特定对象或全部对象，如图 2–35 所示。

图 2-35

- **缩放**：在此下拉列表中，用户可以选择视图的缩放比例，以查看不同缩放比例下的文件效果。
- **顶层**：当页面中同时有 2 个以上的元件时，可以通过单击该按钮，将选中的元件移动到其他元件顶部。
- **底层**：当页面中同时有 2 个以上的元件时，可以通过单击该按钮，将选中的元件移动到其他元件底部。
- **组合**：同时选中多个元件，单击该按钮，可以将多个元件组合成一个元件参与制作。
- **取消组合**：单击该按钮可以取消组合操作，组合对象中的每一个元件将变回单个对象。
- **对齐**：同时选中 2 个以上对象，可以在该下拉列表中选择不同的对齐方式对齐对象，如图 2–36 所示。
- **分布**：同时选中 3 个以上对象，可以在该下拉列表中选择水平分布或垂直分布，如图 2–36 所示。

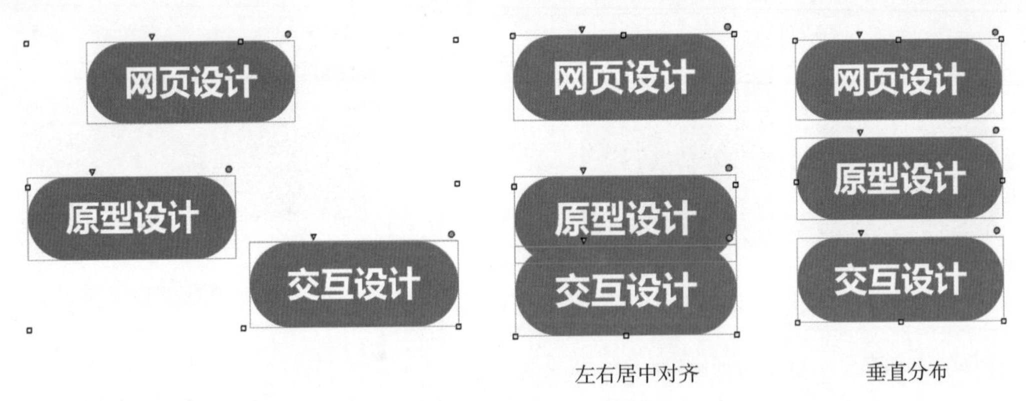

图 2-36

- **锁定**：单击该按钮，将锁定当前选中对象。锁定对象不再参与除选中以外的其他任何操作。
- **取消锁定**：单击该按钮，将取消当前选中对象的锁定状态。
- **左**：单击该按钮，将隐藏/显示视图中左侧面板。按快捷键 Ctrl+Alt+[也可以快速地隐藏/显示视图左侧面板，如图 2–37 所示。

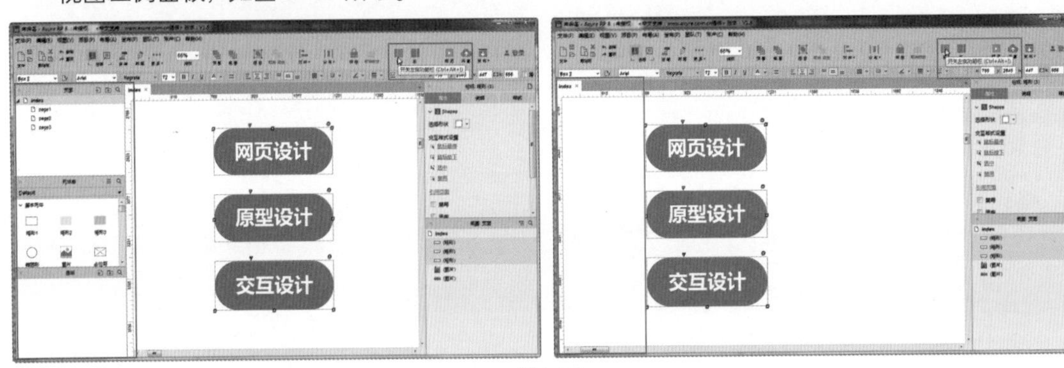

图 2-37

- **右**：单击该按钮，将隐藏/显示视图中右侧面板。按快捷键 Ctrl+Alt+] 也可以快速地隐藏/显示视图右侧面板，如图 2–38 所示。

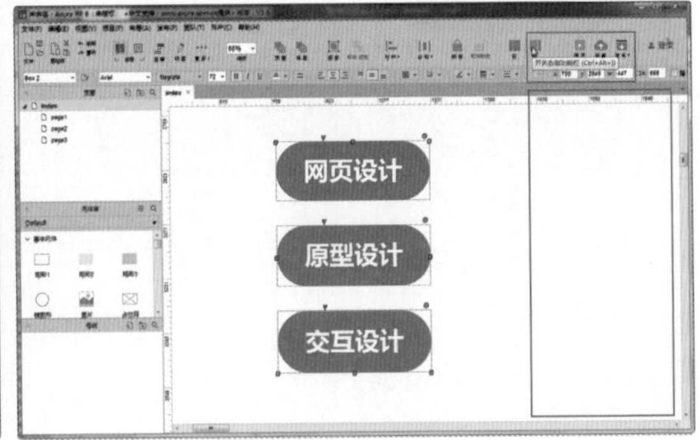

图 2-38

- **预览**：单击该按钮，将自动生成 HTML 预览文件。
- **共享**：单击该按钮，将自动将项目发布到 Axure Share 上，获得一个 Axure 提供的地址，以在不同设备上测试效果，如图 2–39 所示。
- **发布**：单击该按钮，将弹出与“发布”菜单相同的菜单，如图 2–40 所示。用户可根据需求选择命令。

图 2-39

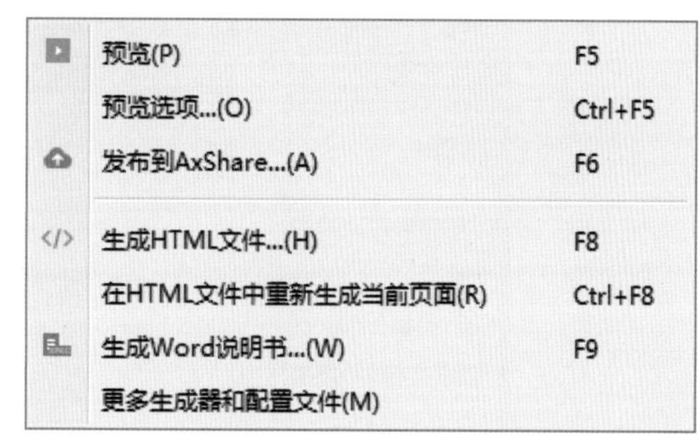

图 2-40

- **登录：**单击该按钮，将弹出“登录”对话框，如图 2-41 所示。用户可以选择输入邮箱和密码登录或者重新注册一个新账号。

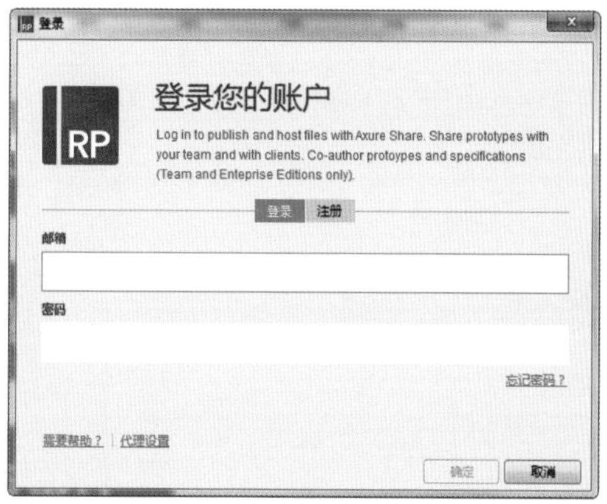

图 2-41

2.5.2 样式工具

样式工具可以设置文字的字体和字号、元件的颜色填充、元件的阴影和位置信息等样式，设计师通过设置这些样式可以使元件更加形象和逼真，从而促使原型设计和最后的产品更加接近。

> **知识链接：**
> 样式工具主要是为了方便元件样式设置的。具体功能将在本书的第 4 章中详细介绍。

2.6 Axure RP 的面板和工作区

Axure RP 的面板和工作区位于工具栏的下侧，从左到右分别是面板、工作区和面板，形成了工作区被面板包围的排列方式。

2.6.1 面板

在 Axure RP 8.0 中一共为用户提供了 5 个功能面板，分别是“页面”“元件库”“母版”“检视”和“概要”。默认情况下，这 5 个面板分为 2 组，分别排列于视图的两侧，如图 2-42 所示。

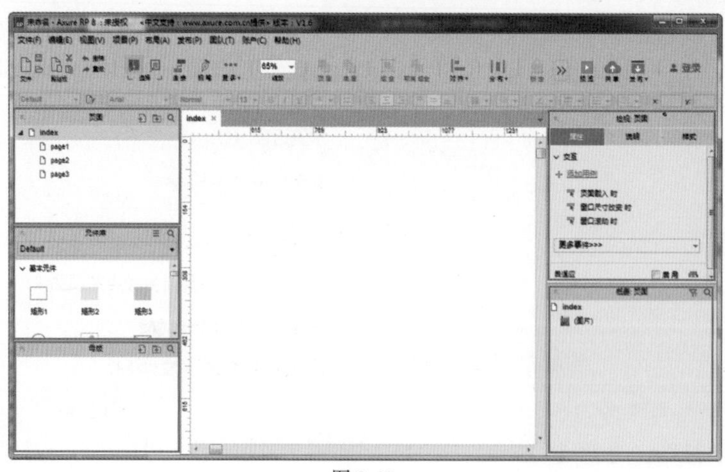

图 2-42

- **页面**：在该面板中可以完成有关页面的所有操作，如图 2–43 所示。例如新建页面、删除页面和查找页面等。
- **元件库**：在该面板中保存着 Axure RP 8.0 的所有元件，如图 2–44 所示。用户还可以在该面板中完成元件库的创建、下载和载入。
- **母版**：该面板用来显示页面中所有的母版文件，如图 2–45 所示。用户可以在该面板中完成各种有关母版的操作。

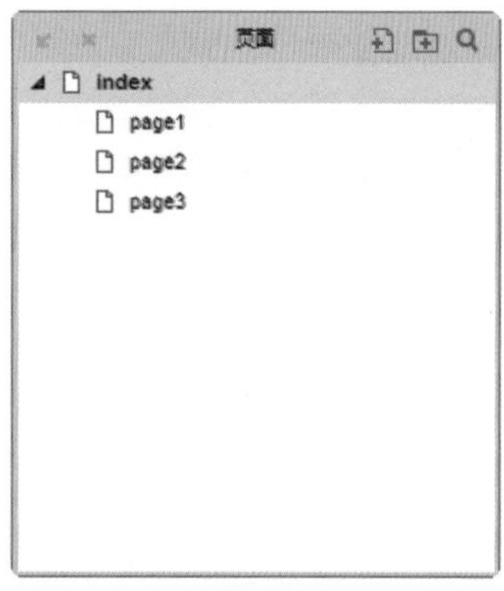

图 2-43

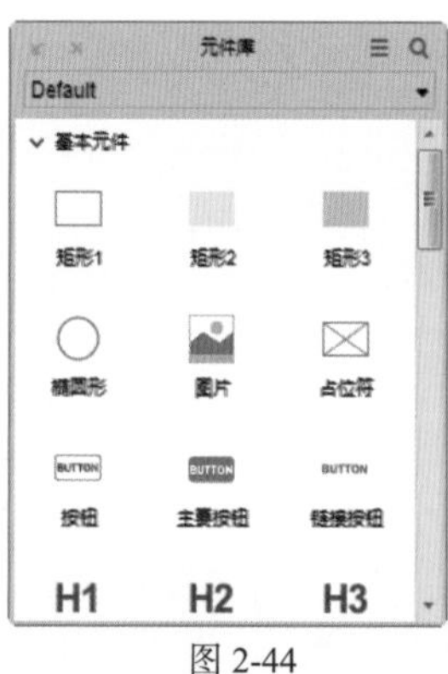

图 2-44

图 2-45

- **检视**：该面板中的内容会根据当前所选内容而发生改变，如图 2–46 所示。该面板是 Axure RP 8.0 中最重要的面板，大部分的元件效果和交互都在该面板中完成。
- **概要**：该面板中主要显示当前面板中的所有元件，如图 2–47 所示。用户可以很方便地在该面板中找到元件并对其进行各种操作。

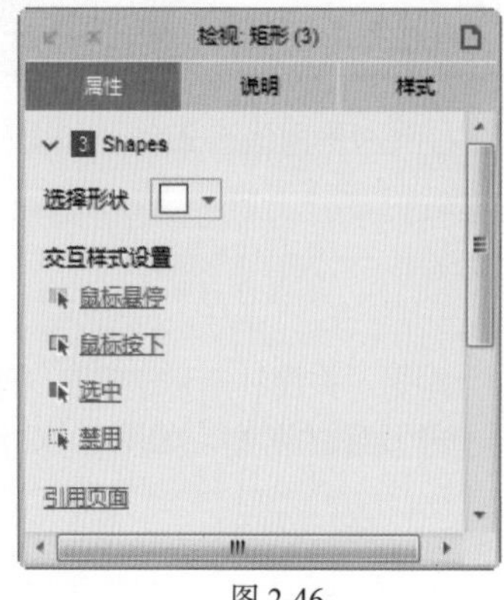

图 2-46

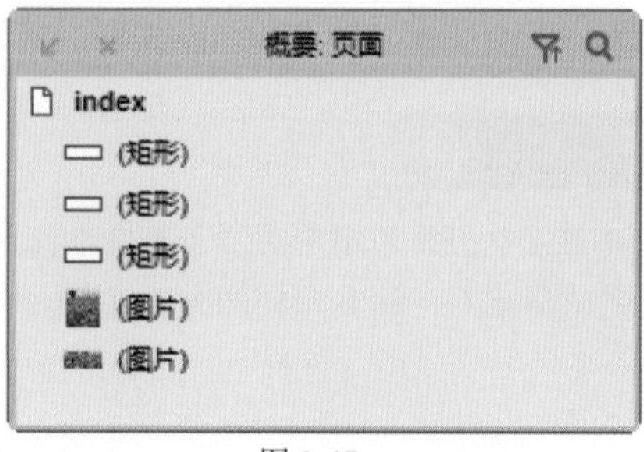

图 2-47

在面板名称上单击，即可实现面板的展开和收缩，如图 2–48 所示。这样便于用户在不同情况下最大化地显示某个面板，便于操作。拖动面板组的边界，可以任意调整面板的宽度，获得个人满意的视图效果，如图 2–49 所示。

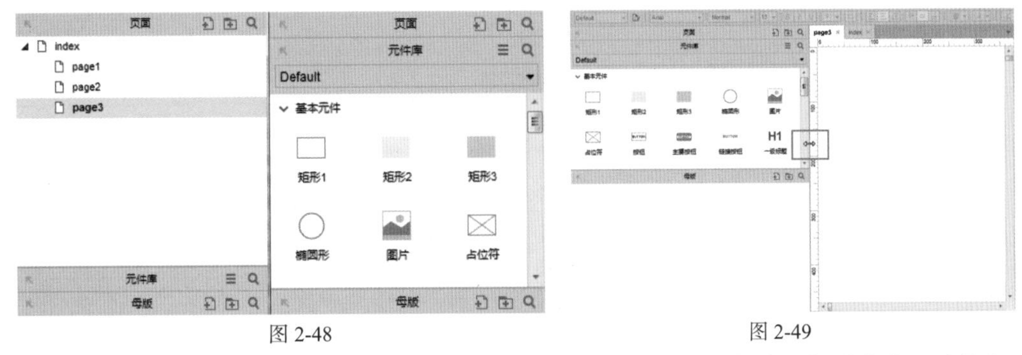

图 2-48　　　　图 2-49

每个面板的左上角都有一个“弹出”图标，单击该图标，即可将该面板弹出为浮动状态。浮动后的面板在左上角出现“停靠”和“关闭”两个图标。单击“停靠”图标，面板则恢复到初始位置。单击“关闭”按钮，则会关闭当前面板。这样的操作，可以使用户获得更为自由的工作界面。

关闭后的面板如果想要再次显示，用户可以通过执行“视图”>“功能区”命令，在子菜单中选择想要显示的面板即可，如图 2–50 所示。

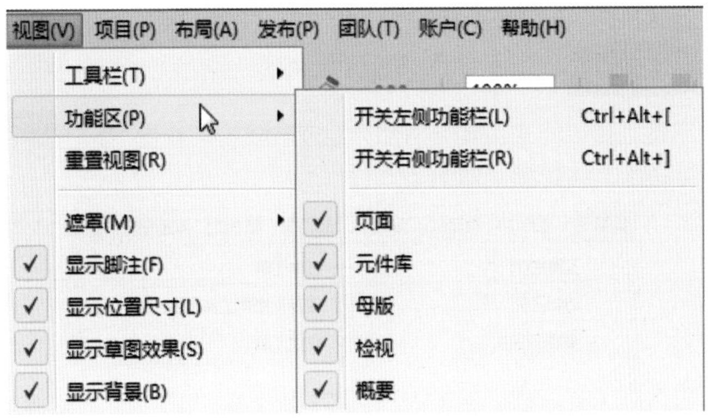

图 2-50

2.6.2 工作区

工作区是 Axure RP 8.0 创建原型的地方。当用户新建一个页面后，在工作区的左上角将显示页面的名称，如图 2–51 所示。如果用户同时打开多个页面文件，则工作区将以卡片的形式将所有页面排列在一起，如图 2–52 所示。

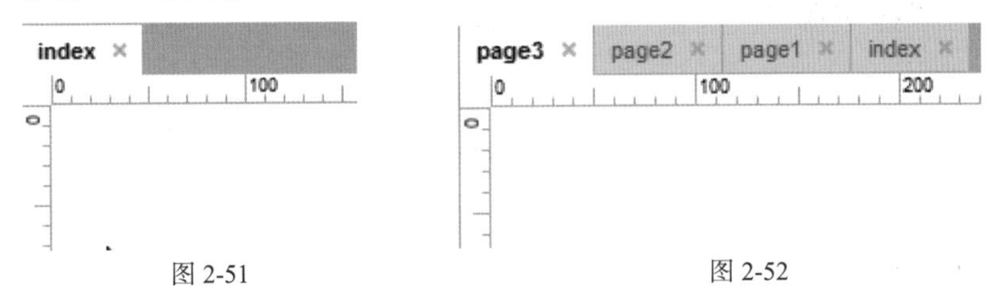

图 2-51　　　　图 2-52

提示

单击页面名即可快速切换到当前页面中。通过拖动的方式，可以调整页面显示的顺序。单击页面名右侧的图标，将关闭当前文件。

当页面过多时，用户可以通过单击工作区右上角的“选择与管理标签”按钮，在弹出的下拉菜单中选择命令，执行关闭标签、关闭全部标签、关闭其他标签和跳转到其他页面的操作，如图 2–53 所示。

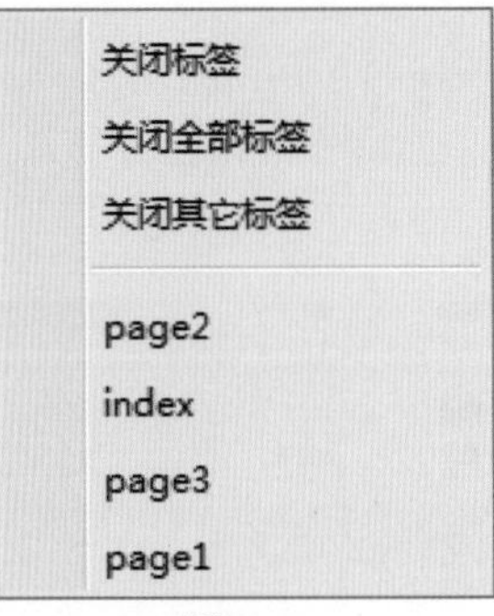

图 2-53

2.7 自定义工作界面

每个用户的操作系统都不相同，Axure RP 8.0 为了照顾到所有用户的操作习惯，允许用户根据个人喜好自定义工具栏和工作面板。

2.7.1 自定义工具栏

工具栏由“基本工具”和“样式工具”两部分组成。执行“视图”>“工具栏”命令，取消对应菜单前面的选择，即可将该工具隐藏，如图 2–54 所示。

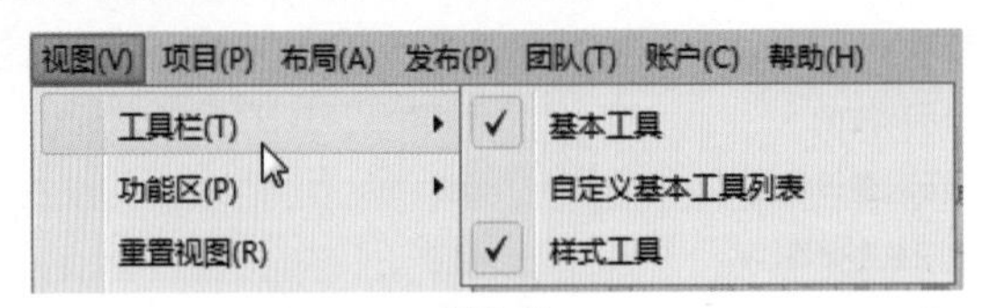

图 2-54

实例 02——自定义工作列表

由于每个用户和设计师的个人操作习惯不同，Axure RP 的开发者为使用者提供了自定义工作区的功能。

▶源文件：无

▶操作视频：视频\第2章\自定义工作列表.mp4

01 执行“视图”>“工具栏”>“自定义基本工具列表”命令，弹出如图 2–55 所示的对话框。其中显示在工具栏上的工具都显示为被选中状态。

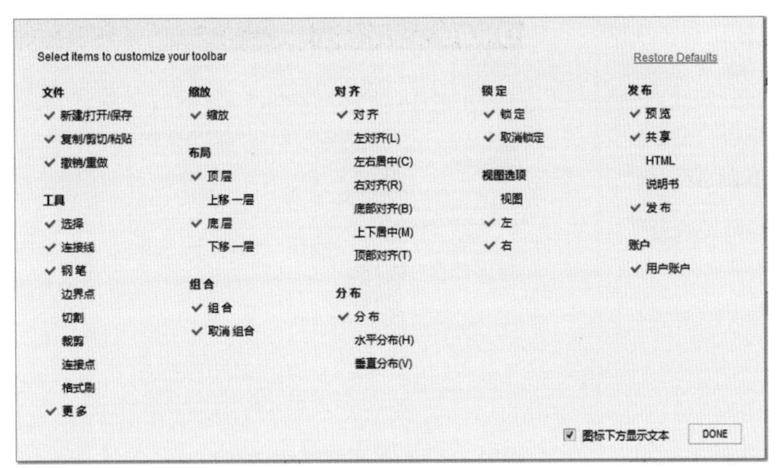

图 2-55

02 用户可以根据个人的操作习惯，取消或者勾选工具选项，自定义工具栏，单击 DONE 按钮，自定义效果如图 2–56 所示。

03 取消勾选“图标下方显示文本”复选框，则工具栏上工具下方将不再显示文本，工具栏显示效果如图 2–57 所示。

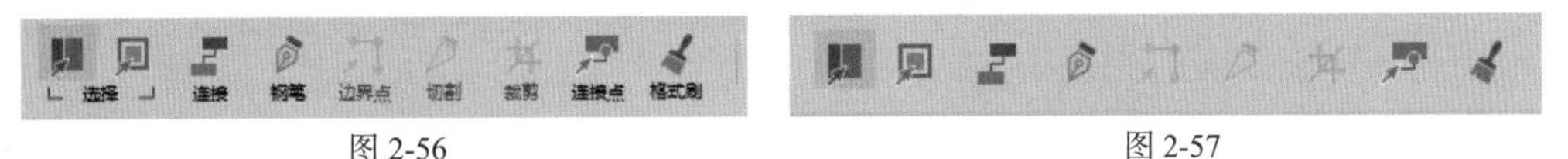

图 2-56　　　　图 2-57

2.7.2 自定义工作面板

用户也可以通过执行“视图”>“功能区”命令，选择需要显示的面板，如图 2–58 所示。具体的操作方法，已经在前面讲过，此处不再赘述。

用户可以执行“视图”>“重置视图”命令，如图 2–59 所示。将操作造成的混乱视图重置为最初的界面布局。重置后的视图将恢复到默认视图状态。

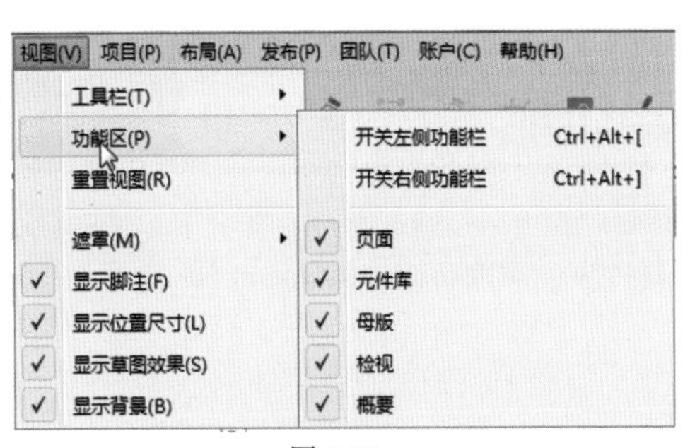

图 2-58

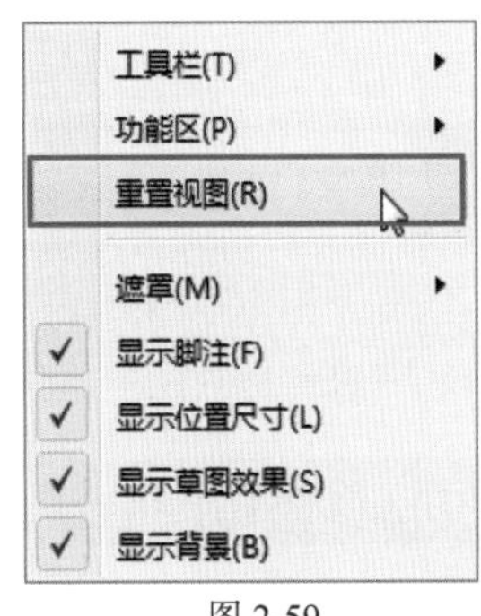

图 2-59

2.8 使用 Axure RP 的帮助资源

用户在使用 Axure RP 8.0 软件的过程中，如果遇到问题，可以通过“帮助”菜单解答，如图 2–60 所示。

初学者可以执行“在线培训教学”命令，进入 Axure RP 8.0 的教学频道，跟着网站视频学习软件的使用，如图 2–61 所示。执行“查找在线帮助”命令来解决一些操作中遇到的问题。执行“进入 Axure 论坛”命令可以快速加入 Axure 大家庭，与世界各地的 Axure 用户分享软件使用的心得。

图 2-60

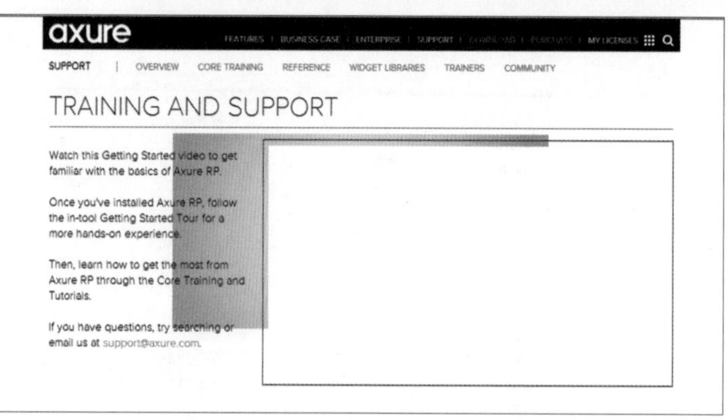

图 2-61

用户在使用中如果遇到一些软件错误，或者提出一些建议，可以执行“提交意见或软件错误”命令，在“提交反馈”对话框中填写相关信息，如图 2-62 所示。将意见和错误发送给软件开发者，共同提高软件的稳定性和安全性。

执行“打开欢迎界面”命令，可以再次打开“欢迎界面”对话框，方便用户快速创建和打开文件，如图 2-63 所示。

图 2-62

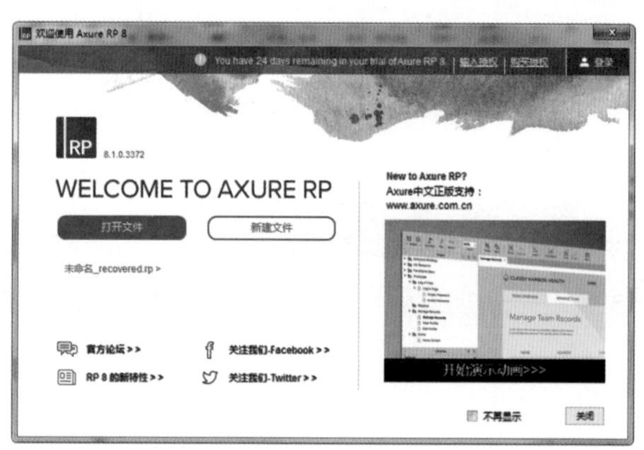

图 2-63

2.9 Axure RP 的主要功能

使用 Axure RP，可以在不写任何一条 HTML 和 JavaScript 语句的情况下，通过创建文档以及相关条件和注释，一键生成 HTML 演示页面。具体来说用户可以使用 Axure RP 完成以下功能。

2.9.1 绘制网站结构图

Axure RP 8.0 可以快速绘制树状的网站构架图，而且可以让构架图中的每一个页面节点直接连接到对应网页，如图 2-64 所示。

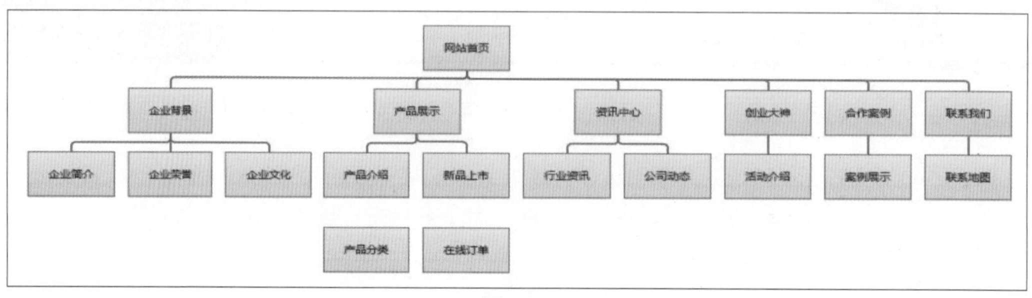

图 2-64

2.9.2 绘制网页示意图

Axure RP 8.0 内建了许多会经常使用到的元件，例如按钮、图片、文字面板、选择钮、下拉式菜单等。使用这些元件可以轻松地绘制各种示意图，如图 2–65 所示。

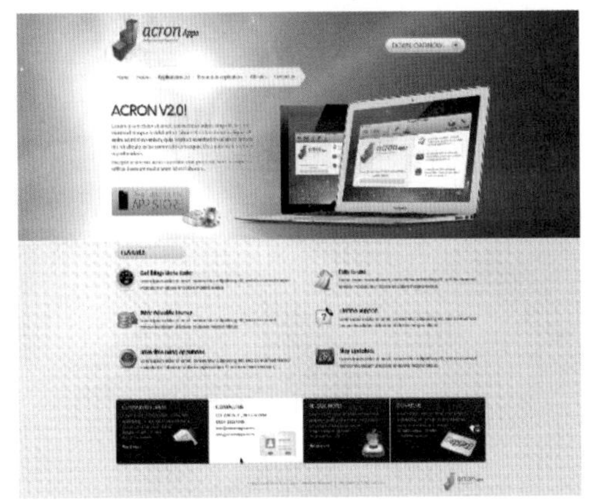

图 2-65

2.9.3 绘制流程图

Axure RP 8.0 中提供了丰富的流程图元件，用户可以很容易地绘制出流程图，轻松地在流程图之间加入连接线并设定连接的格式，如图 2–66 所示。

需求分析
产品原型
低保真原型
高保真原型
目的
目的
目的
目的
验证交互思路
快速沟通
最终交互展现
视觉开发参考
产出物
产出物
草图
原型
视觉设计
技术开发
发布维护

图 2-66

2.9.4 实现交互设计

在 Axure RP 8.0 中，可以模拟实际操作中的交互效果。通过使用“用例编辑”对话框中的各项动作，快速地为元件添加一个或多个事件产生动作，包括 OnClick、OnMouseOver 和 OnMouseLeave 等，如图 2–67 所示。

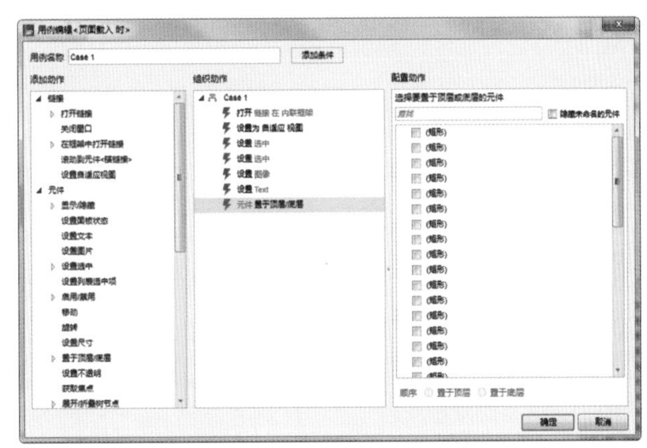

图 2-67

2.9.5 原型输出

Axure RP 8.0 可以将线框图直接输出成符合 Internet Explorer 或 Firefox 等不同浏览器的 HTML 项目。

Axure RP 8.0 可以输出 Word 格式的文件，文件包含目录、网页清单、网页和附有注解的原版、注释、交互和元件特定的资讯，以及结尾文件（例如：附录），规格的内容与格式也可以依据不同的阅读对象来变更。

第3章 页面设置与自适应视图

在开始学习原型设计前，用户应先了解 Axure RP 的页面基本管理和设置，以及软件所提供的各种辅助工具，以便在今后的设计中创建出符合规范的站点，同时应深刻理解自适应视图设置在网页输出时的必要性，为设计和制作辅助的互联网模型打下基础。

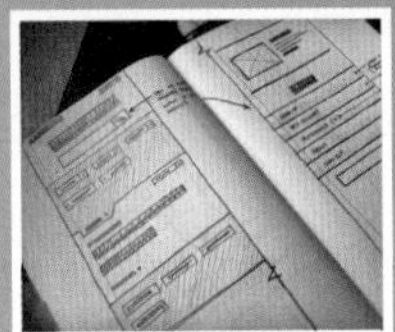
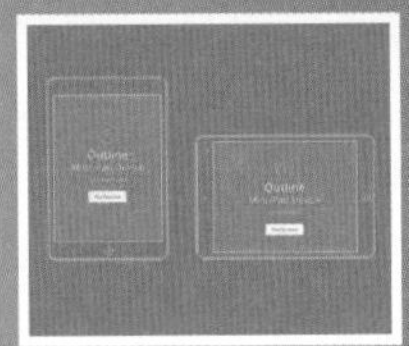

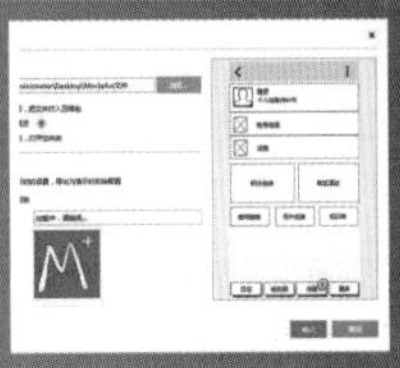

3.1 使用欢迎界面

双击Axure RP 8.0图标，启动后会自动弹出欢迎使用软件界面，如图 3–1 所示。在该页面中用户可以通过单击“新建文件”按钮，新建一个 Axure 文件。单击“打开文件”按钮，打开一个 .rp 格式的文件，再次编辑修改。

图 3-1

对话框的左侧中间部分显示了最近操作的5个文件，用户单击即可快速打开。右侧为用户提供了学习使用的“练习资料”，帮助用户快速掌握软件的使用。用户也可以通过访问 Axure 论坛、Axure 博客和 Axure 支持，获得更多的资源，如图 3–2 所示。

图 3-2

提示

勾选“不再显示”复选框，下次启动 Axure RP 8.0 时，欢迎界面将不会显示。执行“帮助” > “打开欢迎界面”命令，即可再次打开该页面。

3.2 新建和设置 Axure RP 文件

在开始创建原型之前，首先要创建一个新文件，确定原型的内容和应用领域，这样才能保证最终成型的原型设计的准确性。不了解清楚用途就贸然开始制作，浪费时间不说，还会造成不可预估的损失。

除了通过软件欢迎界面新建文件外，用户还可以通过执行“文件”>“新建”命令或者单击工具栏上的“新建”按钮，完成文件的新建，如图 3–3 所示。

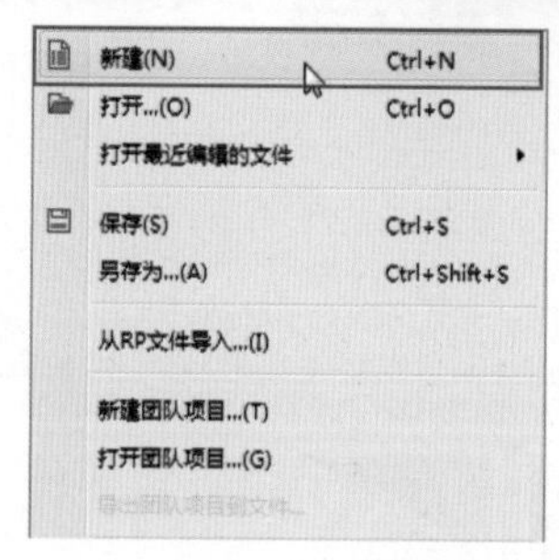

图 3-3

3.2.1 纸张尺寸与设置

此命令是 Axure RP 8.0 新增的功能，用来帮助用户更加方便快捷地设置文件尺寸和属性。执行“文件”>“纸张尺寸与设置”命令，即可打开“纸张尺寸与设置”对话框，如图 3–4 所示。

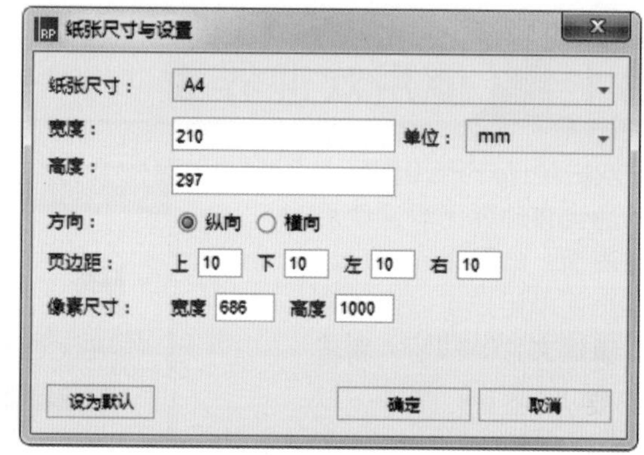

图 3-4

- **纸张尺寸**：用户可以从下拉列表中选择预设的纸张尺寸，也可以通过选择“自定义”选项，手动输 入自定义尺寸，如图 3–5 所示。
- **宽度 / 高度**：用来显示新建文档的尺寸，也可用来输入自定义的纸张宽、高尺寸。
- **单位**：选择英寸或毫米作为宽、高、页边距使用的测量单位。
- **方向**：选择竖向或横向的纸张朝向。
- **页边距**：指定纸张上、下、左、右方向上的外边距值，如图 3–6 所示。
- **像素尺寸**：指定每个打印纸张的像素尺寸。
- **设为默认**：将当前尺寸设置为默认尺寸，下次新建文件时自动显示。

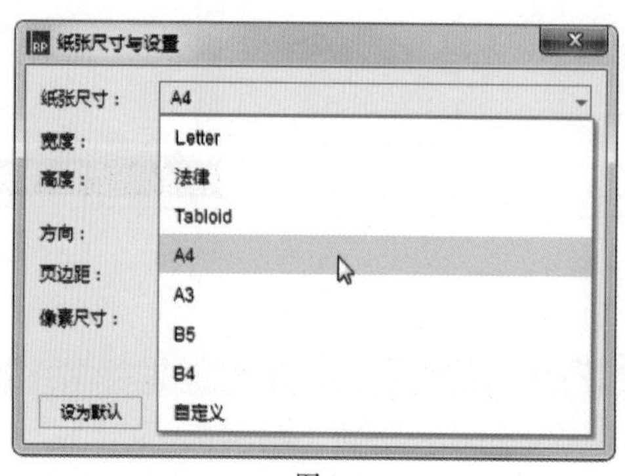

图 3-5

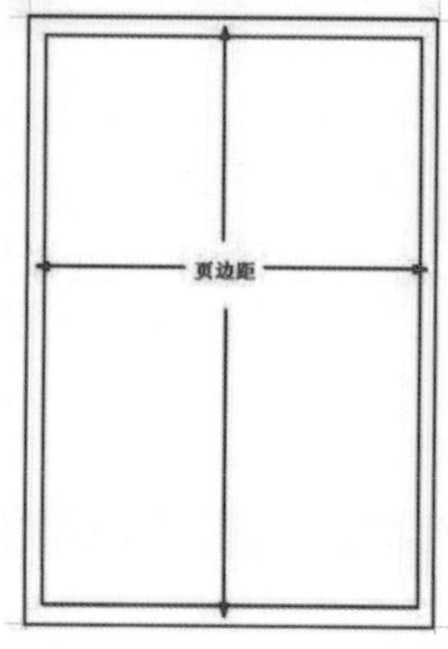

图 3-6

提示

像素尺寸将自动保持宽高比，其宽高比将适配为打印纸张尺寸减去页边距后的宽高比。

3.2.2 文件储存

执行“文件” > “保存”命令，弹出“另存为”对话框，如图 3–7 所示。输入“文件名”，选择“保存类型”后，单击“保存”按钮，即可完成文件的保存操作。

当前文件已经保存过了，再执行“文件” > “另存为”命令，即可弹出“另存为”对话框，如图 3–8 所示。“另存为”命令通常是为了获得文件的副本，或者重新开始一个新的文件。

图 3-7

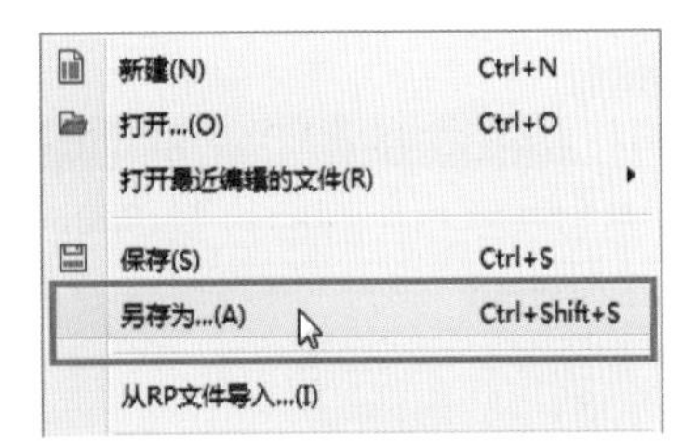

图 3-8

在制作原型过程中，一定要做到经常保存，避免由于系统错误或软件错误导致软件关闭，造成不必要的损失。

提示

用户也可以单击工具栏上的“保存”按钮或者按下快捷键 Ctrl+S 实现对文件的保存，按下快捷键 Ctrl+Shift+S 实现另存为操作。

3.2.3 启动和回复自动备份

为了保证用户不会因为计算机死机或软件崩溃等问题未保存，而造成不必要的损失，Axure RP 8.0 为用户提供了“自动备份”的功能。

实例 03——使用自动备份恢复数据

该功能与 Word 中的自动保存功能一样，会按照用户设定的时间自动保存文档。

01 执行“文件” > “自动备份设置”命令，弹出“备份设置”对话框，如图 3–9 所示。勾选“启用备份”复选框，即可启动自动备份功能。在“备份间隔”文本框中输入希望间隔保存的时间即可。

▶源文件：无

▶操作视频：视频\第3章\使用自动备份恢复数据.mp4

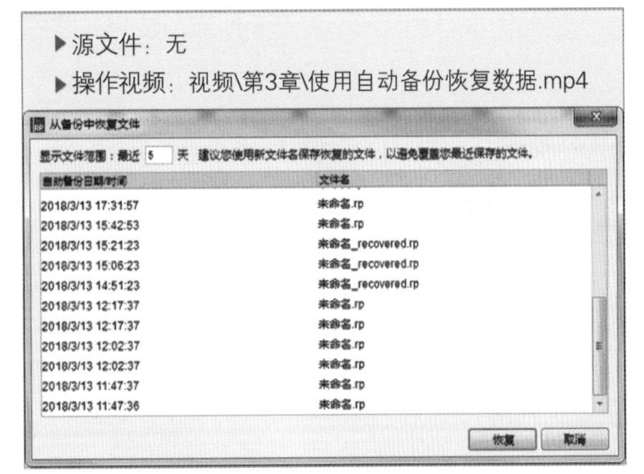

02 执行“文件”>“从备份中恢复”命令，在弹出的“从备份中恢复文件”对话框中设置文件恢复的时间点，如图 3-10 所示。选择自动备份日期后，单击“恢复”按钮，即可完成文件的恢复操作。

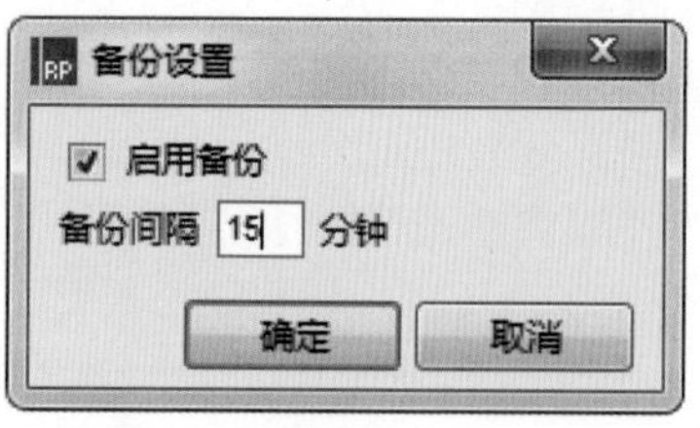

图 3-9

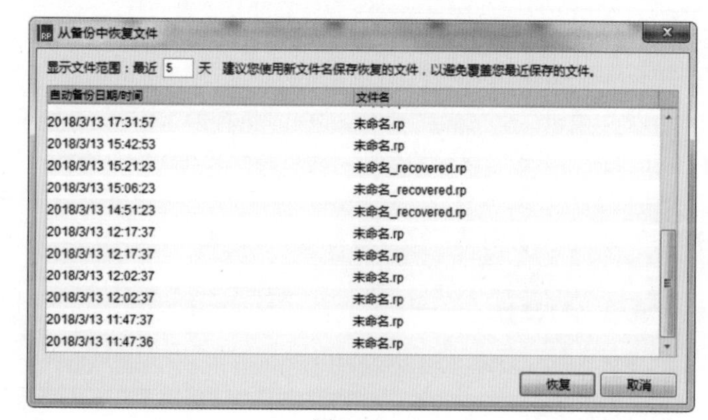

图 3-10

提示

如果用户在操作过程中软件出现意外，需要恢复自动备份时的数据，可以执行上面的操作。

3.2.4 储存格式

Axure RP 支持 3 种文件格式，分别是 RP 文件格式、RPPRJ 文件格式和 RPLIB 文件格式。不同的文件格式使用方式不同。

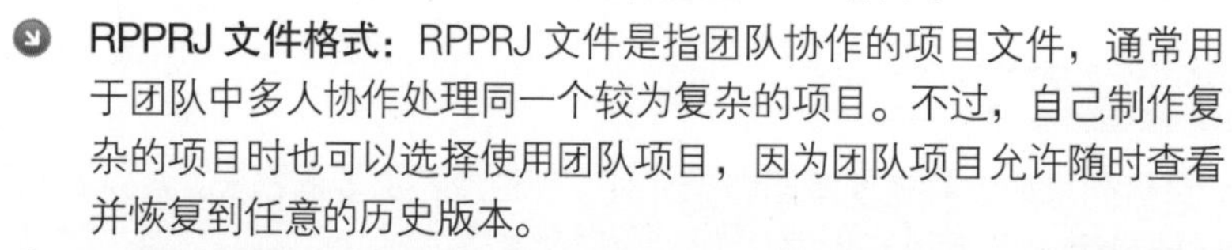

- **RP 文件格式：** RP 文件格式是指单一用户模式，是设计师使用 Axure 进行原型设计时创建的单独的文件，是 Axure 的默认存储文件格式。以 RP 格式保存的原型文件，是作为一个单独文件存储在本地硬盘上的。这种 Axure 文件与其他应用文件，如 Excel、Visio 和 Word 文件完全相同，文件图标如图 3-11 所示。

图 3-11

- **RPPRJ 文件格式：** RPPRJ 文件是指团队协作的项目文件，通常用于团队中多人协作处理同一个较为复杂的项目。不过，自己制作复杂的项目时也可以选择使用团队项目，因为团队项目允许随时查看并恢复到任意的历史版本。
- **RPLIB 文件格式：** RPLIB 文件是指自定义元件库模式，该文件格式用于创建自定义的元件库。用户可以到网上下载 Axure 元件库使用，也可以自己制作自定义元件库并将其分享给其他成员使用，文件图标如图 3-12 所示。关于元件库的使用，将在本书的第 4 章中详细介绍。

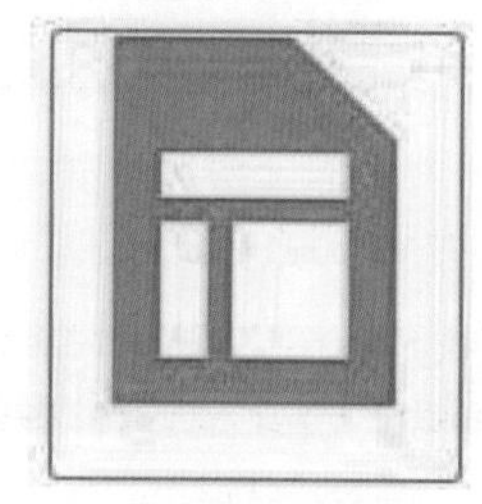

图 3-12

3.3 “页面”面板

新建 Axure RP 8.0 文件后，软件将自动为用户创建 4 个页面，包括 1 个主页和 3 个二级页面，用户可以在“页面”面板中查看，如图 3-13 所示。

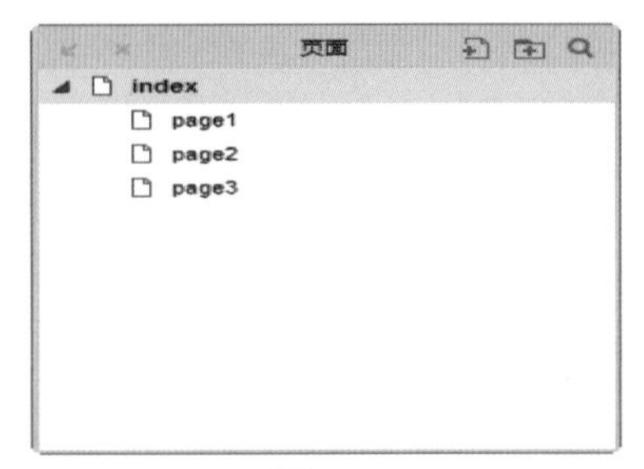

图 3-13

每个页面都有一个名字，为了便于查找制作，用户可以为页面重新指定名称。选择页面，在该页面名上单击，即可重命名该页面。

提示

为页面命名时，每一个名字应该都是独一无二的，而且页面的名字要可以清晰地说明每个页面的内容，这样原型才更容易被理解。

3.3.1 添加和删除页面

在 Axure RP 中，开发者为使用者提供了方便管理各种页面的“页面”面板。在“页面”面板上，用户可以任意添加和删除页面。

实例 04——为文件创建和删除页面

默认情况下，一个新的文件包含 4 个页面，想要创建新的页面时，需要用户在“页面”面板上单击“添加页面”按钮，或者选中某个页面单击鼠标右键后，在弹出的快捷菜单中选择相应的命令。

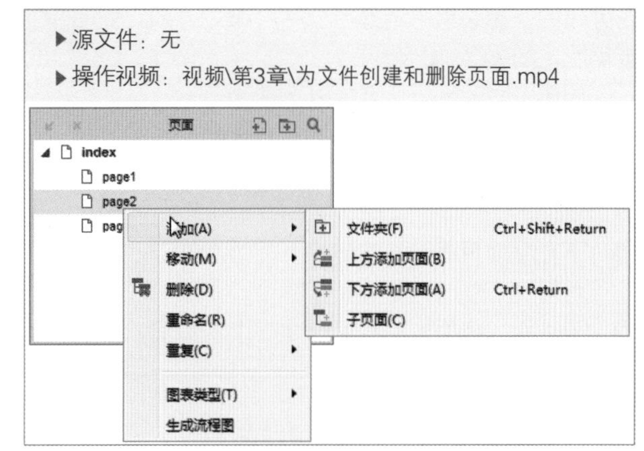

01 如果用户需要添加页面，可以单击“页面”面板右上角的“添加页面”按钮，即可完成页面的添加，页面效果如图 3–14 所示。

02 为了方便对页面的管理，通常会将同类型的页面放在一个文件夹下，单击“页面”面板右上角的“添加文件夹”按钮，如图 3–15 所示。即可完成文件夹的添加，如图 3–16 所示。

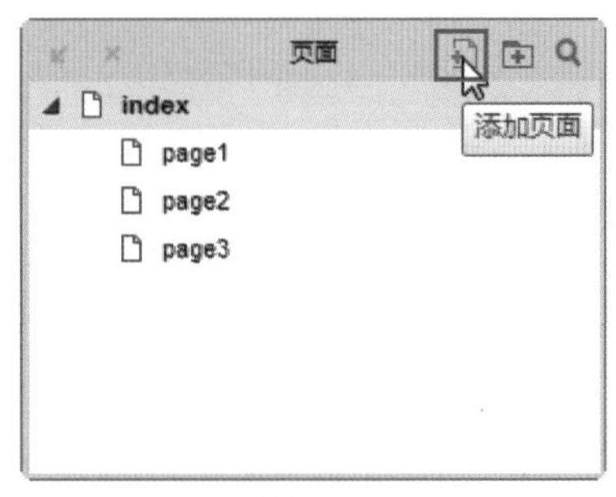

图 3-14

图 3-15

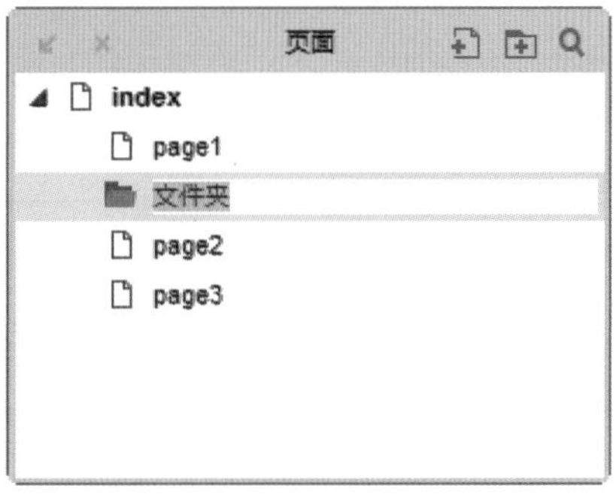

图 3-16

03 用户如果希望在特定的位置添加页面或文件夹，可以首先在“页面”面板中选择一个页面，然后单击鼠标右键，在弹出的快捷菜单中选择“添加”下的命令，如图 3–17 所示，即可完成添加。

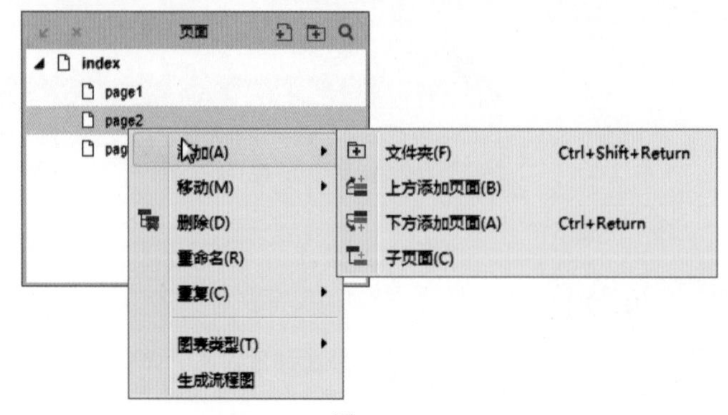

图 3-17

04 用户如果想要删除某个页面，可以首先选择想要删除的页面，按下键盘上的 Delete 键即可完成删除操作。也可以在文件上单击鼠标右键，在弹出的快捷菜单中选择“删除”命令，即可完成删除，如图 3–18 所示。

图 3-18

创建不同的页面可选择以下选项。

- **文件夹：**将在当前文件下创建一个文件夹。
- **上方添加页面：**将在当前页面之前创建一个页面。
- **下方添加页面：**将在当前页面之后创建一个页面。
- **子页面：**将为当前页面创建一个子页面。

3.3.2 移动页面

用户如果想移动页面的顺序或更改页面的级别，可以首先在“页面”面板上选择需要更改的页面， 然后单击鼠标右键，选择“移动”下的子命令即可，如图 3–19 所示。

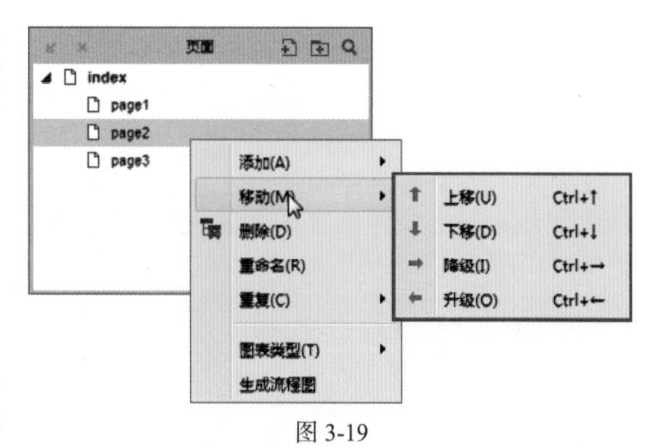

图 3-19

- **上移：**将当前页面向上移动一层。
- **下移：**将当前页面向下移动一层。
- **降级：**将当前页面转换为子页面。
- **升级：**将当前子页面转换为独立页面。

除了可以使用“移动”命令改变页面的层次外，用户可以按下鼠标左键，采用直接拖动的方法改变页面的层次。

3.3.3 查找页面

通常一个原型的页面少则几个，多则几十个，为了方便用户在众多页面中查找其中某一个页面，Axure RP 8.0 为用户提供了“查找”功能。

单击“页面”面板右上角的“查找”按钮，在页面顶部出现查找文本框，如图 3–20 所示。输入要查找的页面名称后，即可看到要查找的页面，如图 3–21 所示。

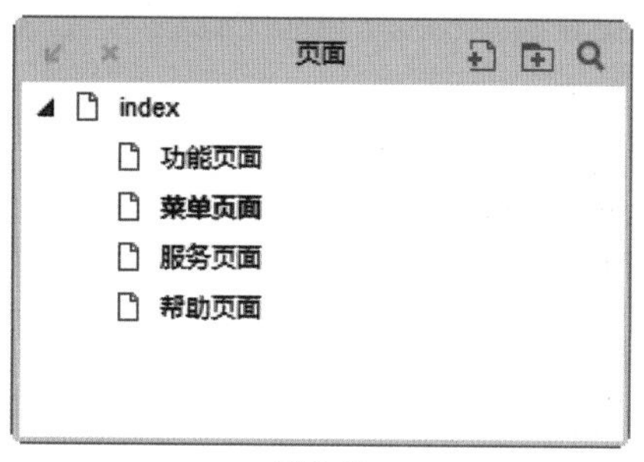

图 3-20

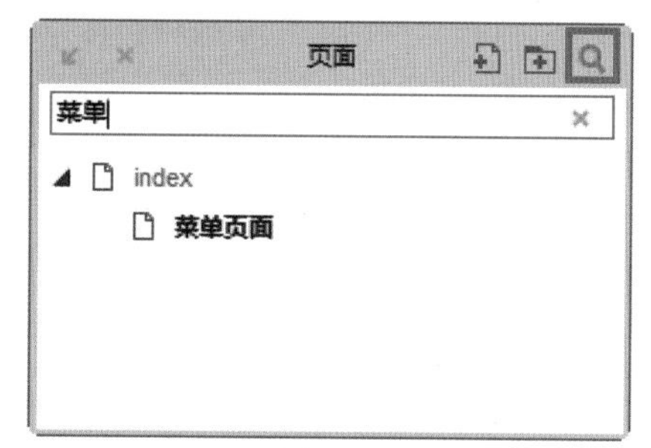

图 3-21

再次单击“查找”按钮，将取消搜索，“页面”面板将恢复默认状态。

3.4 “检视”面板

完成页面的新建后，用户在“页面”面板中双击想要编辑的页面，即可进入页面的编辑状态。默认状态下，页面显示为背景色为白色的空白页面。用户可以在“检视”面板完成页面的设置工作，如图 3–22 所示。

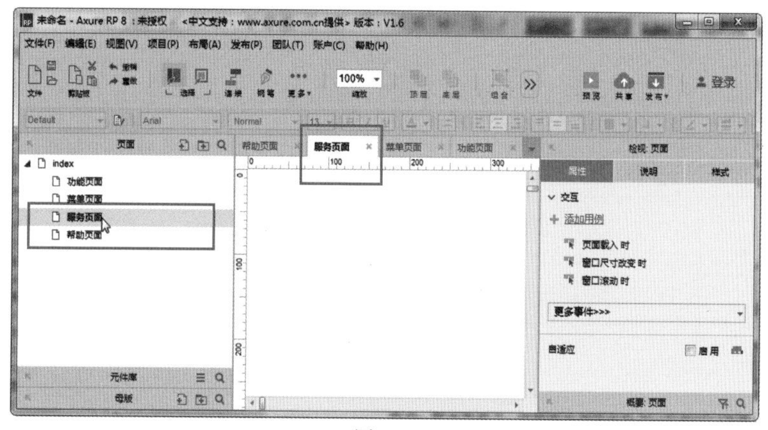

图 3-22

3.4.1 页面属性

在页面设置状态下，“检视”面板显示为“检视：页面”面板，单击面板中的“属性”选项卡，如图 3–23 所示。

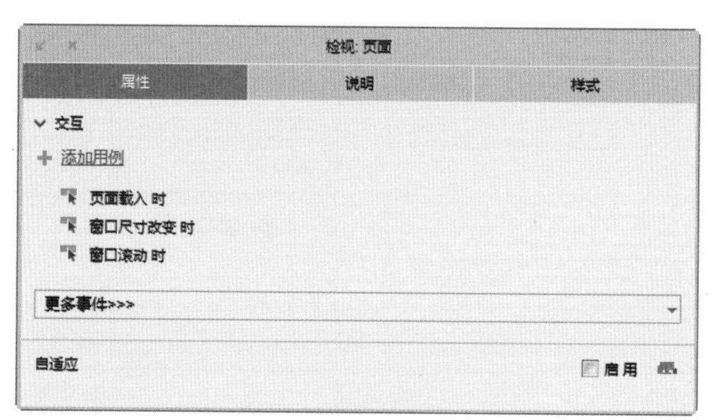

图 3-23

在“属性”选项卡下可以设置页面的各种交互效果。页面交互中包含页面的各种触发事件，可以为页面的触发时间添加用例，来执行指定的动作。

默认显示的事件有“页面载入时”“窗口尺寸改变时”和“窗口滚动时”，如图 3–24 所示。单击“更多事件”下拉列表，可以看到更多的事件，如图 3–25 所示。

图 3-24

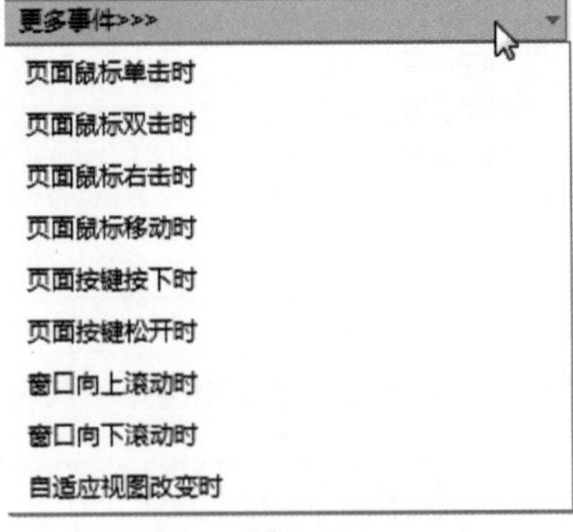

图 3-25

3.4.2 页面说明

“检视：页面”面板中间的选项卡是页面说明，如图 3–26 所示。页面说明可以在当前页面添加注释说明，以便于其他制作人了解页面内容。

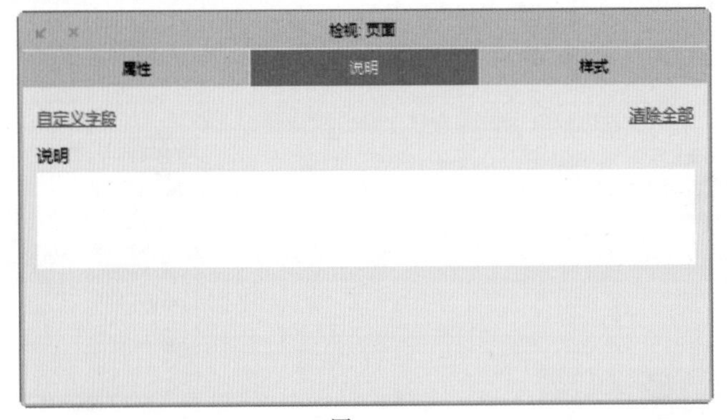

图 3-26

页面说明直接在下方的文本框中输入内容，如图 3–27 所示。单击右侧的 Aa 图标，弹出格式化文本参数，用户可以设置说明文字的字体、加粗、斜体、下画线、文本颜色和项目符号等参数，如图 3–28 所示。

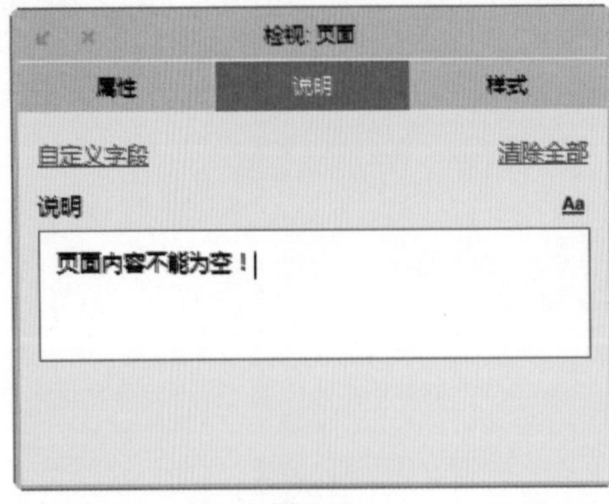

图 3-27

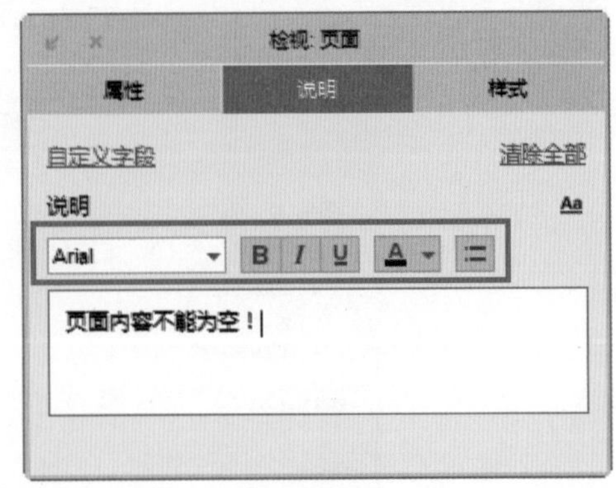

图 3-28

如果需要有多个说明，可以单击“自定义字段”文字，在弹出的“页面说明字段”对话框中添加新的说明，如图 3–29 所示。

添加完成后，单击“确定”按钮，“检视：页面”面板如图 3–30 所示。用户可以继续输入多个页面说明。

图 3-29

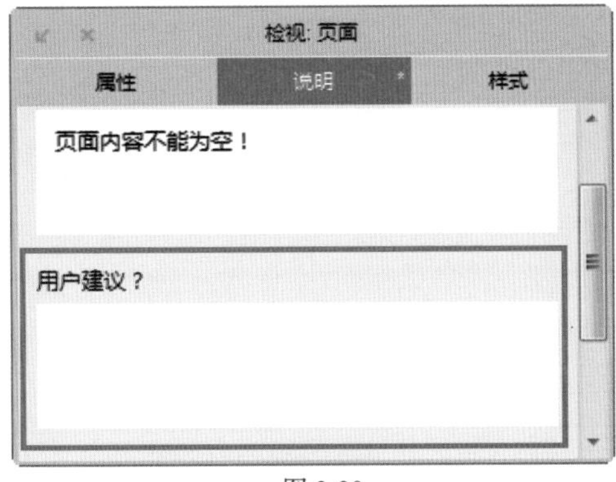

图 3-30

3.4.3 页面样式

“检视：页面”面板最右侧的选项卡是页面样式，如图 3–31 所示。在这里可以设置页面的样式、排列方式、背景图片和草图 / 页面效果。

图 3-31

- **页面排列：**该项的选择将影响最后输出时页面的排列方式，用户可以选择居左或者居中。
- **背景颜色：**该项可以设置页面的背景颜色。
- **背景图片：**该项可以设置页面的背景图片。单击“导入”按钮，选择用作背景的图片即可。单击“清空”按钮，可以将背景图片删除。用户可以设置背景图片的重复方式和位置，如图 3–32 所示。

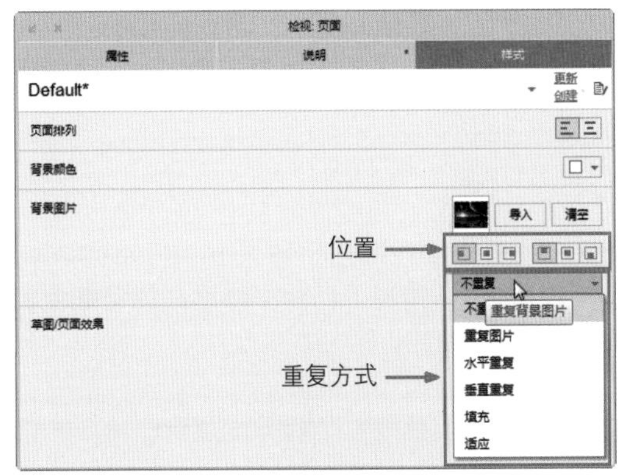

图 3-32

- **草图 / 页面效果：** 参数是针对页面上的元件的。拖动草图控制轴，可以实现不同级别的页面效果。单击 +0 +1 +2 按钮，可以选择 3 种不同的线条粗细显示草图，如图 3-33 所示。

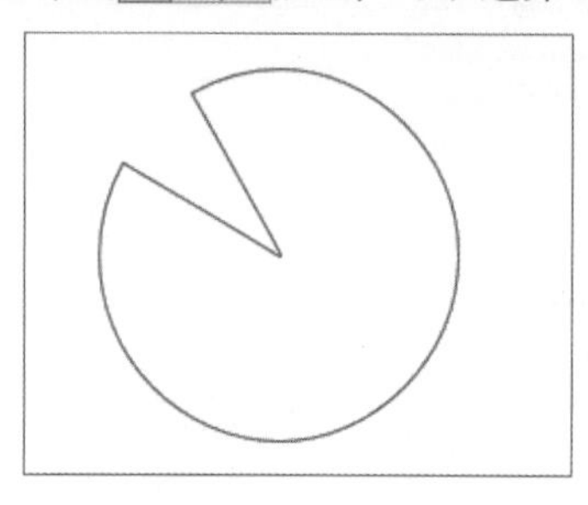
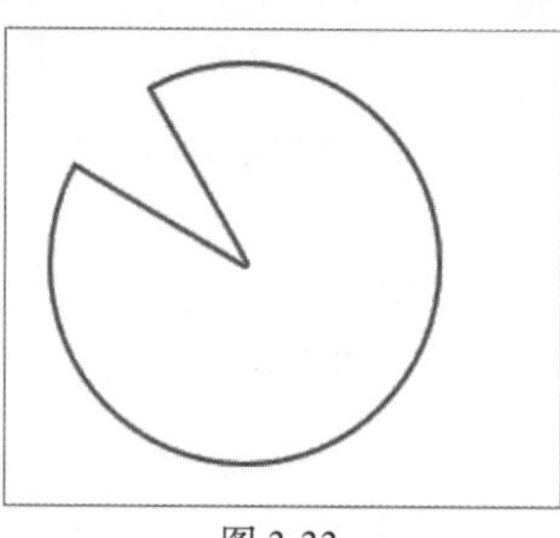
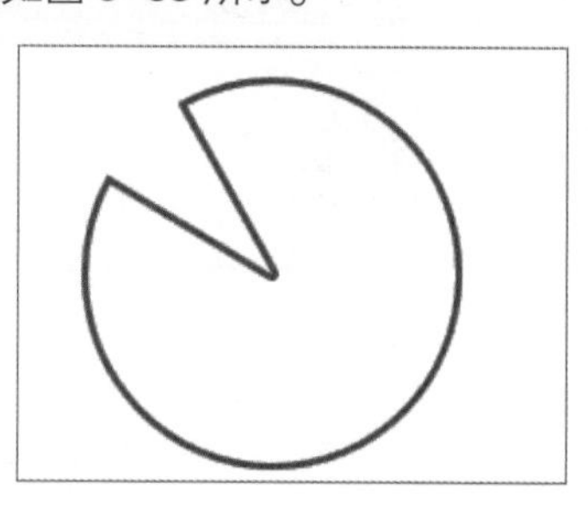

图 3-33

单击按钮，可以使页面效果在彩色和黑白之间切换。同时可以在下拉列表中选择字体系列，使整个页面字体转换为一种字体，以便观察页面草图效果。

3.5 辅助线和网格的使用

为了方便使用者设计和制作原型，Axure RP 8.0 开发者为用户提供了标尺、辅助线和网格等辅助工具。合理地使用这些工具，可以帮助用户及时准确地完成原型设计工作。

3.5.1 辅助线的种类

在 Axure RP 8.0 中，辅助线按照功能的不同分为“全局辅助线”“页面辅助线”“自适应视图辅助线”和“打印辅助线”。

默认情况下，辅助线显示在页面的顶层，如图 3-34 所示。可以通过执行“布局”>“栅格和辅助线”>“底层显示辅助线”命令或在页面中单击鼠标右键，在弹出的快捷菜单中选择“栅格和辅助线”>“底层显示辅助线”命令，将辅助线显示在页面的底层，如图 3-35 所示。

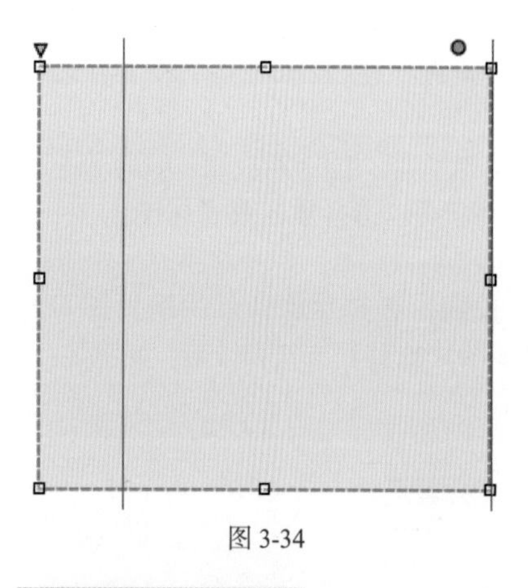

图 3-34

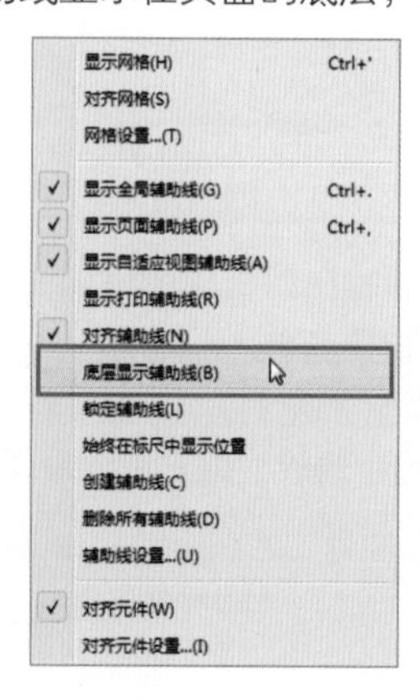

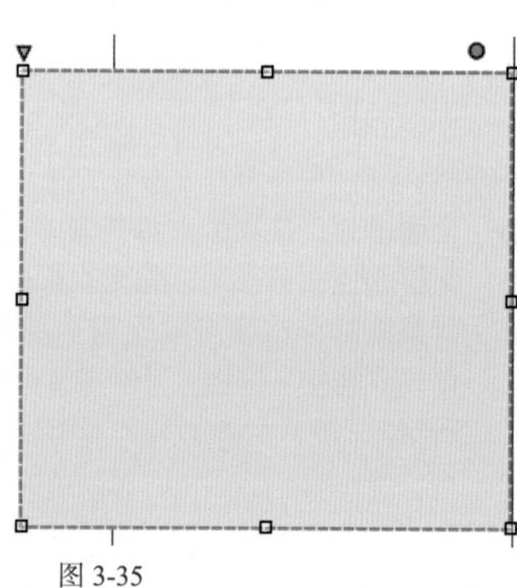

图 3-35

1. 全局辅助线

全局辅助线作用于站点中的所有页面，包括新建页面。将光标移动到标尺上，按住 Ctrl 键的同时向外拖曳，即可创建全局辅助线。默认情况下，全局辅助线为紫红色，如图 3-36 所示。

2. 页面辅助线

将光标移动到标尺上向外拖曳创建的辅助线，称为页面辅助线。页面辅助线只作用于当前页面，默认情况下，页面辅助线为青色，如图 3-37 所示。

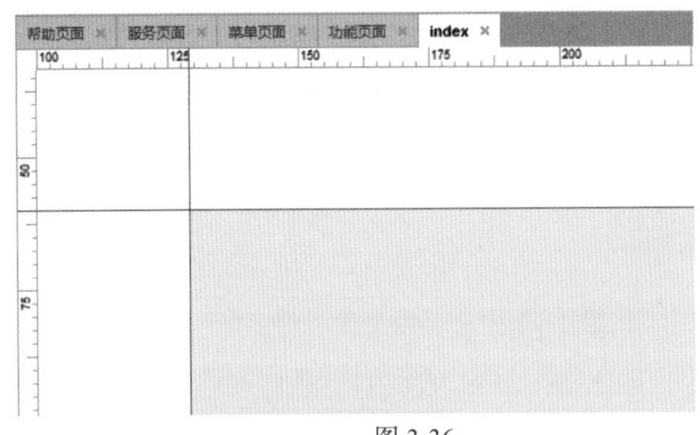

图 3-36

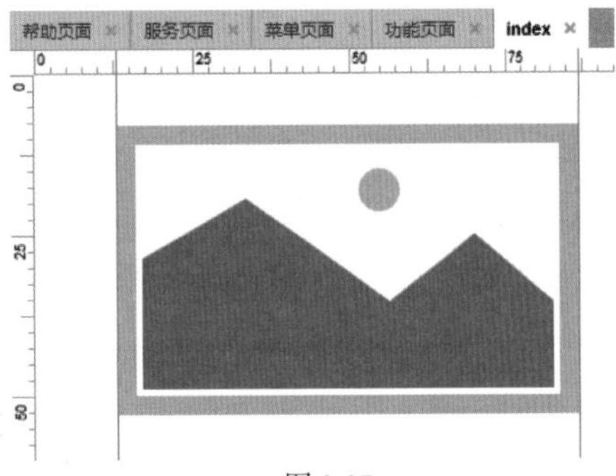

图 3-37

3. 自适应视图辅助线

自适应视图辅助线只显示在用户设置的自适应视图中。在“检视：页面”面板的“属性”选项卡下，勾选“启用”自适应复选框，单击“管理自适应视图”按钮，设置添加“自适应视图”，如图 3–38 所示。

单击“确定”按钮，进入设置的自适应视图中，即可看到“自适应视图辅助线”，该辅助线的位置就是设置的自适应视图的尺寸位置，如图 3–39 所示。

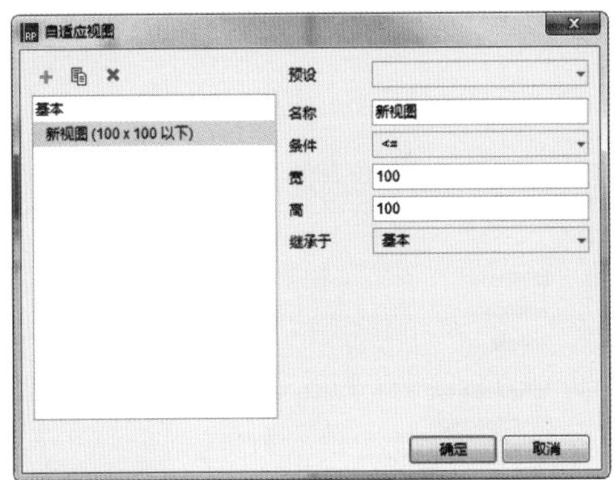

图 3-38

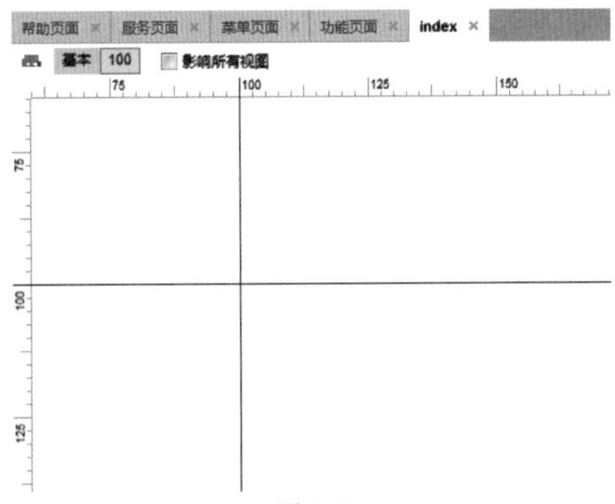

图 3-39

4. 打印辅助线

打印辅助线方便用户准确地观察页面效果，正确打印页面。当用户设置了纸张尺寸后，页面中会显示打印辅助线。

默认情况下，打印辅助线为隐藏状态，执行“布局” > “栅格和辅助线” > “显示打印辅助线”命令，如图 3–40 所示。即可将打印辅助线显示在页面中。默认情况下，打印辅助线为灰色，如图 3–41 所示。

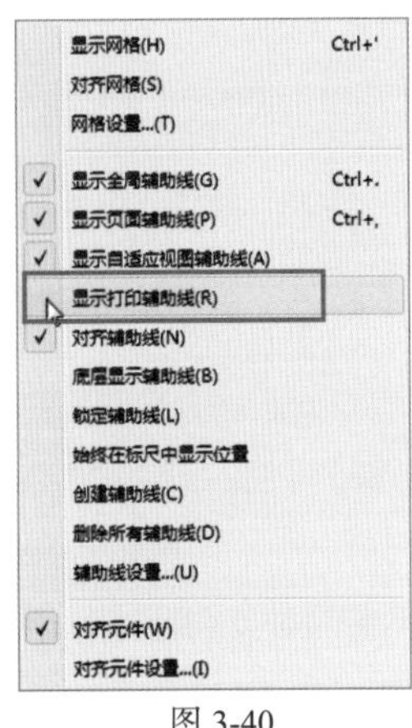

图 3-40

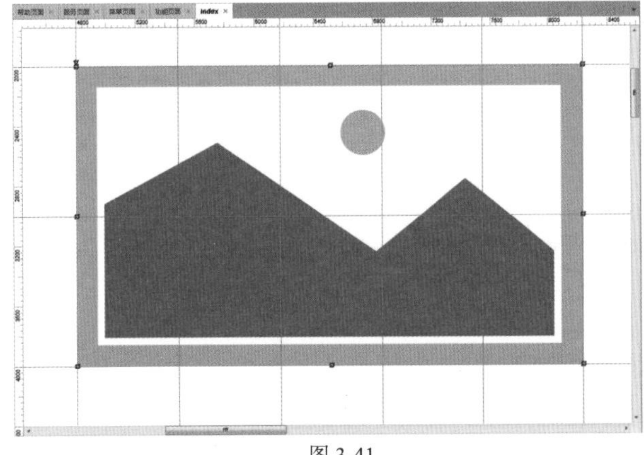

图 3-41

3.5.2 创建辅助线

在用户设计原型图需要精确定位各个元件的大小和位置时，可以使用辅助线来帮助用户，下面讲解如何创建辅助线。

实例 05——辅助线的创建

手动拖曳的辅助线虽然便捷，但如果遇到要求精度极高的项目时就显得力不从心了。用户可以通过“创建辅助线”命令创建精准的辅助线。

▶源文件：无

▶操作视频：视频\第3章\辅助线的创建.mp4

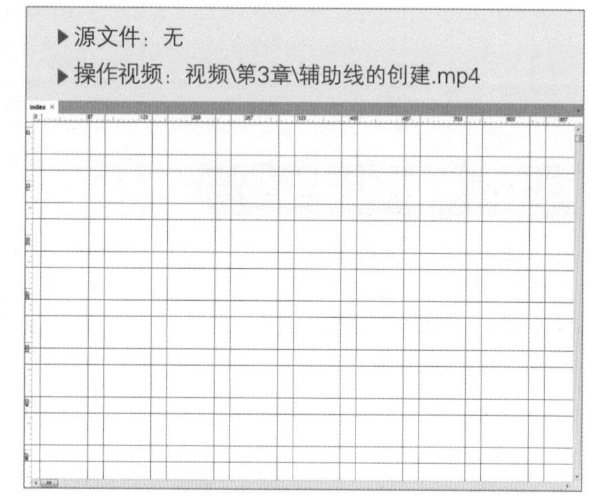

01 执行“文件”>“新建”命令，新建一个页面。执行“布局”>“栅格和辅助线”>“创建辅助线”命令或在页面中单击鼠标右键，在弹出的快捷菜单中选择“栅格和辅助线”>“创建辅助线”命令，如图 3-42 所示。

02 此时打开“创建辅助线”对话框，用户可以在“预设”下拉列表中选择“960 Grid：12 Column”的辅助线设置，如图 3-43 所示。

03 勾选“创建为全局辅助线”复选框，可以使辅助线出现在所有的页面中，供团队的所有成员使用，如图 3-44 所示。

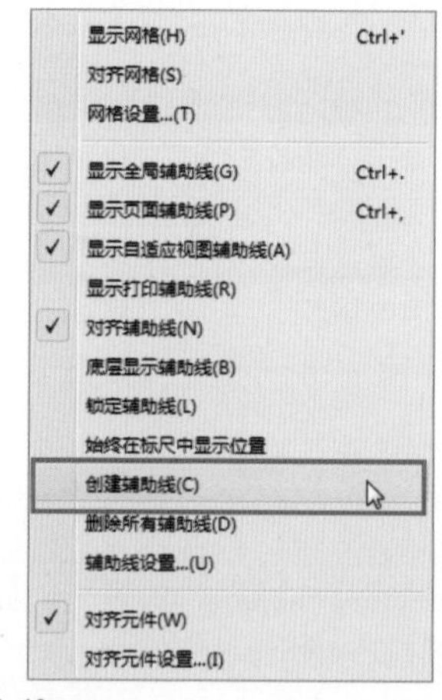

图 3-42

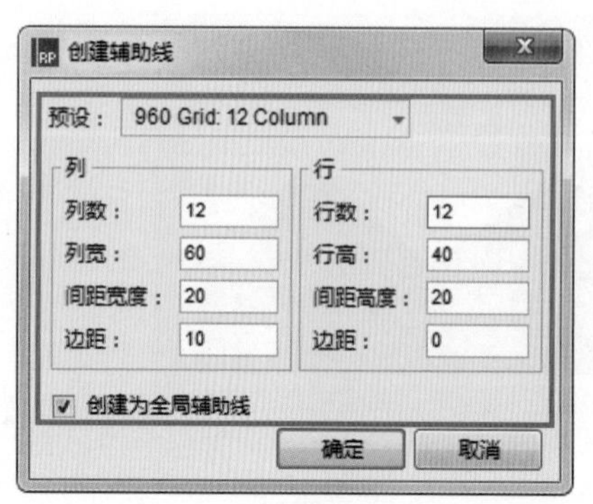

图 3-43

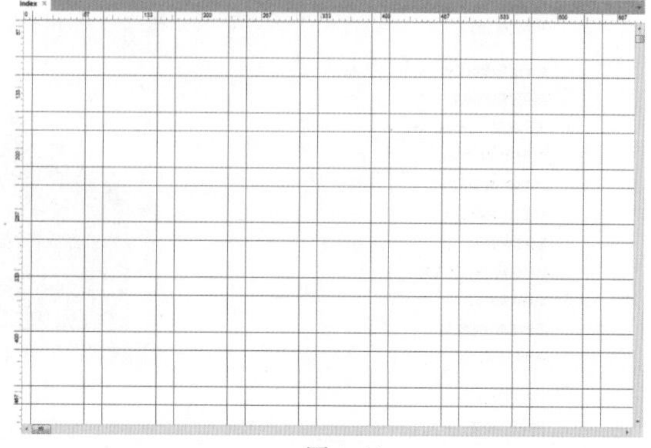

图 3-44

提示

在对话框中可以直接输入数值来创建辅助线。用户要养成使用辅助线的习惯，既方便团队合作，又方便了在整个站点中的不同页面定位元素。

3.5.3 编辑辅助线

创建辅助线后，用户可以根据需求完成对辅助线的编辑操作——移动辅助线、删除辅助线和锁定辅助线。

1. 移动辅助线

将光标移动到辅助线上，当光标变成✥时，按下鼠标左键拖曳，即可实现辅助线的移动。需要注意的是，自适应视图辅助线和打印辅助线只有通过重新设置才能改变位置，不能通过直接拖曳实现移动效果。

2. 删除辅助线

用户可以单击或拖曳选中要删除的辅助线，按下 Delete 键，即可将选中的辅助线删除。也可以直接选中辅助线拖曳到标尺上，删除辅助线。

执行“布局” > “栅格和辅助线” > “删除所有辅助线”命令，如图 3–45 所示。或在页面中单击鼠标右键，在弹出的快捷菜单中选择“栅格和辅助线” > “删除所有辅助线”命令，将页面中所有的辅助线删除，如图 3–46 所示。

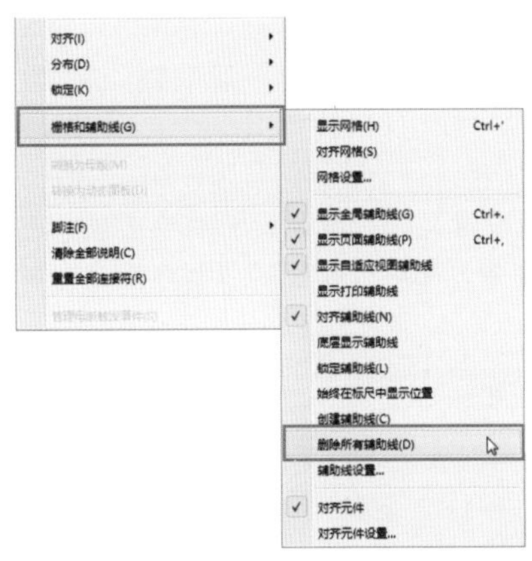

图 3-45

图 3-46

提示

用户可以在想要删除的辅助线上单击鼠标右键，在弹出的快捷菜单中选择“删除”命令，即可将当前所选辅助线删除。

3. 锁定辅助线

为了避免辅助线移动影响原型的准确度，可以将设置好的辅助线锁定。

执行“布局” > “栅格和辅助线” > “锁定辅助线”命令或者在页面中单击鼠标右键，在弹出的快捷菜单中选择“栅格和辅助线” > “锁定辅助线”命令，将页面中所有的辅助线锁定，如图 3–47 所示。而再次执行该命令，将会解锁所有辅助线。

为了方便用户使用辅助线，Axure RP 8.0 允许用户为不同种类的辅助线指定不同的颜色。执行“布局” > “栅格和辅助线” > “辅助线设置”命令或在页面中单击鼠标右键，在弹出的快捷菜单中选择“栅格和辅助线”>“辅助线设置”命令，弹出如图 3–48 所示的对话框。

在该对话框中，用户除了可以选择显示或隐藏辅助线外，还可以设定不同样式的辅助线，如图 3–49 所示。

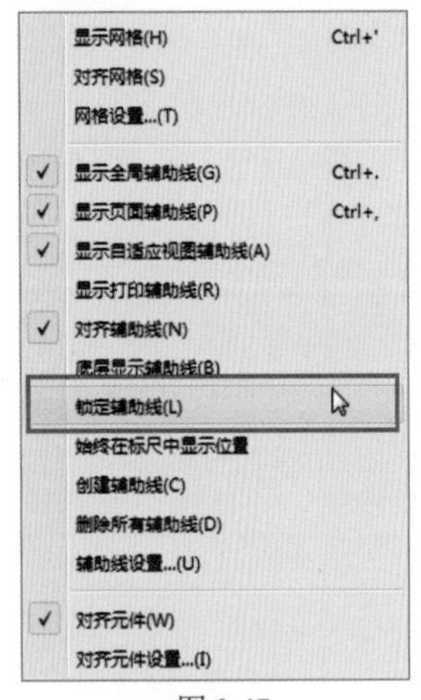

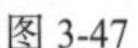

图 3-47

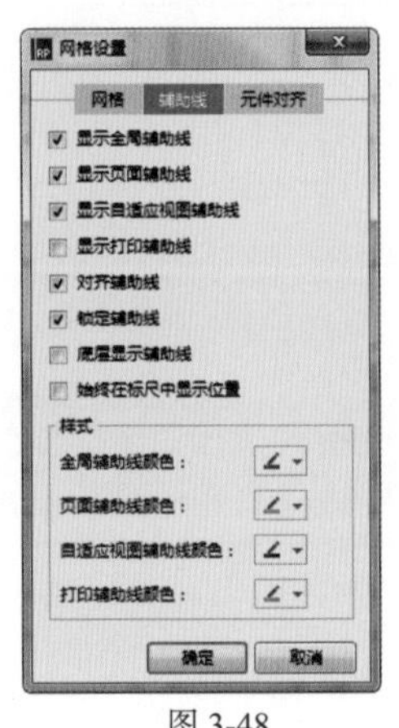

图 3-48

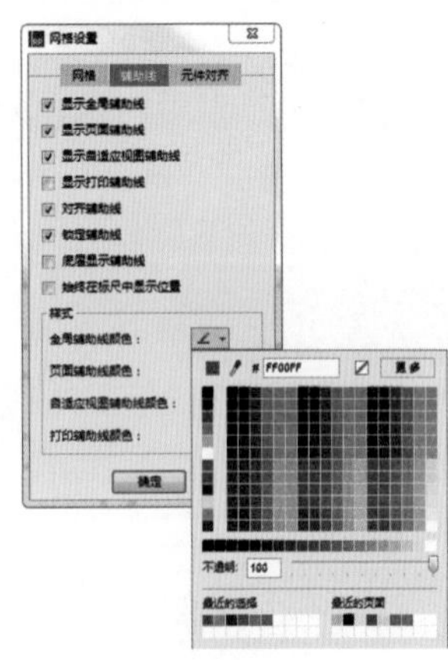

图 3-49

3.5.4 网格的使用

使用网格可以帮助用户保持设计的整洁和结构化。例如设置网格为 10×10 像素，然后以 10 的倍数为基准来创建对象。当把这些对象放在网格上的时候，将会更容易对齐。当然，也允许那些需要不同尺寸的特殊对象偏离网格。

默认情况下，页面中不会显示网格。用户可以执行“布局”>“栅格和辅助线”>“显示网格”命令或在页面中单击鼠标右键，在弹出的快捷菜单中选择“栅格和辅助线”>“显示网格”命令，如图 3–50 所示。页面中的网格显示效果如图 3–51 所示。

用户可以执行“布局”>“栅格和辅助线”>“网格设置”命令或在页面中单击鼠标右键，在弹出的快捷菜单中选择“栅格和辅助线”>“网格设置”命令，然后在弹出的“网格设置”对话框中设置网格的各项参数，如图 3–52 所示。

图 3-50

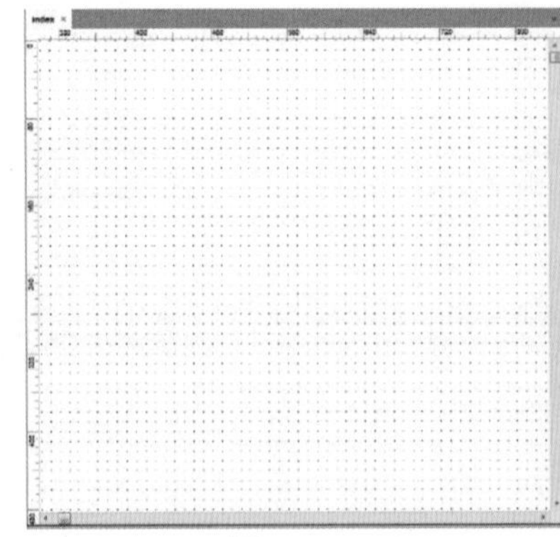

图 3-51

图 3-52

提示

在该对话框中用户除了可以选择显示和对齐网格外，还可以设置网格之间的间距、网格的样式和颜色。

用户可以执行“布局”>“栅格和辅助线”>“对齐网格”命令或在页面中单击鼠标右键，在弹出的快捷菜单中选择“栅格和辅助线”>“对齐网格”命令，如图 3–53 所示。激活“对齐网格”命令后，移动对象时会自动对齐网格。

用户可以执行“布局”>“栅格和辅助线”>“对齐辅助线”命令或在页面中单击鼠标右键，在弹出的快捷菜单中选择“栅格和辅助线”>“对齐辅助线”命令，如图 3-54 所示。激活“对齐辅助线”命令后，移动对象时会自动对齐辅助线。

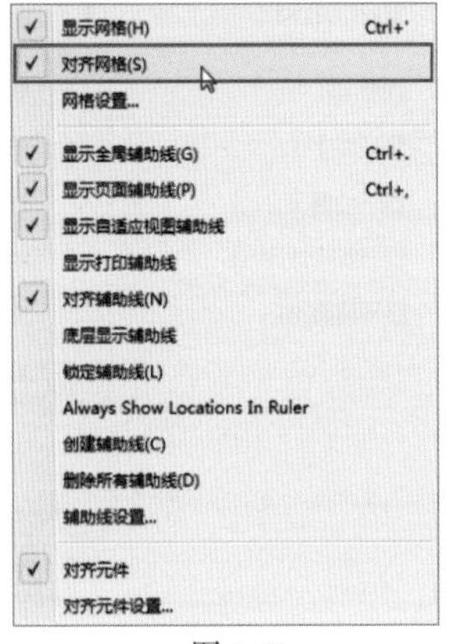

图 3-53

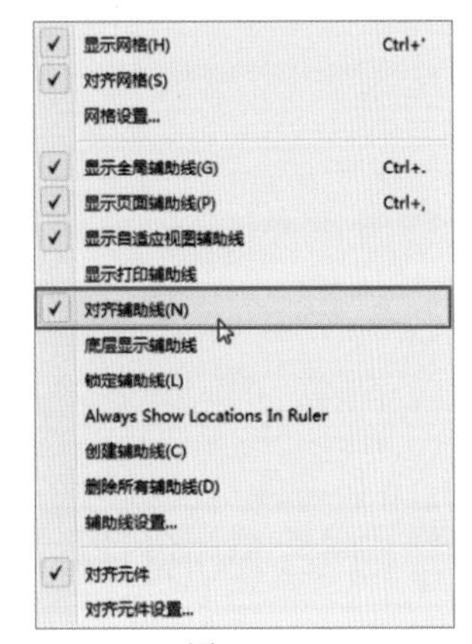

图 3-54

3.6 设置遮罩

Axure RP 中提供了很多特殊的元件，例如热区、母版、动态面板、中继器和文本链接。当用户使用这些元件时，会以一种特殊的形式显示，如图 3-55 所示。

当用户想将页面中的元件隐藏时，可以选中页面中的所有元件，然后单击鼠标右键，在弹出的快捷菜单中选择“设为隐藏”命令，如图 3-56 所示。

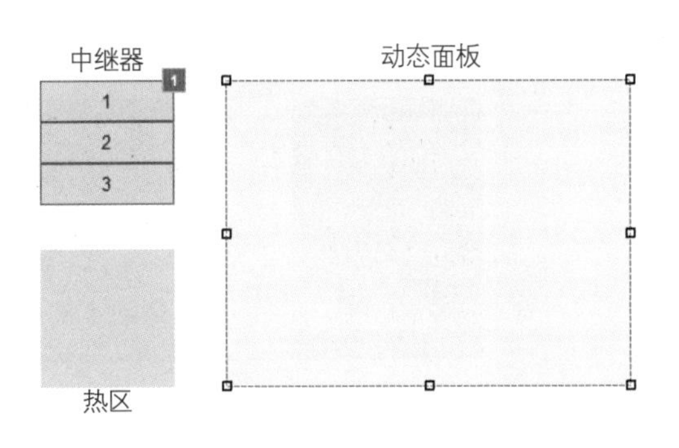

图 3-55

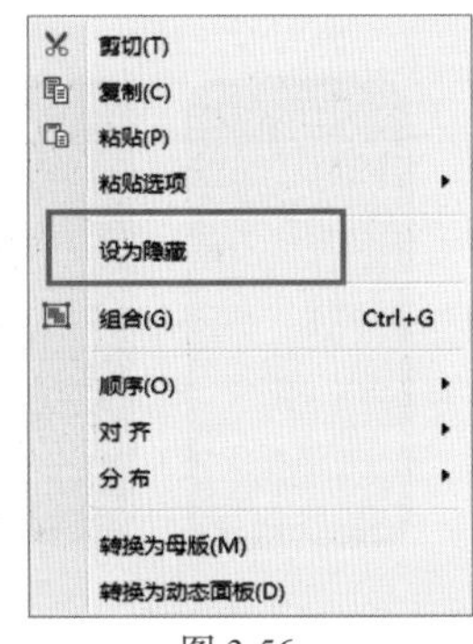

图 3-56

被隐藏对象默认情况下以一种半透明的黄色显示，如图 3-57 所示。如果想要显示元件，选中被隐藏的所有元件，单击鼠标右键，在弹出的快捷菜单中选择“设为可见”命令，如图 3-58 所示。

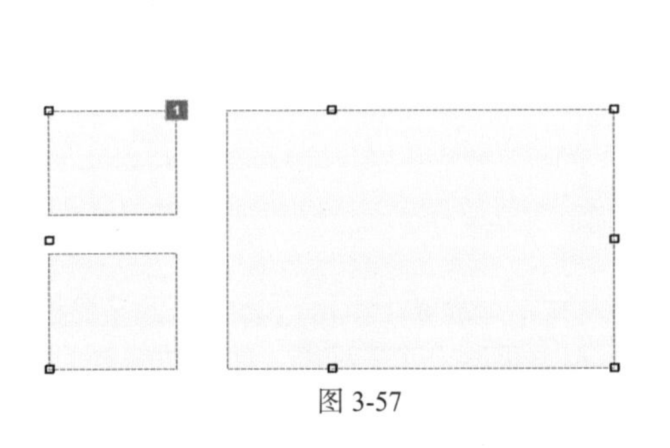

图 3-57

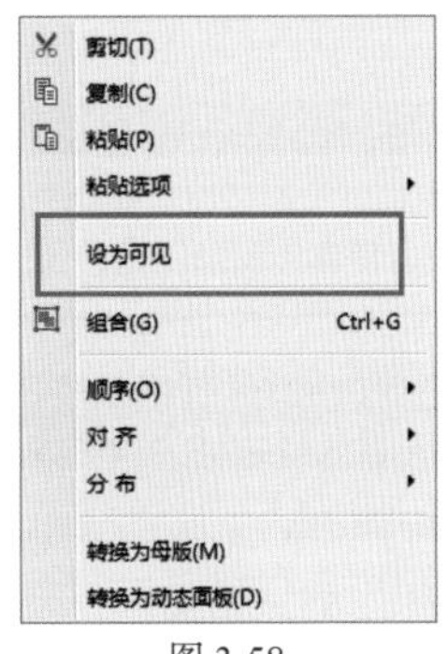

图 3-58

如果用户觉得这种遮罩效果会影响操作，通过执行“视图”>“遮罩”命令，选择对应的命令，即可取消遮罩效果，如图 3-59 所示。

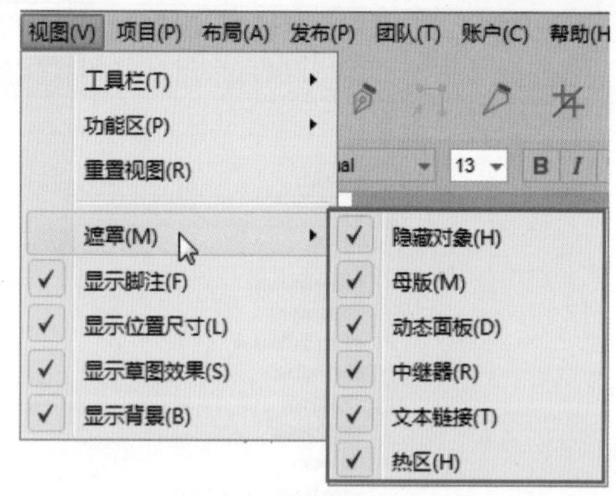

图 3-59

3.7 使用自适应视图

为了满足原型在不同尺寸终端都能正常显示的需要，页面编辑区中提供了自适应视图功能。用户可以在自适应视图中随意定义临界点，临界点是一个屏幕尺寸，当达到这个屏幕尺寸时，界面的样式或布局就会自动发生变化。

3.7.1 自适应视图的作用

早期的输出终端只有显示器，而且屏幕的分辨率基本都是一种或者两种，设计师只需基于某个特定的屏幕尺寸进行设计就可以了。而随着移动技术的快速发展，越来越多的移动终端出现了，例如手机、平板电脑、投影灯等。而且手机品牌的不同，显示屏幕的尺寸也不相同，如图 3-60 所示。

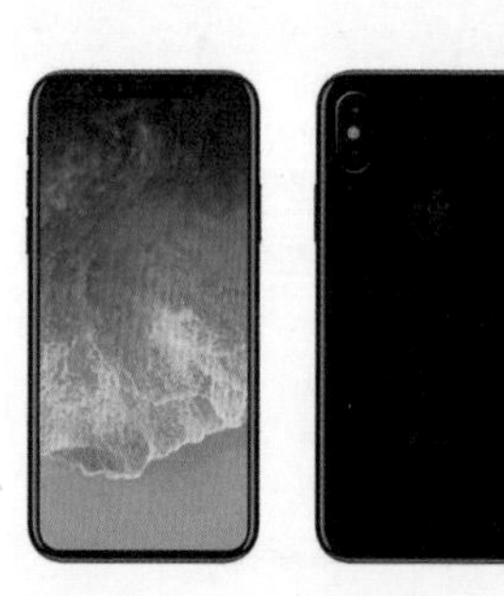

图 3-60

为了使一个为特定屏幕尺寸设计的页面能够适合所有尺寸的终端，需要对之前所有的页面进行重新设计，还要顾及兼容性的问题，要投入大量的人力物力，而且后续还要对所有不同屏幕的多套页面进行同步维护，也是极大的挑战。

提示

自适应视图中最重要的概念是集成，因为它在很大程度上解决维护多套页面的效率问题。其中，每套页面都是为了一个特定尺寸屏幕而做的优化设计。

3.7.2 编辑自适应视图

在自适应视图中的元件从父视图中集成样式（如位置、大小）。如果修改了父视图中的按钮颜色，则所有的子视图中的按钮颜色也随之改变。但如果改变了子视图中的按钮颜色，则父视图中的按钮颜色不会改变。

在“检视：页面”面板中，勾选“启用”复选框，单击后面的“管理自适应视图”按钮，或者单击工作区左上角的“管理自适应视图”按钮，如图 3–61 所示。都将弹出“自适应视图”对话框，如图 3–62 所示。

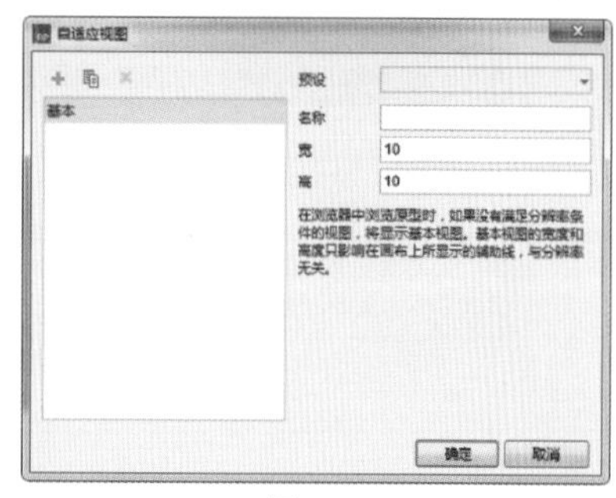

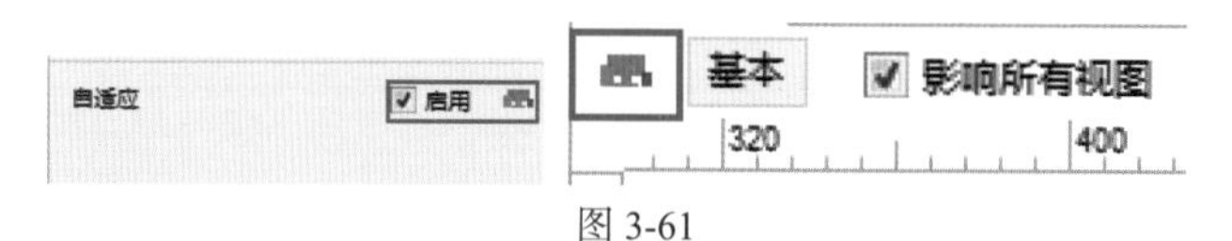

图 3-61

图 3-62

单击左上角的“+”按钮，即可添加一种新视图，新视图的各项参数可以在右侧添加，如图 3–63 所示。

- **预设：**根据宽度，预先定义好了一个设备的显示尺寸，用户可以直接选用。
- **名称：**为当前自适应视图定义一个名称。
- **条件：**定义临界点的逻辑关系。例如当视图宽度小于临界点尺寸时，则使用当前视图。
- **宽：**如果要自定义一个视图，则可以输入一个宽度。
- **高：**如果要自定义一个视图，则可以输入一个高度。
- **继承于：**为当前视图指定一个父视图，即确定继承的父视图。默认都是从基本视图中继承。

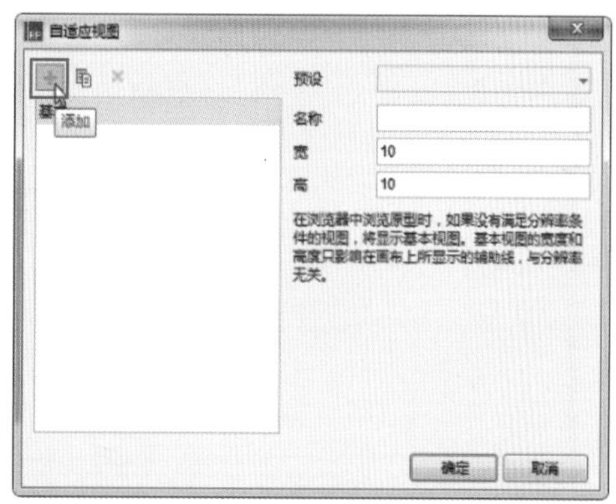

图 3-63

提示

要创建自适应页面，必须要从某个目标页面的视图中创建，这个目标视图称为基本视图。

实例 06——设置自适应视图

自适应视图可以帮助用户在预览阶段规避许多错误，同时减少了后期开发的不必要的一些难题。

▶源文件：素材&源文件\第3章\设置自适应视图.rp

▶操作视频：视频\第3章\设置自适应视图.mp4

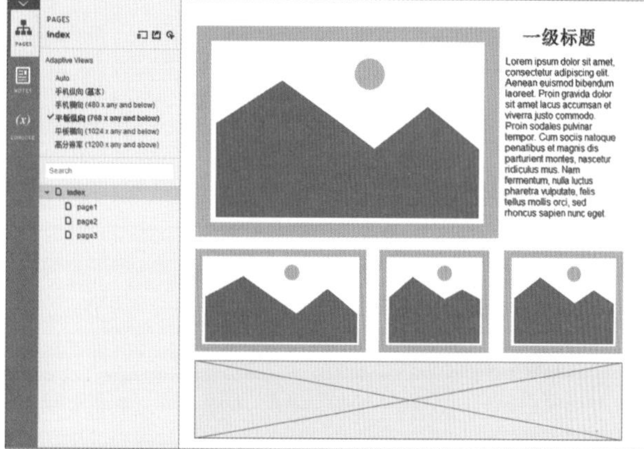

01 使用各种元件，创建如图 3–64 所示的页面效果。执行“项目” > “自适应视图”命令，修改“名称”为“手机纵向”，如图 3–65 所示。

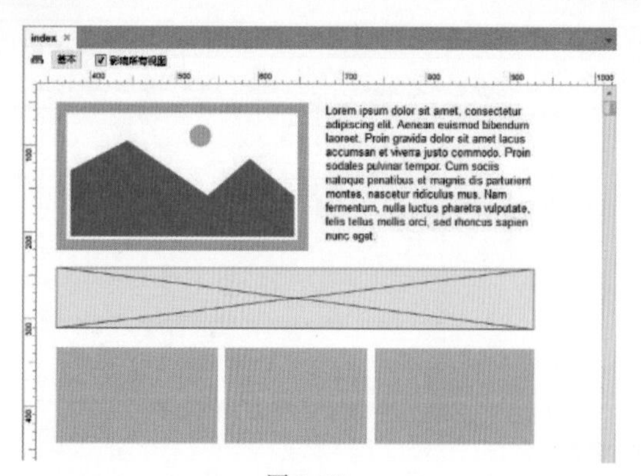

图 3-64

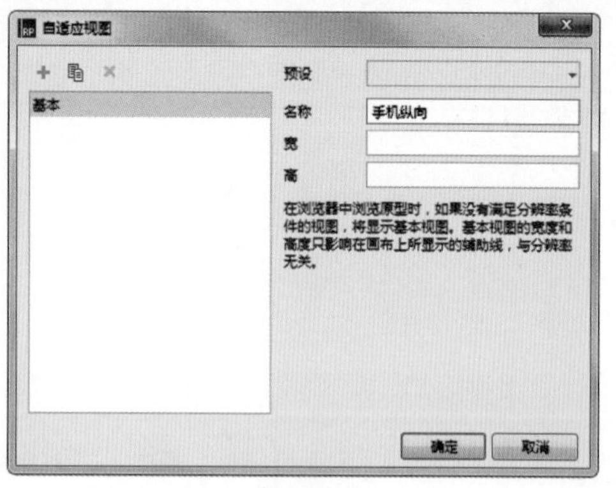

图 3-65

02 设置页面的宽和高，如图 3-66 所示。继续使用相同的方式新建其他几个页面设置，如图 3-67 所示。

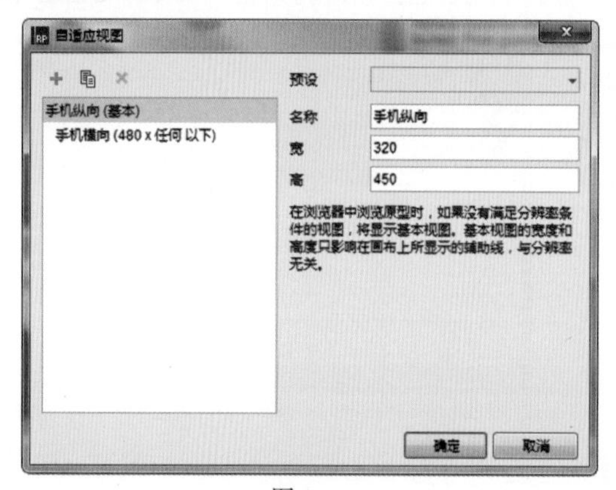

图 3-66

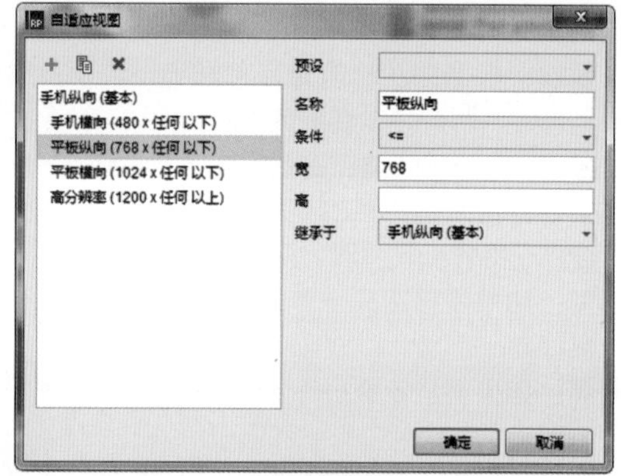

图 3-67

03 单击“确定”按钮，在工作区顶部显示添加的页面设置，如图 3-68 所示。

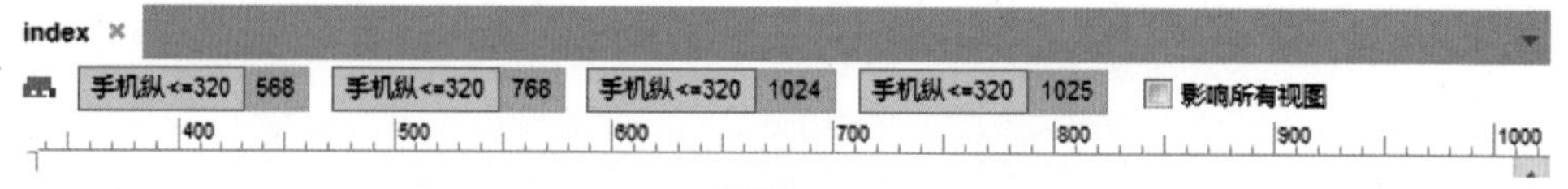

图 3-68

04 分别单击页面标签，选择进入不同的页面，根据全局辅助线调整页面的显示效果，如图 3-69 所示。

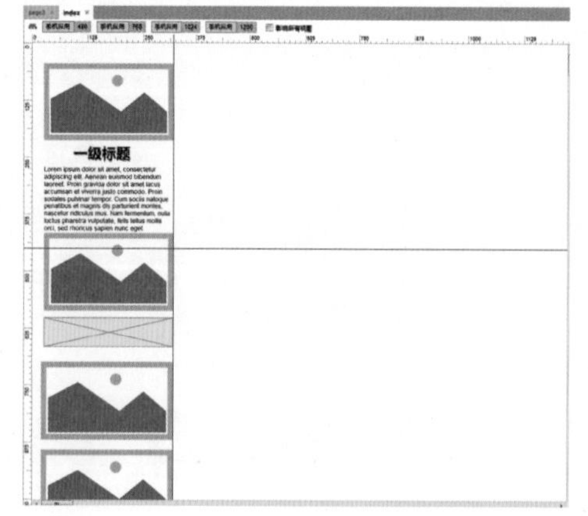

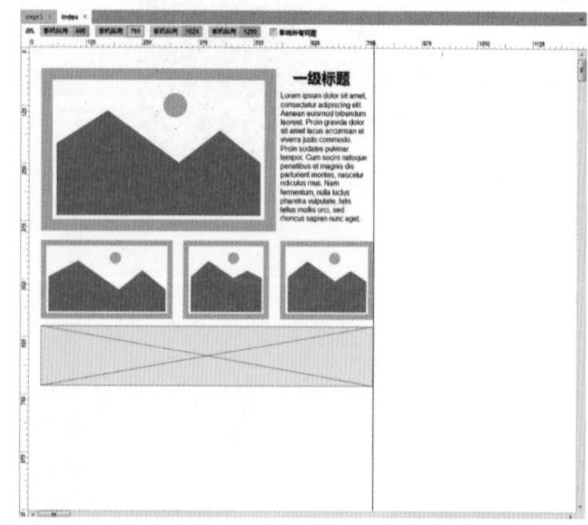

图 3-69

05 设置完成后，单击工具栏上的“预览”按钮，在浏览器中浏览页面。单击浏览器左上角的 select adaptive view 按钮，选择不同的页面设置，预览页面效果，如图 3–70 所示。

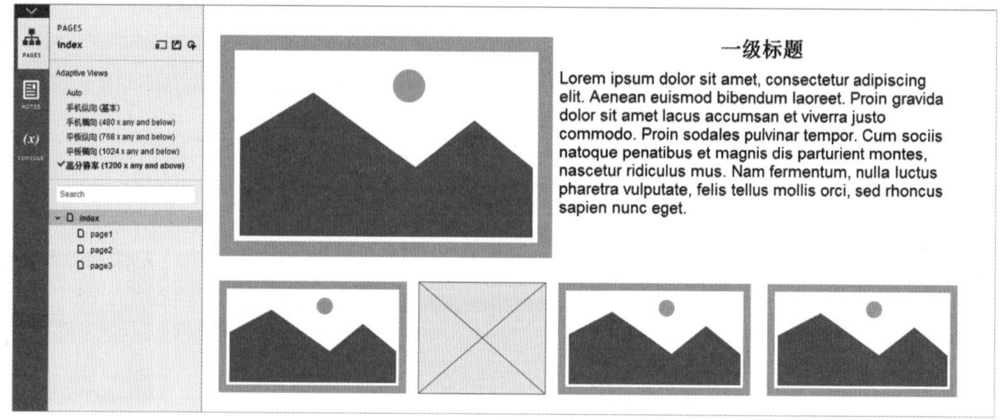

图 3-70

第 4 章 Axure RP 元件的使用

元件是原型产品中最基础的组成部分，使用元件可以制作出丰富多彩的产品原型效果。本章将针对 Axure RP 8.0 的元件进行学习。通过学习，掌握元件的使用方法和设置技巧，并掌握元件属性的设置和样式的添加，熟练使用元件创建产品原型。

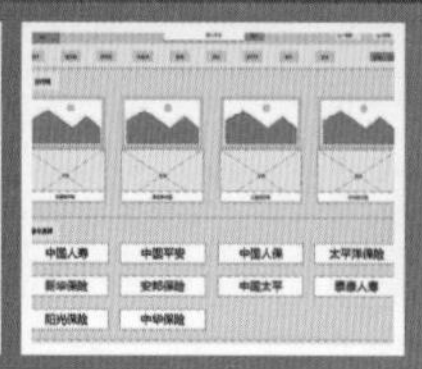

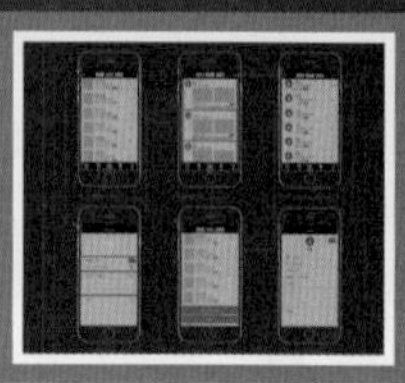

4.1 了解“元件”面板

在 Axure RP 中，用于绘制原型的用户界面元素被称为元件。而元件又被统一放在“元件”面板中。

4.1.1 “元件”面板

Axure RP 8.0 的元件都放在“元件”面板中。“元件”面板位于软件窗口的左侧，如图 4–1 所示。“元件”面板中默认状态将元件按照种类分为基本元件、表单元件、菜单和表格、标记元件 4 种类型，如图 4–2 所示。

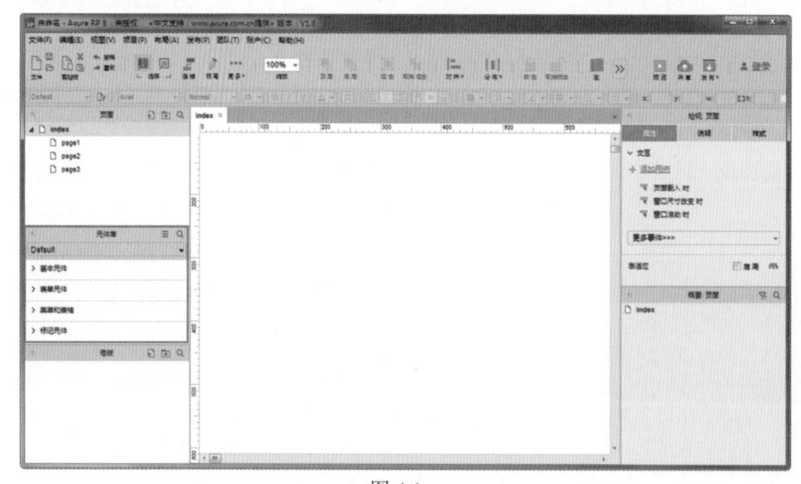

图 4-1

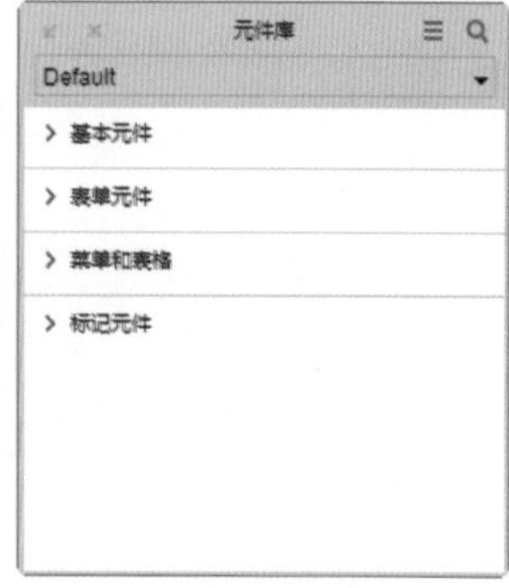

图 4-2

单击“元件”面板顶部的下拉菜单，有“选择全部”、Default(默认)、Flow(流程图) 和 Icons (图标)4 个选项供选择，如图 4–3 所示。

选择“选择全部”选项，在“元件”面板中将同时显示所有的元件分类选项，如图 4–4 所示。选择 Icons(图标) 选项，则只显示 Icons(图标) 元件，如图 4–5 所示。

提示

每种类型前有一个箭头，箭头向右时代表当前选项下有隐藏内容，箭头向下时代表已经显示了所有选项。

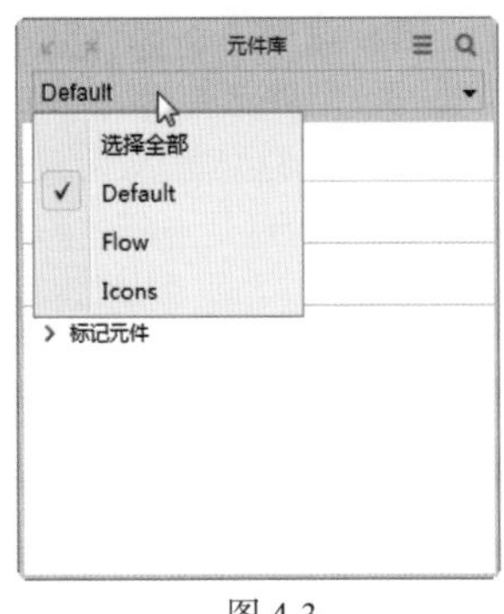

图 4-3

图 4-4

图 4-5

4.1.2 添加元件到页面

首先在“元件”面板中选择要使用的元件，然后按住鼠标左键不放，拖动到页面合适位置后松开，即可完成将当前元件添加到页面的操作，如图 4–6 所示。

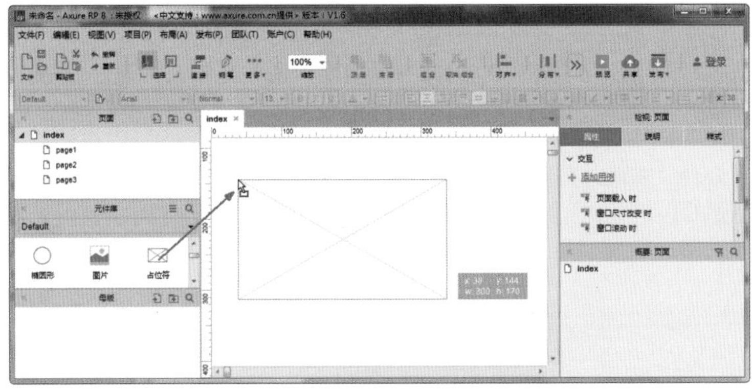

图 4-6

1. 为元件命名

一个原型产品通常包含很多元件。要在众多元件中查找其中的某一个是非常麻烦的。为元件指定名称，就能很好地解决这个问题。

当元件拖入页面中后，可以在“检视”面板中为其指定名称，如图 4–7 所示。元件名称尽量使用英文或者拼音命名，首字母最好选择大写字母，更有利于阅读。

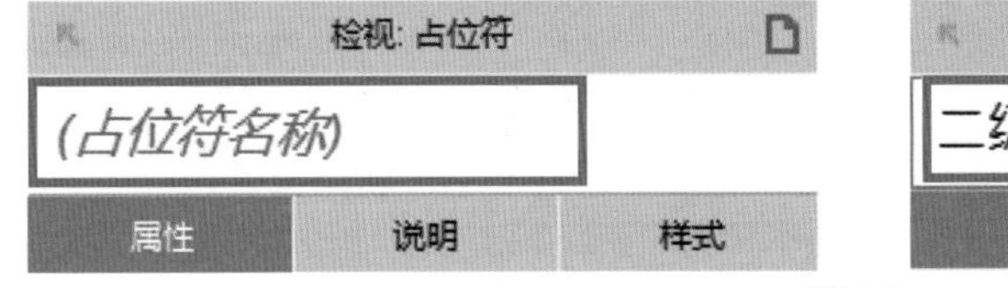

图 4-7

提示

元件命名除了便于管理查找以外，在制作交互效果时，也方便程序的选择和调用。

2. 缩放元件

将元件拖入页面中后，通过拖动其四周的控制点，可以实现对元件的缩放，如图 4–8 所示。用户也可以在顶部工具栏中精确修改元件的坐标和尺寸，其中 x 代表水平方向，y 代表垂直方向，w 代表元件的宽度，h 代表元件的高度，如图 4–9 所示。

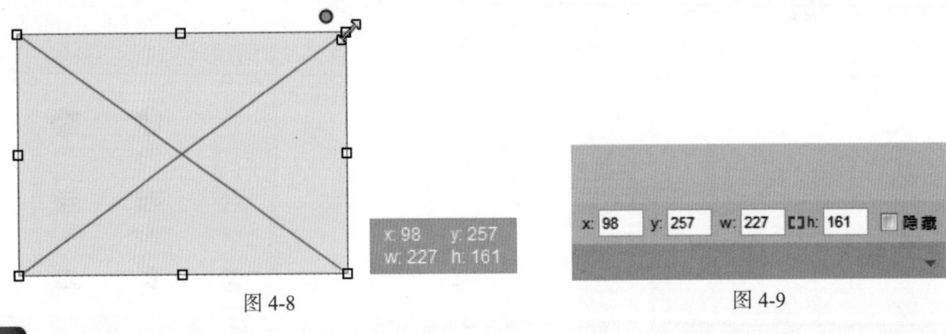

图 4-8　　图 4-9

提示

用户在移动、缩放和旋转元件时，在其右下角会显示辅助信息，帮助用户实现精确的操作。

3. 旋转元件

按住 Ctrl 键的同时拖动控制锚点，可以任意角度地旋转元件，如图 4–10 所示。用户如果要获得精确的旋转角度，可以在“检视”面板的“样式”选项卡下设置，如图 4–11 所示。

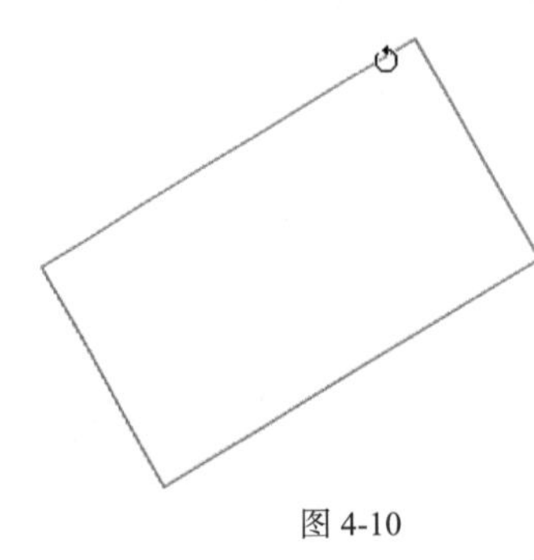

图 4-10

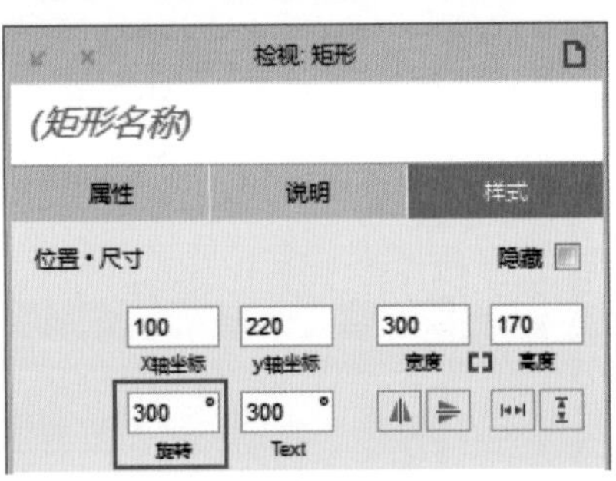

图 4-11

如果元件内有文字内容，用户可以分别为元件和文字设置不同的旋转角度，如图 4–12 所示。

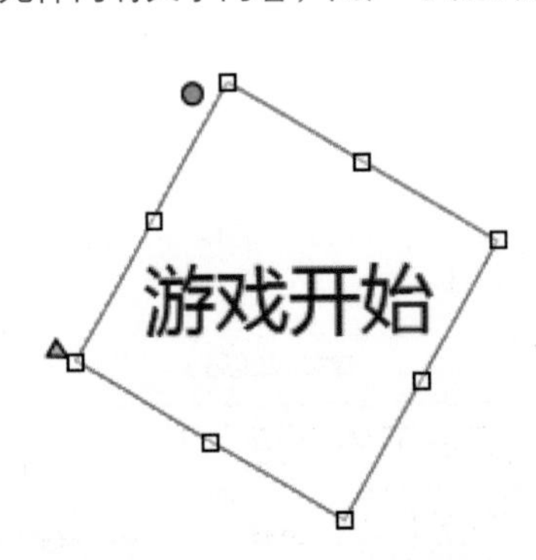

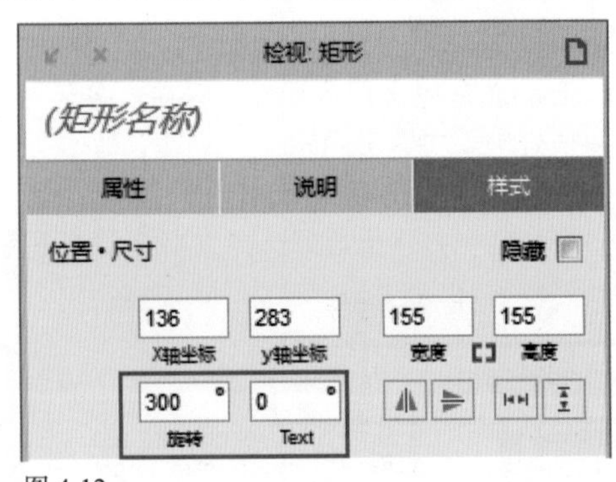

图 4-12

4. 设置元件填充和不透明度

将元件拖入页面中后，用户可以在顶部选项栏中设置其“填充颜色”和“线段颜色”，如图 4–13 所示。

用户还可以修改拾色器面板底部的“不透明度”值，实现填充或线段的不透明效果，如图 4–14 所示。

5. 设置边框宽度、颜色和类型

除了可以设置元件的颜色外，用户还可以在选项栏中设置拖入元件的边框宽度、颜色和类型，如图 4–15 所示。

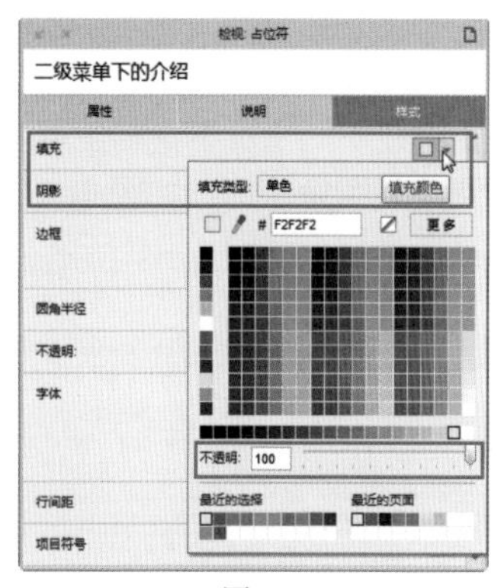

图 4-13

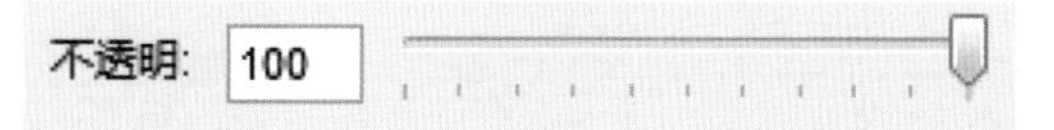

图 4-14

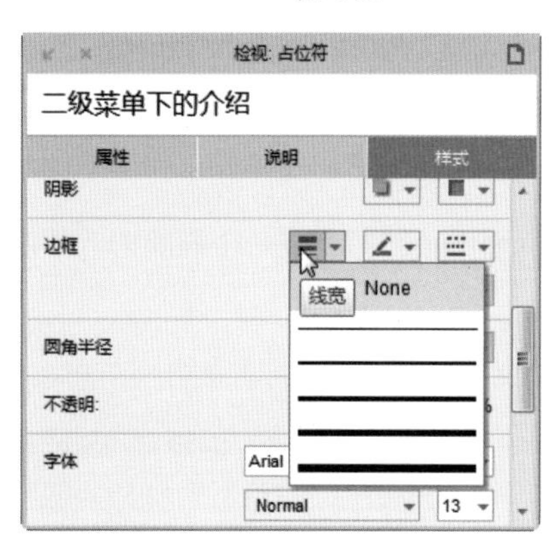

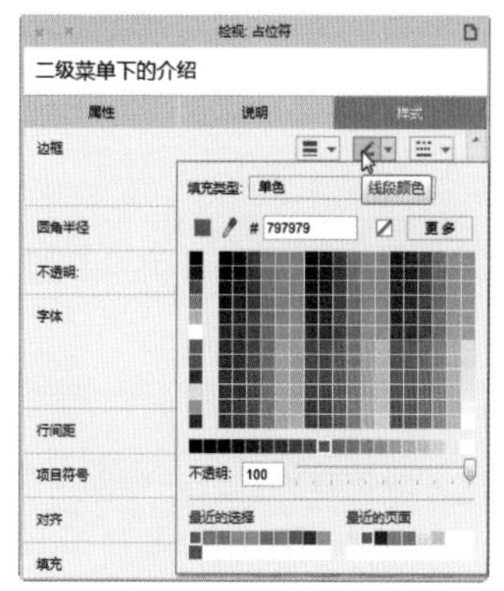

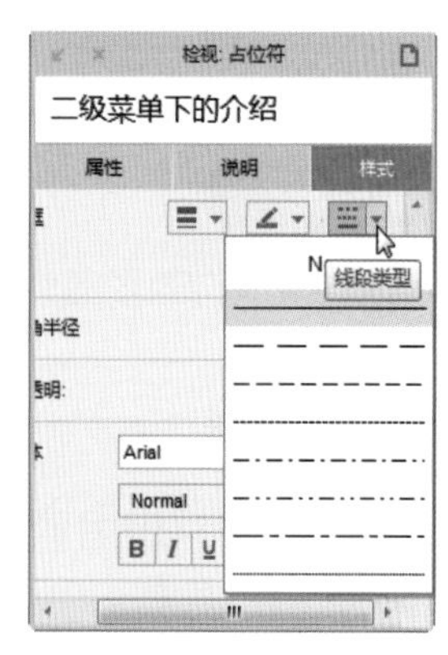

图 4-15

知识链接：

除了以上所介绍的元件操作外，还可以对元件进行更多的操作，详细内容将在本章的第 4.3 节介绍。

4.2 元件的类型

Axure RP 中为用户提供了 6 种基础元件，分别是基本元件、表单元件、菜单和表格元件、标记元件、流程图元件和图标元件。

4.2.1 基本元件

Axure RP 8.0 一共提供了 20 个基本元件，如图 4–16 所示。

图 4-16

1. 矩形

Axure RP 8.0 一共提供了 3 个矩形元件，分别命名为“矩形 1”“矩形 2”和“矩形 3”。这 3 个元件没有本质的不同，只是在边框和填充上略有不同，方便用户在不同情况下选择使用。

选择矩形元件，拖动元件左上角的黄色三角形，可以将其更改为圆角矩形，如图 4–17 所示。单击圆角右上角的圆点，打开形状列表，可以选择将元件转换为其他形状，如图 4–18 所示。

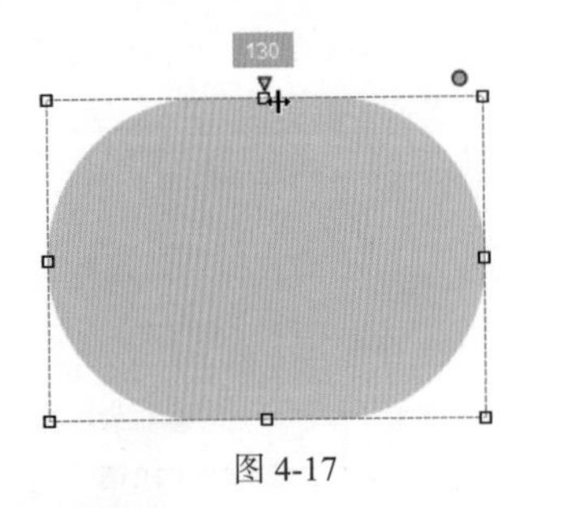

图 4-17

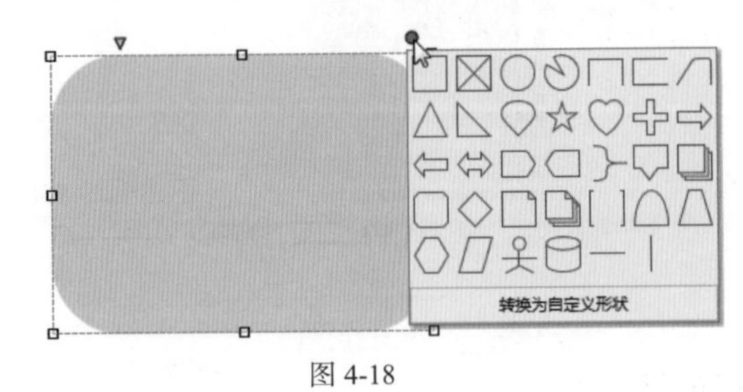

图 4-18

2. 椭圆形

椭圆形元件与矩形元件的使用方法相同，直接将其拖入页面中，即可完成一个椭圆形元件的创建。

3. 图片

Axure RP 8.0 对图片的支持是非常强大的，选择图片元件，将其拖入页面中，如图 4–19 所示。双击图片元件，在弹出的“打开”对话框中选择图片，单击“打开”按钮，即可看到打开的图片，如图 4–20 所示。

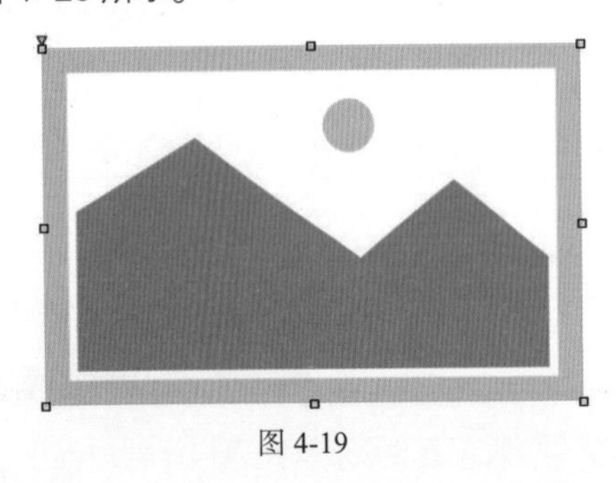

图 4-19

图 4-20

提示

有一点需要注意，打开的图片将以其原始尺寸显示，用户可以通过拖动边角的控制锚点实现对其的缩放操作。

拖动图片左上角的黄色三角形，可以实现图片的遮罩效果，实现圆角图片的效果，如图 4–21 所示。

用户可以直接在图片上输入文字内容，如图 4–22 所示。单击鼠标右键，在弹出的快捷菜单中选择“编辑文本”命令，可以修改文本，如图 4–23 所示。

图 4-21

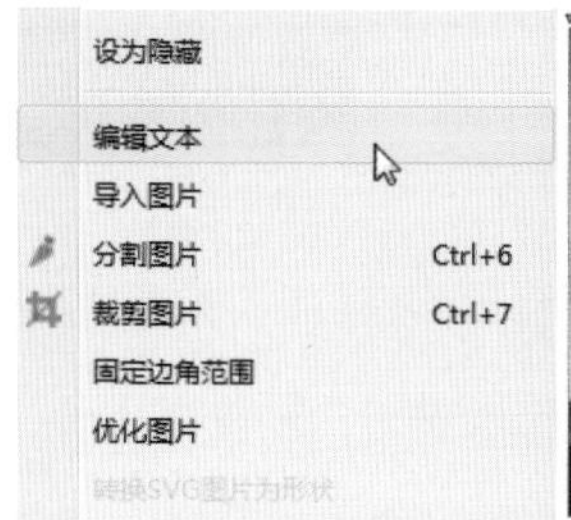

图 4-22　　　　图 4-23

在 Axure RP 8.0 中，可以使用“裁剪工具”对图片进行裁剪操作。单击选项栏中“钢笔工具”后的更多按钮，在弹出的下拉列表中选择“裁剪工具”，拖动调整图片边缘的边框，在图片上双击即可完成图片的裁剪操作，如图 4-24 所示。

图 4-24

提示

调出裁剪框后，工作区右上角出现一个菜单条，用户可以根据需求选择不同的选项。

4. 占位符

占位符元件没有实际的意义，只是作为临时占位的功能存在。当用户需要在页面上预留一块位置，但是还没有确定要放什么内容的时候，可以选择先放一个占位符元件。

选择占位符元件，将其拖入页面中，效果如图 4-25 所示。

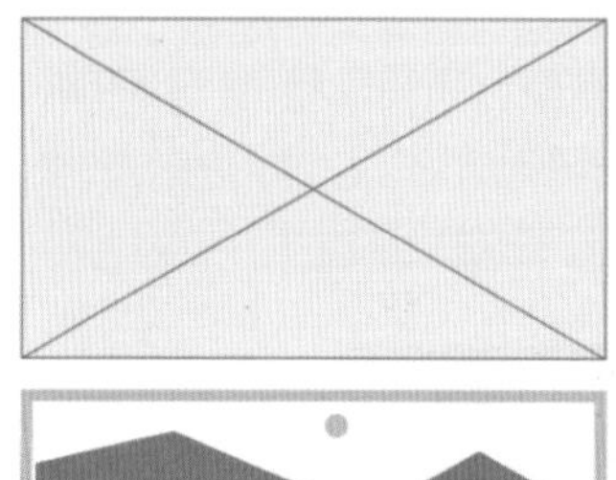

三级标题

Lorem ipsum dolor sit amet, consectetur adipiscing elit. Aenean euismod bibendum laoreet. Proin gravida dolor sit amet lacus accumsan et viverra justo commodo. Proin sodales pulvinar tempor. Cum sociis natoque penatibus et magnis dis parturient montes, nascetur ridiculus mus. Nam fermentum, nulla luctus pharetra vulputate, felis tellus mollis orci, sed rhoncus sapien nunc eget.

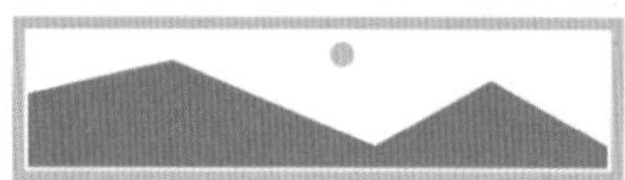

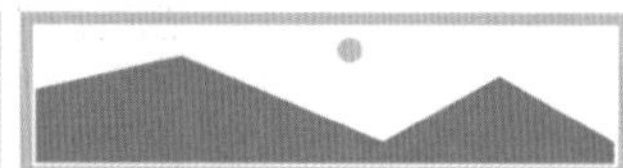

图 4-25

5. 按钮

Axure RP 8.0 为用户提供了 3 种按钮元件，分别是“按钮”“主要按钮”和“链接按钮”。用户可以根据不同的用途选择不同的按钮。选择按钮元件，将其拖入页面中，如图 4-26 所示。双击按钮元件即可修改按钮文字，效果如图 4-27 所示。

BUTTON　　BUTTON　　BUTTON

图 4-26

注册会员　　登 录　　更多新闻

图 4-27

6. 文本

Axure RP 8.0 中的文本有标题和文本两种。标题又分为一级标题、二级标题和三级标题。文本则分为文本标签和文本段落。

用户可以根据需要选择不同大小的标题元件。选择标题元件，将其拖入页面中，如图 4–28 所示。

一级标题　　二级标题　　三级标题

图 4-28

文本标签元件的主要功能是用来输入较短的普通文本，选择文本标签元件，将其拖入页面中，如图 4–29 所示。文本段落元件用来输入较长的普通文本，选择文本段落元件，将其拖入页面中，如图 4–30 所示。

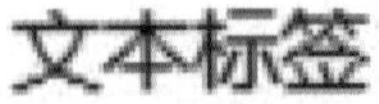

文本标签

图 4-29

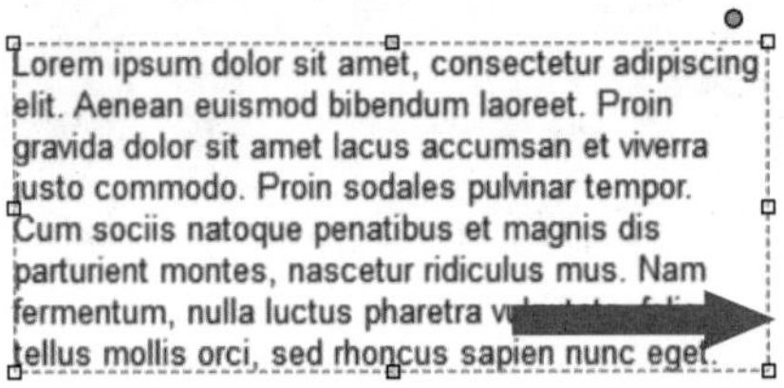

Lorem ipsum dolor sit amet, consectetur adipiscing elit. Aenean euismod bibendum laoreet. Proin gravida dolor sit amet lacus accumsan et viverra justo commodo. Proin sodales pulvinar tempor. Cum sociis natoque penatibus et magnis dis parturient montes, nascetur ridiculus mus. Nam fermentum, nulla luctus pharetra v... tellus mollis orci, sed rhoncus sapien nunc eget.

图 4-30

拖动标题或文本四周的控制点，内部的文本会自动调整位置。当文本框的宽度比文本内容宽时，如图 4–31 所示。双击文本框的控制点，即可快速使文本框大小与文本一致，如图 4–32 所示。

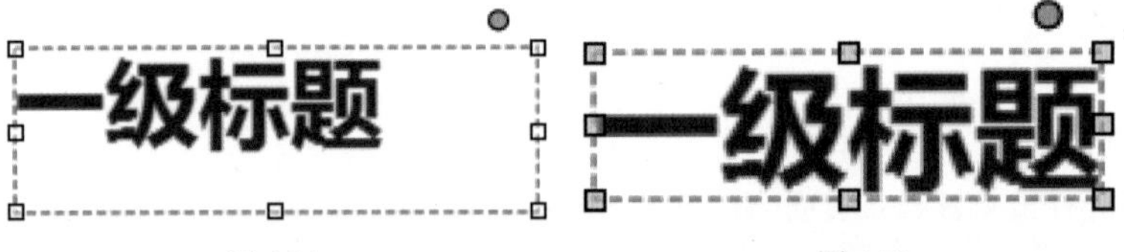

图 4-31　　图 4-32

选择文本框，用户可以在选项栏上为其指定填充颜色和线段颜色，如图 4–33 所示。双击选中文本内容，在选项栏上可以指定文本的颜色，如图 4–34 所示。

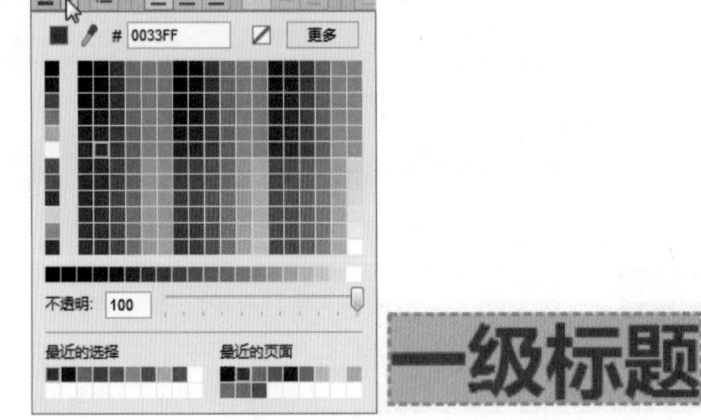

图 4-33　　图 4-34

除了为文字指定颜色外，用户还可以在选项栏上为文字指定字体、字型和字号。设置文字加粗、斜体和下画线，如图 4–35 所示。

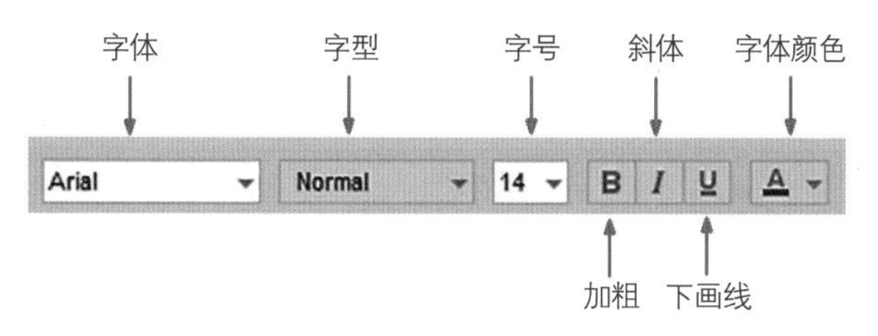

图 4-35

7. 水平线和垂直线

使用水平线和垂直线元件可以创建水平线条和垂直线条。通常是用来分割功能或美化页面的。选择水平线或垂直线元件，将其拖入页面中，效果如图 4–36 所示。

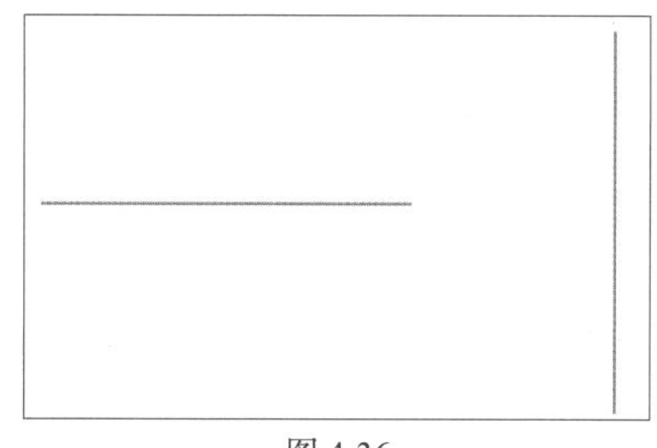

图 4-36

选择线条，用户可以在选项栏中设置其颜色、线宽和类型，如图 4–37 所示。也可以在选项栏中的“箭头样式”下拉列表中选择一种箭头效果，如图 4–38 所示。

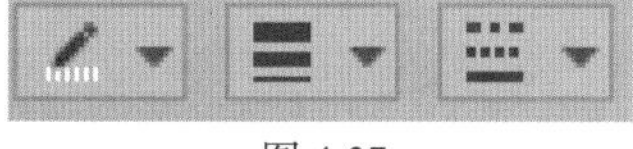

图 4-37

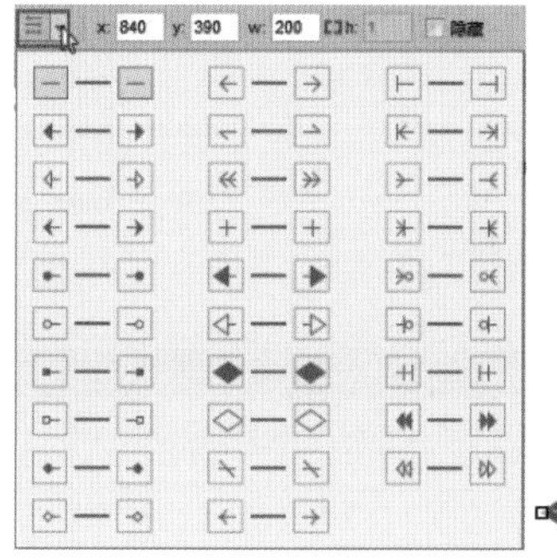

图 4-38

8. 热区

热区元件就是一个隐形的，但是可以单击的面板。在“元件库”面板中选择热区元件，将其拖入页面中，使用热区元件可以完成为一张图片同时设置多个超链接的操作，如图 4–39 所示。

图 4-39

9. 动态面板

动态面板元件是 Axure RP 8.0 中较为常用的元件，它可以被看作拥有很多种不同状态的超级元件。

> **知识链接：**
> 关于动态面板元件的使用，将在本书的第 8 章中详细介绍。

10. 内联框架

内联框架元件是网页制作中的 iFrame 框架。在 Axure RP 8.0 中，用户使用内联框架元件可以应用任何一个以“Http://”开头的 URL 所标示的内容，如一张图片、一个网站、一个 Flash 动画，只要能用 URL 标示就可以了。选择内联框架元件，将其拖入页面中，效果如图 4-40 所示。

双击“内联框架”按钮，弹出“链接属性”对话框，如图 4-41 所示。用户可以在该对话框中选择链接项目中的内部页面和绝对地址的外部页面。

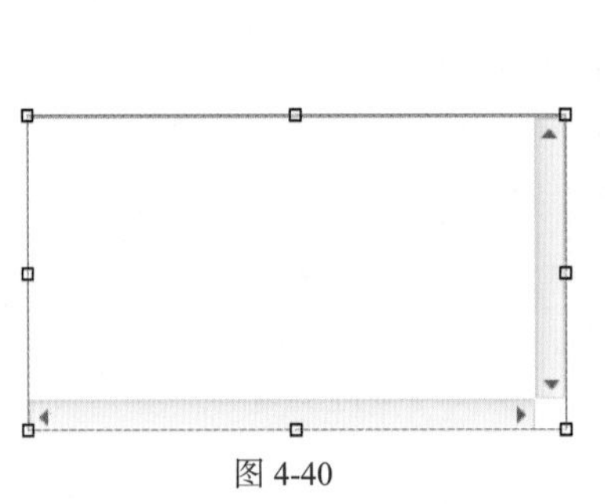
图 4-40

图 4-41

> **提示**
> iFrame 是 HTML 的一个控件，用于在一个页面中显示另外一个页面。

11. 中继器

中继器元件可以用来生成由重复条目组成的列表页，如商品列表、联系人列表等。并且可以非常方便地通过预先设定的事件，对列表进行新增条目、删除条目、编辑条目、排序和分页的操作。

> **知识链接：**
> 关于“中继器”的使用，将在本书的第 9 章中详细介绍。

实例 07——分离网页中的图片

用户使用“切割工具”可以将选中的图片按照自己的意愿进行任意分割，大大地方便了用户在设计过程中的诸多不便。

▶源文件：素材&源文件\第4章\分离网页中的图片.rp

▶操作视频：视频\第4章\分离网页中的图片.mp4

01 使用图片元件导入如图 4-42 所示的图片。单击选项栏中“钢笔工具”后的更多按钮，在弹出的下拉列表中选择“切割工具”，如图 4-43 所示。

图 4-42

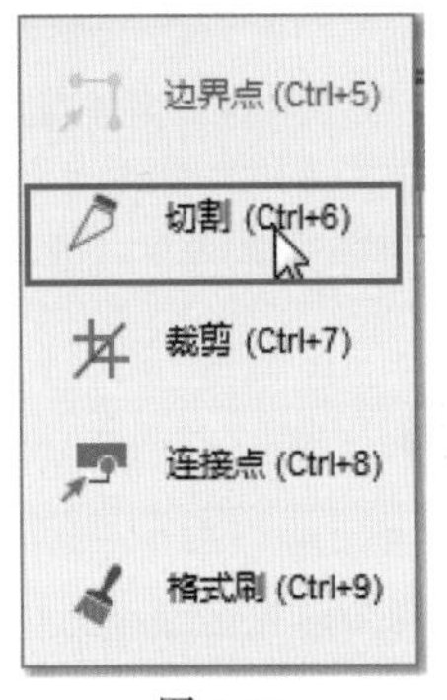

图 4-43

02 此时页面中出现一个十字的虚线，在图片上单击，即可完成切割操作，如图 4–44 所示。用户可以在右上角选择十字切割、横向切割和纵向切割。多次切割，删除没用的部分，得到如图 4–45 所示的图片效果。

图 4-44

图 4-45

03 当对图片执行了切割操作后，在图片上单击鼠标右键，在弹出的快捷菜单中选择“固定边角范围”命令，会在图片四周出现边角标记，用来显示当前图片的边角范围，如图 4–46 所示。

04 选择“优化图片”命令，Axure RP 8.0 将会自动优化当前图片，降低图片的质量，提高下载的速度，如图 4–47 所示。

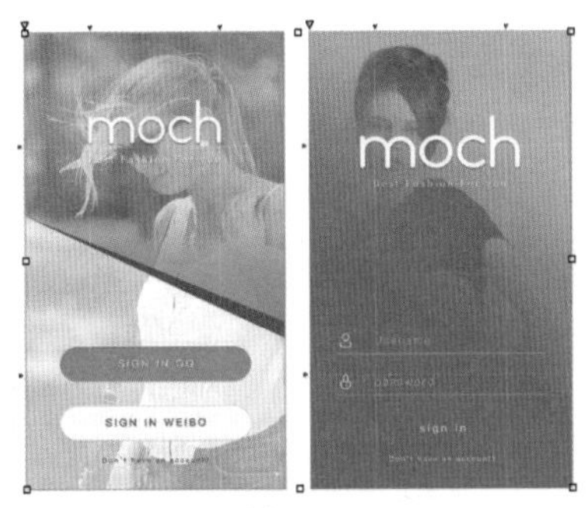

图 4-46

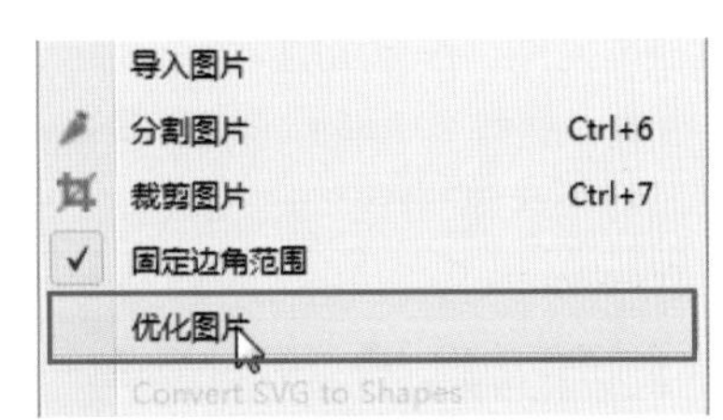

图 4-47

4.2.2 表单元件

Axure RP 8.0 为用户提供了丰富的表单元件，便于用户在原型中制作更加逼真的表单效果。表单元件主要包括文本框、多行文本框、下拉列表框、列表框、复选框、单选按钮和提交按钮，接下来逐一进行介绍。

1. 文本框

文本框元件主要用来接受用户输入，但是仅能接受单行的文本输入。选择文本框元件，将其拖入页面中，效果如图 4–48 所示。在文本框中输入文本的样式，可以在“检视”面板中“样式”选项卡下的“字体”下拉列表中设置，如图 4–49 所示。

选择文本框元件，在“检视：文本框”面板的“属性”选项卡下可以详细设置其属性，如图 4–50 所示。在“类型”下拉列表中可以选择文本框的不同类型，用于不同的功能，如图 4–51 所示。

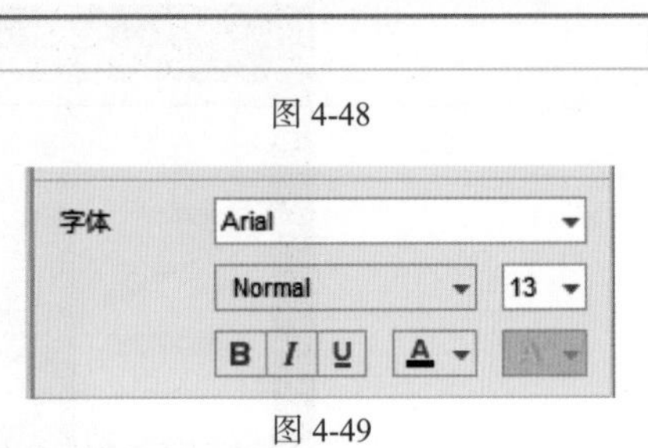

图 4-48

图 4-49

2. 多行文本框

多行文本框元件能够接受用户多行文本的输入。选择多行文本框元件，将其拖入页面中，效果如图 4–52 所示。

图 4-50

图 4-51

图 4-52

3. 下拉列表框

下拉列表框元件主要用来显示一些列表选项，以便于用户在其中选择。只能选择，不能输入。选择下拉列表框元件，将其拖入页面中，效果如图 4–53 所示。

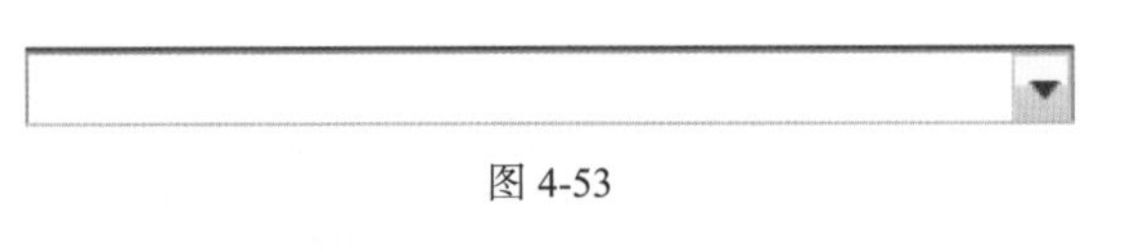

图 4-53

双击下拉列表框元件，在弹出的“编辑列表选项”对话框中单击“添加”按钮，逐一添加列表，效果如图 4–54 所示。单击“添加多个”按钮，在“添加多个”对话框中依次输入文本内容，也可以完成列表的添加，如图 4–55 所示。

图 4-54

图 4-55

勾选某个列表选项前面的复选框，代表将其设置为默认显示的选项，没有勾选则默认为第一个。单击“确定”按钮，下拉列表中即可显示添加的选项，如图 4–56 所示。

4. 列表框

列表框元件一般在页面中显示多个供用户选择的选项，并且允许用户多选。选择列表框元件，将其拖入页面中，效果如图 4–57 所示。

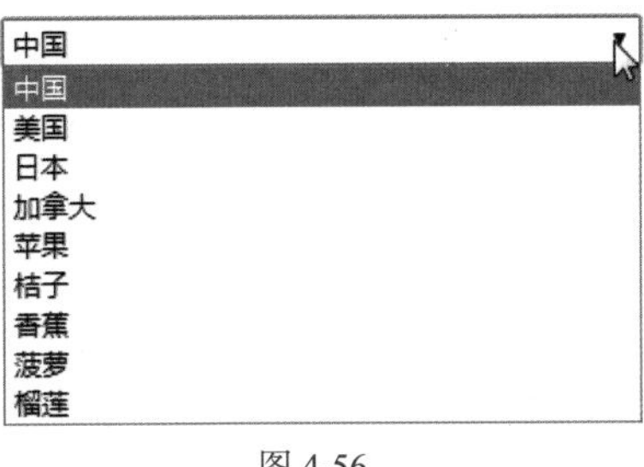

图 4-56

图 4-57

双击“列表框”按钮，用户可以在弹出的“编辑列表选项”对话框中为其添加列表选项。添加的方法和下拉列表框元件相同，如图 4–58 所示。勾选“允许选中多个选项”复选框，则允许用户同时选择多个选项，如图 4–59 所示。

图 4-58

图 4-59

5. 复选框

复选框元件允许用户从多个选项中选择多个选项，选中状态以一个对号显示，再次单击取消选择。选择复选框元件，将其拖入页面中，效果如图 4–60 所示。

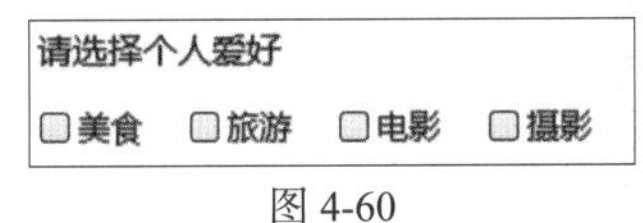

图 4-60

用户可以在“检视：复选框”面板中的“属性”选项卡下勾选“选中”复选框，则当前复选框就会显示为选中状态，如图 4–61 所示。

图 4-61

用户可以在“对齐按钮”选项下选择复选框文本的对齐方式，分别有“左”和“右”两种选择，如图 4–62 所示。

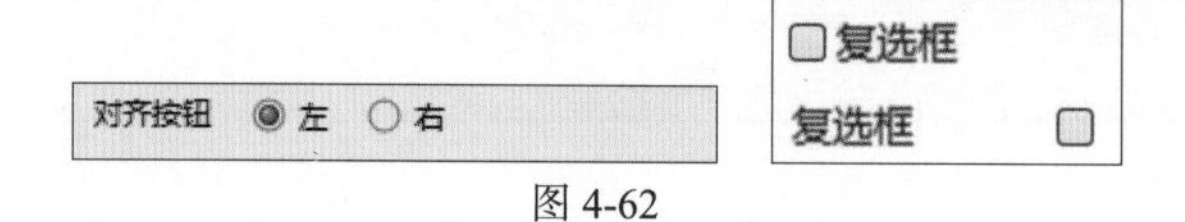

图 4-62

6. 单选按钮

单选按钮元件允许用户在多个选项中选择一个选项。选择单选按钮元件，将其拖入页面中，效果如图 4-63 所示。

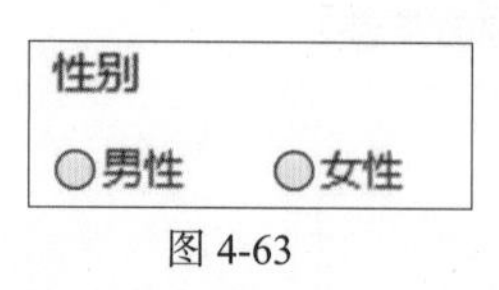

图 4-63

> **提示**
>
> Axure RP 8.0 提供的复选框和单选按钮的大小无法调整，只能保持默认的大小。用户可以使用“动态面板”制作符合个人需求的复选框或单选按钮。

为了实现单选按钮效果，必须将多个单选按钮同时选中，在“检视：单选按钮 (2)”面板中的“设置单选按钮组名称”文本框中为其命名，才能实现单选效果，如图 4-64 所示。

7. 提交按钮

Axure RP 8.0 中的提交按钮元件只是作为一个普通的元件存在。选择提交按钮元件，将其拖入页面中，效果如图 4-65 所示。

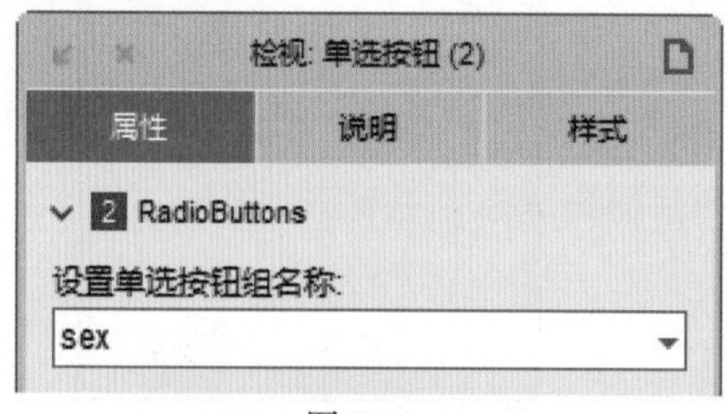

图 4-64

图 4-65

实例 08——设置网页中文本框的提示文字

每个网页中都有许多的文本框需要用户选择和填写，而每个文本框的作用和填写内容也不一样，这就需要设计师在设计的时候为文本框注释和说明。

▶ 源文件：素材&源文件\第4章\设置网页中文本框的提示文字.rp

▶ 操作视频：视频\第4章\设置网页中文本框的提示文字.mp4

01 将文本框元件拖入工作区，如图 4-66 所示。打开“检视：文本框”面板，单击“属性”选项卡，将显示文本框的初始设置状态，如图 4-67 所示。

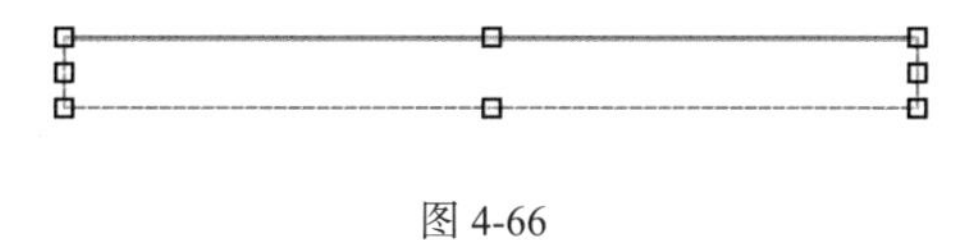

图 4-66

图 4-67

02 在面板中为文本框的各个属性设置参数，如图 4–68 所示。设置完成后，回到工作区，文本框的显示效果如图 4–69 所示。

图 4-68

用户名不能为空！

图 4-69

知识点讲解：设置元件的“属性”

在“提示文字”文本框中输入文字，将显示在文本框的初始状态。

在“最大长度”文本框中输入数值，可以用来限制文本框输入文字的数量。

勾选“隐藏边框”“只读”和“禁用”复选框，可以分别实现隐藏文本框边框、设置文本为只读和禁用文本框的效果。

通过在“提交按钮”文本中输入元件，即可实现文本框回车触发事件。按下回车键时，触发指定元件的事件。单击右侧的下三角，可以在现有元件中选择对象。单击“清空”选项则清空当前文本框中内容。

用户可以在“元件提示”文本框中输入提示内容，用来实现等光标移动到文本框上时，显示提示内容的效果。

03 继续将提交按钮元件拖入工作区，如图 4–70 所示。继续为提交按钮元件设置各项参数，如图 4–71 所示。

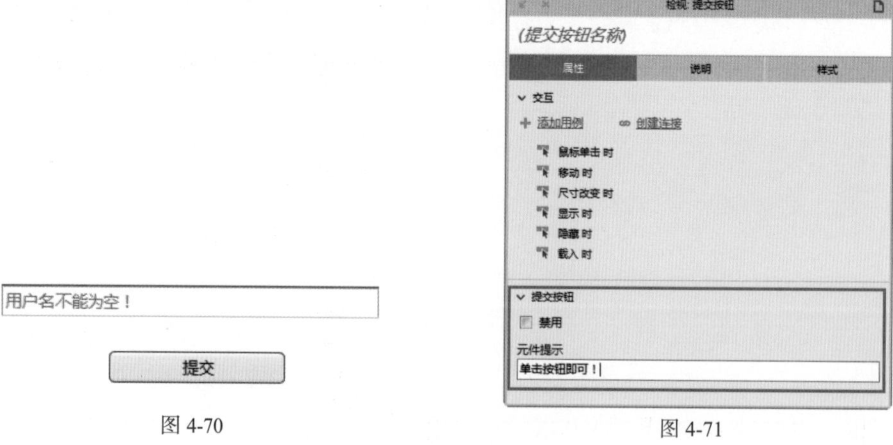

图 4-70　　图 4-71

04 设置完成后，单击“预览”按钮，在浏览器中将光标移动到文本框上，显示提示内容的效果，如图 4–72 所示。

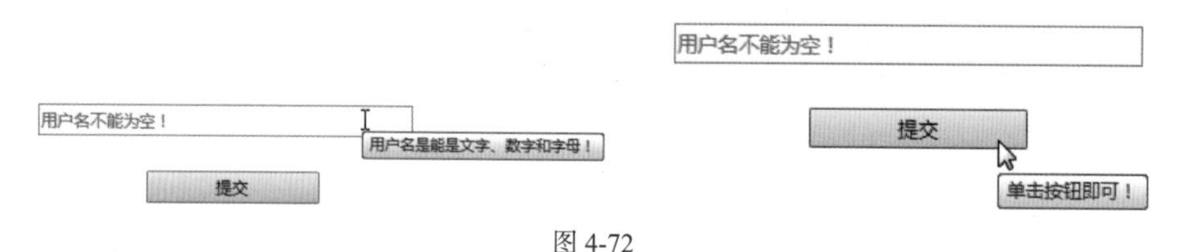

图 4-72

4.2.3 菜单和表格元件

Axure RP 8.0 为用户提供了实用的菜单和表格元件。用户可以使用该元件非常方便地制作数据表格和各种形式的菜单。菜单和表格元件主要包括树状菜单、表格、水平菜单和垂直菜单，接下来逐一进行介绍。

1. 树

“树”的主要功能是用来创建一个属性目录。将树元件选中，拖曳到页面中，效果如图 4–73 所示。

单击元件前面的三角形，可将该树状菜单收起，效果如图 4–74 所示。双击单个菜单可以修改菜单内容，效果如图 4–75 所示。

图 4-73　　图 4-74　　图 4-75

在元件选项上单击鼠标右键，在弹出的快捷菜单中选择“添加”下的子命令，可以进行添加菜单的操作，如图 4–76 所示。

- **添加子节点：**在当前选中菜单下添加一个菜单。
- **上方添加节点：**在当前菜单上方添加一个菜单。
- **下方添加节点：**在当前菜单下方添加一个菜单。
- **编辑图标：**通过导入的方式为菜单指定一个图标。

用户如果想删除某一个菜单命令，可以在菜单上单击鼠标右键，在弹出的快捷菜单中选择“删除节点”命令，即可将当前命令删除，如图 4–77 所示。

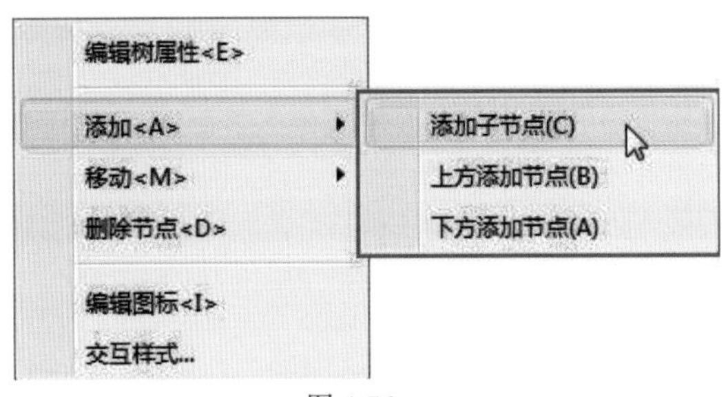

图 4-76

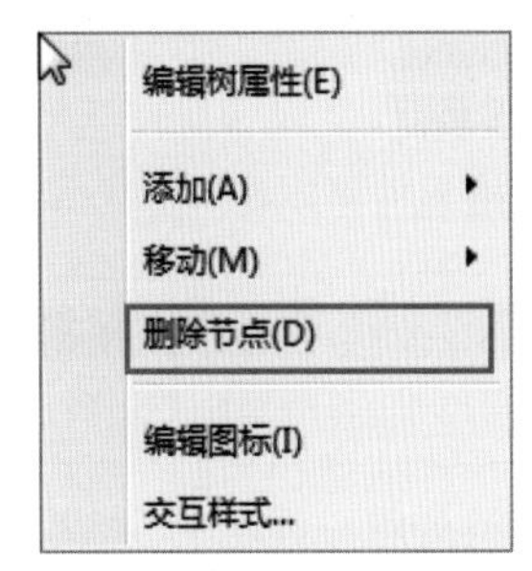

图 4-77

选中树元件，单击鼠标右键，在弹出的快捷菜单中选择“编辑树属性”命令，如图 4–78 所示。弹出“树属性”对话框，如图 4–79 所示。

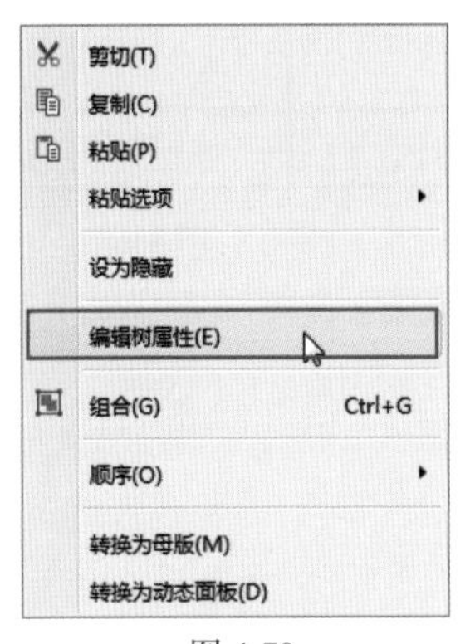

图 4-78

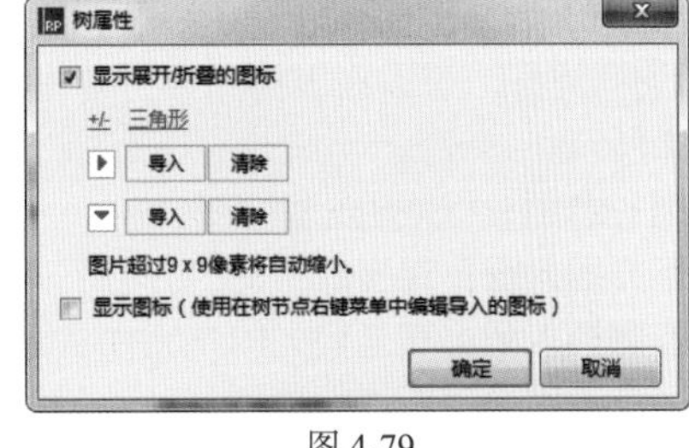

图 4-79

在该对话框中，用户可以选择将显示展开 / 折叠的图标设置为加号或三角形，也可以通过导入 9×9 像素图片的方法，设置个性的展开图标，如图 4–80 所示。用户也可以在“检视：树节点”面板中为树元件指定树图标和树节点图标，如图 4–81 所示。

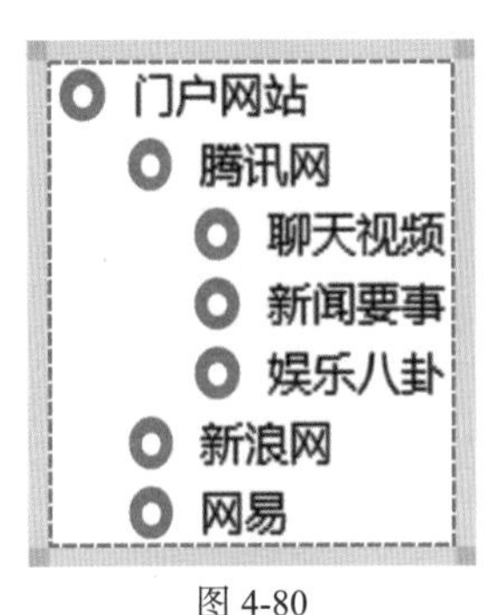

图 4-80

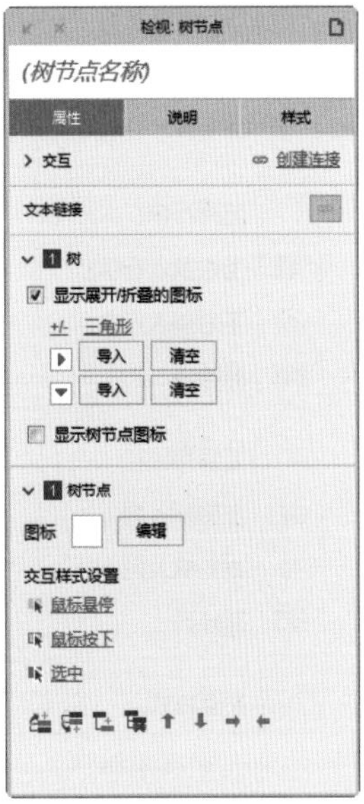

图 4-81

提示

树状菜单具有一定的局限性，显示树节点上添加的图标，所有选项都会自动添加图标的位置，且元件的边框也不能自定义格式。如果想要制作更多效果，可以考虑使用动态面板。

2. 表格

使用表格元件可以在页面上显示表格数据。选择表格元件，将其拖入页面中，如图 4–82 所示。

用户也可以通过拖动的方式选择行或列。配合 Shift 键可以选择不连续的单元格。

选择行或列后，可以在“检视”面板中为其指定填充色和边框粗细，在选项栏中也可为其指定填充色、边框颜色和粗细，效果如图 4–83 所示。

Column 1	Column 2	Column 3

图 4-82

星期一	星期二	星期三

图 4-83

用户如果想增加列或行，可以在表格元件上单击鼠标右键，在弹出的快捷菜单中选择对应的命令即可，如图 4–84 所示。

- **选择行 / 选择列**：选中一行或者一列。
- **上方插入行 / 下方插入行**：在当前行的上方或下方添加一行。
- **左侧插入列 / 右侧插入列**：在当前列的左侧或右侧添加一列。
- **删除行 / 删除列**：删除当前所选行或列。

3. 水平菜单

使用水平菜单元件可以在页面上轻松制作水平菜单效果。

4. 垂直菜单

使用垂直菜单元件可以在页面上轻松制作垂直菜单效果。选择垂直菜单元件，将其拖入页面中，效果如图 4–85 所示。垂直菜单元件与水平菜单元件的使用方法基本相同，此处就不再详细介绍了。

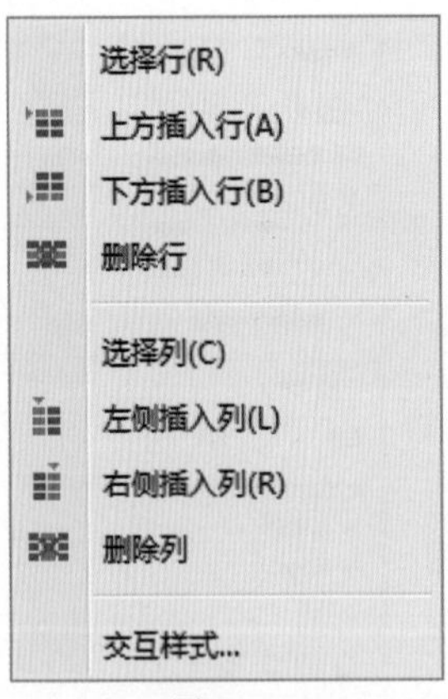

图 4-84

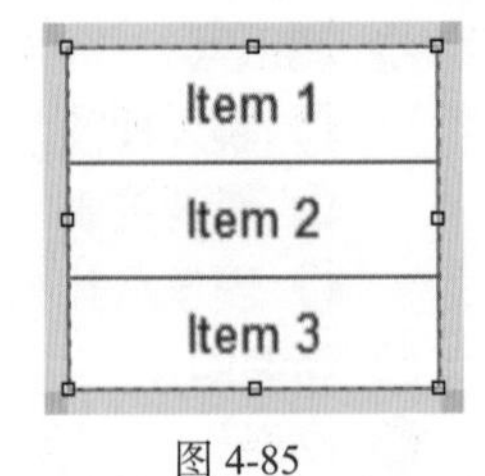

图 4-85

实例 09——制作垂直菜单

使用 Axure RP 中的菜单和表格元件，可以使设计师非常方便地在产品原型设计中绘制多种多样的表格和菜单。

01 选择垂直菜单元件，将其拖入页面中，效果如图 4–86 所示。双击菜单名，即可修改菜单文字，效果如图 4–87 所示。

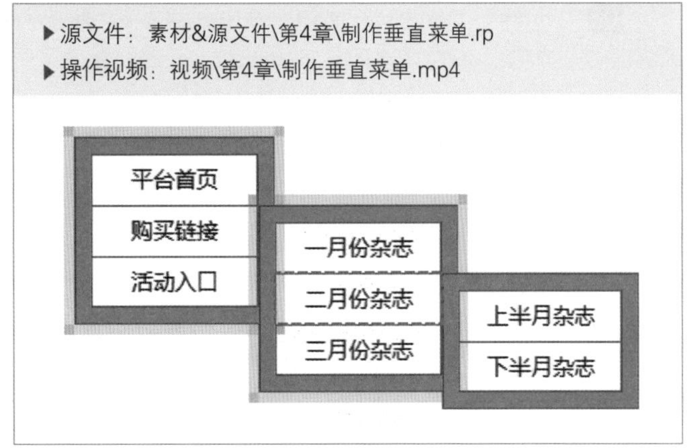

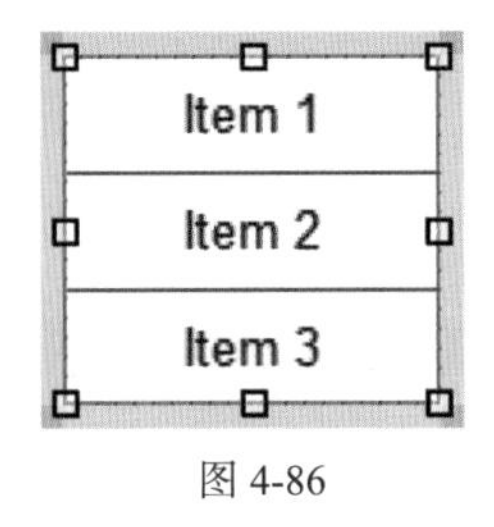

图 4-86

图 4-87

02 在元件上单击鼠标右键，在弹出的快捷菜单中选择“编辑菜单填充”命令，如图 4–88 所示。在弹出的“菜单填充”对话框中设置填充的大小，选择应用的范围，如图 4–89 所示。

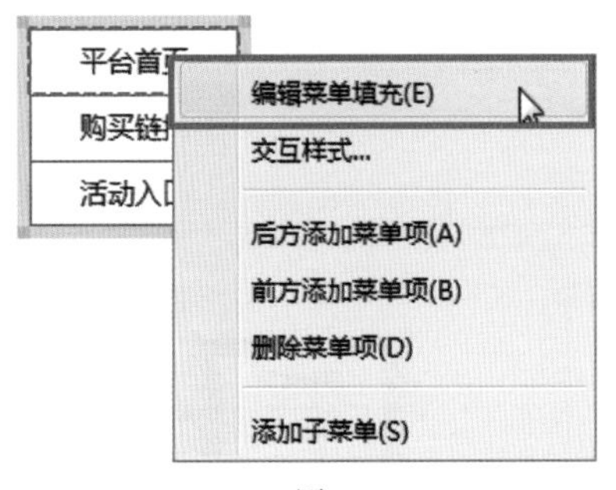

图 4-88

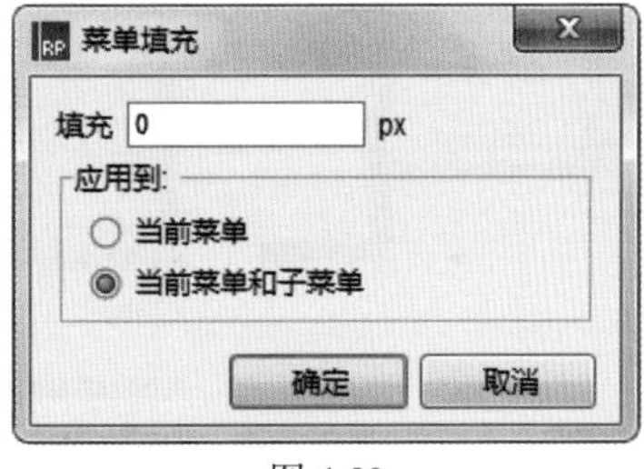

图 4-89

03 设置“填充”为 10px，应用到当前菜单，单击“确定”按钮，效果如图 4–90 所示。选择垂直菜单，可以在“检视：菜单”面板中为其指定填充颜色，选择色块，为其指定“填充”颜色，效果如图 4–91 所示。

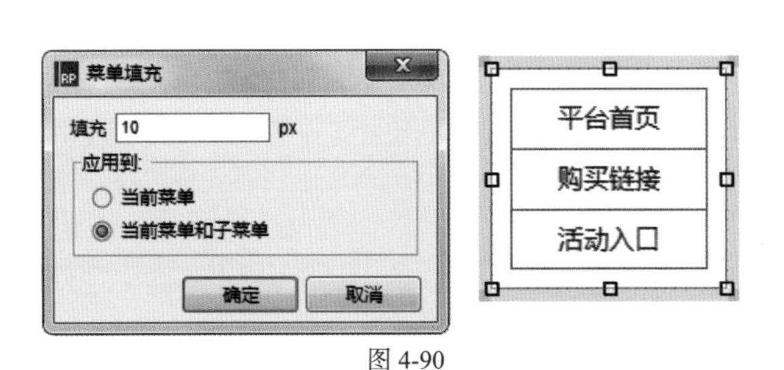

图 4-90

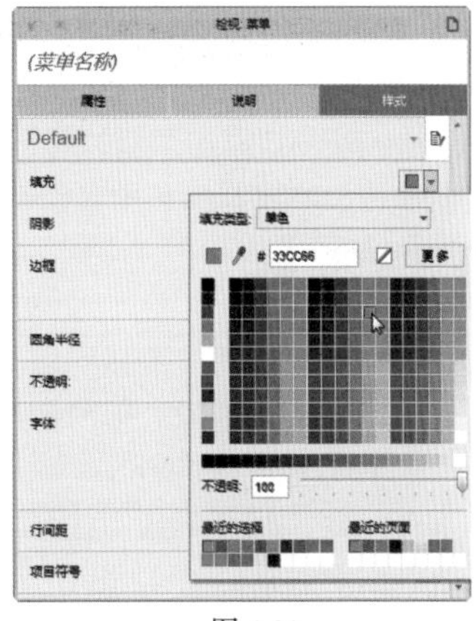

图 4-91

04 在元件上方单击鼠标右键，弹出如图 4–92 所示的快捷菜单，在该快捷菜单中选择“后方添加菜单项”命令，为元件添加 3 个子菜单，并重新输入文字，如图 4–93 所示。

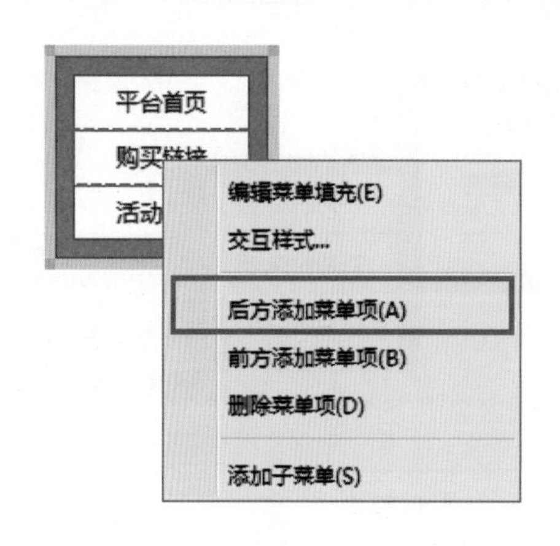

图 4-92

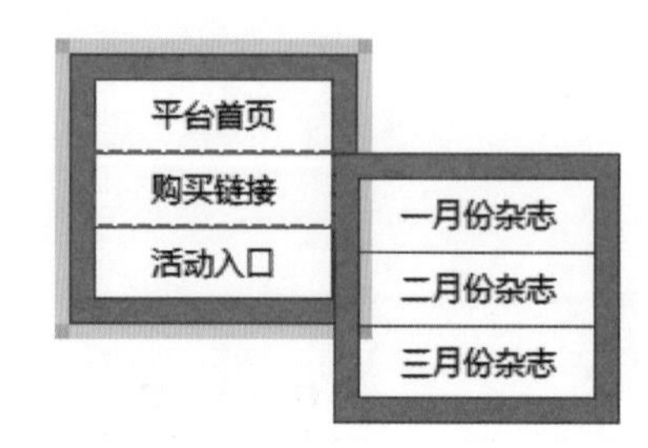

图 4-93

不管是元件本身还是新添加的子菜单，Axure RP 默认菜单项的数量为 3 个。而前 \ 后方添加菜单项，则为 1 个。

05 继续添加子菜单，并删除其中 1 个子菜单，如图 4–94 所示。垂直菜单最终效果如图 4–95 所示。

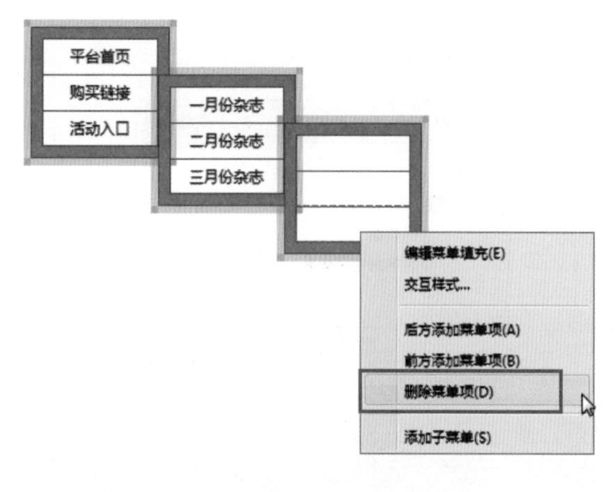

图 4-94

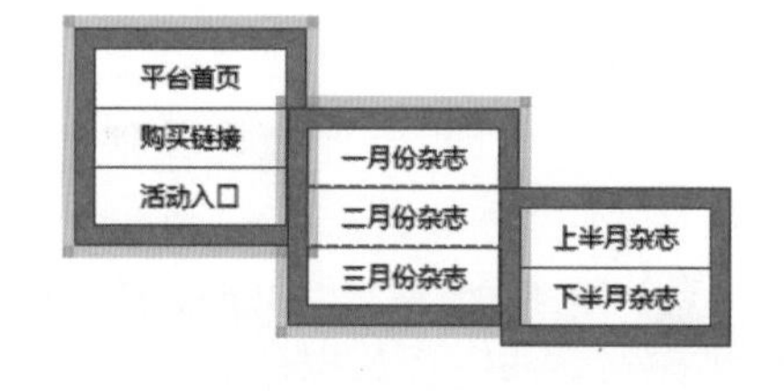

图 4-95

4.2.4 标记元件

Axure RP 8.0 添加了新的标记元件，用来帮助用户对产品原型进行说明和标注。标记元件主要包括页面快照、水平箭头、垂直箭头、便签、圆形标记和水滴标记，接下来逐一进行介绍。

1. 页面快照

页面快照可让用户捕捉引用页面或主页面图像。可以配置快照组件显示整个页面或页面的一部分，也可以在捕捉图像之前对需要应用交互的页面建立一个快照。选择页面快照元件，将其拖入页面中，效果如图 4–96 所示。

双击元件，即可弹出“引用页面”对话框，如图 4–97 所示。在该对话框中可以选择引用的页面或母版，引用效果如图 4–98 所示。

图 4-96　　图 4-97　　图 4-98

> **知识链接：**
> 关于“母版”的概念，将在本书的第 6 章中详细介绍。

在“检视：页面快照”面板下的“属性”选项卡下可以看到页面快照的各项参数，如图 4–99 所示。取消勾选“适应比例”复选框，引用页面将以实际尺寸显示，如图 4–100 所示。

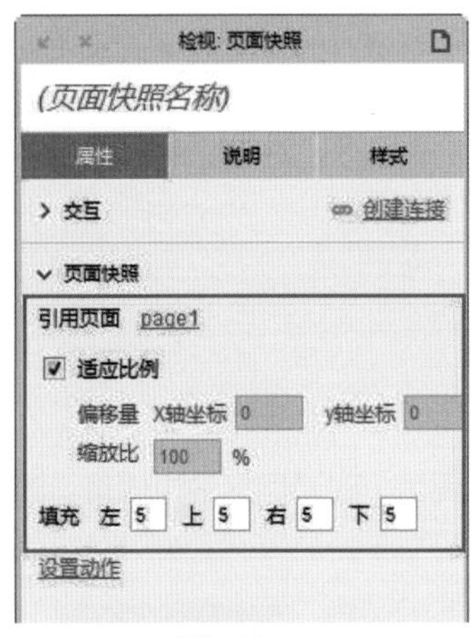

图 4-99

图 4-100

双击元件，光标变成小手标记，可以拖动查看引用页面。滚动鼠标滚轮，可以缩小或放大引用页面，如图 4–101 所示。用户也可以拖动调整快照的尺寸，效果如图 4–102 所示。

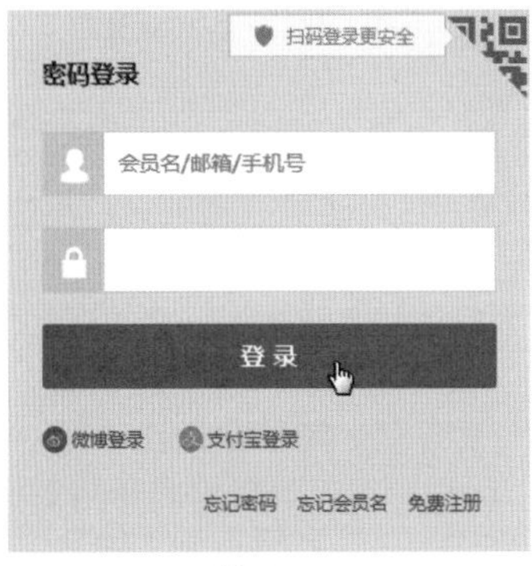

图 4-101

图 4-102

2. 水平箭头和垂直箭头

使用箭头可以在产品原型上进行标注。Axure RP 8.0 提供了水平箭头和垂直箭头两种箭头。选择箭头元件，将其拖入页面中，效果如图 4–103 所示。

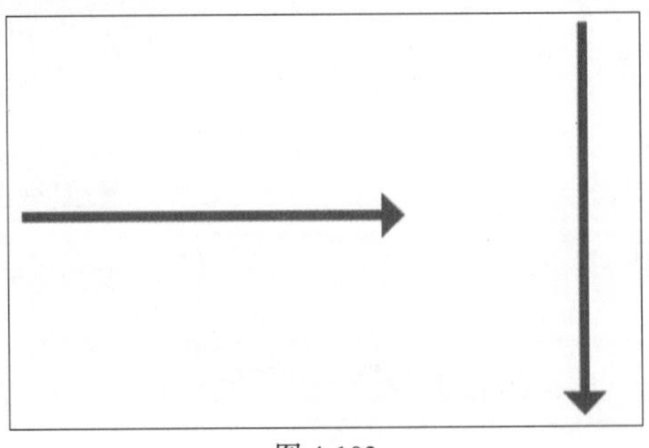

图 4-103

选中箭头元件，可以在工具栏上设置箭头的箭身颜色、粗细和样式，如图 4–104 所示，还可以对箭头的头部样式进行修改，如图 4–105 所示。

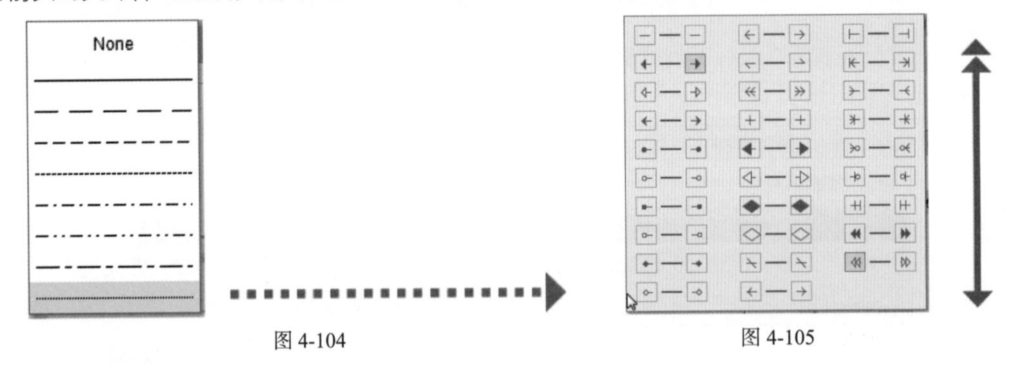

图 4-104　　图 4-105

3. 便签

Axure RP 8.0 为用户提供了 4 种不同颜色的便签，以便用户在原型标注中使用。选择便签元件，将其拖入页面中，效果如图 4–106 所示。

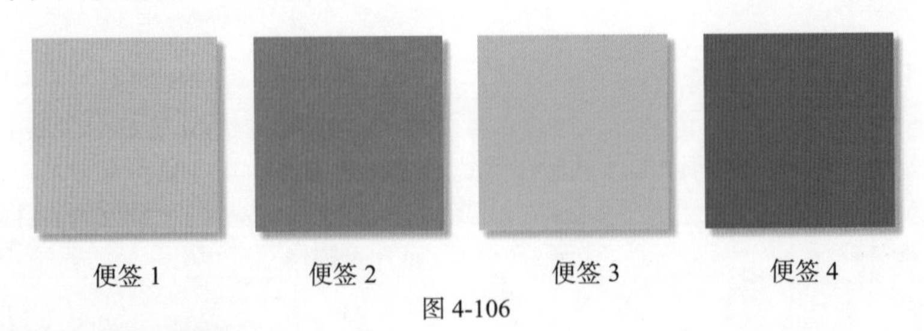

图 4-106

4. 圆形标记和水滴标记

Axure RP 8.0 为用户提供了两种不同形式的标记：圆形标记和水滴标记。选择标记元件，将其拖入页面中，效果如图 4–107 所示。

标记元件主要是在完成的原型上标记说明的。双击元件，可以为其添加文字，如图 4–108 所示。选中元件，可以在工具栏上修改其填充颜色、线框颜色、线框粗细、线框样式和阴影样式，修改后的效果如图 4–109 所示。

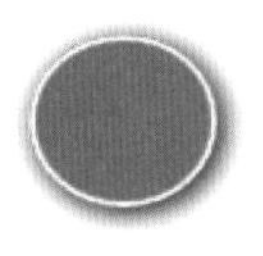

图 4-107

图 4-108

图 4-109

实例 10——制作标签说明

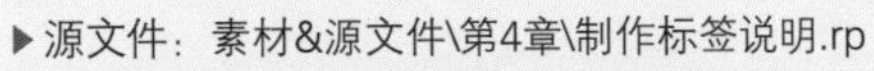

▶ 源文件：素材&源文件\第4章\制作标签说明.rp

▶ 操作视频：视频\第4章\制作标签说明.mp4

最新户型

三室两厅户型、主卧独立卫生间、开放式的客厅和厨房

元件库中的标记元件主要用来帮助用户阐述自己对产品原型设计的一些解释和说明，方便他人理解。

01 选择“便签 1”元件，将其拖入工作区，如图 4–110 所示。可以在“样式”选项卡上对其填充和描边样式进行修改，如图 4–111 所示。

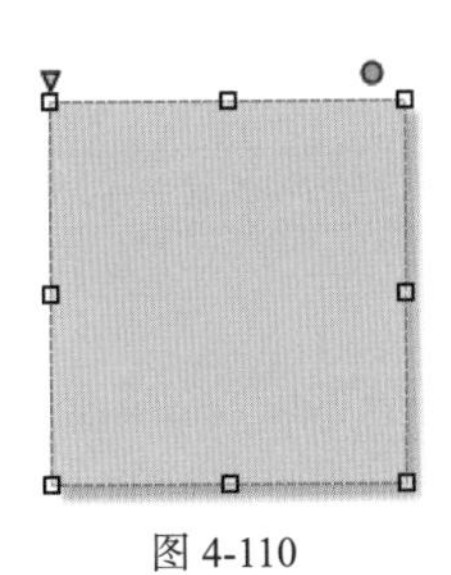

图 4-110

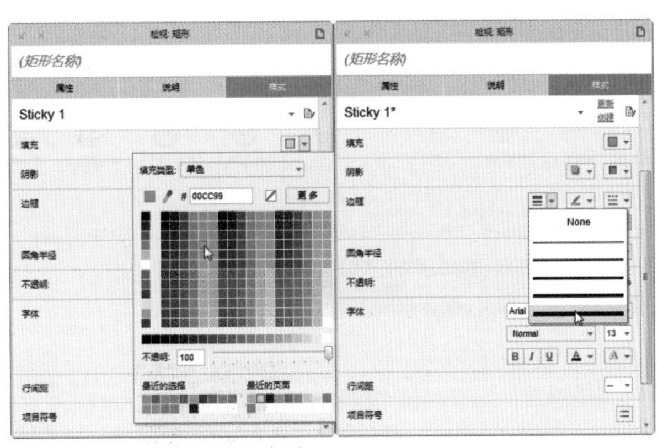

图 4-111

02 双击元件，继续在元件中添加文字，如图 4–112 所示。在“样式”选项卡中可以修改文字的大小和位置，如图 4–113 所示。

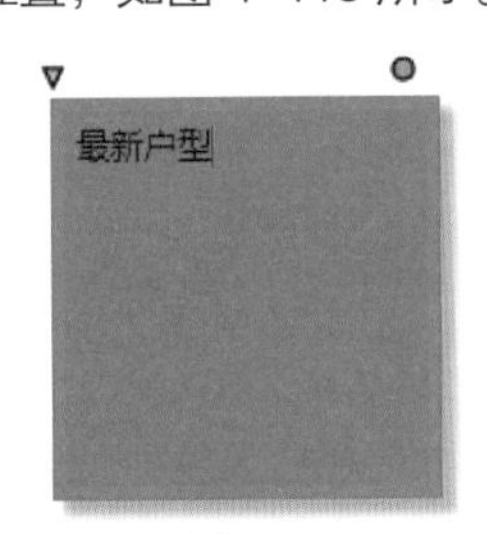

图 4-112

最新户型

三室两厅户型、主卧独立卫生间、开放式的客厅和厨房

图 4-113

4.2.5 流程图和图标元件

Axure RP 8.0 中提供了专用的流程图元件和图标元件，以便于用户设计和制作产品原型。

默认情况下，流程图元件和图标元件都被保存在“元件库”的下拉菜单中，如图 4–114 所示。

用户可以通过选择不同的选项，来显示不同的元件组合。也可以通过选择“选择全部”选项，将所有元件显示出来，如图 4-115 所示。

图 4-114

图 4-115

使用流程图元件可以帮助用户更好地设计和制作流程图页面，如图 4-116 所示。使用图标元件可以为用户提供更多美观实用的图标素材，如图 4-117 所示。

图 4-116

图 4-117

实例 11——绘制流程图

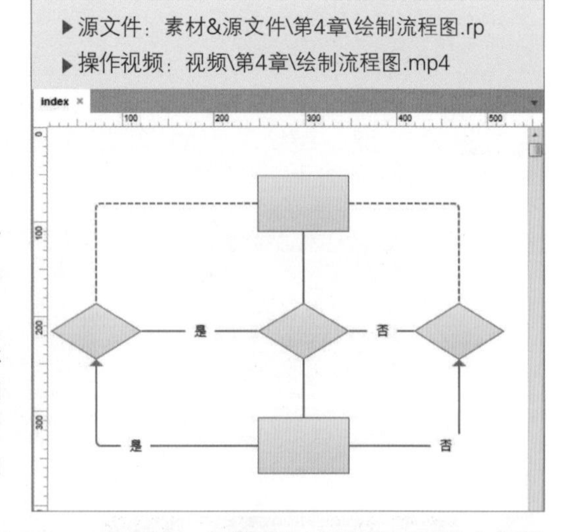

用户可以使用流程图元件来快速、便捷地制作大型的流程图。关于流程图元件的具体使用方法，通过下面的操作实例来向用户展示。

01 在“元件库”面板中，选中 Flow 元件库，将矩形元件拖入工作区添加控件，如图 4-118 所示。继续使用菱形元件在工作区内添加控件，如图 4-119 所示。

02 单击工具栏中的“连接”按钮，将光标移入元件上出现连接状态，向下拖曳鼠标，如图 4-120 所示。松开鼠标后，连接线完成，如图 4-121 所示。继续使用相同的方法完成菱形元件和矩形元件的连接，如图 4-122 所示。

03 继续使用菱形元件在工作区内添加控件，如图 4-123 所示。在矩形元件和菱形元件之间添加连接线，连接线会根据元件之间的位置和距离调整自身的形状，如图 4-124 所示。

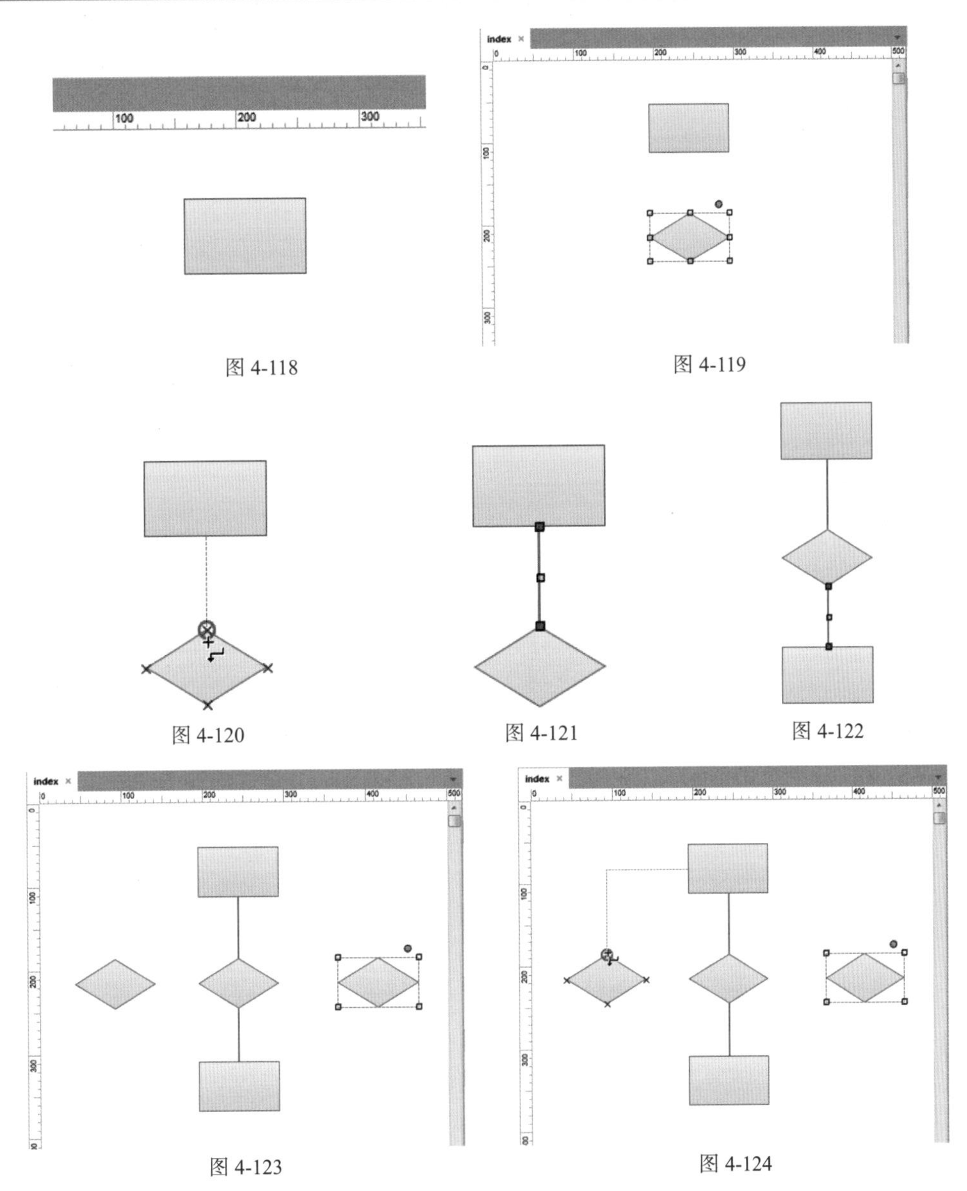

图 4-118　图 4-119

图 4-120　图 4-121　图 4-122

图 4-123　图 4-124

04 继续在菱形元件和矩形元件之间添加连接线，如图 4–125 所示。所有的连接线添加完成后，流程图如图 4–126 所示。

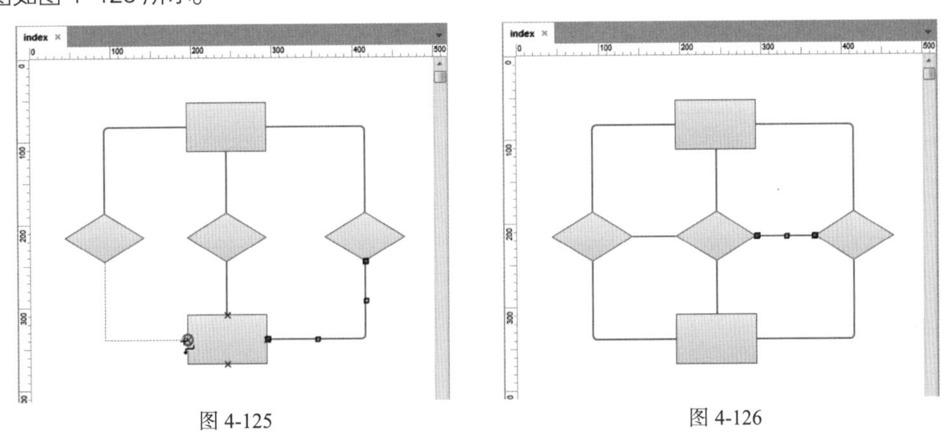

图 4-125　图 4-126

05 在“样式”选项卡中，单击“箭头样式”下拉按钮，用户可以在弹出的下拉列表中选择连接线的箭头样式，如图 4–127 所示。选择完成后，流程图如图 4–128 所示。

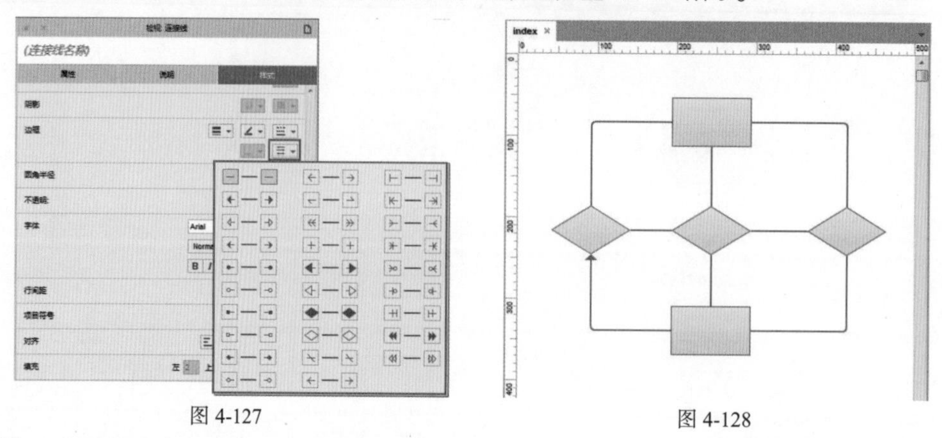

图 4-127　　图 4-128

06 双击连接线，用户可以在连接线上输入文字，如图 4–129 所示。使用相同方法完成相似内容的操作，如图 4–130 所示。

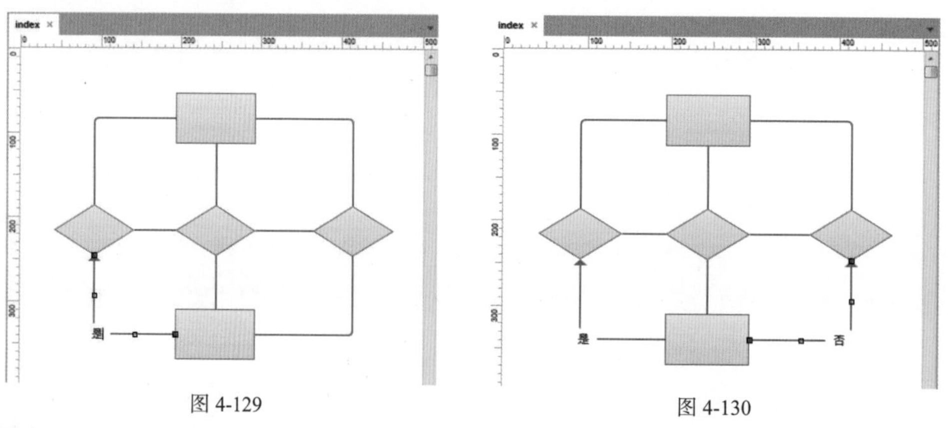

图 4-129　　图 4-130

07 在“样式”选项卡中，单击“线段类型”下拉按钮，可以在弹出的下拉列表中选择连接线的线段类型，如图 4–131 所示。选择完成后，流程图如图 4–132 所示。

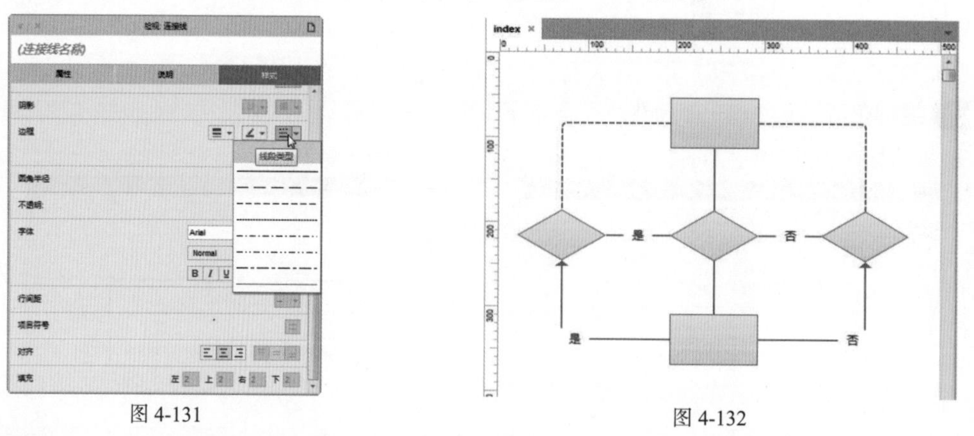

图 4-131　　图 4-132

08 选中一个元件或是几个元件，向任何方向移动元件，如图 4–133 所示。则连接线会随着元件的移动而改变位置或形状，如图 4–134 所示。

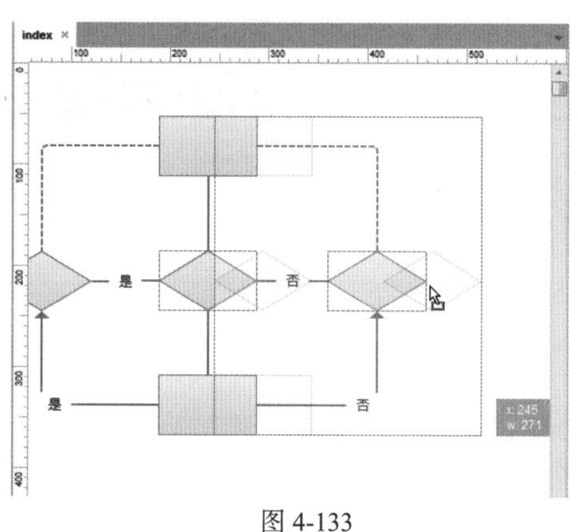

图 4-133

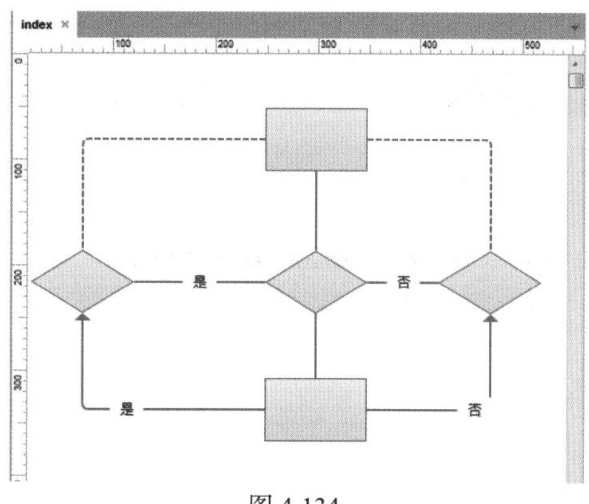

图 4-134

4.3 “概要”面板的作用

一个原型中通常会包含很多元件，元件之间会出现叠加或者遮盖，这就给用户操作带来麻烦。遇到这种情况，可以通过“元件管理器”实现对元件的各种操作。Axure RP 8.0 中更改为“概要”面板，如图 4–135 所示。

在该面板中将显示页面中所有的元件，单击面板中的选项，页面中对应的元件被选中；选中页面中的元件，面板中对应的选项也会被选中，如图 4–136 所示。

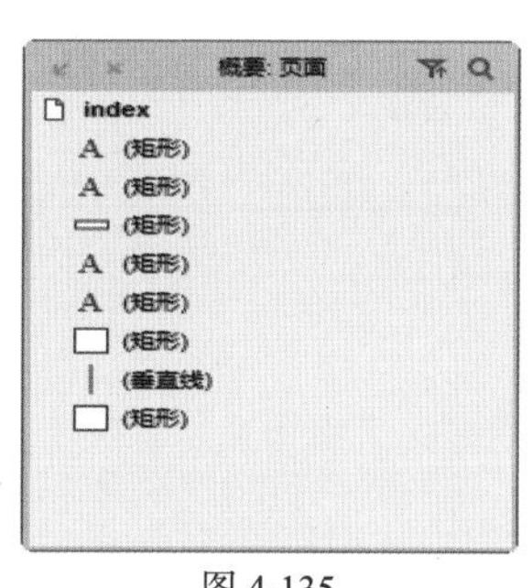

图 4-135

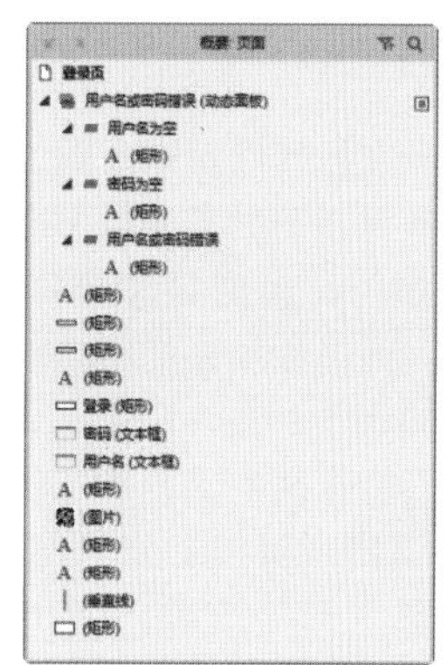

图 4-136

单击面板右上角的“排序与筛选”按钮，弹出如图 4–137 所示的菜单，用户可以根据需要选择需要显示的内容。单击“查找”按钮，面板顶部出现查找文本框，输入想要查找的元件名，即可找到想找的对象， 如图 4–138 所示。

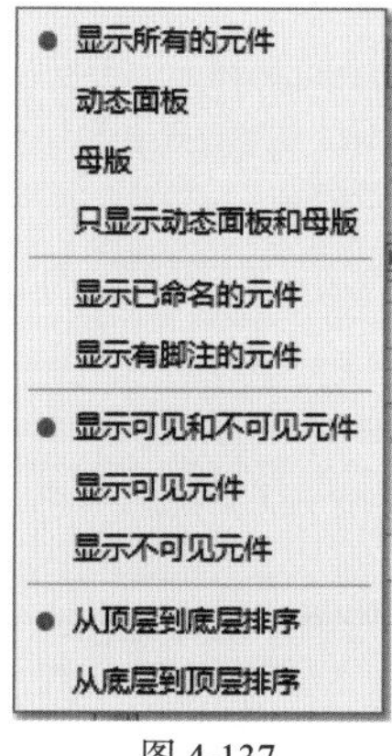

图 4-137

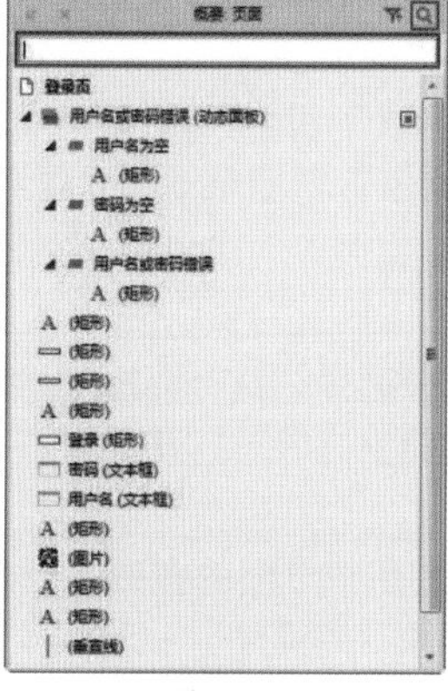

图 4-138

4.4 元件的属性

选择一个元件，在“检视”面板“属性”选项卡下可以看到相关的参数内容。而且需要注意，并不是每一个元件的属性都相同，用户要根据所选元件的不同来设置元件的属性。

4.4.1 交互事件中的页面交互

Axure RP 8.0 的交互设置是在“属性”选项卡下完成的。按照应用对象的不同，交互事件可以分为页面交互和元件交互两种。下面针对页面交互进行讲解。

将页面想象成舞台，而页面交互事件就是在大幕拉开的时刻向用户呈现的效果。同时需要注意的是在原型中创建的交互命令是由浏览器来执行的，也就是说页面交互效果需要“预览”才能看到。

在页面中空白位置单击，可以看到“检视：页面”面板，如图 4–139 所示。在“交互”选项下可以看到默认的 3 个交互事件，单击“更多事件”下拉菜单，可以看到更多的交互事件，如图 4–140 所示。

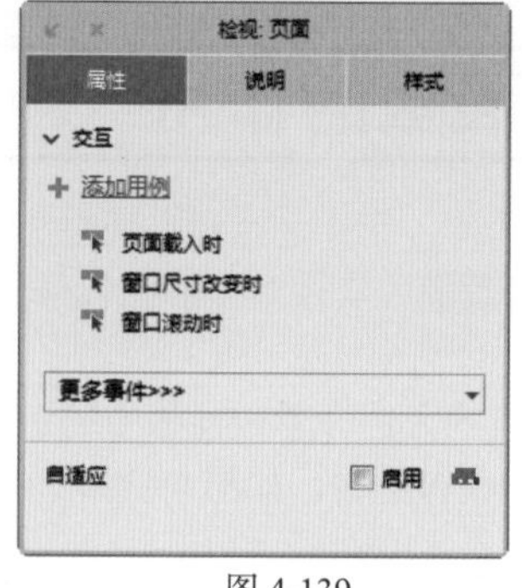

图 4-139

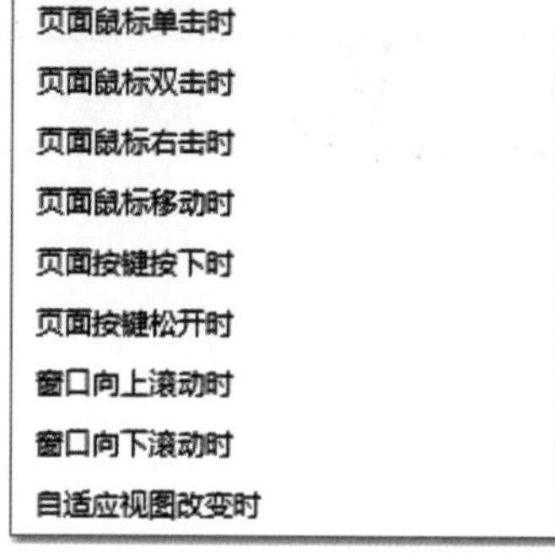

图 4-140

交互事件可以理解为产生交互的条件，例如，当页面载入时，将会如何；当窗口滚动时，将会如何。而将会发生的事情就是交互事件的动作。

在页面中空白的位置单击，然后双击“属性”选项卡下的“页面载入时”选项，弹出“用例编辑 <页面载入时>”对话框，如图 4–141 所示。

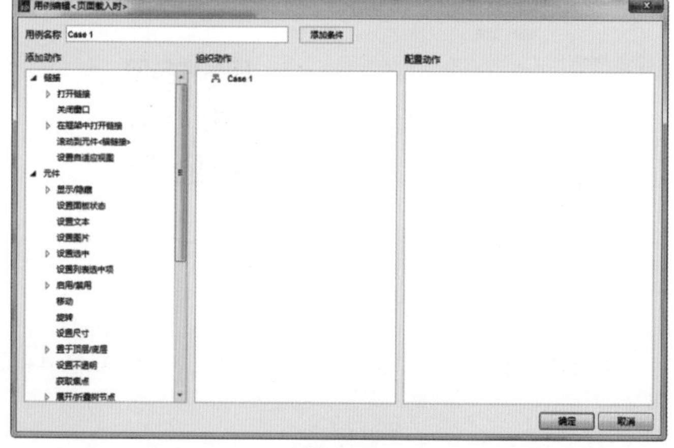

图 4-141

“用例编辑”对话框的顶部显示用例的名称，下面为“添加动作”“组织动作”和“配置动作”三部分。“添加动作”列表下包含 Axure RP 8.0 中所有的动作，“组织动作”列表下将显示添加的所有动作，“配置动作”列表下将显示动作的详细参数，供用户配置。

1. 打开链接

用户可在动作列表中选择“打开链接”动作。

- **当前窗口：**使用当前窗口显示打开的链接页面，用户可以选择打开当前项目的页面，如图 4–142 所示。
- **新窗口 / 新标签：**使用一个新的窗口或新标签显示打开的链接页面。用户也可以选择打开链接一个绝对地址，如图 4–143 所示。
- **弹出窗口：**弹出一个新的窗口显示打开的链接页面。用户可以选择打开当前项目的页面，也可以选择打开链接一个绝对地址，并且可以设置“弹出属性”，如图 4–144 所示。需要注意的是，窗口的尺寸是页面本身的尺寸加上浏览器尺寸的总和。

- **父级窗口：**使用打开当前页面的页面显示打开的链接页面。用户可以选择打开当前项目的页面，也可以选择打开链接一个绝对地址，如图 4–145 所示。

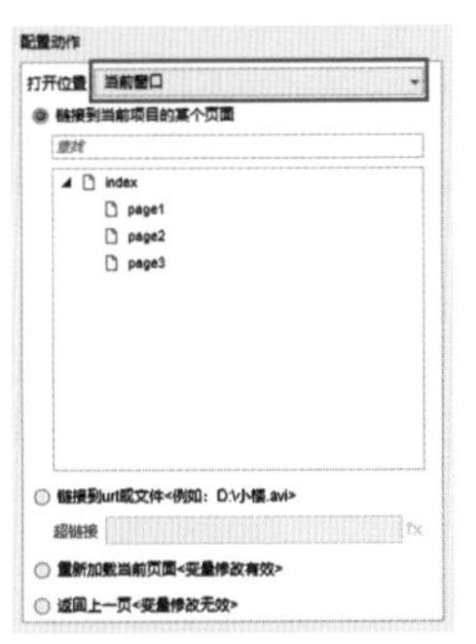

图 4-142

图 4-143

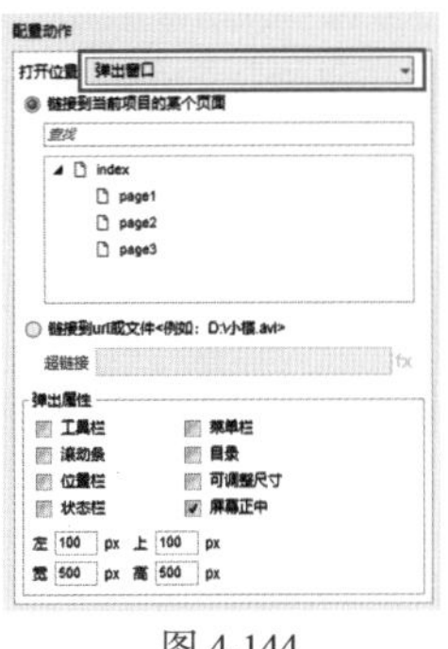

图 4-144

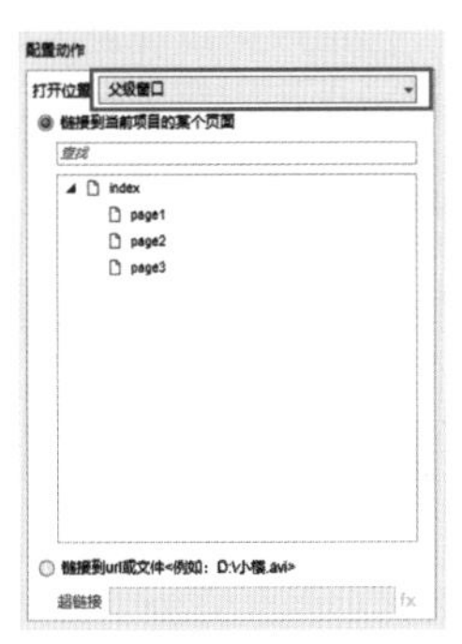

图 4-145

2. 关闭窗口

选择“关闭窗口”事件，将实现在浏览器打开时自动关闭当前窗口，如图 4–146 所示。

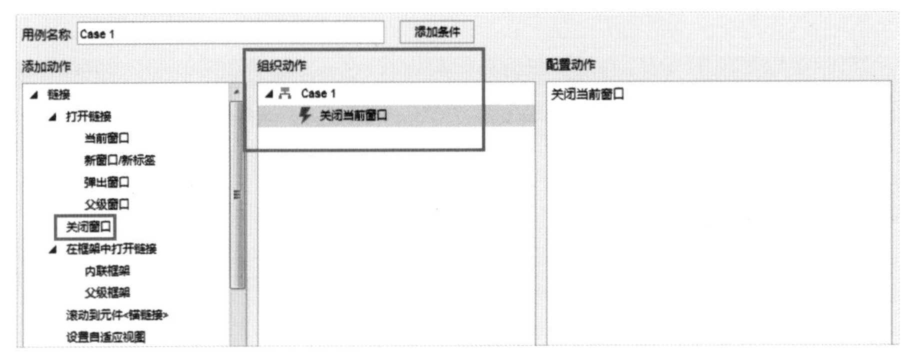

图 4-146

3. 在框架中打开链接

使用框架可以实现将多个子页面显示在同一个页面的效果。选择“在框架中打开链接”事件，可实现更改框架链接页面的操作。用户可以在“配置动作”下选择打开位置为“内联框架”和“父级框架”，如图 4–147 所示。

- “内联框架”指当前页面中使用的框架。
- “父级框架”指 2 个以上的框架嵌套，也就是一个打开的页面中也使用了框架，打开的页面称为“父级框架”。

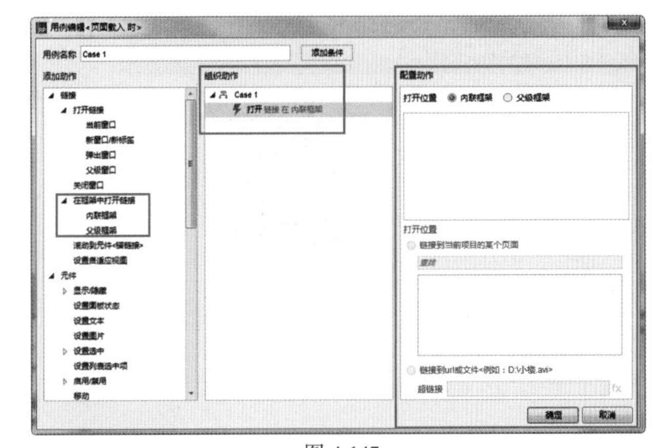

图 4-147

知识链接：

关于“内联框架”的使用，在本章的 4.2.1 中有详细介绍。

4. 滚动到元件 <锚链接>

滚动到元件事件指的是页面打开时，自动滚动到指定的位置。这个事件可以用来制作“返回顶部”的效果。

用户可以设置滚动的方向为“仅垂直滚动”“仅水平滚动”和“水平和垂直滚动”，如图 4–148 所示。也可以为滚动效果设置“动画”效果。单击“动画”后面的下拉列表，选择一种动画方式，如图 4–149 所示。

选择一种动画效果，在“时间”文本框中设置动画持续的长度，如图 4–150 所示。单击“确定”按钮，即可完成滚动到元件的交互效果。

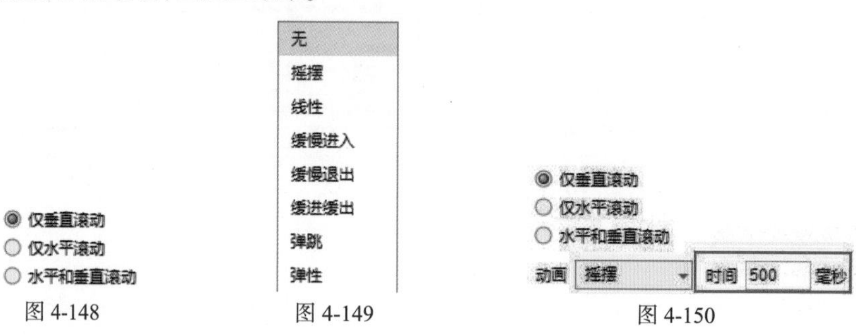

图 4-148　图 4-149　图 4-150

提示

页面滚动的位置受页面长度的影响，如果页面不够长，则底部的对象无法实现滚动效果。

5. 设置自适应视图

单击“自适应视图”事件，用户可以选择“自动”和“基本”两种配置。选择“自动”，当前页面自动自适应视图；选择“基本”，当前页面会以“自适应视图”对话框设置为准。

知识链接：

关于“自适应视图”的设置，在本书的第 3.7 节有详细介绍。

实例 12——打开页面链接

Axure RP 8.0 中提供了“打开链接”的页面动作，方便用户更加快捷地设计产品原型。

01 找到并打开素材文件夹，单击“打开链接素材 .rp”文件将其选中，继续双击文件将其打开，如图 4–151 所示。

▶源文件：素材&源文件\第4章\打开页面链接.rp

▶操作视频：视频\第4章\打开页面链接.mp4

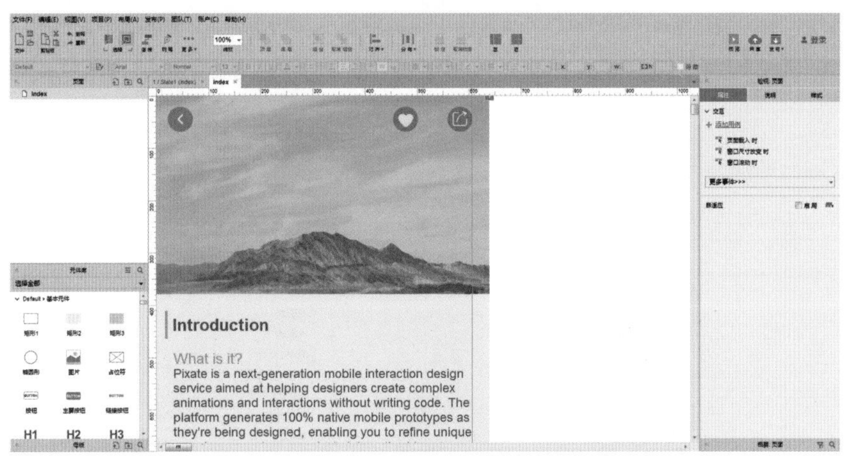

图 4-151

02 打开“用例编辑 < 载入时 >”对话框，如图 4-152 所示。实现在浏览器打开时打开某一个链接的效果，而且可以选择打开位置和打开的属性。

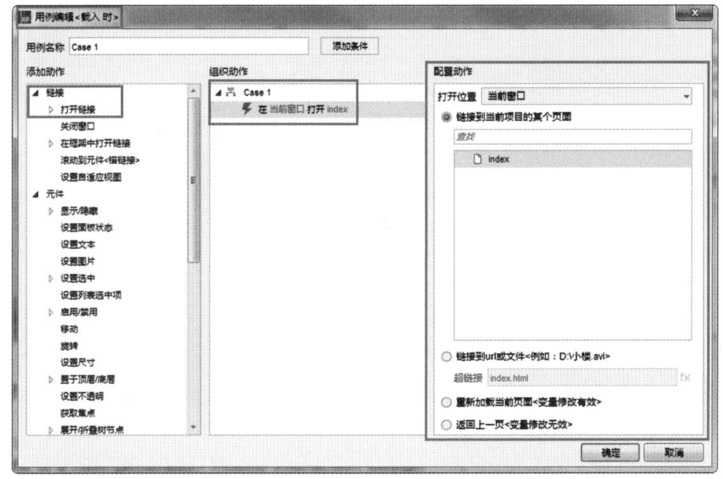

图 4-152

03 单击“打开链接”动作前的三角形，展开扩展动作，如图 4-153 所示。这些选项与“配置动作”下的“打开位置”右侧的下拉列表内容相同，如图 4-154 所示。

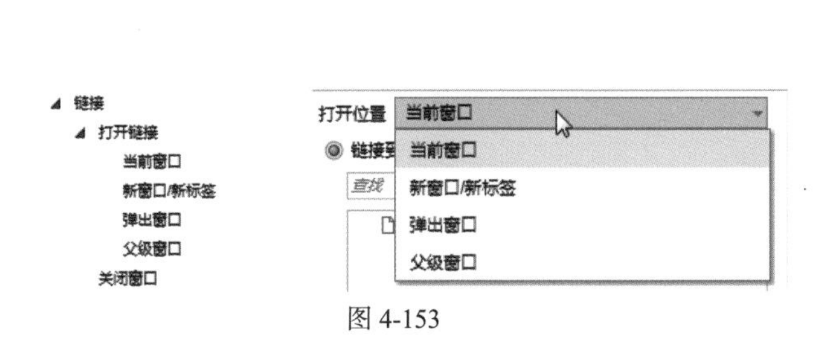

图 4-153

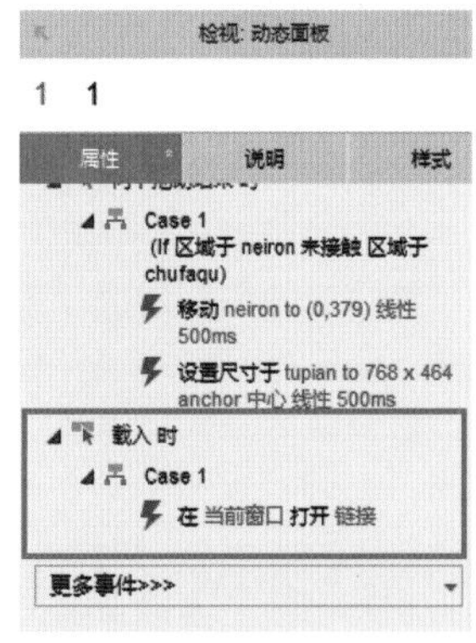

图 4-154

4.4.2 交互事件中的元件交互

当选中页面中的元件后，在“检视”面板“属性”选项卡下将显示交互事件，默认情况下显示 3

个交互事件，如图 4–155 所示。单击“更多事件”下拉菜单，将显示更多交互事件，如图 4–156 所示。

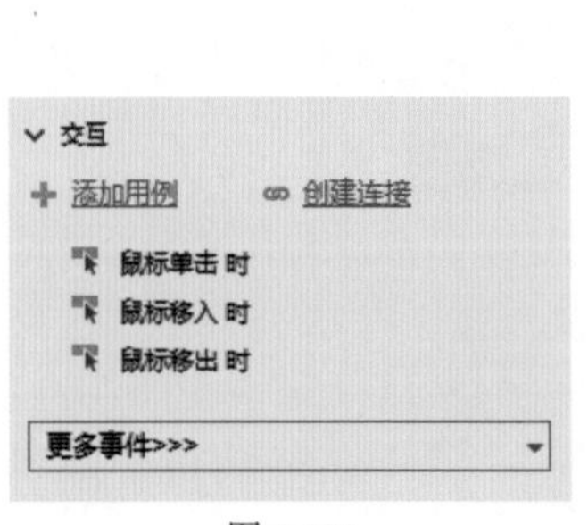

图 4-155

图 4-156

单击“添加用例”选项，即可弹出“用例编辑”对话框，用户可以在当前对话框中添加元件交互事件，如图 4–157 所示。

单击“创建连接”选项，用户可以在弹出的对话框中输入或选择元件链接的页面，如图 4–158 所示。

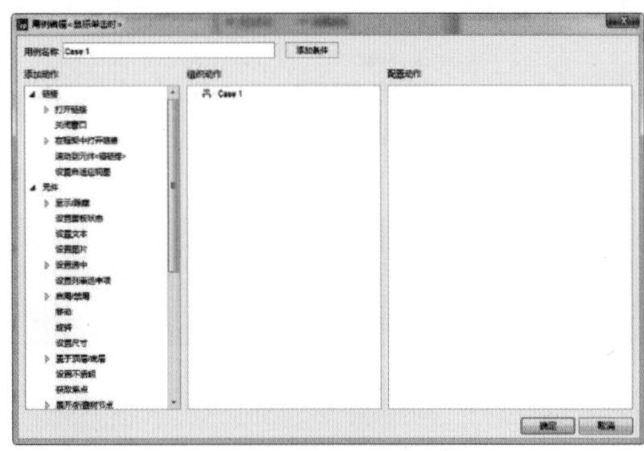
图 4-157

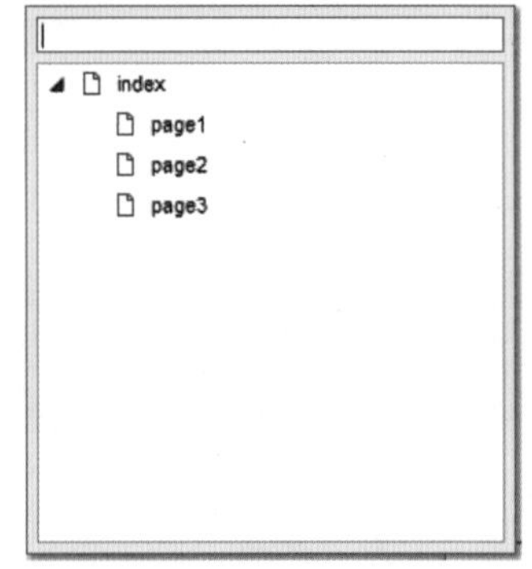

图 4-158

> **知识链接：**
> 用户可以在“用例编辑”对话框中设置超链接打开的位置，也可以设置超链接打开的对象。

1. 显示隐藏

在 Axure RP 8.0 中使用元件时，要为元件都指定名称，这就为显示 / 隐藏元件打下良好的基础。在“用例编辑”对话框中为元件添加“显示隐藏”动作，对话框显示如图 4–159 所示。

用户在“配置动作”选项下选择要显示或隐藏的元件后，可以在下面设计“可见性”“动画”和动画持续“时间”。勾选“置于顶层”复选框可将元件位置移动到所有对象之上。

勾选“显示 / 隐藏”事件“配置动作”下的“隐藏未命名的元件”复选框，将隐藏没有名字的元件。用户可以选择“显示”“隐藏”和“切换”3 种可见性。选择不同的可见性，对应的参数也不相同。

- **显示：**选择“显示”可见性，则当前元件为显示状态。用户可以在“动画”下拉列表中选择一种动画形式，并在“时间”文本框中输入动画持续的时间，如图 4–160 所示。在“更多选项”下拉列表中可以选择更多的显示方式，如图 4–161 所示。

  灯箱效果：允许用户设置一个背景颜色，实现类似灯箱的效果。

  弹出效果：选中此选项，将自动结束触发时间。

  推动元件：将触发事件的元件向一个方向推动。

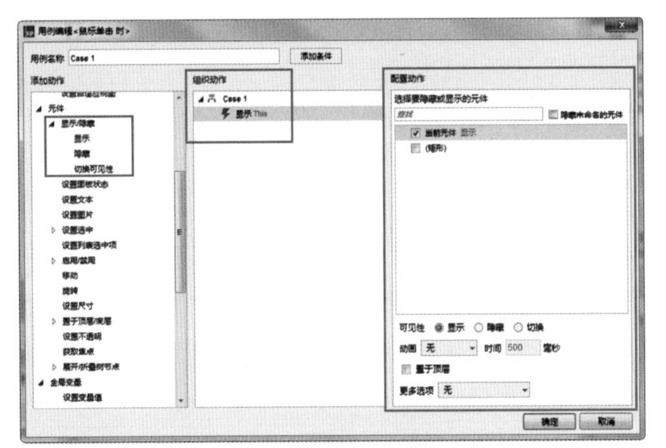

图 4-159

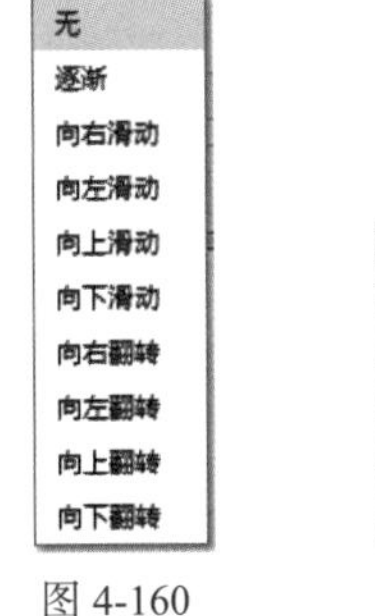

图 4-160

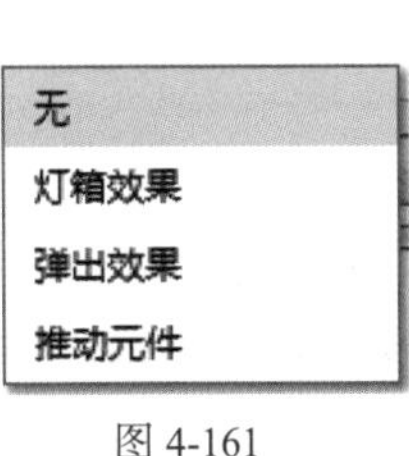

图 4-161

- **隐藏：**选择“隐藏”可见性，当前元件为隐藏状态。也可以通过选择“动画”方式实现隐藏动画效果，在“时间”文本框中设置隐藏动画的时间。勾选“拉动元件”复选框，可以实现元件向一个方向隐藏的动画效果，如图 4–162 所示。

可见性 ○ 显示 ◉ 隐藏 ○ 切换
动画 无 时间 500 毫秒
拉动元件

图 4-162

- **切换可见性：**要实现“切换可见性”动作，需要同时选择两个以上的元件。可以在“动画”下拉列表中选择动画效果，在“时间”文本框中输入动画持续时间。勾选“推动 / 拉动元件”复选框，可以实现更多的切换动画，此处的设置与“隐藏”相同，就不再一一介绍了。

2. 设置面板状态

该动作主要针对的是“动态面板”元件，将“元件库”面板中的“动态面板”元件拖入页面中，双击“属性”面板上的“鼠标单击时”选项，打开“用例编辑”对话框。

在“添加动作”选项栏中单击“设置面板状态”动作。继续在“配置动作”中勾选“动态面板”复选框，效果如图 4–163 所示。

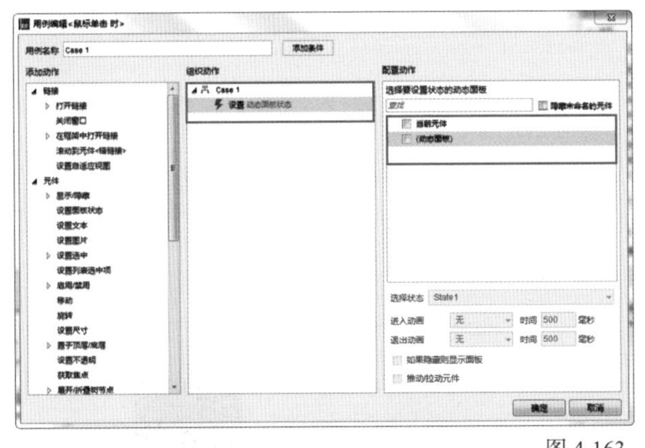

图 4-163

> **知识链接：**
> 关于动态面板的使用，在本书的第 5 章中详细介绍。

3. 设置文本

“设置文本”动作可以实现为元件添加文本或修改元件文本内容。

4. 设置图片

“设置图片”动作可以为图片指定不同状态的显示效果。

5. 设置选中

使用该事件可以设置元件是否选中，通常是为了配合其他事件而设置的一种状态。设置选中有 3 种状态，分别是选中、取消选中和切换选中状态。

要使这 3 种状态生效，元件必须本身具有选中选项或使用了例如“设置图片”等动作。例如为一个按钮元件设置选中，则预览时该按钮元件将显示选中状态效果。

6. 设置列表选中项

用户可以通过“设置列表选中项”动作，设置当单击列表元件时，列表中的哪个选项被选中。

7. 启用 / 禁用

用户可以设置元件的使用状态，分别是启用和禁用。也可以设置当满足某种条件时，元件启用或被禁用，通常是为了配合其他动作使用的。

8. 移动

使用“移动”动作可以实现元件移动的效果，分别使用“矩形 2”元件和主要按钮元件，创建如图 4–164 所示的页面效果。选择“主要按钮”元件，双击“属性”选项卡下的“鼠标单击时”选项，如图 4–165 所示。

图 4-164

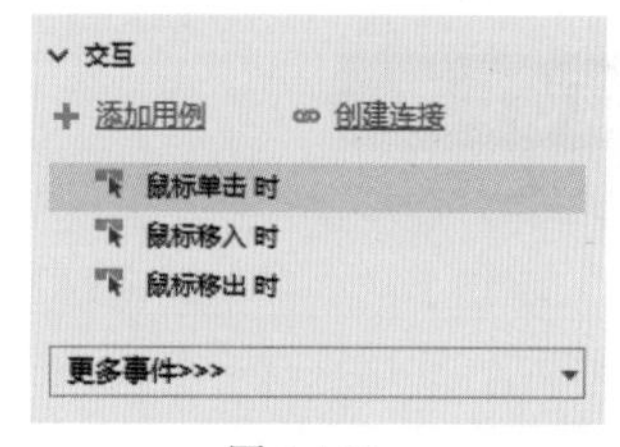

图 4-165

单击“移动”动作，勾选“矩形”复选框，设置移动参数，如图 4–166 所示。单击“确定”按钮，预览效果如图 4–167 所示。

图 4-166

图 4-167

用户可以选择设置移动方式为“经过”或“到达”，在文本框中输入移动的坐标位置。选择如图 4–168 所示的“动画”效果，在“时间”文本框中输入持续时间。可以通过为移动设置边界，控制元件移动的界限，如图 4–169 所示。

9. 旋转

选择该事件，可以实现元件旋转的效果。在“配置动作”中可以设置旋转的角度、方向、锚点、锚点偏移、动画及事件，如图 4–170 所示。

图 4-168　　图 4-169　　图 4-170

10. 设置尺寸

“设置尺寸”动作，可以为元件指定一个新的尺寸。

用户可以在“宽”/“高”文本框中输入当前元件的尺寸，如图 4–171 所示。在“锚点”下拉列表中选择不同的中心点，锚点不同，动画的效果也会不同。可以在“动画”下拉列表中选择不同的动画形式，如图 4–172 所示。在“时间”文本框中输入动画持续的时间。

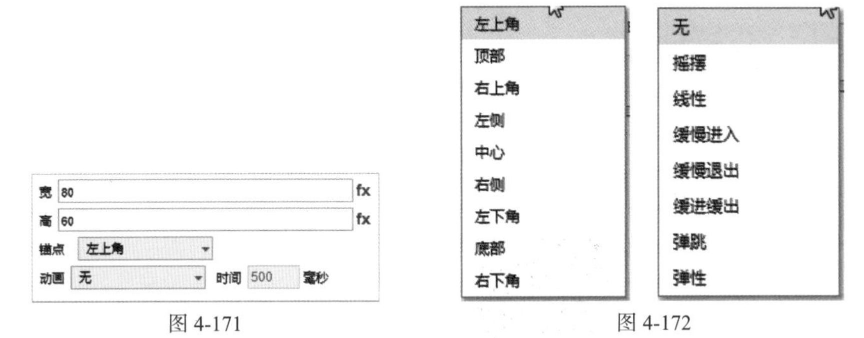

图 4-171　　图 4-172

11. 置于顶层 / 底层

使用“置于顶层 / 底层”动作，可以实现当满足条件时，将元件置于所有对象的顶层或底层。双击事件选项，在“用例编辑”对话框中单击“置于顶层 / 底层”选项，勾选对象后，可以设置顺序。

12. 设置不透明度

使用“设置不透明度”动作，可以实现当满足条件时，为元件指定不同的不透明度效果。双击事件选项，在“用例编辑”对话框中单击“设置不透明度”选项，勾选对象后，可以设置“不透明度”“动画”和“时间”，如图 4–173 所示。

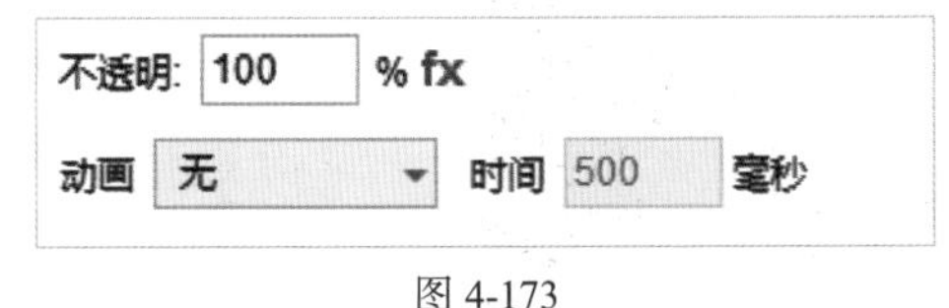

图 4-173

13. 获取焦点

“获取焦点”是指当一个元件通过点击时的瞬间。例如用户在“文本框”元件上单击，然后输入文字。这个单击的动作，就是获取了该文本框的焦点。该动作只针对“表单元件”起作用。

将“文本框”元件拖入页面中，在“属性”选项卡下添加“提示文字”，如图 4–174 所示。选择元件，双击“获取焦点时”选项，在“用例编辑”对话框中单击“获取焦点”动作选项，勾选“文本框”和“获取焦点时选中元件上的文本”复选框，如图 4–175 所示。

图 4-174

图 4-175

单击“确定”按钮，预览效果如图 4–176 所示。

请输入用户名 请输入用户名

图 4-176

14. 展开 / 折叠树节点

该动作只针对树状菜单元件。通过为元件添加动作，实现展开或折叠树节点的操作。

实例 13——设置网页中的文本

使用设置文本动作，可以为图片、文本段落和矩形等元件添加状态，添加用户当前的想要解释的说明文字。

▶源文件：素材&源文件\第4章\设置网页中的文本.rp

▶操作视频：视频\第4章\设置网页中的文本.mp4

01 将“图片”元件拖入页面中，如图 4–177 所示。双击“属性”选项卡下的“鼠标移入时”选项，在“用例编辑”对话框中单击“设置文本”动作，如图 4–178 所示。

图 4-177

图 4-178

02 勾选“图片”复选框，设置文本为“自然美景得天独厚”，如图 4–179 所示。单击“确定”按钮，“检视：图片”面板如图 4–180 所示。

图 4-179

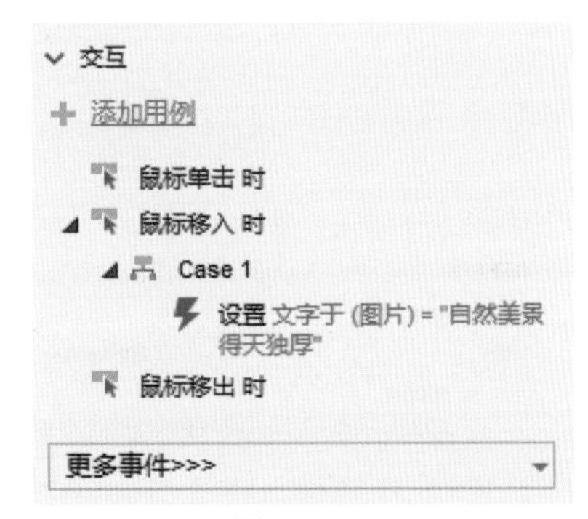

图 4-180

03 在工具栏中设置文字的各个属性，单击“预览”工具，在浏览器中将鼠标指针移入图片中，效果如图 4–181 所示。

图 4-181

实例 14——设置按钮状态

网页中也存在大量按钮，以供用户做出各种选择。使用按钮状态可以在浏览器中模拟真实网页下的各种按钮状态，方便用户绘制原型设计。

▶ 源文件：素材&源文件\第4章\设置按钮状态.rp

▶ 操作视频：视频\第4章\设置按钮状态.mp4

01 将图片元件拖入页面中，调整大小和位置，如图 4–182 所示。双击“属性”选项卡下的“鼠标移入时”选项，在弹出的“用例编辑”对话框中单击“设置图片”事件，如图 4–183 所示。

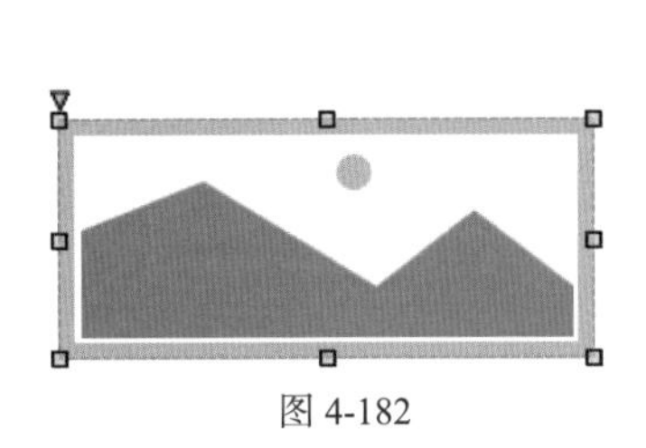

图 4-182

图 4-183

02 勾选“图片”复选框，单击“默认”状态后的“导入”按钮，选择一张图片，如图 4–184 所示。使用相同的方法为其他几个状态分别指定图片，如图 4–185 所示。

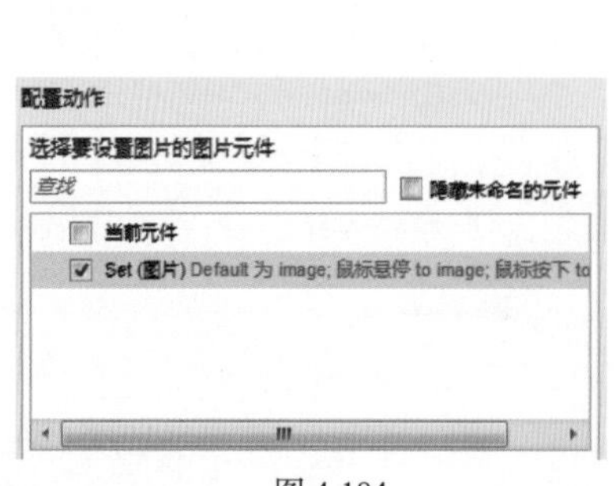

图 4-184

图 4-185

03 单击“确定”按钮，预览效果如图 4–186 所示。

正常　鼠标悬停　鼠标按下

图 4-186

4.4.3 设置交互样式

用户可以通过设置交互样式，快速得到精美的交互效果。但交互样式设置的事件只有 4 种，分别是鼠标悬停、鼠标按下、选中和禁用。

用户可以在“属性”选项卡下找到“交互样式设置”选项，如图 4–187 所示。将一个元件拖入页面中，选中元件，单击“鼠标悬停”选项，弹出“交互样式设置”对话框，如图 4–188 所示。

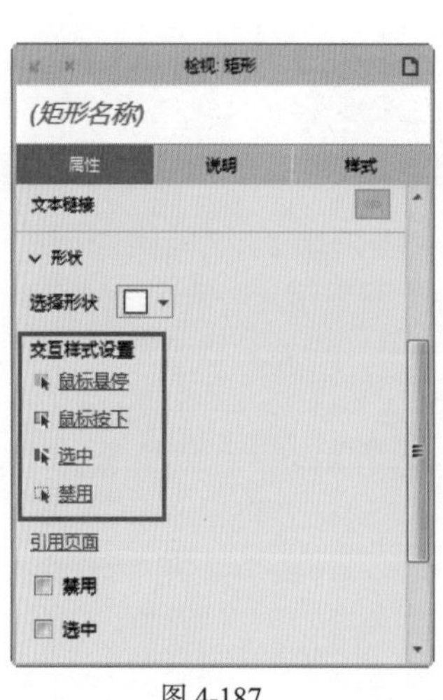

图 4-187

图 4-188

用户可以选择在不同的状态下为元件设置样式，以实现当鼠标悬停、鼠标按下、选中和禁用时元件不同的样式。

4.5 设置元件的样式

为元件添加样式，除了可以起到美化元件的作用外，还可以大大提高工作效率。对于页面中大量相似元素的制作与修改，起到了很好的作用。

用户可以通过“检视”面板为元件添加各种样式，包括设置元件的位置和尺寸、填充、阴影、边框、圆角半径、不透明、字体、行间距、项目符号、对齐和填充等。

例如，通过设置元件的位置和尺寸，可以准确地控制元件在页面中的位置以及元件本身的大小，如图 4–189 所示。

用户可以在“X 轴坐标”和“Y 轴坐标”文本框中输入数值，更改元件的坐标位置。在“宽度”和“高度”文本框中输入数值，可以控制元件的尺寸。勾选“保持宽高比例”复选框，修改宽度或高度时，对应的高度和宽度将随之等比例改变。

图 4-189

4.5.1 元件外形样式

元件的外形样式，指的是元件的填充、阴影、边框、圆角半径和不透明。选中元件，用户可以在“检视”面板中的“样式”选项卡下逐一设置，如图 4–190 所示。

1. 填充

用户可以在“填充”选项后面的“填充颜色”下拉列表中选择颜色，修改元件的填充颜色，如图 4–191 所示。

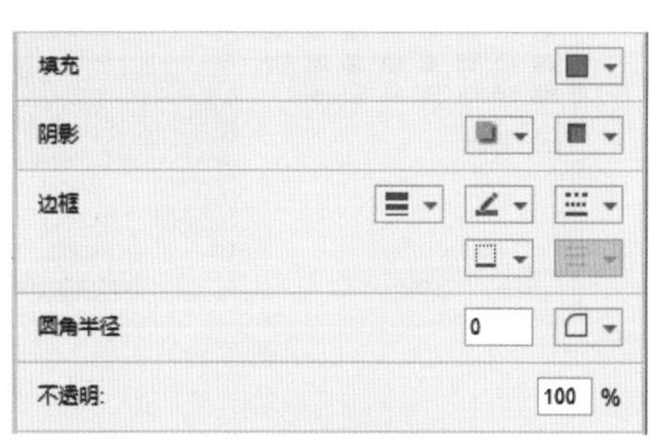

图 4-190

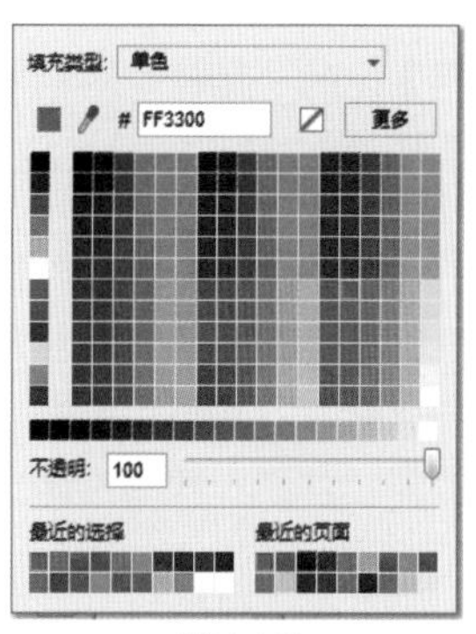

图 4-191

Axure RP 8.0 提供了单色和渐变两种填充类型。用户可以在填充色板顶部的“填充类型”中选择“渐变”，如图 4–192 所示。单击色条上的滑块，可以修改渐变的颜色，如图 4–193 所示。

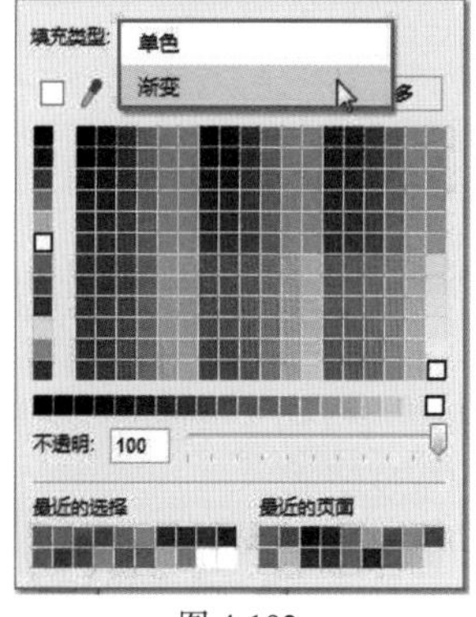

图 4-192

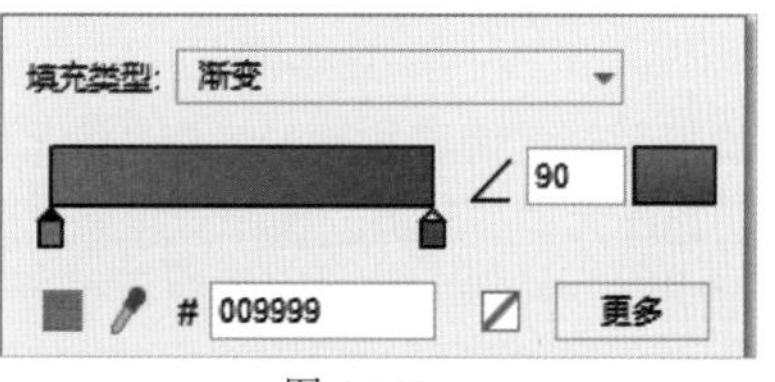

图 4-193

拖动滑块，可以调整渐变颜色的范围，如图 4–194 所示。在色条上单击即可添加一个新的滑块，增加一个新的颜色，如图 4–195 所示。

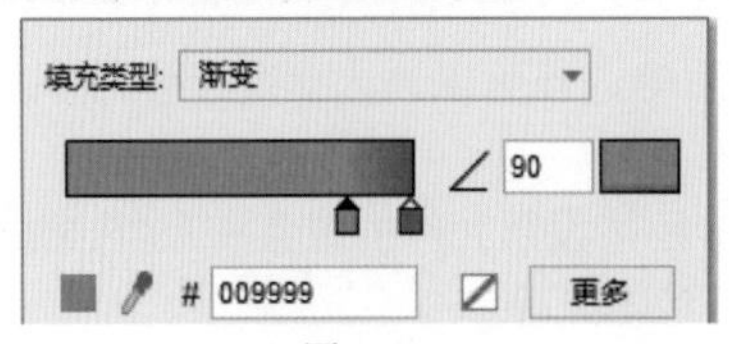

图 4-194

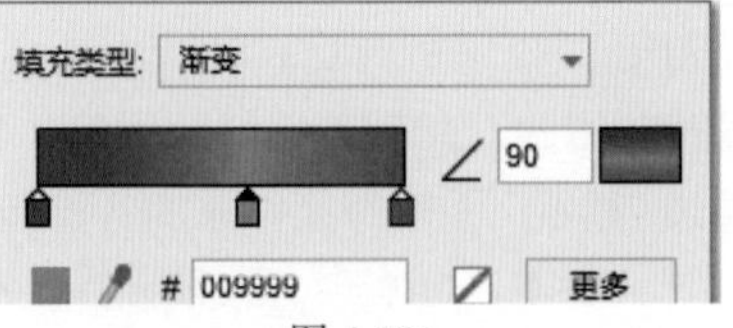

图 4-195

修改渐变的角度，可以实现不同角度的填充效果，如图 4–196 所示。

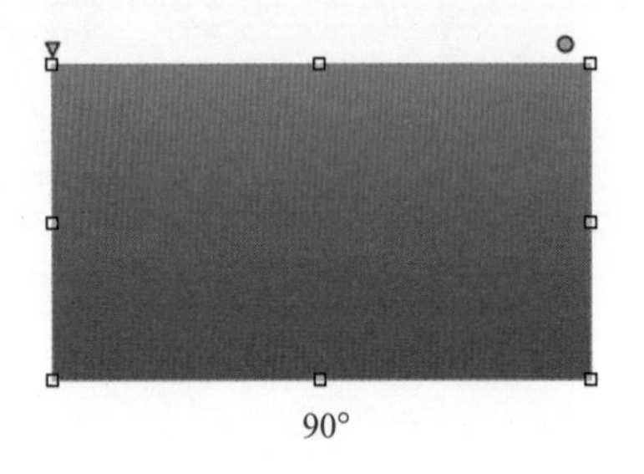

90°

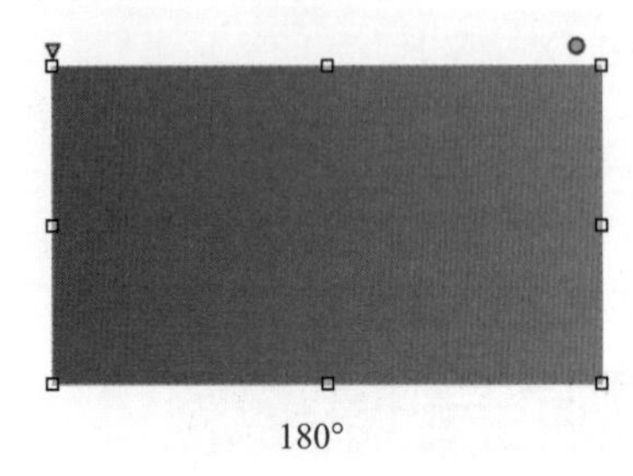

180°

图 4-196

提示

使用填充颜色面板上的“吸管工具”，可以在页面中任意位置单击，吸取该位置的颜色作为填充颜色。

用户可以通过拖动“不透明度”的滑块，实现不同透明度的颜色填充。单击“更多”按钮，可以使用弹出的“颜色”对话框中的颜色，如图 4–197 所示。

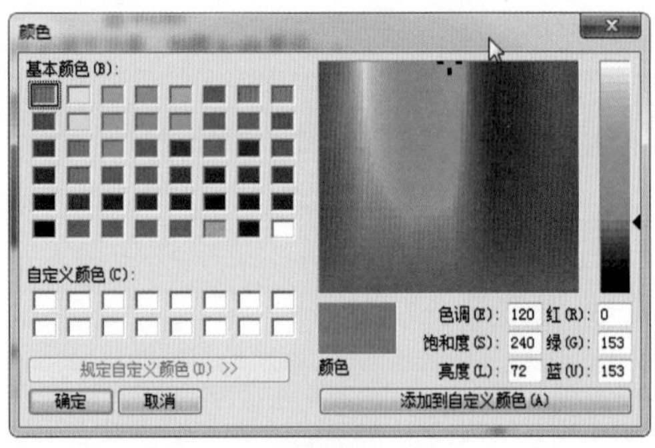

图 4-197

2. 阴影

Axure RP 8.0 为用户提供了外部阴影和内部阴影两种阴影样式。单击“阴影”选项后面的“内部阴影”按钮，弹出如图 4–198 所示的对话框。勾选“阴影”复选框，元件增加投影效果，如图 4–199 所示。

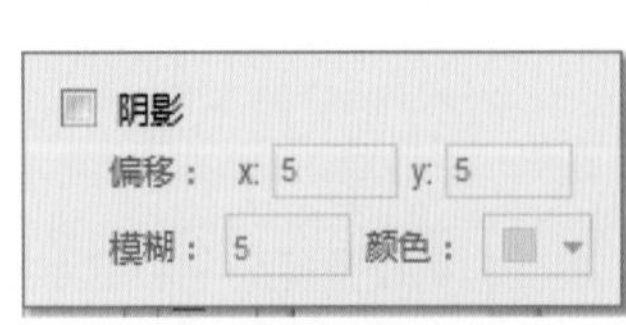

图 4-198

图 4-199

用户可以设置阴影的偏移位置、模糊层级和阴影颜色。偏移值为正，则阴影在元件的右侧，偏移值为负，则阴影在元件的左侧。模糊值越高，则阴影羽化效果越明显。

单击“内部阴影”按钮，在弹出的对话框中勾选“阴影”复选框，如图 4–200 所示。元件内部阴影效果如图 4–201 所示。

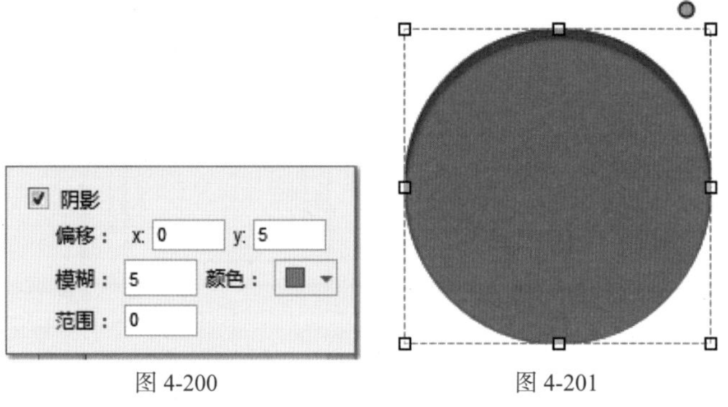

图 4-200　　图 4-201

用户可以通过设置偏移、模糊和颜色，实现更多丰富的内部阴影效果。通过设置“范围”的值，可以获得不同范围的内阴影效果。

3. 边框

单击“边框”选项前面的三角形，将其选项展开，如图 4–202 所示。用户可以对元件的线宽、线段颜色、线段类型、线段位置和箭头样式进行设置。

图 4-202

Axure RP 8.0 一共提供了包括 None 在内的 6 种线宽供用户选择，如图 4–203 所示。选择元件，选择一种线宽，效果如图 4–204 所示。

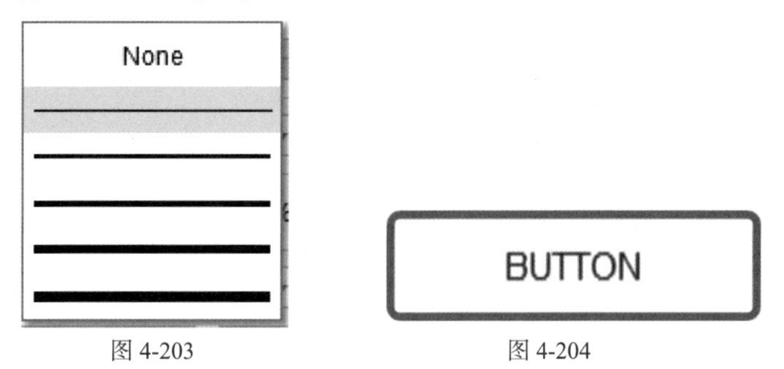

图 4-203　　图 4-204

选择元件，在“线段颜色”下拉列表中选择一种颜色，即为圆角的线框指定颜色。通过设置“不透明度”的数值，获得更丰富的边框效果。

Axure RP 8.0 为用户提供了 9 种线段类型，选择元件，在“线段类型”下拉列表中选择一种类型，效果如图 4–205 所示。

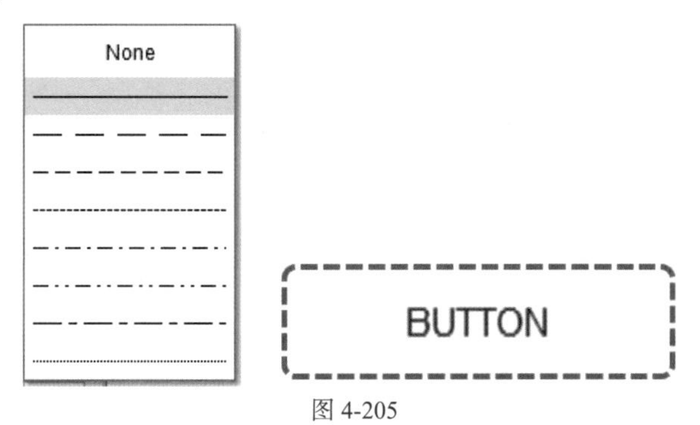

图 4-205

元件通常都有四边边框，通过设置“线段位置”，可以有选择地显示元件的线框，元件效果和“线段位置”效果如图 4–206 所示。设置“线段位置”，观察元件效果的变化，如图 4–207 所示。

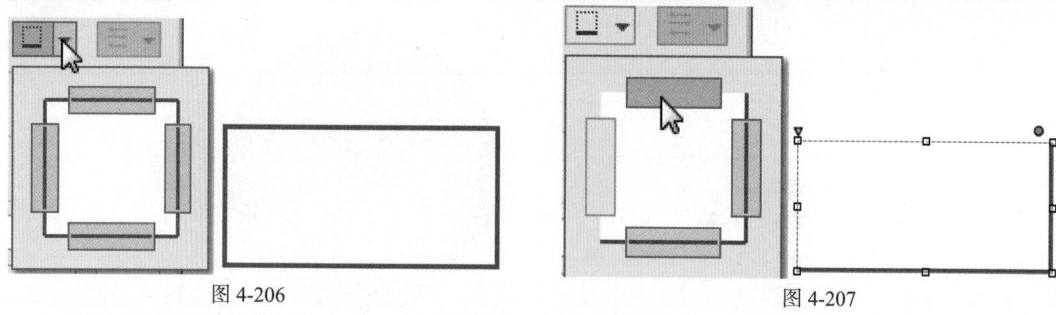

图 4-206　　图 4-207

当用户在页面中创建水平线元件、垂直线元件、水平箭头元件、垂直箭头元件或使用钢笔工具和链接工具创建线条时，可以为其添加箭头样式。选择一个水平线元件，单击“箭头样式”下拉列表，如图 4-208 所示。分别为线条的两端添加箭头，效果如图 4-209 所示。

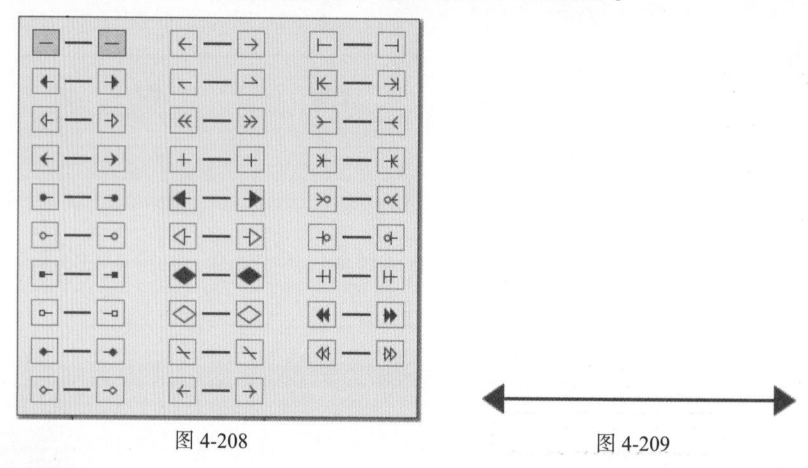

图 4-208　　图 4-209

4. 圆角半径

当选择矩形元件、图片元件和按钮元件等元件时，可以在“圆角半径”文本框中输入圆角半径值，实现圆角矩形的创建，效果如图 4-210 所示。

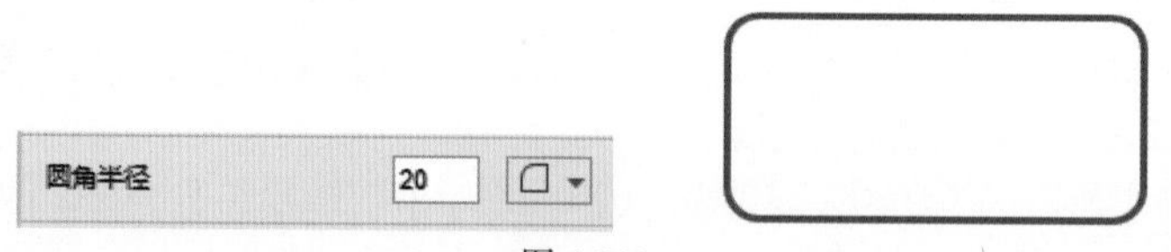

图 4-210

单击“圆角半径”最右侧的按钮，用户可以自定义元件的边角类型。选择元件， 元件效果和边角位置效果如图 4-211 所示。设置“边角位置”，设置“圆角半径”为 25，观察元件效果的变化，如图 4-212 所示。

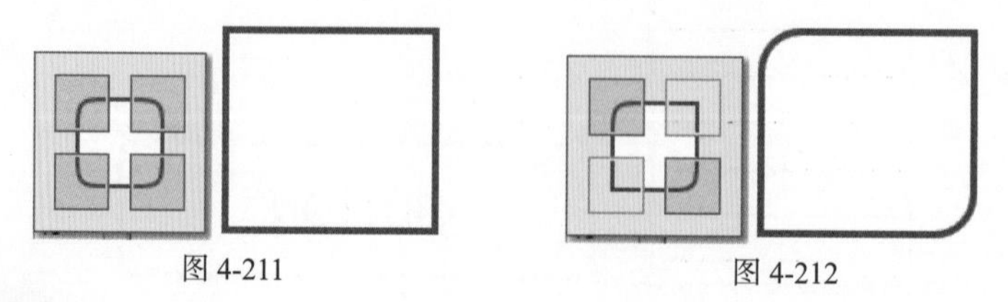

图 4-211　　图 4-212

5. 不透明度

用户可以通过修改“不透明”的数值，获得不同透明度的元件效果，如图 4-213 所示为设置了不同不透明数值的元件效果。

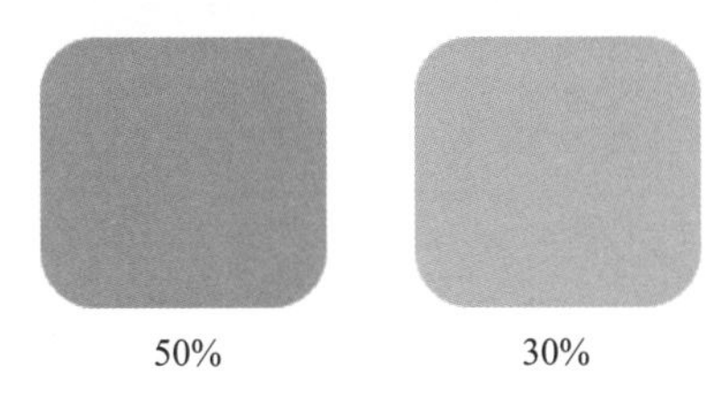

图 4-213

> **提示**
>
> 在此处设置不透明度，将会同时影响圆角的填充和边框。如果元件内有文字，也将会受到影响。如果需要分开设置，用户可以在颜色拾取器面板中设置不透明度。

4.5.2 字体样式 

Axure RP 8.0 提供了丰富的字体样式。在“样式”选项卡的“字体”选项下，用户可以完成对文字的字体、字号、字型等参数的设置，如图 4–214 所示。

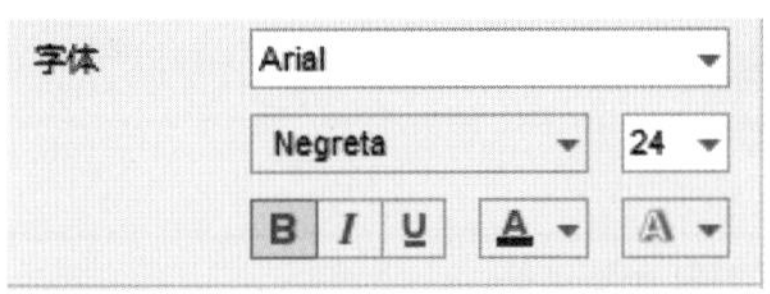

图 4-214

单击“字体”下拉列表，可以选择需要的字体。单击“字体类型”下拉列表，可以选择字体的类型。单击“字体尺寸”下拉列表，可以设置文字的大小尺寸。

通过单击相应的按钮，可以实现字体的加粗、斜体和下画线效果，单击“文本颜色”按钮，可以设置文本的颜色，如图 4–215 所示。单击“文字阴影”下拉列表，弹出如图 4–216 所示的选项。可以在其中设置阴影的角度、模糊和颜色。

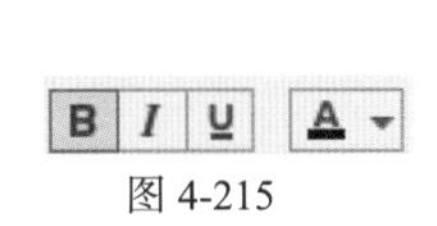

图 4-215

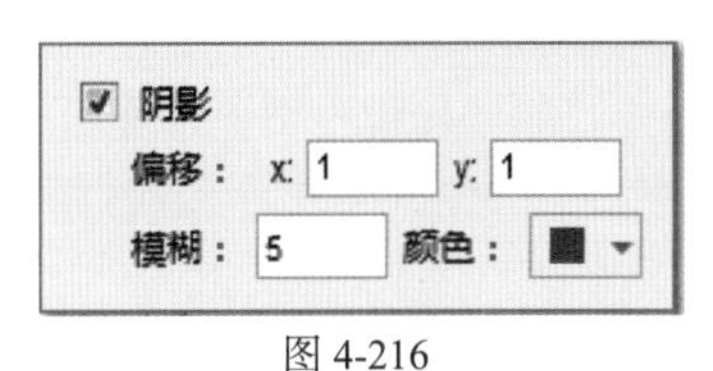

图 4-216

- **行间距：**当使用文本段落时，可以通过设置行间距控制字体显示的效果，行间距分别为 10 和 20 的效果如图 4–217 所示。

Lorem ipsum dolor sit amet, consectetur adipiscing elit. Aenean euismod bibendum laoreet. Proin gravida dolor sit amet lacus accumsan et viverra justo commodo. Proin sodales pulvinar tempor. Cum sociis natoque penatibus et magnis dis parturient montes, nascetur ridiculus mus. Nam fermentum, nulla luctus pharetra vulputate, felis tellus mollis orci, sed rhoncus sapien nunc eget.

Lorem ipsum dolor sit amet, consectetur adipiscing elit. Aenean euismod bibendum laoreet. Proin gravida dolor sit amet lacus accumsan et viverra justo commodo. Proin sodales pulvinar tempor. Cum sociis natoque penatibus et magnis dis parturient montes, nascetur ridiculus mus. Nam fermentum, nulla luctus pharetra vulputate, felis tellus mollis orci, sed rhoncus sapien nunc eget.

图 4-217

- **项目符号：**单击该选项后面的“项目符号”按钮，会为段落文本添加项目符号标志。如图 4–218 所示为添加项目符号后的效果。
- **对齐：**对于文本段落元件，可以在“对齐”选项下设置其文本的对齐方式为左侧对齐、居中对齐和右侧对齐，可以设置文本在垂直方向上的对齐方式为顶部对齐、垂直居中和底部对齐，如图 4–219 所示。

- **最新活动**
- **公告**
- **新闻列表**

图 4-218

对齐

图 4-219

- **填充：**此处的填充并不是指元件的填充颜色，而是指元件的内容到边界之间的距离，默认情况下，每个元件有 2px 的填充，如图 4–220 所示。用户可以在“填充”选项下分别为左、上、右和下设置不同的填充，如图 4–221 所示。

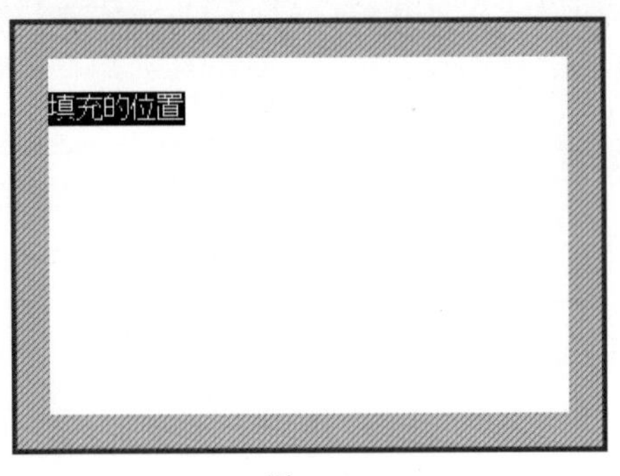

图 4-220

填充 左 2 上 2 右 2 下 2

图 4-221

4.6 创建和管理样式

一个原型作品通常由很多页面组成，每个页面又由很多元件组成。一个一个地设置元件样式既费事又不利于修改。Axure RP 8.0 提供了方便的页面样式和元件样式，既方便用户快速添加样式又便于修改。

4.6.1 创建并应用页面样式

在页面的空白处单击，在“检视：页面”面板“样式”选项卡下显示页面的“样式”参数。面板的顶端显示当前页面的样式为默认，如图 4–222 所示。

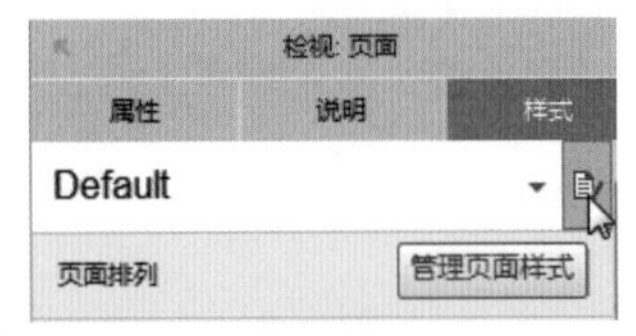

图 4-222

实例 15——创建页面样式

当页面样式创建完成后，用户可以单击默认样式后面的黑色三角形，为页面选择不同的样式，并且可以使用相同的方法，将选择的样式应用到其他页面中。

▶源文件：素材&源文件\第4章\创建页面样式.rp

▶操作视频：视频\第4章\创建页面样式.mp4

01 单击“页面样式管理”按钮或选择“页面样式管理”选项，打开“页面样式管理”对话框，如图 4–223 所示。单击左上角的“添加”按钮，即可新建一个样式文件，如图 4–224 所示。

图 4-223

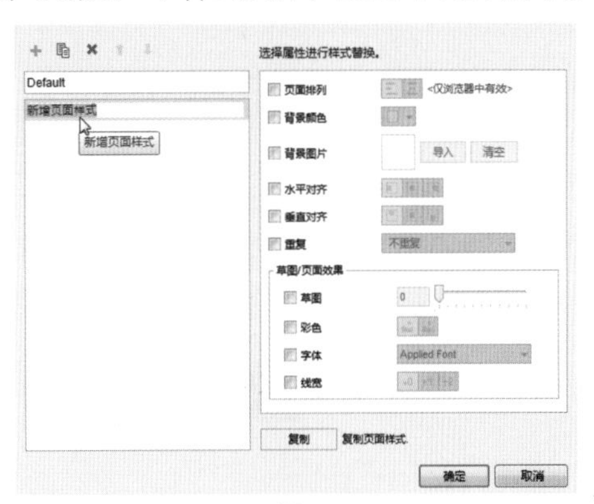

图 4-224

02 添加后可以为其指定一个名称，如图 4–225 所示。在对话框的右侧可以设置该样式的各项参数，如图 4–226 所示。

图 4-225

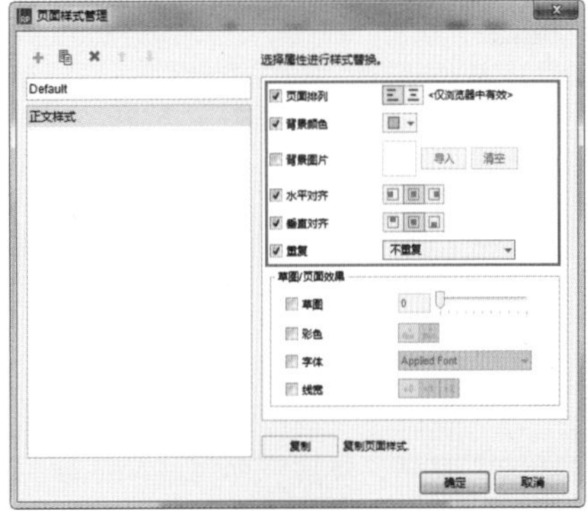

图 4-226

03 单击“确定”按钮，在“检视”面板中即创建了一个新的页面样式，如图 4–227 所示。

04 双击“页面”面板中的 Page1 页面，进入 Page1 页面的编辑状态，在“检视”面板中选择刚才创建的样式，即将该样式应用到 Page1 页面，效果如图 4–228 所示。

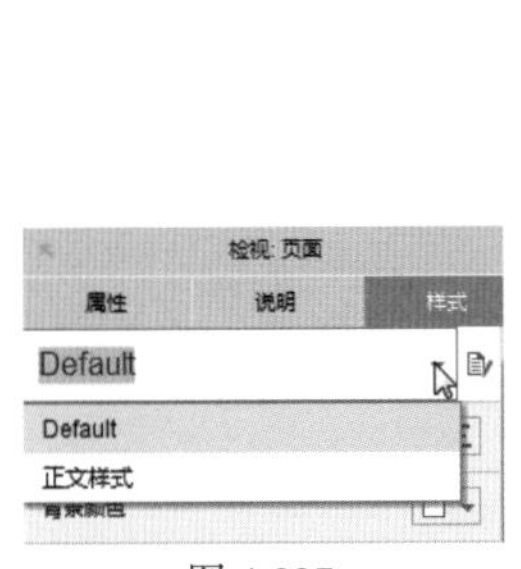

图 4-227

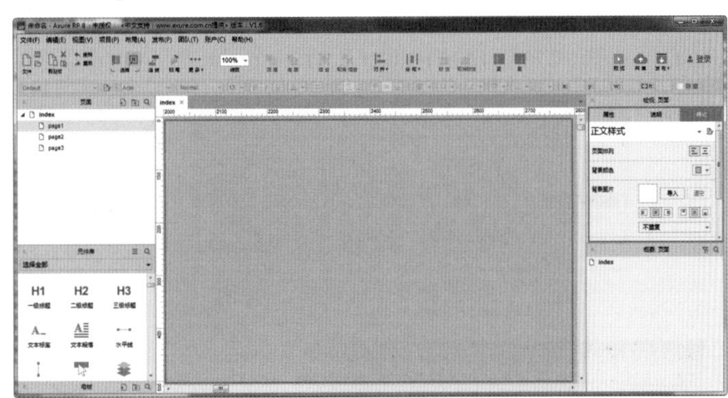

图 4-228

4.6.2 创建和应用元件样式

元件样式的创建与页面样式的创建类似。选择页面中的元件，如图 4–229 所示，单击“元件样式管理”按钮，打开“元件样式管理”对话框，如图 4–230 所示。

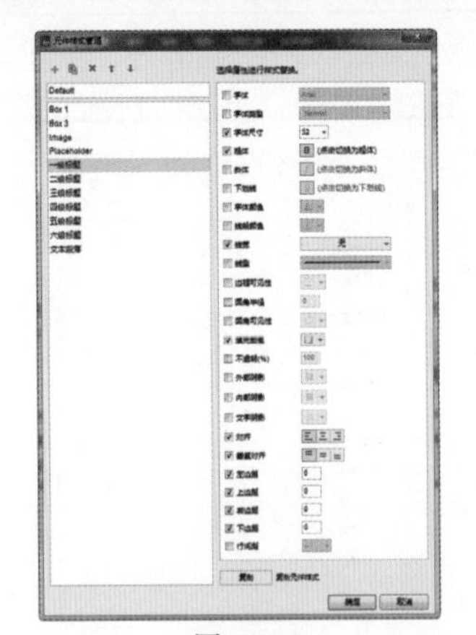

图 4-229　　　图 4-230

单击对话框左上角的“添加”按钮，新建一个名称为“说明文字”的样式，如图 4–231 所示。在对话框的右侧设置“字体”“字体尺寸”“斜体”和“字体颜色”样式，如图 4–232 所示。

图 4-231 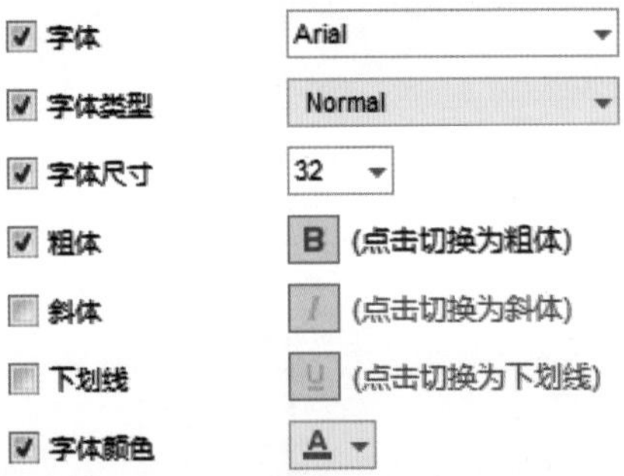　　　图 4-232

单击“确定”按钮，完成元件样式的创建。选择元件，在“检视”面板中选择“说明文字”样式，效果如图 4–233 所示。

图 4-233

4.6.3 编辑样式

样式创建完成后，如果需要修改样式，可以再次单击“样式管理”按钮，在打开的对话框中修改样式的各项参数，如图 4–234 所示。

图 4-234

- **添加** ：单击该按钮，将创建一个新的样式。
- **重复** ：单击该按钮，将复制选中的样式。
- **清除** ：单击该按钮，将删除选中的样式。
- **向上 / 向下** ：单击该按钮，所选样式将向上或向下移动一级。
- **复制**：单击该按钮，将复制当前样式的属性，移动到另一个样式上再次单击，则会将复制的属性替换该样式的属性。

> **提示**
>
> 一个样式可能会被同时应用到多个元件上，当修改了该样式的属性后，应用了该样式的元件将同时发生变化。

4.6.4 使用格式刷

格式刷的主要功能是将元件样式或修改后的元件样式快速地应用到其他元件上。单击工具栏上的“格式刷”按钮，弹出“格式刷”对话框，如图 4–235 所示。

勾选“格式刷”对话框中的“元件样式”复选框，在后面的下拉列表中选择“说明文字”样式，选择标题元件，单击“应用”按钮，即可将“说明文字”样式快速指定给元件，效果如图 4–236 所示。

图 4-235

一级标题 文本标签 一级标题 文本标签

图 4-236

> **提示**
>
> 用户还可以使用“格式刷工具”，快速为个别元件指定特殊的样式。需要注意的是，无论是定义的样式还是格式刷样式，通常都只能应用到一个完成的元件上，不能只应用到元件的局部。

4.7 元件的转换

为了实现更多的元件效果，且便于原型的创建与编辑，Axure RP 8.0 允许用户将元件转换为其他形状，并可以再次编辑。

4.7.1 转换为形状

将元件拖入页面中，选择元件，元件的右上角出现一个灰色圆点，如图 4–237 所示。单击灰色圆点，弹出如图 4–238 所示的对话框。

图 4-237

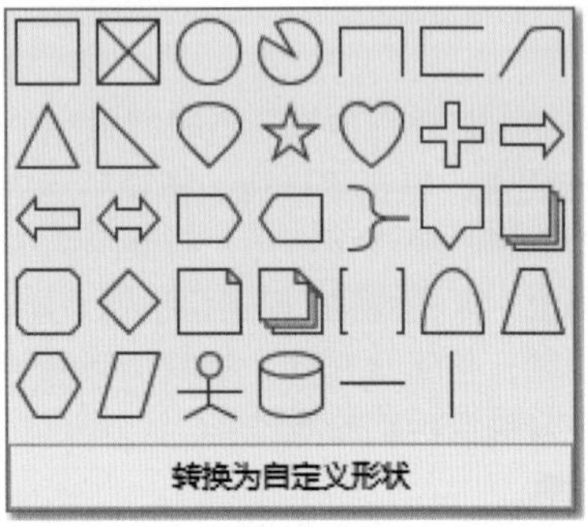

图 4-238

选择任意一个形状图标，元件将自动转换为该形状，如图 4–239 所示。拖动图形上的黄色控制点，可以继续修改形状，修改后的效果如图 4–240 所示。

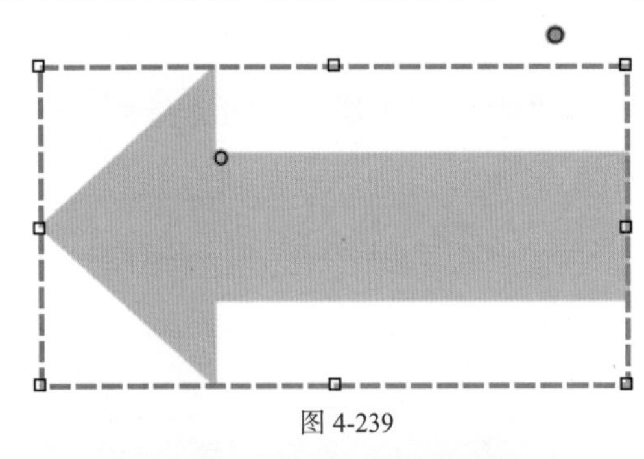

图 4-239

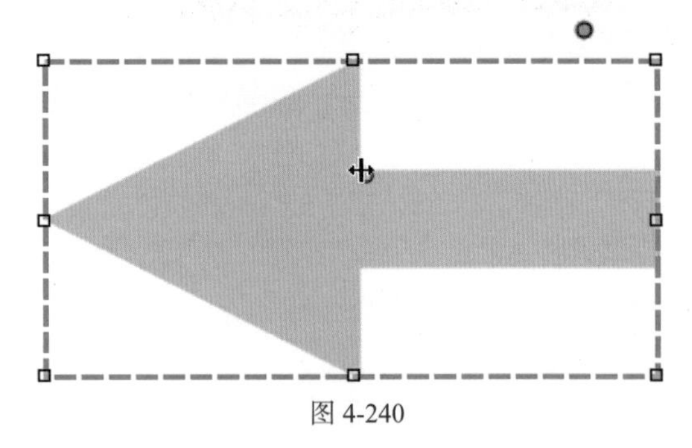

图 4-240

4.7.2 转换为自定义形状

用户如果对 Axure RP 8.0 提供的转换形状不满意，可以自定义转换形状。单击右上角的灰色原点，选择“转换为自定义形状”选项，如图 4–241 所示。元件自动转换为可编辑形状，如图 4–242 所示。

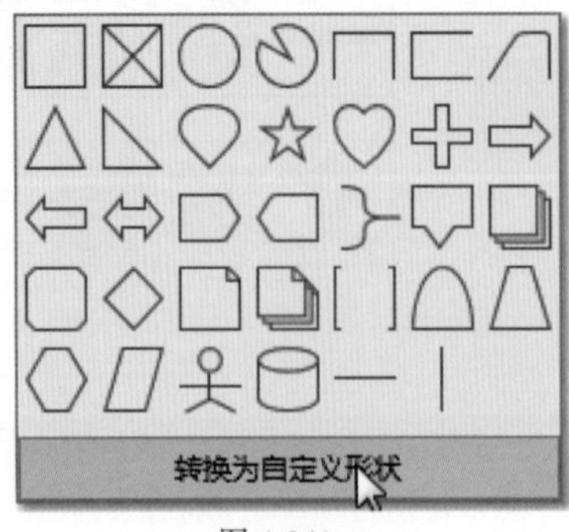

图 4-241

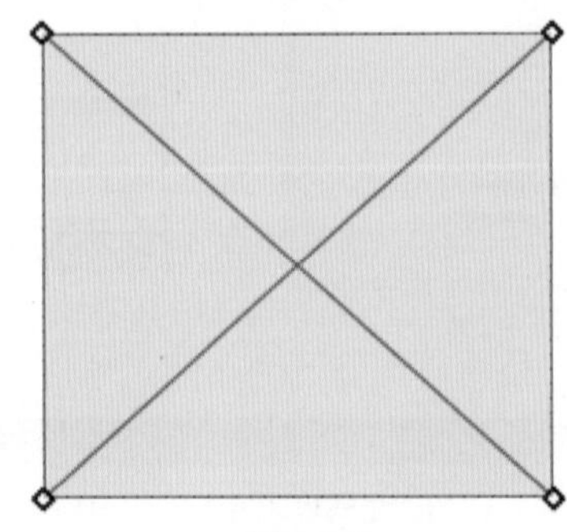

图 4-242

用户可以直接拖动图形的控制点，自定义形状效果，如图 4–243 所示。将光标移动到图形边上单击，即可添加一个控制点，多次添加并调整，效果如图 4–244 所示。

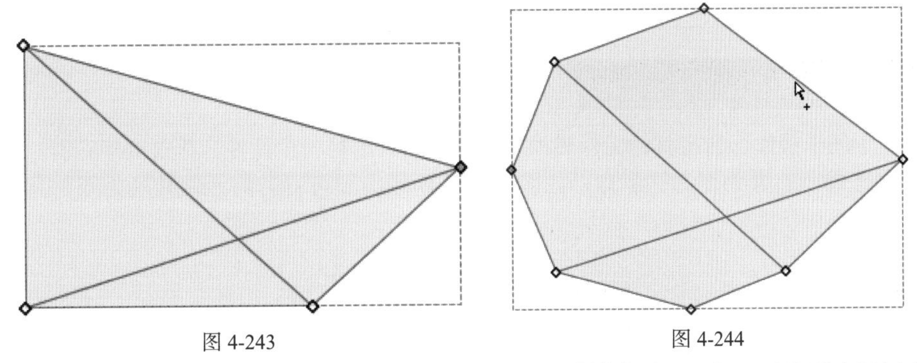

图 4-243　　图 4-244

在控制点上单击鼠标右键，可以弹出如图 4–245 所示的快捷菜单。用户可以分别选择创建曲线、直线或者删除当前控制点。选择“曲线”命令后，形状将变成曲线，如图 4–246 所示。

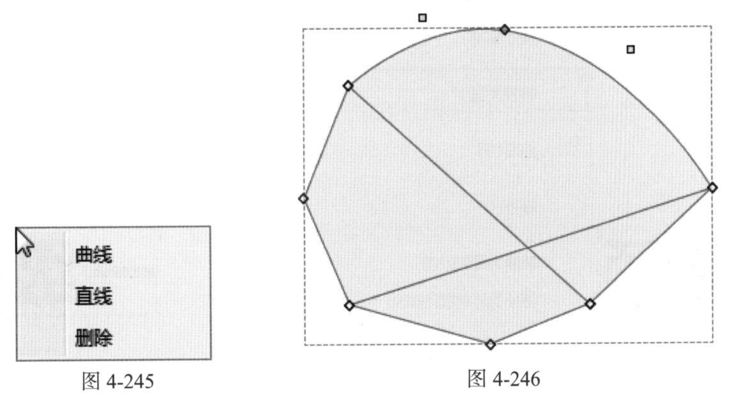

图 4-245　　图 4-246

曲线控制点由两个控制轴控制弧度，拖动控制点可以同时调整两条控制轴，实现对曲线形状的改变，如图 4–247 所示。按下键盘上的 Ctrl 键并拖动控制点，可以实现调整单个控制点的操作，如图 4–248 所示。

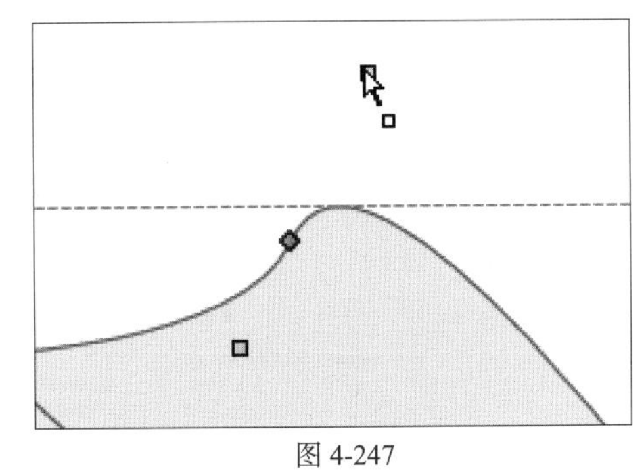

图 4-247

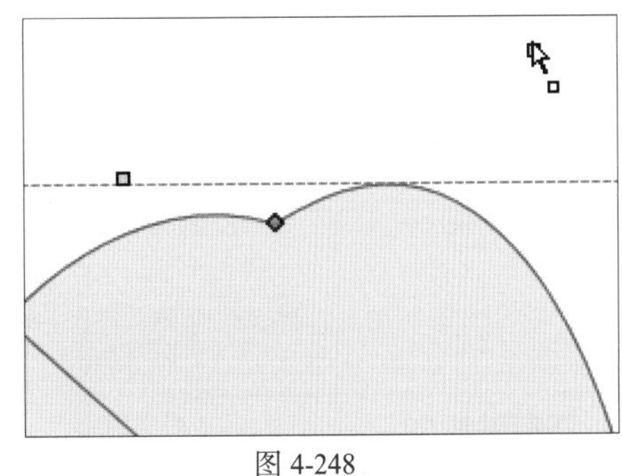

图 4-248

在曲线控制点上双击，即可将其转换为直线控制点，效果如图 4–249 所示。

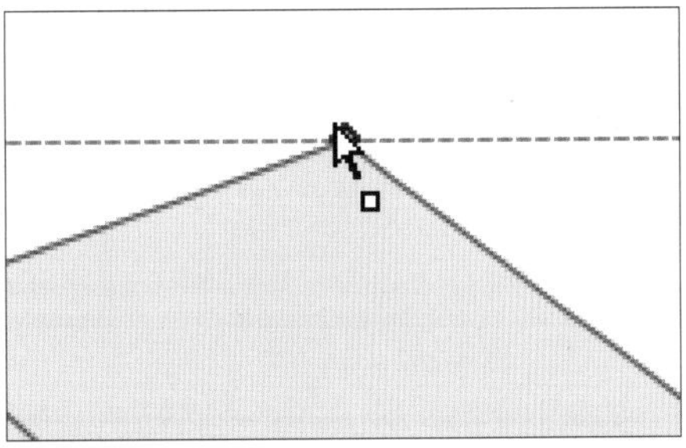

图 4-249

提示

使用“钢笔工具”绘制或转换完形状后，用户也可以在工具栏中选择“边界点工具”，进入图形的编辑状态。

4.7.3 转换为图片

有时为了便于操作，会将其他元件转换为图片元件。选择一个元件，单击鼠标右键，在弹出的快捷菜单中选择“转换为图片”命令，如图 4–250 所示。即可将当前元件转换为图片元件，如图 4–251 所示。

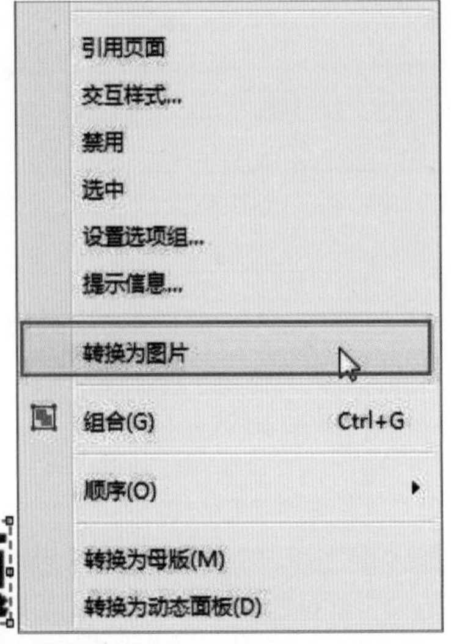

图 4-250

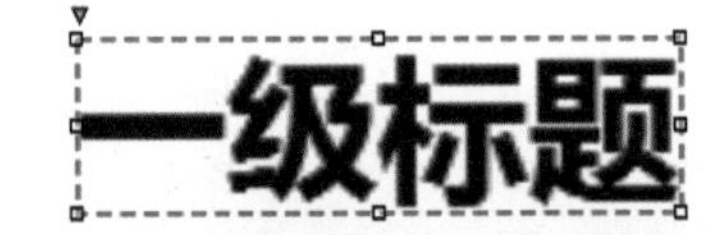

图 4-251

4.8 创建元件库

根据工作的需求，用户可能需要创建自己的元件库。比如说在和其他的 UI 设计师合作某个项目时，需要保证项目的一致性和完成性，设计师可以创建一个自己的元件库。

选择“元件库”面板扩展菜单中的“创建元件库”命令，如图 4–252 所示。在弹出的“保存 Axure RP 元件库”对话框中为元件库命名，如图 4–253 所示。

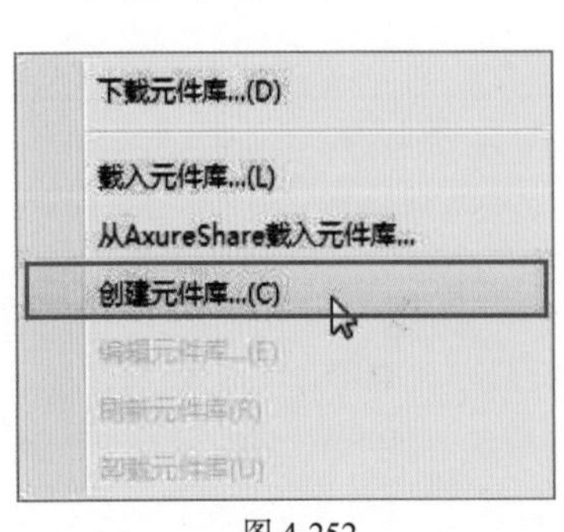

图 4-252

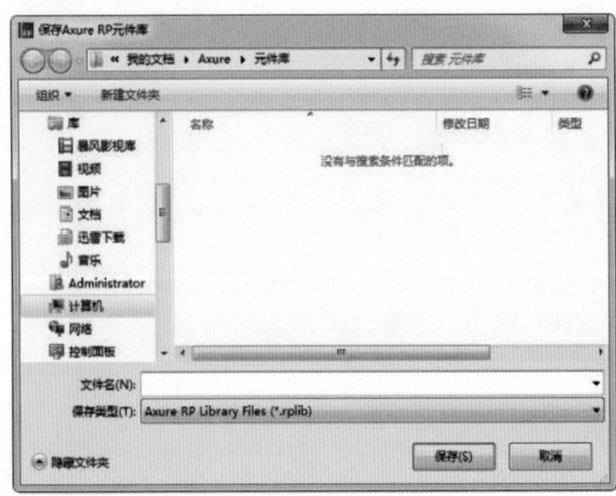

图 4-253

单击“保存”按钮，Axure RP 会自动启动创建元件库界面，如图 4–254 所示。

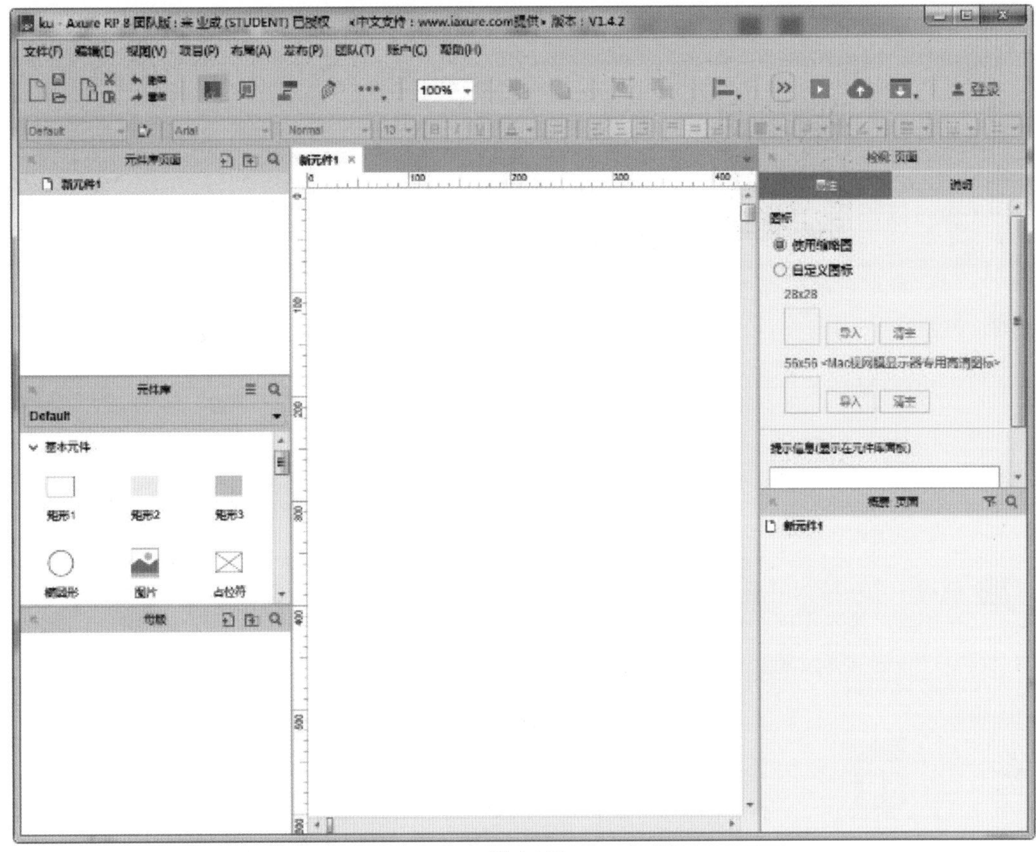

图 4-254

元件库的工作界面和项目文件的工作界面基本一致，区别在于以下几点。

- 工作界面的左上角位置显示了当前元件库的名称，而不是当前文件的名称，如图 4–255 所示。
- “页面”面板变成了“元件库页面”面板，更方便元件库的新建与管理，如图 4–256 所示。

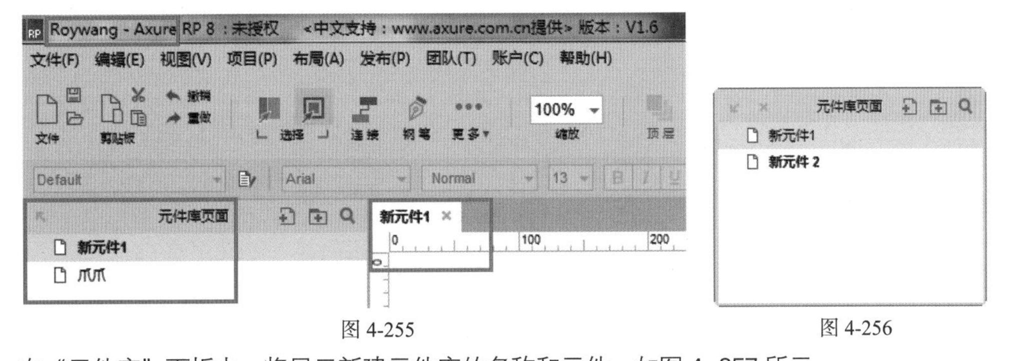

图 4-255　　　　图 4-256

- 在“元件库”面板中，将显示新建元件库的名称和元件，如图 4–257 所示。

图 4-257

实例 16——创建元件库

Axure RP 为用户提供了创建元件库的功能，使用户不仅可以使用系统自带的元件，还可以根据自身条件创建元件库，方便设计工作。

▶源文件：素材&源文件\第4章\创建元件库.rp

▶操作视频：视频\第4章\创建元件库.mp4

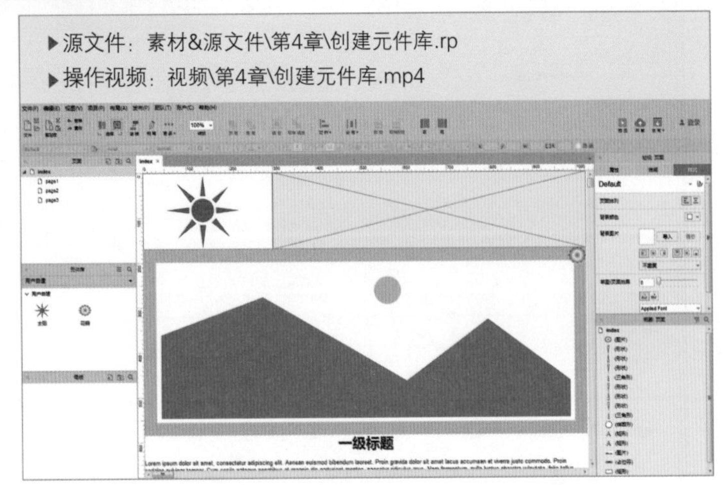

01 创建一个名称为“用户自建”的元件库，如图 4–258 所示。单击“保存”按钮后，软件自动进入“元件库”编辑页面，如图 4–259 所示。

图 4-258

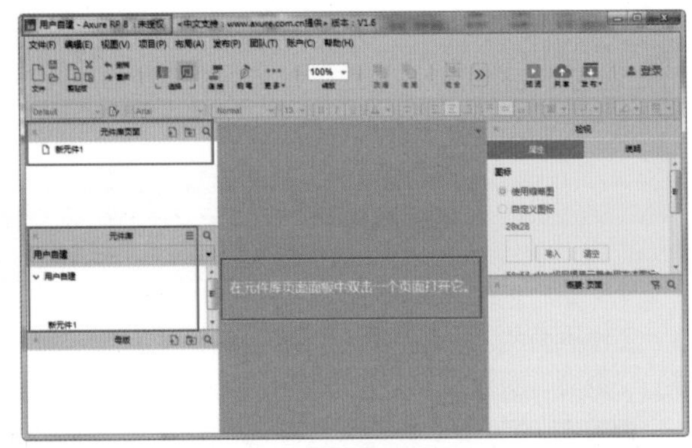

图 4-259

02 在“元件库页面”面板中新建一个页面，重新命名为“太阳”，使用现有元件进行创建，如图 4–260 所示。完成后进行保存操作，继续在“元件库页面”面板中新建一个名称为“花瓣”的页面，双击页面进入元件编辑模式，如图 4–261 所示。

图 4-260

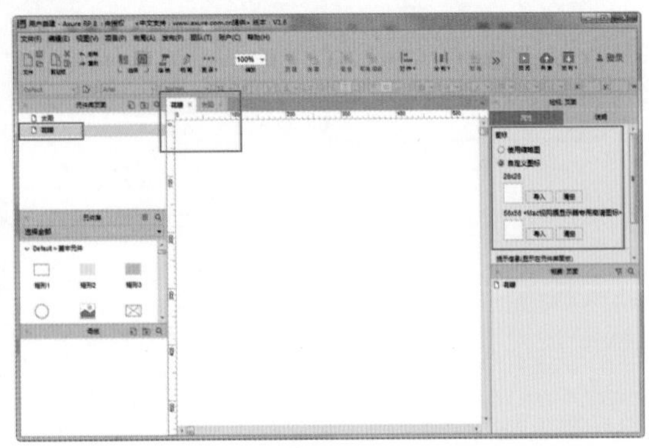

图 4-261

03 在“属性”面板中选择“自定义图标”选项，将现有图片导入，如图 4–262 所示。使用图片元件制作“花瓣”元件，如图 4–263 所示。

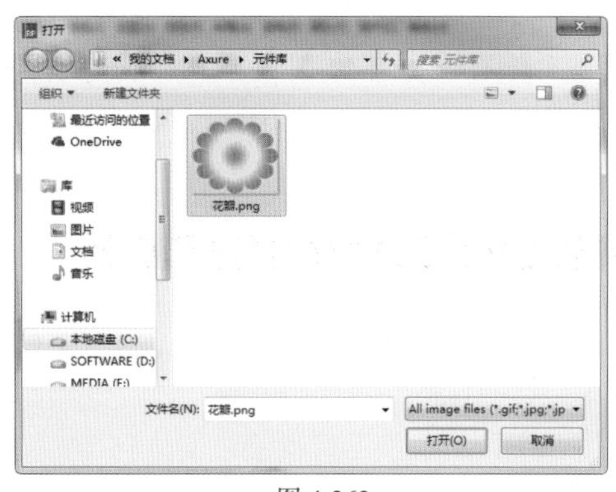

图 4-262

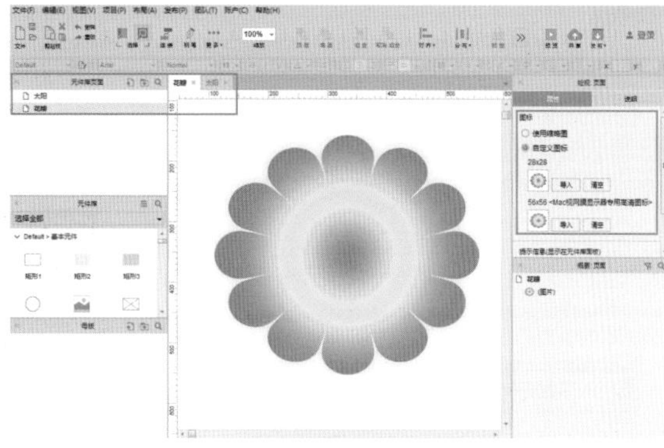

图 4-263

04 完成后进行保存操作，返回设计页面中，刷新元件库，如图 4-264 所示。用户可以使用新创建的元件进行原型设计了，如图 4-265 所示。

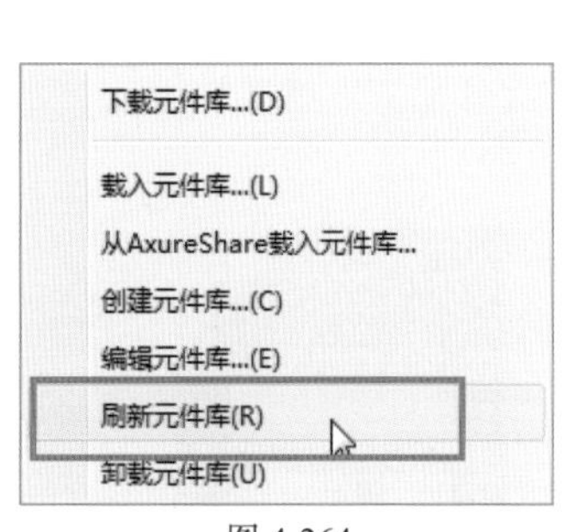

图 4-264

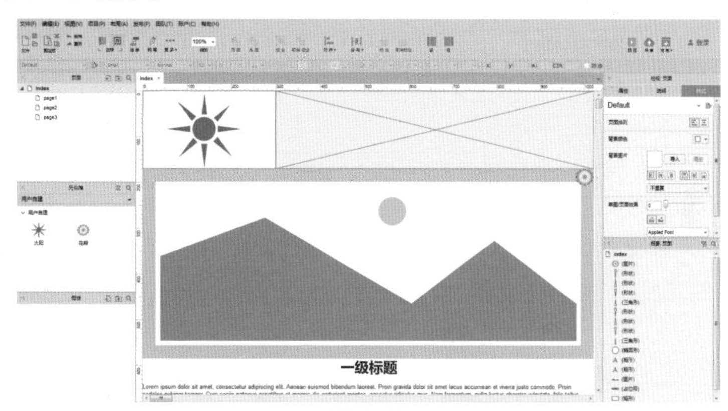

图 4-265

4.9 使用外部元件库

在 Axure RP 8.0 中为用户提供了很多元件。同时还允许用户载入第三方元件库。互联网上可以找到很多第三方元件库，如图 4-266 所示。

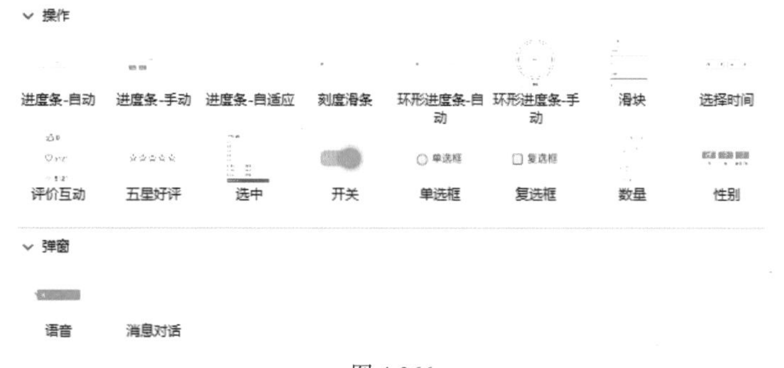

图 4-266

4.9.1 下载元件库

Axure 官方网站上也为用户准备了很多实用的第三方元件库。在浏览器地址栏中输入如下地址：http://www.axure.com/support/widget-libraries，或者在“元件库”面板右上角单击，打开扩展菜单，选择“下载元件库”命令，如图 4-267 所示。浏览器效果如图 4-268 所示。

提示

Axure RP 官方网站的大部分第三方元件库，都是需要付费才可以下载的。就这需要用户仔细辨认网站的真实性，以免造成不必要的钱财损失。

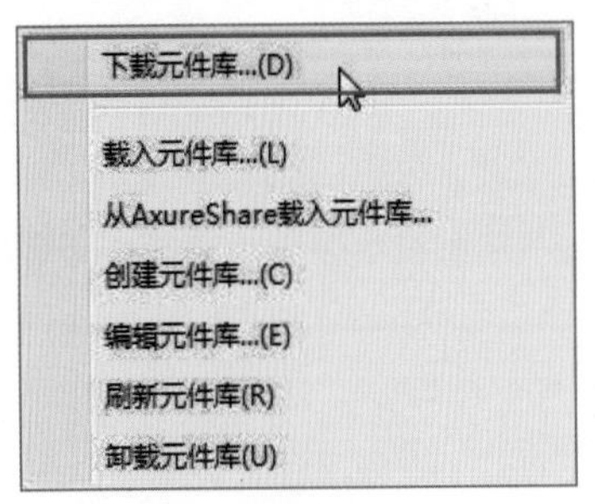

图 4-267

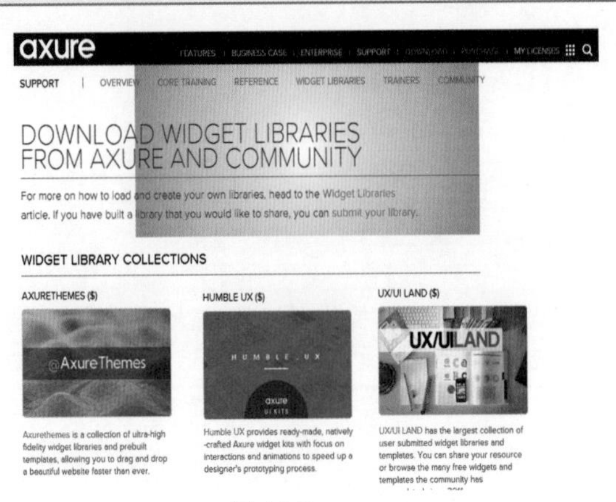

图 4-268

用户也可以通过在浏览器中搜索获得元件库的下载地址，下载后的元件库文件格式为 .rplib，如图 4–269 所示。

Android 手机外壳及 UI 组件库 .rplib

Android 组件库 .rplib

iOS11+Icons+For+Axure+RP+8.rplib

图 4-269

4.9.2 载入元件库

下载元件库后，选择“元件”面板扩展菜单中的“载入元件库”命令，如图 4–270 所示。在弹出的“打开”对话框中选择下载的元件库文件，单击“打开”按钮，如图 4–271 所示。

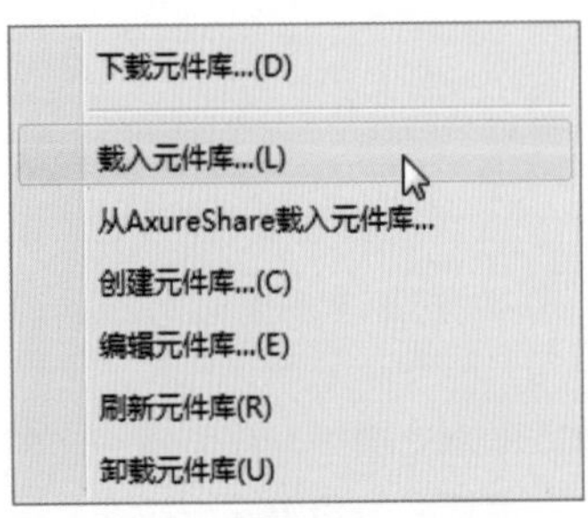

图 4-270

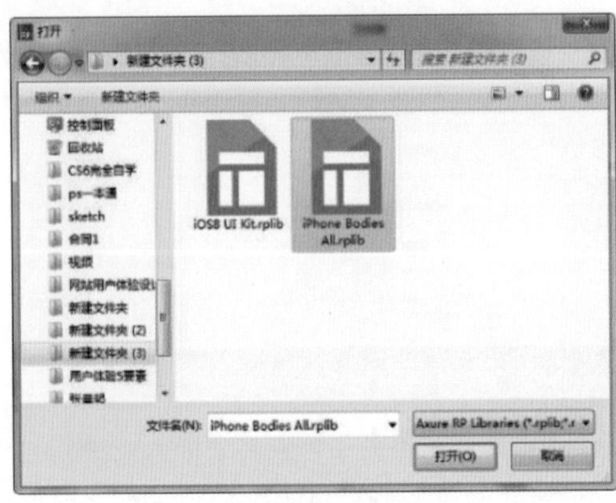

图 4-271

打开后“元件”面板效果如图 4–272 所示。将元件拖曳到页面中，效果如图 4–273 所示。

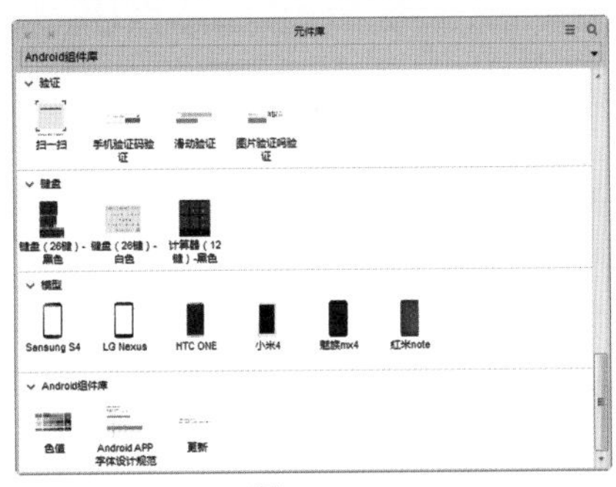

图 4-272

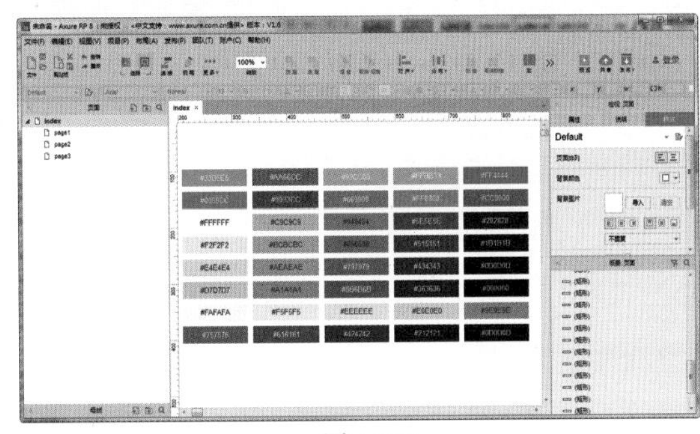

图 4-273

用户也可以选择“元件”面板扩展菜单中的“从 AxureShare 载入元件库”命令，如图 4–274 所示。登录账户后，即可在 AxureShare 中查找元件库文件，选择载入，如图 4–275 所示。

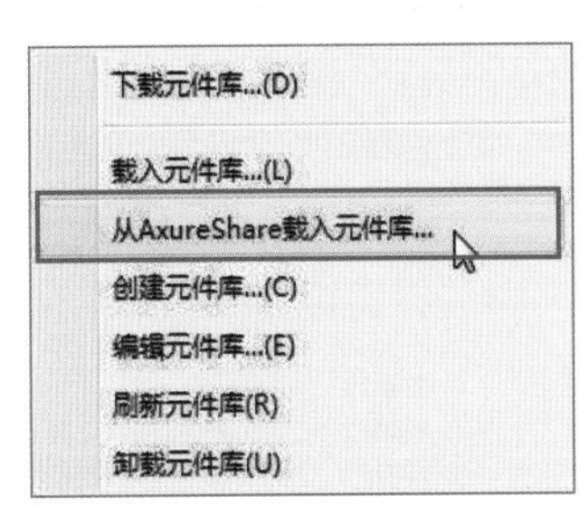

图 4-274

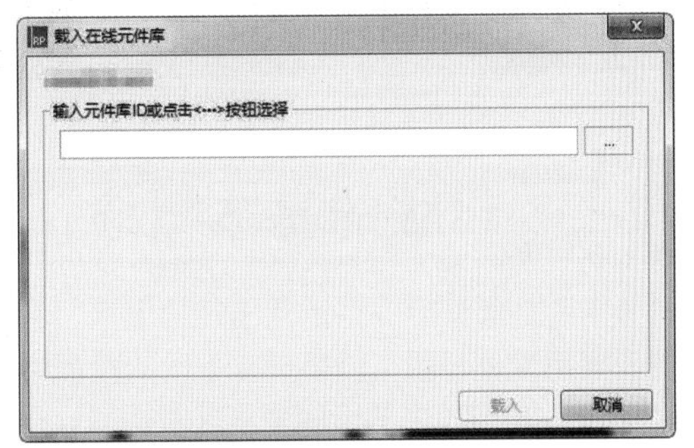

图 4-275

提示

如果用户没有 Axure 账户，可以选择先注册一个，然后再登录。将一些常用的元件库文件保存到 AxureShare 中，便于以后使用。

第5章 Axure RP 母版的使用

制作原型过程中，通常会包含很多相同的页面，可以将这些相同的内容制作成母版供用户使用。当用户修改母版时，所有应用了母版的页面都会随之发生改变。本章将针对母版的创建和使用进行讲解。

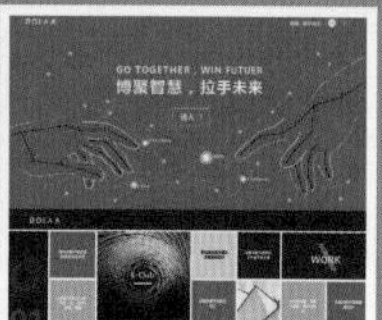

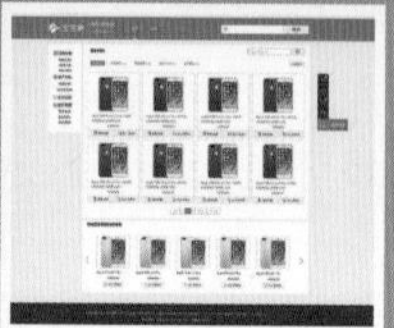

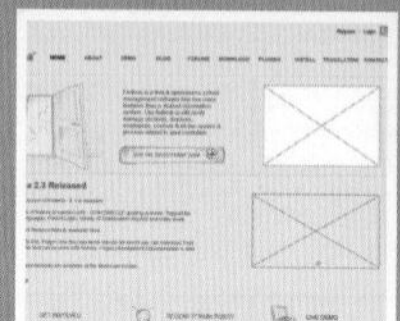

5.1 母版的基本概念

母版指的是原型中一些重复出现的元素。将重复出现的元素定义为母版，供用户在不同的页面中反复使用，和 PowerPoint 中的母版功能非常相似，母版通常都被保存在“母版”面板中，如图 5–1 所示。

一个原型产品中的头部和底部通常会出现在每一个页面中，登录页和搜索条也会经常出现在不同的页面中，如图 5–2 所示。

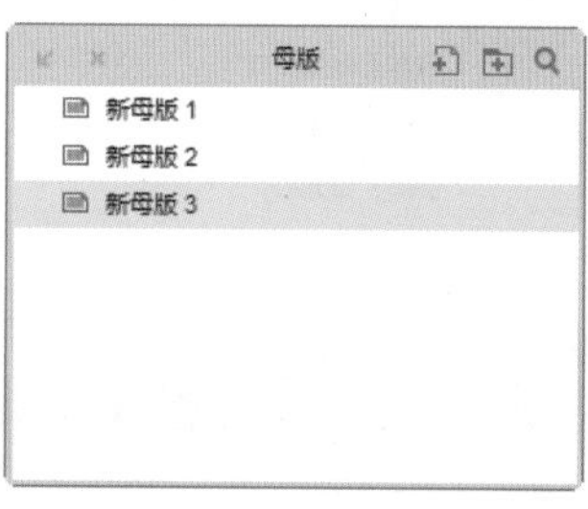

图 5-1

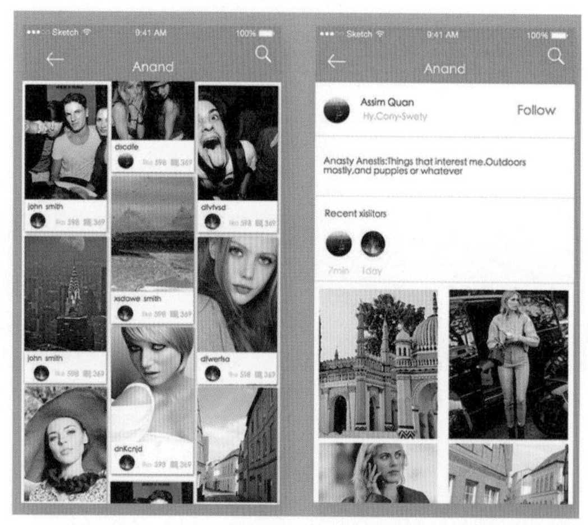

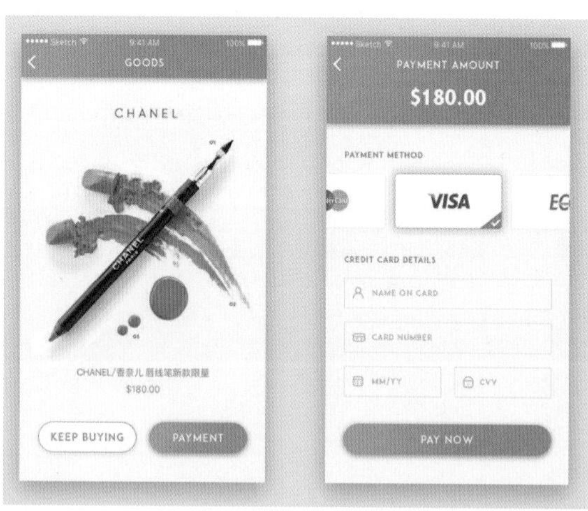

图 5-2

> **知识点讲解：使用母版的好处**
>
> 在页面中使用母版，既能保持整体页面设计风格的一致，又便于修改页面。
>
> 对母版进行修改，所有页面中应用的该母版都会自动更新，节省了大量的工作时间。
>
> 母版页面中的说明只需要编写一次，避免了在输出交互规范文档时增加工作量或出现错误。

一般情况下，一个页面中有如下部分可以制作成母版。

- 网站导航。
- 网站 header(头部)，包括网站的 Logo。
- 网站 Footer(尾部)。
- 经常重复出现的元件，比如说分享按钮。
- Tab 面板切换的元件，在不同页面同一个 Tab 面板有不同的呈现。

提示

母版的使用也会减小 Axure RP 文件，加快原型文件的预览速度。

5.2 创建和编辑母版

在 Axure RP 8.0 中，母版通常被保存在“母版”面板中，如图 5-3 所示。用户在“母版”面板中可以完成母版文件的新建、文件夹的新建、子母版文件的新建和查找母版等操作。

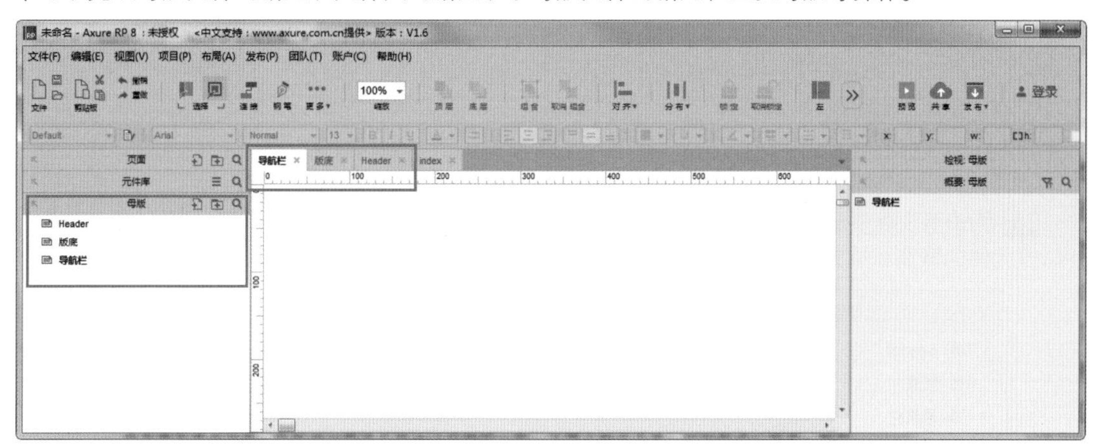

图 5-3

5.2.1 创建母版

单击“母版”面板右上角的“添加母版”按钮，即可新建一个母版文件，如图 5-4 所示。用户可以为新添加的母版命名，如图 5-5 所示。

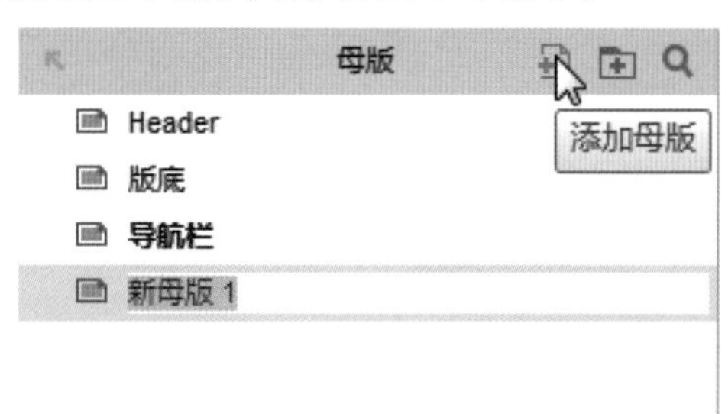

图 5-4

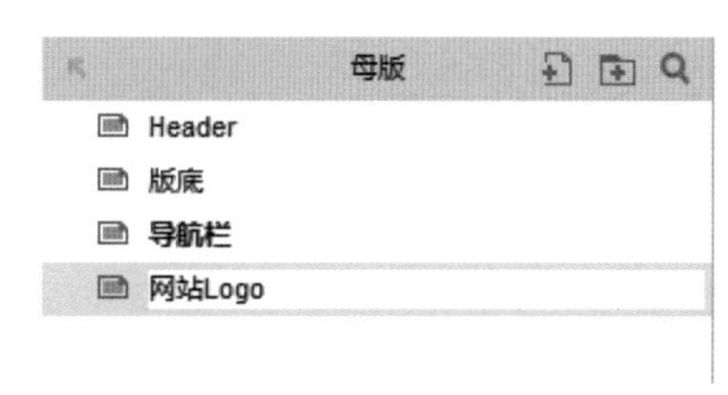

图 5-5

实例 17——绘制手机状态栏

同一个项目中，可能会有多个母版，为了方便母版的管理，用户可以通过新建文件夹将同类或相同位置的母版分类管理。

▶源文件：素材&源文件\第5章\绘制手机状态栏.rp

▶操作视频：视频\第5章\绘制手机状态栏.mp4

01 单击“母版”面板右上角的“添加文件夹”按钮，即可在面板中新建一个文件夹，如图5-6所示。用户可以选择一个母版文件，单击鼠标右键，在弹出的快捷菜单中选择“添加”命令，可以添加文件夹、母版或子母版，如图5-7所示。

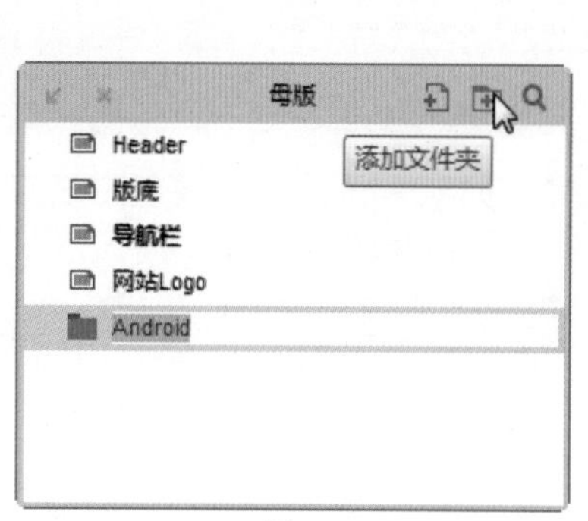

图 5-6

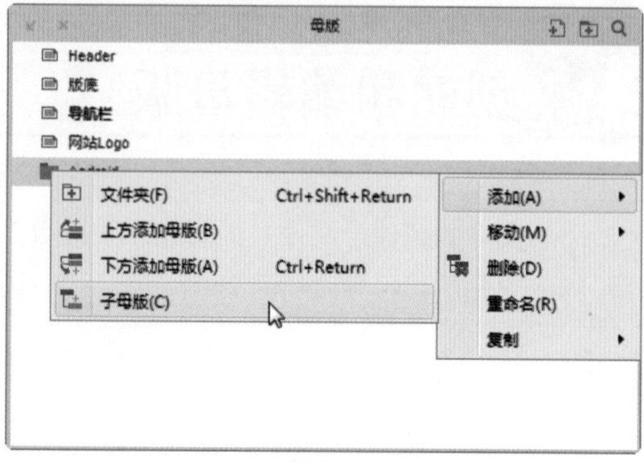

图 5-7

02 为母版文件夹和子母版重命名，如图5-8所示。在“顶部栏”子母版页面中，添加矩形元件，并修改元件的宽高和填充颜色，如图5-9所示。

图 5-8

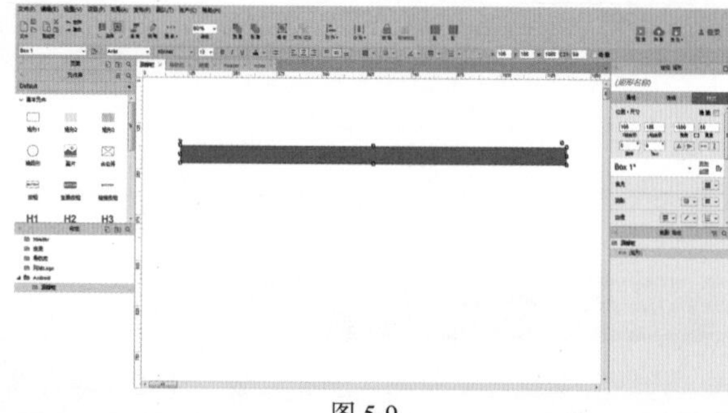

图 5-9

03 选择Icons元件库，从中选择“满格电池”元件拖入页面中，如图5-10所示。在“检视：形状”面板中修改元件的填充颜色为白色，如图5-11所示。

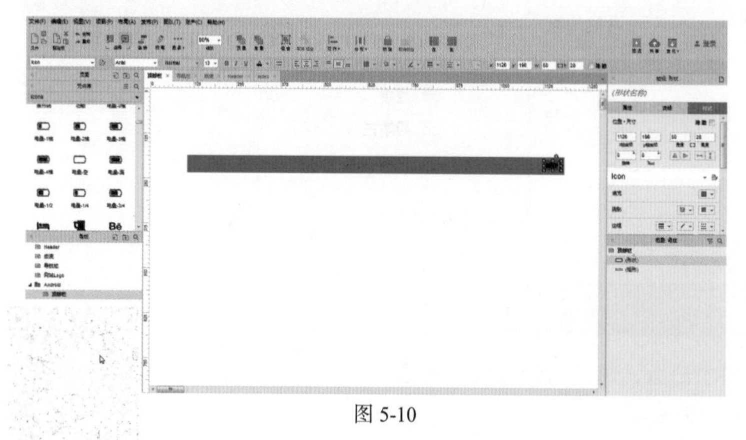

图 5-10

图 5-11

04 修改完成后，元件样式如图 5–12 所示。在元件中添加文字内容，并且使用相同方法完成相似内容的操作，如图 5–13 所示。

图 5-12

图 5-13

05 用户可以使用鼠标直接拖动文件夹或者页面到相应的位置，如图 5–14 所示。也可以选择“移动”命令改变母版文件（位置），如图 5–15 所示。

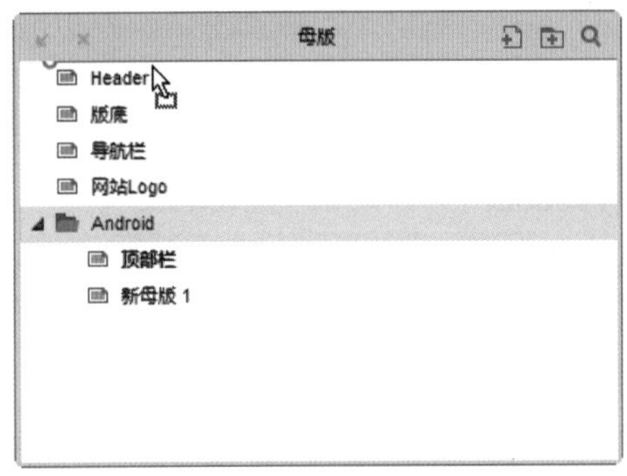

图 5-14

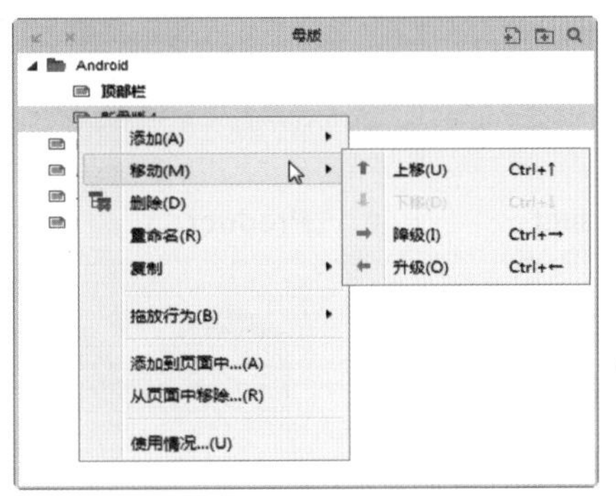

图 5-15

5.2.2 编辑母版

双击“母版”面板中的母版文件，即可进入母版编辑状态，在页面标签栏会显示当前编辑的母版名称，如图 5–16 所示。用户即可使用各种元件创建母版页面，如图 5–17 所示。

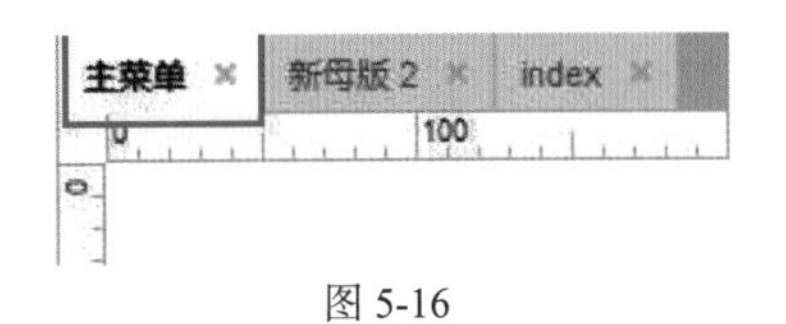

图 5-16

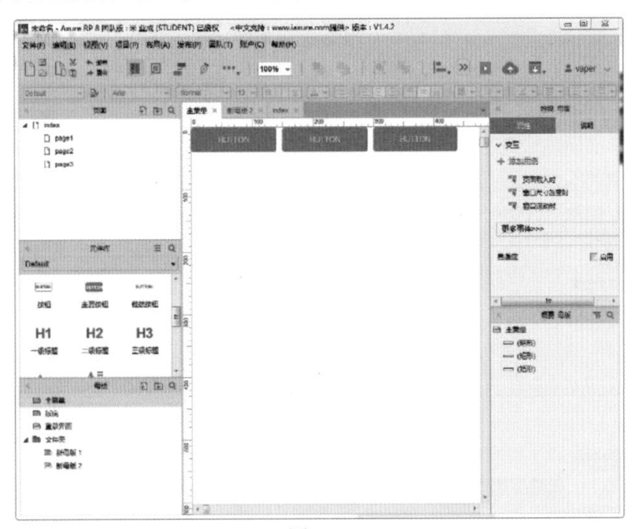

图 5-17

创建完成后，执行“文件”>“保存”命令，将母版文件保存，即可完成母版的编辑操作。

实例 18——网页线框图

除了可以通过新建母版的方式创建母版，Axure RP 8.0 也允许用户将制作完成的页面转换为母版文件，为用户提供方便自由的创建方式。

01 在想要转换为母版的页面中选择全部或局部内容，如图 5–18 所示。单击鼠标右键，在弹出的快捷菜单中选择“转换为母版”命令，如图 5–19 所示。

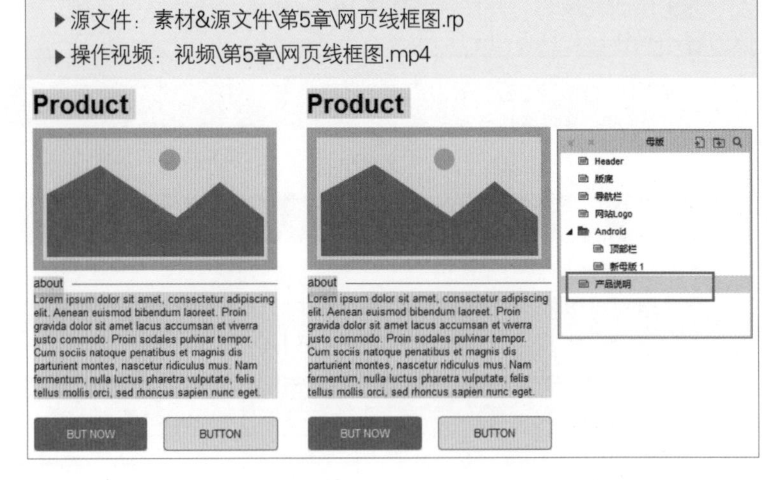

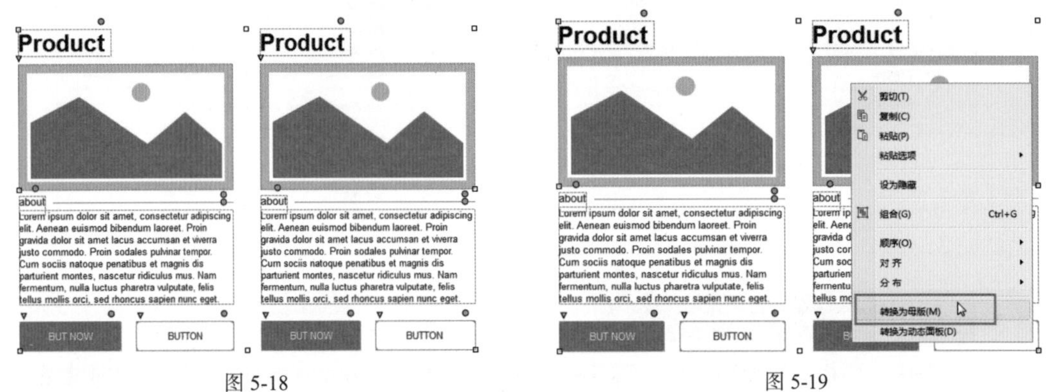

图 5-18　　图 5-19

02 弹出“转换为母版”对话框，如图 5–20 所示。为其指定名称，选择一种拖放行为，单击“继续”按钮，即可完成母版的转换，如图 5–21 所示。

图 5-20　　图 5-21

提示

转换为母版后的元件，将以一种半透明的红色遮罩显示。

03 Axure RP 8.0 允许母版中再套用子母版，这样使母版的层次更加丰富，应用领域更加广泛。单击“母版”面板右上角的“新建母版”按钮，新建一个名称为“产品列表”的母版，如图 5–22 所示。双击“产品列表”母版，进入母版页面，将“产品说明”母版从“母版”面板中拖入页面中，如图 5–23 所示。

04 执行“文件”>“保存”命令，即可完成子母版的创建。

图 5-22

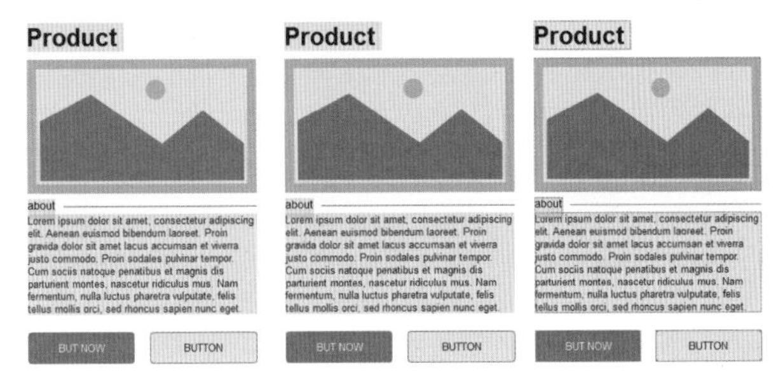

图 5-23

5.2.3 删除母版

对于拖入页面中的母版，选中后，直接按键盘上的 Delete 键，即可将其删除。在“母版”面板中，选中想要删除的母版，按键盘上的 Delete 键或者单击鼠标右键，在弹出的快捷菜单中选择“删除”命令，即可删除当前母版文件，如图 5–24 所示。

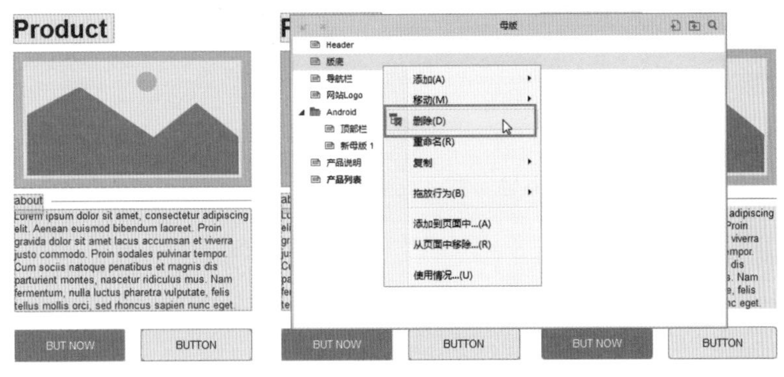

图 5-24

5.3 使用母版

完成母版的创建后，用户可以通过多种方法将母版应用到页面中。当修改母版内容时，页面中应用的该母版也会随之发生变化。

5.3.1 拖放行为

用户可以通过拖曳的方式，将母版文件拖入页面中。双击“页面”面板中的一个页面，进入编辑状态。在“母版”面板中选择一个母版文件，将其直接拖入页面中，如图 5–25 所示，即可完成母版的使用。

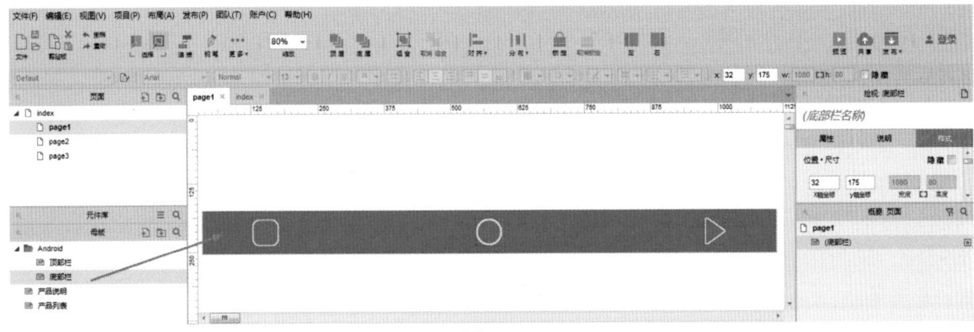

图 5-25

使用直接拖放的方式应用母版，Axure RP 8.0 提供了 3 种不同的方式供用户选择。在“母版”面板中的文件上单击鼠标右键，弹出如图 5–26 所示的快捷菜单。用户可以选择“任意位置”“固定位置”和“脱离母版”3 种拖放行为。

1. 任意位置

任意位置行为是母版的默认行为，将母版拖入页面中的任意位置，当修改母版时，所有引用该母版的原型设计图中母版实例都会同步更新，只有坐标不会同步。更改行为后，母版图标改变，效果如图 5–27 所示。

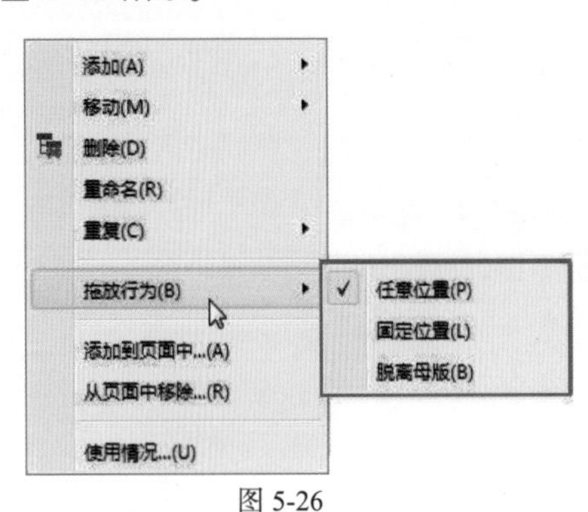

图 5-26

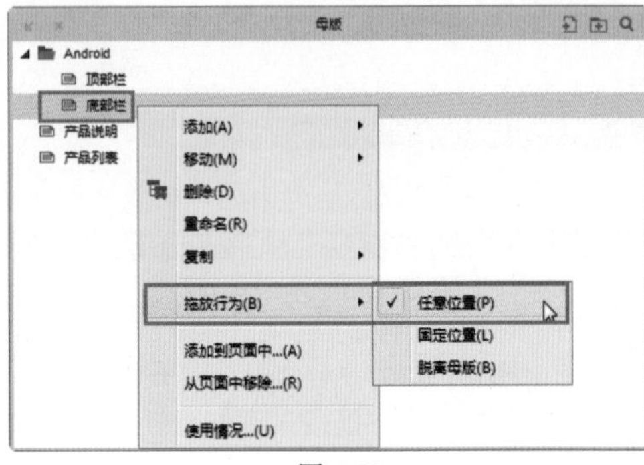

图 5-27

默认情况下选择的是“任意位置”选项，用户可以在页面中随意拖动母版文件到任何位置，但只能更改母版文件的位置，不能设置其他参数，如图 5–28 所示。

2. 固定位置

固定位置是指将母版拖入页面中后，母版实例中元素的坐标会自动继承母版页面中元素的位置，不能修改。和“任意位置”选项一样，对母版所做的修改也会立即更新到原型设计母版实例中。更改行为后，母版图标改变，如图 5–29 所示。

图 5-28

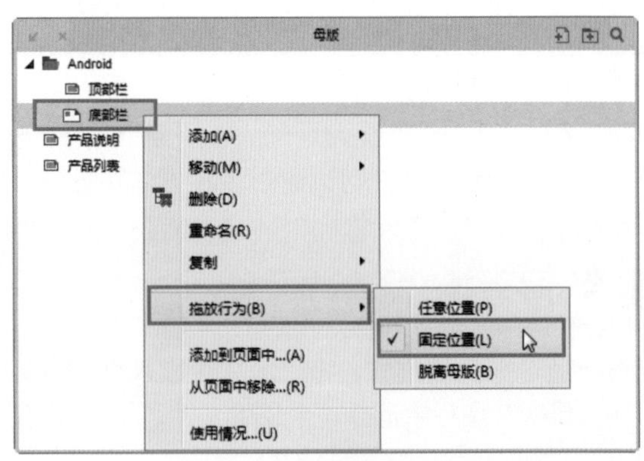

图 5-29

在母版文件上单击右键，在弹出的快捷菜单中选择“拖放行为”>“固定位置”命令，如图 5–30 所示。再次将母版文件拖入页面中，模板将以固定位置出现。将光标移动到母版上方，光标不会变为十字形状，因为母版被锁定在固定位置，无法移动，如图 5–31 所示。

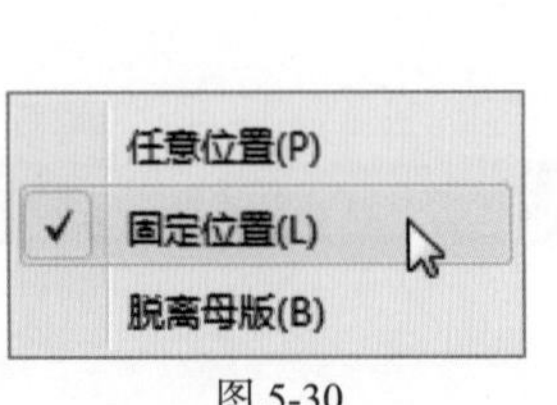

图 5-30

图 5-31

母版元件四周出现红色的虚线，代表当前元件为固定位置母版。该母版将固定在 (x:200，y:200) 的位置，不能移动，如图 5-32 所示。双击该元件，即可进入该母版文件内，用户可以对其进行再次编辑。保存后，index 页面中的母版元件将同时发生变化。

图 5-32

提示

采用“固定位置”方式拖入的母版元件，默认情况下为锁定状态，单击工具栏上的“解除锁定位置和尺寸”按钮，弹出如图 5-33 所示的对话框。根据提示，用户可以在母版元件上单击右键，选择“脱离母版”命令，如图 5-34 所示。即可脱离母版，自由移动。

脱离母版后的母版文件将单独存在，不再与母版文件有任何的关联。

3. 脱离母版

脱离母版是指将母版拖入页面中后，母版实例将自动脱离母版，成为独立的内容，可以再次编辑，而且修改母版对其不再有任何影响。更改行为后，母版图标改变，如图 5-35 所示。

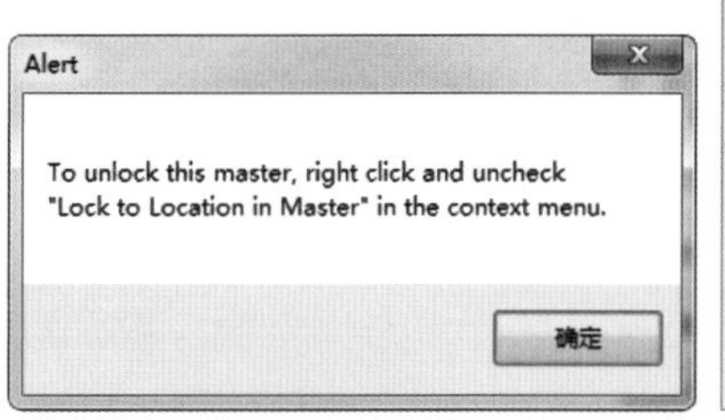

图 5-33

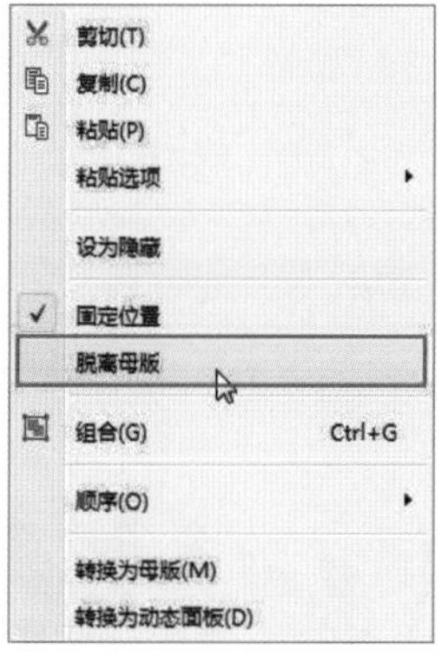

图 5-34

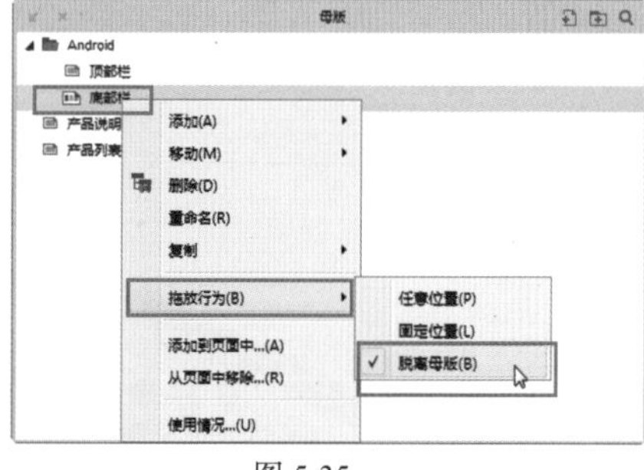

图 5-35

实例 19——网站图标摆放位置

Axure RP 为用户提供了母版在拖放行为时的 3 种摆放位置，分别是“任何位置”“固定位置”和“脱离母版”。下面来操作演示不同的摆放位置会有怎样不同的效果。

▶源文件：素材&源文件\第5章\网站图标摆放位置.rp

▶操作视频：视频\第5章\网站图标摆放位置.mp4

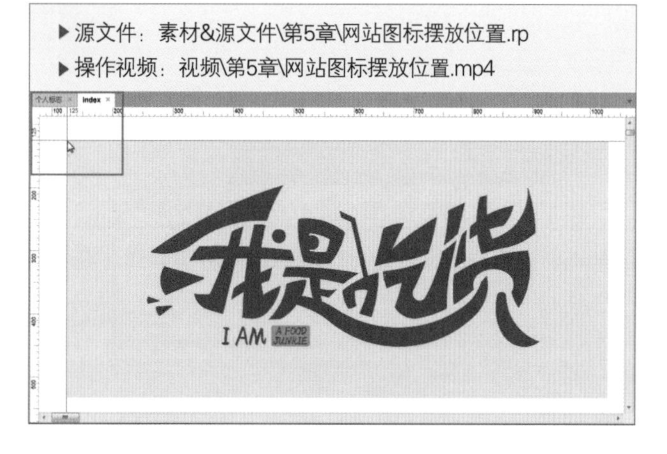

01 在“母版”面板中新建一个名为“个人标志”的母版文件，如图 5-36 所示。双击进入母版文件，拖曳图片元件到页面中，并导入图片，效果如图 5-37 所示。

图 5-36

图 5-37

02 在“检视：图片”面板中修改其坐标为 (X:125,Y:125)，如图 5–38 所示。更改“个人标志”母版的拖放行为为“固定位置”选项，如图 5–39 所示。

图 5-38

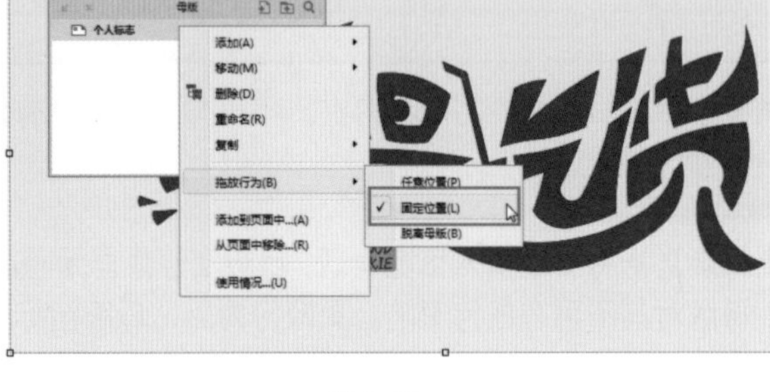

图 5-39

03 返回 index 页面，将“个人标志”元件从“母版”面板中拖入页面中，如图 5–40 所示。“检视：个人标志”面板如图 5–41 所示。

图 5-40

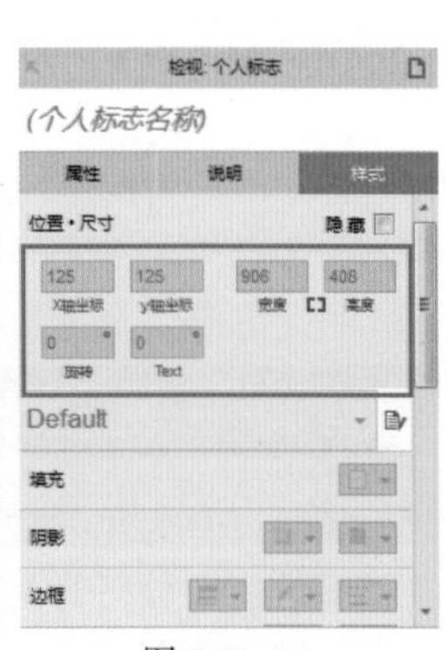

图 5-41

5.3.2 添加到页面

除了采用拖动的方式应用母版外，还可以通过“添加到页面中”命令完成母版的使用。在母版文件上单击鼠标右键，在弹出的快捷菜单中选择“添加到页面中”命令，如图 5–42 所示，弹出“添加母版到页面中”对话框，如图 5–43 所示。

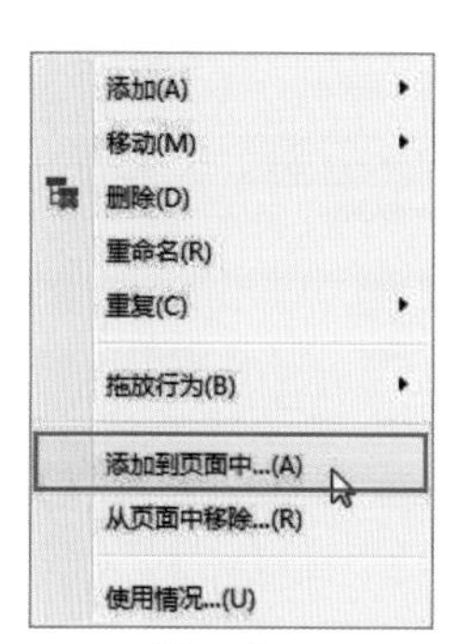

图 5-42

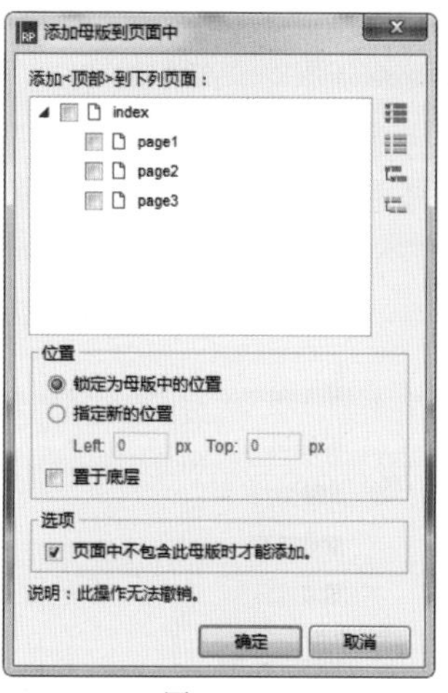

图 5-43

用户可以在对话框的顶部选择添加母版的页面，如图 5–44 所示。可以同时选择多个页面添加母版，如图 5–45 所示。

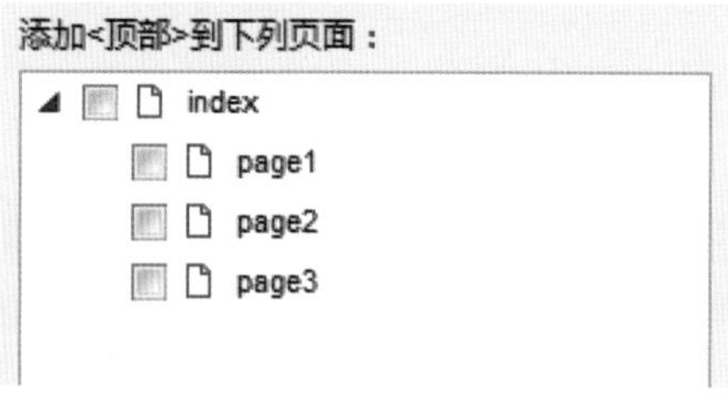

图 5-44

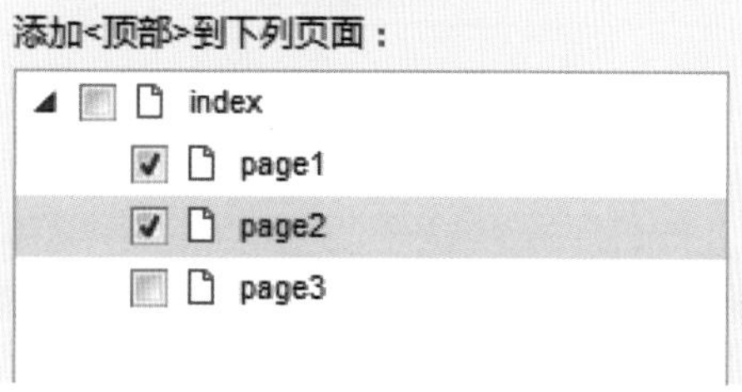

图 5-45

在对话框右侧有 4 个按钮，可以帮助用户快速选择页面，应用母版。分别是全部选中、全部取消、选中全部子页面和取消全部子页面，如图 5–46 所示。

- **全部选中：**单击该按钮，将选中所有页面。
- **全部取消：**单击该按钮，将取消所有页面的选择。
- **选中全部子页面：**单击该按钮，将选中所有子页面。
- **取消全部子页面：**单击该按钮，将取消所有子页面的选择。

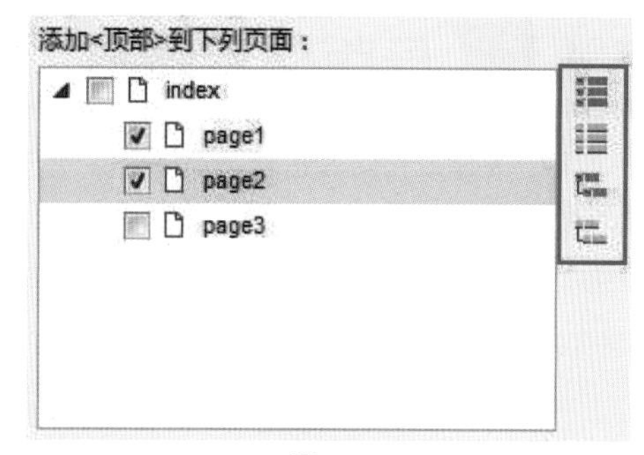

图 5-46

用户可以选择“锁定为母版中的位置”，将母版添加到指定的位置，也可以通过指定坐标为母版指定一个新的位置，如图 5–47 所示。

勾选“置于底层”复选框，当前母版将会添加到页面的底层，如图 5–48 所示。

图 5-47

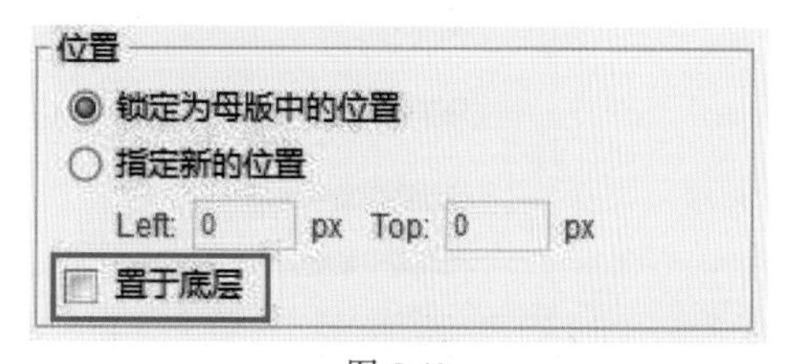

图 5-48

用户如果勾选了“页面中不包含母版时才能添加”复选框，则只能为没有母版的页面添加母版。

5.3.3 从页面中移除

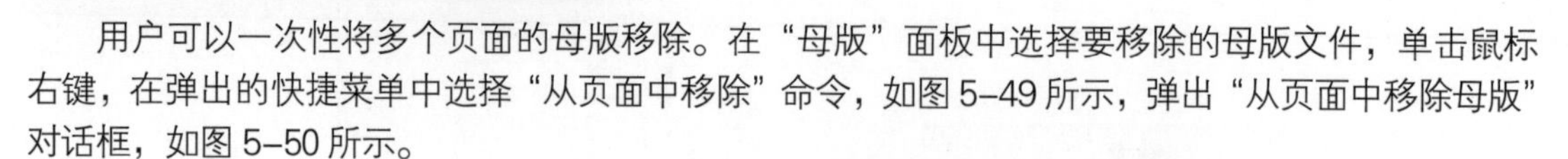

用户可以一次性将多个页面的母版移除。在“母版”面板中选择要移除的母版文件，单击鼠标右键，在弹出的快捷菜单中选择“从页面中移除”命令，如图 5–49 所示，弹出“从页面中移除母版”对话框，如图 5–50 所示。

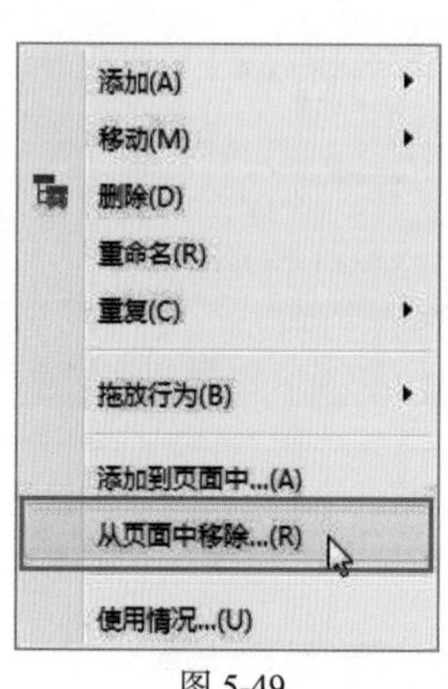

图 5-49

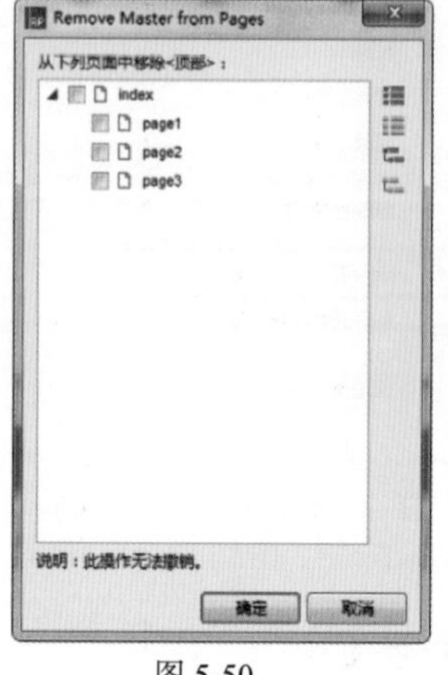

图 5-50

在页面列表中选择想要移除母版的页面，单击“确定”按钮，即可完成移除母版的操作。

提示

使用“添加到页面中”和“从页面中移除”命令添加或删除母版的操作是无法通过“撤销”命令撤销的，需要重新再次操作。

5.4 母版使用情况

为了便于查找和修改母版，Axrue RP 8.0 提供了母版的使用情况供用户参考。在“母版”面板上选择需要查看的母版，单击鼠标右键，在弹出的快捷菜单中选择“使用情况”命令，如图 5–51 所示。在弹出的“母版使用情况”面板中显示当前母版的使用情况，如图 5–52 所示。

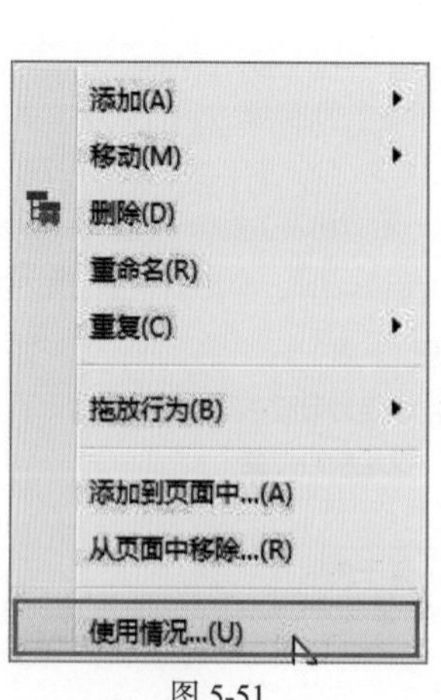

图 5-51

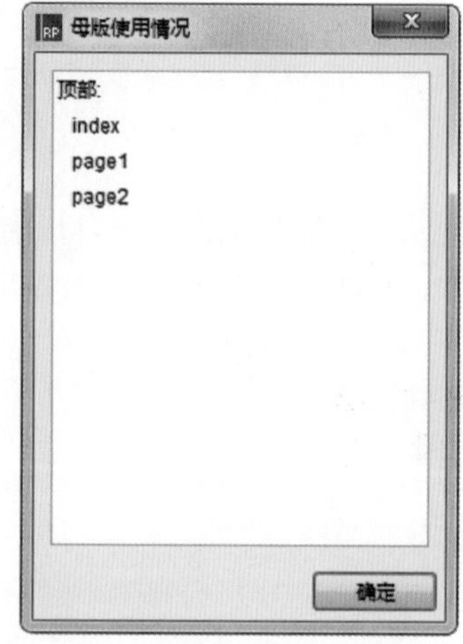

图 5-52

在“母版使用情况”面板中可以查看应用当前母版的母版文件和页面文件，单击面板中的选项，即可快速进入相应母版或页面中。

第6章 变量、表达式和函数的使用

本章将针对 Axure RP 中难度较高的变量和表达式进行介绍，针对全局变量、局部变量、设置条件和公式等知识点进行了讲解。通过学习变量和表达式的使用，可以帮助用户掌握这些知识，以制作更为复杂的原型作品。要提高 Axure RP 交互设计制作水平，除了需要掌握基础知识外，还要进行大量的练习。

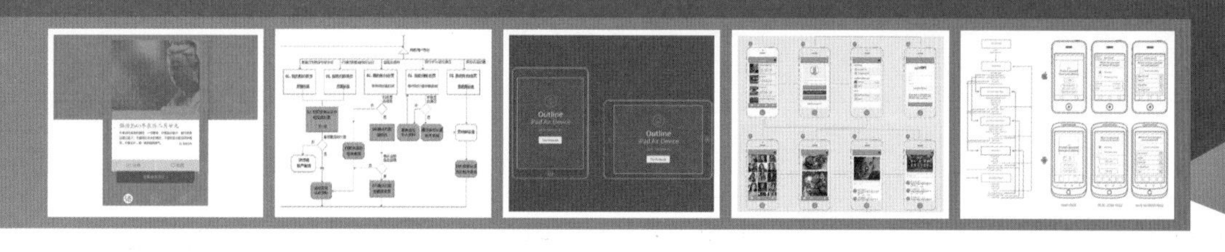

6.1 使用变量

Axure RP 8.0 中的变量是一个非常有个性和使用价值的功能，有了变量之后，很多需要复杂条件判断或者需要传递参数的功能逻辑就可以实现了，大大丰富了原型演示的可实现效果。变量分为全局变量和局部变量两种，接下来逐一进行讲解。

6.1.1 全局变量

全局变量是一个数据容器，就像一个硬盘，可以把需要的内容存入，方便携带。在需要的时候读取出来使用。

全局变量作用范围为一个页面内，即“页面”面板中一个节点（不包含子节点）内有效，所以这个全局也不是指整个原型文件内的所有页面通用，还是有一定的局限性。

在“用例编辑”对话框中单击“设置变量值”动作选项，对话框效果如图 6-1 所示。默认情况下只包含一个全局变量：OnLoadVariable。勾选 OnLoadVariable 复选框，用户可以在下面的下拉列表中选择设置全局变量值，如图 6-2 所示。

图 6-1

值
变量值
变量值长度
元件文字
焦点元件文字
元件文字长度
被选项
选中状态
面板状态

图 6-2

Axure RP 8.0 一共提供了 9 种全局变量值供用户使用，具体功能如下。

- **值：**直接附一个常量，数值、字符串都可以。
- **变量值：**获取另外一个变量的值。
- **变量值长度：**获取另外一个变量的值的长度。

- **元件文字**：获取元件上的文字。
- **焦点元件文字**：获取焦点元件上的文字。
- **元件文字长度**：获取元件文字的值的长度。
- **被选项**：获取被选择的项目。
- **选中状态**：获取元件的选中状态。
- **面板状态**：获取面板的当前状态。

用户可以通过单击“用例编辑”对话框右侧的“添加全局变量”选项，创建一个新的全局变量，如图 6–3 所示。

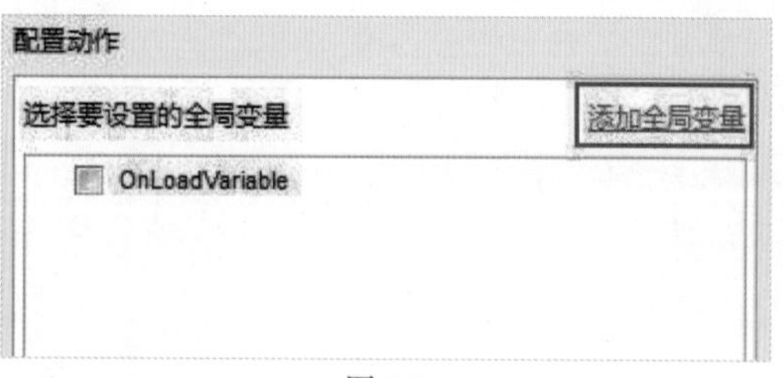

图 6-3

在弹出的“全局变量”对话框中单击“添加”按钮，即可新建一个全局变量，如图 6–4 所示。用户可以重新对变量命名，以便于查找和使用，如图 6–5 所示。

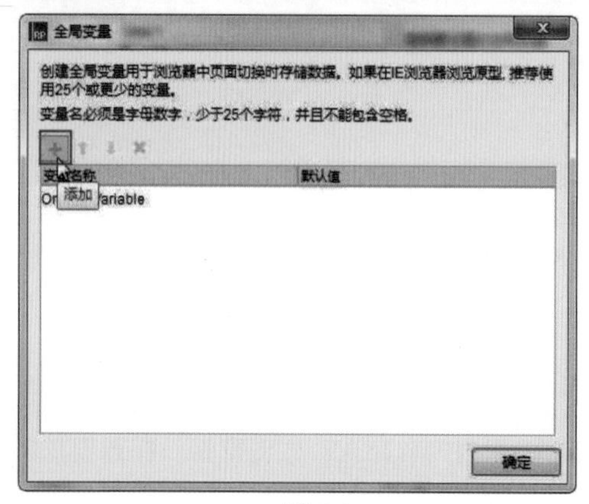

图 6-4

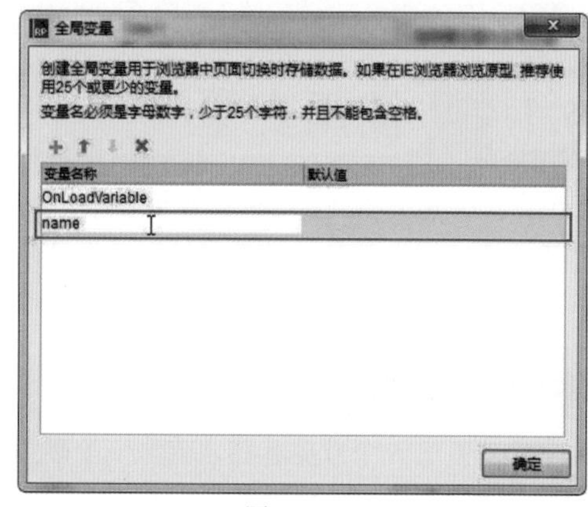

图 6-5

用户可以通过使用“上移”和“下移”功能调整全部变量的顺序。使用“清除”功能将选中的全局变量删除。单击“确定”按钮，即可完成全局变量的创建，如图 6–6 所示。

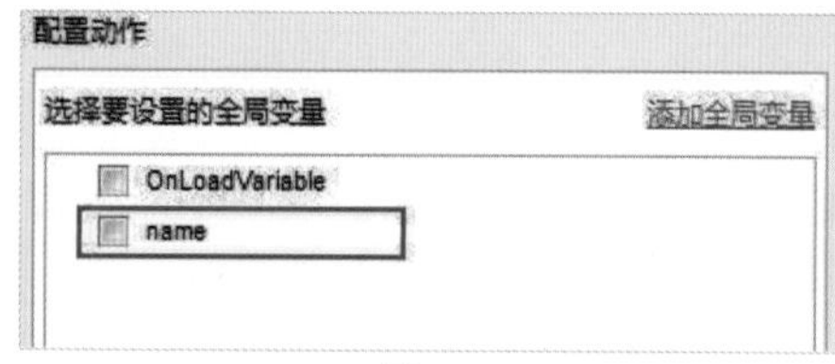

图 6-6

实例 20——制作按钮单击效果

用户可以把全局变量理解为一个数据容器，就像一个云空间，可以把需要的内容存入，在需要的时候读取出来使用。

▶ 源文件：素材&源文件\第6章\制作按钮单击效果.rp
▶ 操作视频：视频\第6章\制作按钮单击效果.mp4

欢迎使用Axure制作产品原型设计

单击显示变量

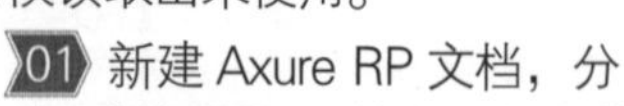

01 新建 Axure RP 文档，分别将“一级标题”元件和“主要按钮”元件拖入页面中，如图 6–7 所示。然后将两个元件命名为“内容”和“按钮”，并修改元件文字，如图 6–8 所示。

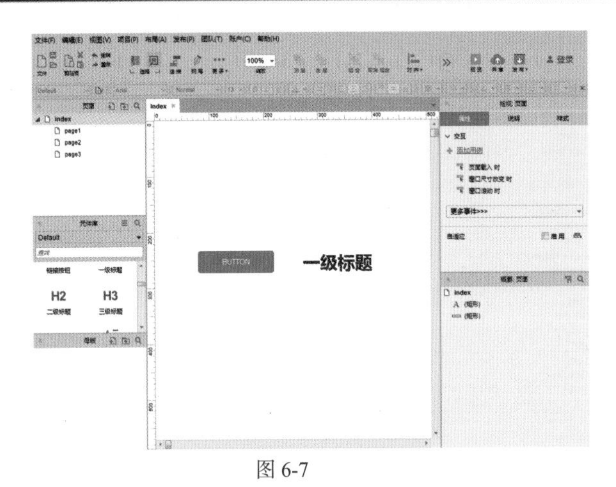

图 6-7

变量内容

单击显示变量

图 6-8

02 双击“属性”选项卡下的“页面载入时”选项，如图 6-9 所示。在“用例编辑”对话框中添加“设置变量值”动作，如图 6-10 所示。

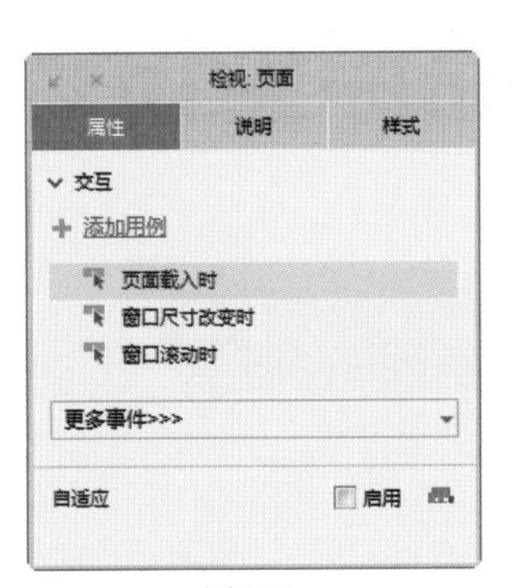

图 6-9

图 6-10

03 单击“添加全局变量”选项，新建一个名为 bianliang 的全局变量，如图 6-11 所示。单击“确定”按钮，勾选 bianliang 复选框，输入变量值，如图 6-12 所示。

图 6-11

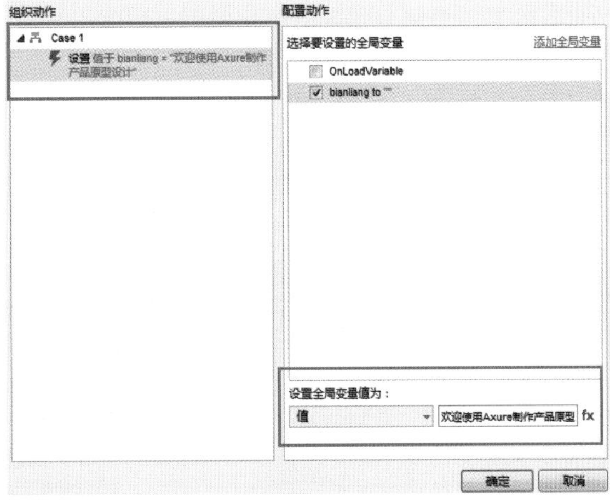

图 6-12

04 单击“确定”按钮，“检视: 矩形”面板效果如图 6-13 所示。选择按钮元件，双击“鼠标单击时”事件，添加“设置文本”动作，勾选“标题”复选框，设置“变量值”为 wenzi，如图 6-14 所示。

05 单击“确定”按钮，页面效果如图 6-15 所示。单击工具栏上的“预览”按钮，页面预览效果如图 6-16 所示。

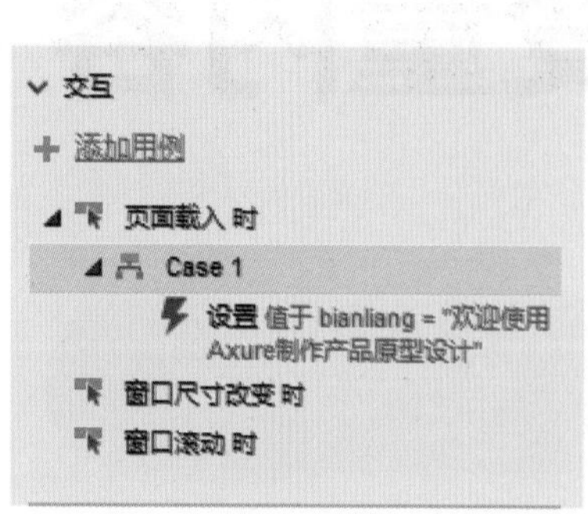

图 6-13

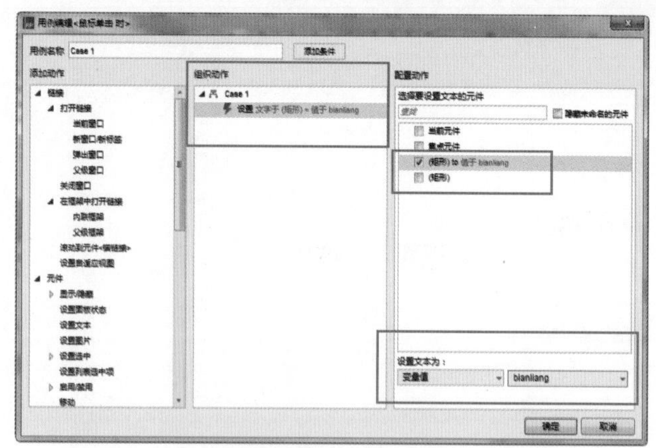

图 6-14

变量内容　　欢迎使用Axure制作产品原型设计

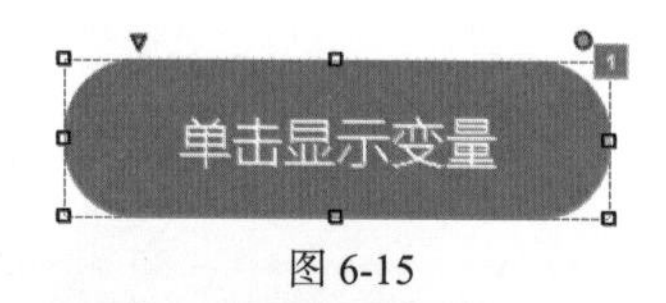

图 6-15

图 6-16

6.1.2 局部变量

局部变量作用范围为一个 Case 里面的一个事务，一个事件里面有多个 Case，一个 Case 里面有多个事务，可见局部变量的作用范围非常小。例如在 Case 里面要设置一个条件的话，如果用到了局部变量，这个变量只在这个条件语句里面生效。且局部变量只能依附于已有组件使用，不能直接赋值，这个特点从局部变量所支持的赋值功能中可以看出。从这点来看，全局变量比局部变量要多 3 个赋值方法。

局部变量在编辑值 / 文本的界面中进行创建，通过在“插入变量或函数”列表中选取使用。

添加“设置变量值”动作，单击“用例编辑”对话框右下角的 fx 按钮，弹出“编辑文本”对话框，在对话框下部可添加局部变量，如图 6–17 所示。单击“添加局部变量”选项，即可添加一个局部变量，如图 6–18 所示。

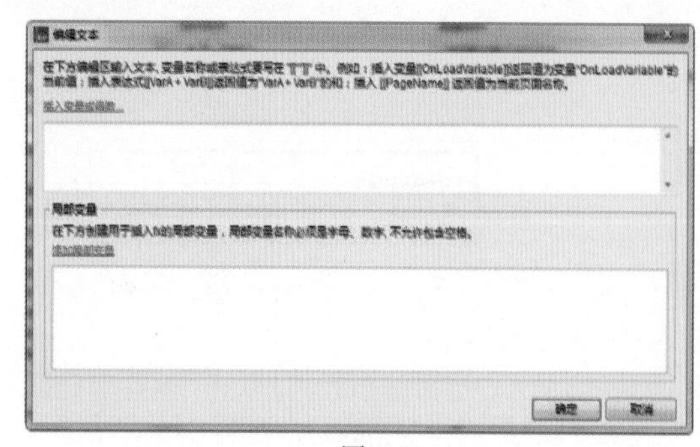

图 6-17

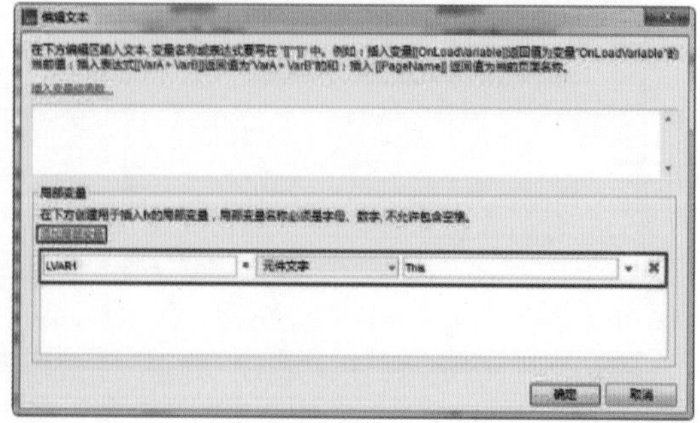

图 6-18

局部变量能够在创建时获取多种类型的数据，如图 6–19 所示。局部变量在应用时的作用范围决定了其只能充当事务里面的赋值载体，因此更多的是在函数当中用到，充当函数的运算变量，因此不会在外部页面级的逻辑中看到。

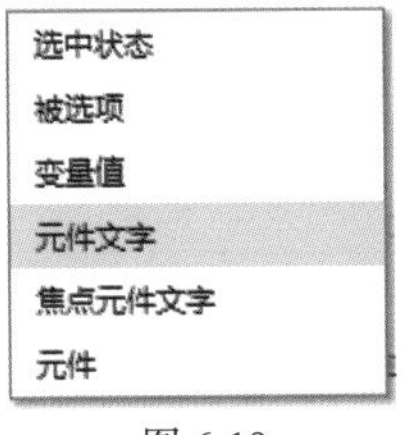

图 6-19

6.2 设置条件

用户可以为动作设置条件，实现控制动作发生的时机。单击“用例编辑”对话框中的“添加条件”按钮，如图 6-20 所示。弹出“条件设立”对话框，如图 6-21 所示。

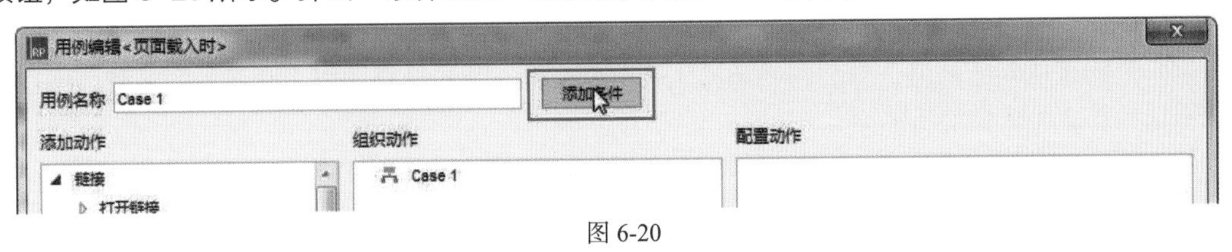

图 6-20

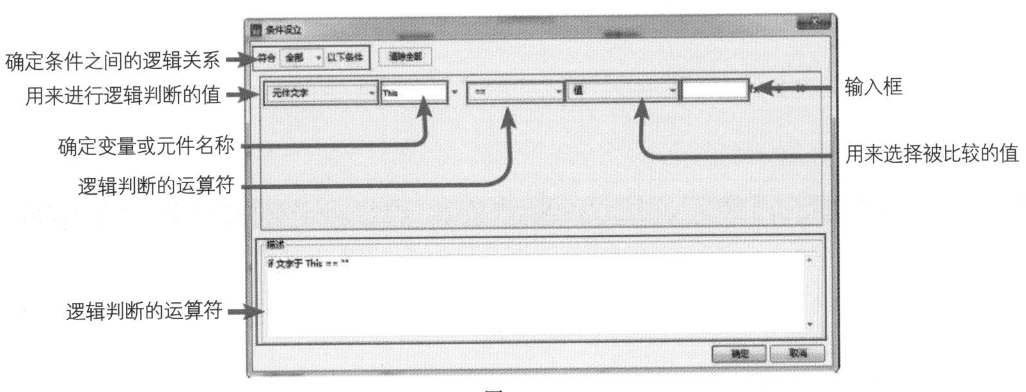

图 6-21

- **确定条件之间的逻辑：** 单击“全部”后面的向下箭头，可以看到条件逻辑关系中有两种关系，即“全部”关系和“任何”关系。

  全部：必须同时满足所有条件编辑器中的条件，用例才有可能发生。

  任何：只要满足所有条件编辑器中任何一个条件，用例就会发生。

提示

可以通过设置条件逻辑关系，设置执行一个动作必须同时满足多个条件，或者仅需满足多个条件中的任何一个。

- **用来进行逻辑判断的值：** 在该选项的下拉菜单中会有 14 种选择值的方式，如图 6–22 所示。

  值：自定义变量值。

  变量值：能够根据一个变量的值来进行逻辑判断。例如，可以添加一个变量叫作日期，并且判断只有当日期为 3 月 18 日的时候，才发生 HAppy Birthday 的用例。

  变量值长度：在验证表单的时候，要验证用户选择的用户名或者是密码长度。

  元件文字：用来获取某个文本输入框文本的值。

焦点元件文字：当前获得焦点的元件文本。

元件文字长度：与变量值长度是相似的，只是判断的是某个元件的文本长度。

被选项：可以根据页面中某个复选框元件的选中与否来进行逻辑判断。

面板状态：某个动态面板的状态。根据动态面板的状态来判断是否执行某个用例。

指针：可以通过当前的指针获取鼠标的当前位置，实现鼠标拖曳的相关功能。可以根据拖曳的位置来判断是否要执行某些操作。

元件范围：为元件事件添加条件事件指定的范围。

自适应视图：根据一个元件的所在面板进行判断。

- **确定变量或元件名称：**确定变量或元件的名称是根据前面的选择方式来确定的，例如前面选择的。
- **逻辑判断值：**逻辑判断值是“变量值”选项，确定变量或元件名称就要选择到底哪个是 OnLoadVariable。可以添加新的变量，如图 6–23 所示。
- **逻辑判断的运算符：**可以选择等于、大于或小于等条件，如图 6–24 所示。要注意的是“包含”和“不包含”选项，也就是可以判断包含关系。
- **用来选择被比较的值：**这部分是和“用来进行逻辑判断的值”做比较的那个值，选择的方式和用来进行逻辑判断的值一样。例如选择比较两个变量，刚才选择了第 1 个变量的名称，现在就要选择第 2 个变量的名称。
- **输入框：**如果前面“用来选择被比较的值”选择的是“值”，就要在输入框中输入具体的值。
- **逻辑描述框：**Axure RP 会根据用户在前面几部分中的输入，生成一段描述让用户判断条件是否是逻辑正确的。
- **fx键：**可以让用户在输入值的时候，使用一些常规的函数，如获取日期、截断和获取字符串、预设置参数等。这部分用得非常少。
- **+键：**新增条件。
- **×键：**删除条件。

提示

添加用例时，打开用例编辑器，首先选择要使用的若干个动作，然后再针对动作进行参数设定就可以了。

当需要同时为多个 Case 改变条件判断关系时，可以在相应的 Case 名称上单击鼠标右键，在弹出的快捷菜单中选择切换为 <If> 或 <Else If> 命令即可，如图 6–25 所示。

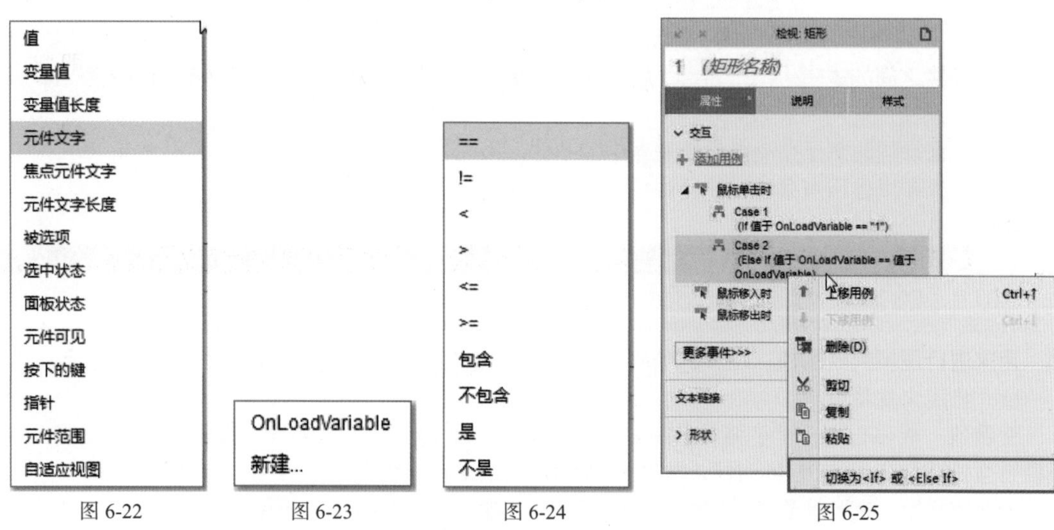

图 6-22　图 6-23　图 6-24　图 6-25

6.3 使用表达式

表达式是由数字、运算符、数字分组符号（括号）、变量等组合成的公式。在 Axure RP 8.0 中，表达式必须写在 [[]] 中，否则将不能作为表达式正确运算。

6.3.1 运算符类型

运算符是用来执行程序代码运算的。会针对一个以上操作数项目来进行运算。Axure RP 8.0 中一共包含了 4 种运算符，分别是算术运算符、关系运算符、赋值运算符和逻辑运算符。

1. 算术运算符

算术运算符就是常说的加减乘除符号，符号是 +、–、*、/。例如 a+b、b/c 等。除了以上 4 个算术运算符外，还有一个取余数运算符，符号是 %。取余数是指将前面的数字中完整包含了后面的部分去处，只保留剩余的部分，例如 18/5，结果为 3。

2. 关系运算符

Axure RP 8.0 中一共有 6 种关系运算符，分别是 <、<=、>、>=、==、!=。关系运算符对其两侧的表达式进行比较，并返回比较结果。比较结果只有真或假两种，也就是 True 和 False。

3. 赋值运算符

Axure RP 8.0 中的赋值运算符是 =。赋值运算符能够将其右侧的表达式运算结果赋值给左侧一个能够被修改的值，例如变量、元件文字等。

4. 逻辑运算符

Axure RP 8.0 中的逻辑运算符有两种，分别是 && 和 ‖。&& 表示并且的关系，‖ 表示或者的关系。逻辑运算符能够将多个表达式连接在一起，形成更复杂的表示式。

在 Axure RP 8.0 中还有一种逻辑运算符 !，表示不是，它能够将表达式结果取反。

例如，!(a+b&&=c)，返回的值与 (a+b&&=c) 的值相反。

6.3.2 表达式的格式

a+b、a>b 或者 a+b&&=c 等都是表达式。在 Axure RP 8.0 中，只有在值的编辑时才可以使用表达式，表达式必须写在 [[]] 中。

下面通过几个例子加深理解。

[[name]]: 这个表达式没有运算符，返回值是 name 的变量值。

[[18/3]]: 这个表达式的结果是 6。

[[name=='admin']]: 当变量 name 的值为 'admin' 时，返回 True，否则返回 False。

[[num1+num2]]: 当两个变量值为数字时，这个表达式的返回值为两个数字的和。

如果想将两个表达式的内容链接在一起或者将表达式的返回值与其他文字链接在一起时，只需将它们写在一起就可以。

6.4 函数的使用方法

Axure RP 8.0 中的函数指的是软件自带的函数，是一种特殊的变量，可以通过调用获得一些特定的值。函数的使用范围很广泛，能够让原型制作变得更迅速、更灵活和更逼真。在 Axure RP 8.0 中只有表达式中能够使用函数。

在“用例编辑”对话框中添加“设置变量值”动作后，勾选 OnLoadVariable 复选框，单击 fx 按钮，单击“插入变量或函数”选项，即可看到 Axure RP 自带的函数，如图 6-26 所示。

在该面板中除了全局变量和布尔类型的预算法，剩下的就是 9 种类型的函数。函数使用的格式是：对象. 函数名 (参数 1，参数 2……)。

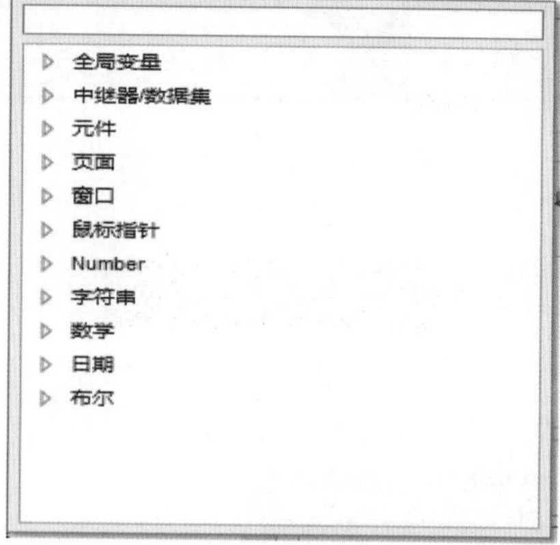

图 6-26

实例 21——制作锁屏界面

因为用户刚刚接触函数，所以先制作一个简单的小实例，只用一张图片和一个函数，就可以模拟手机锁屏上的时间。

▶源文件：素材&源文件\第6章\制作锁屏界面.rp

▶操作视频：视频\第6章\制作锁屏界面.mp4

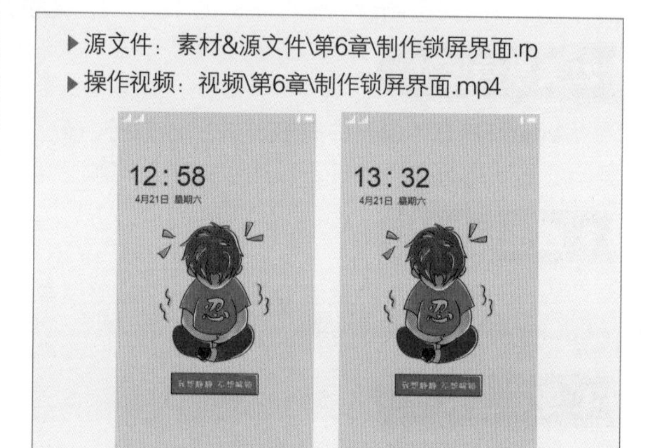

01 打开“使用函数设置时间 .rp”素材文件，如图 6-27 所示。使用“文本标签”元件制作如图 6-28 所示的页面效果，更改文本标签内的文字字号为 72 和 25。

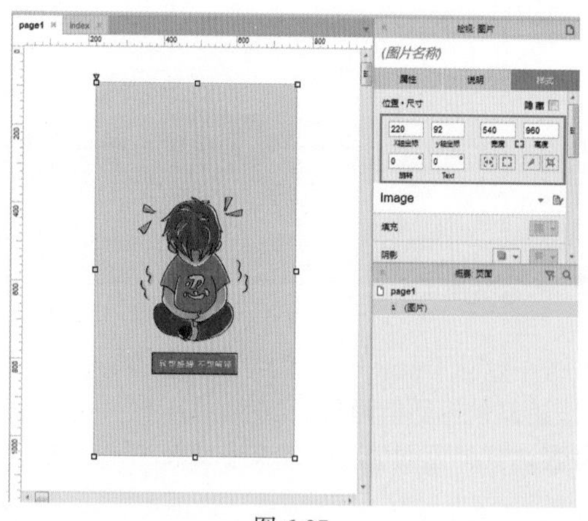

图 6-27

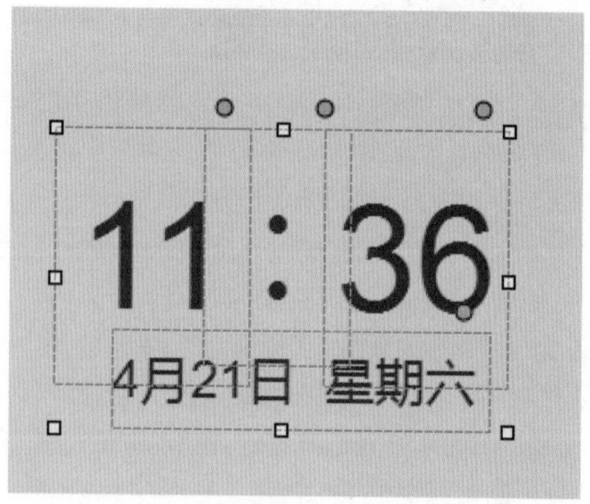

图 6-28

02 删除文本标签内的数字，选中文本标签并且从左到右依次将文本标签元件命名为“时”和“分”，如图 6-29 所示。

03 选择“时”元件，双击“属性”选项卡下的“鼠标单击时”事件，添加“设置文本” 动作，勾选“时”复选框，单击 fx 按钮，如图 6-30 所示。单击“插入变量或函数”选项，选择 getHours() 选项，效果如图 6-31 所示。

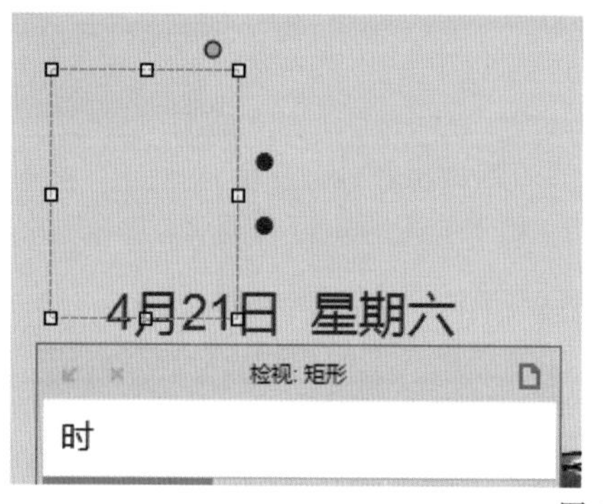

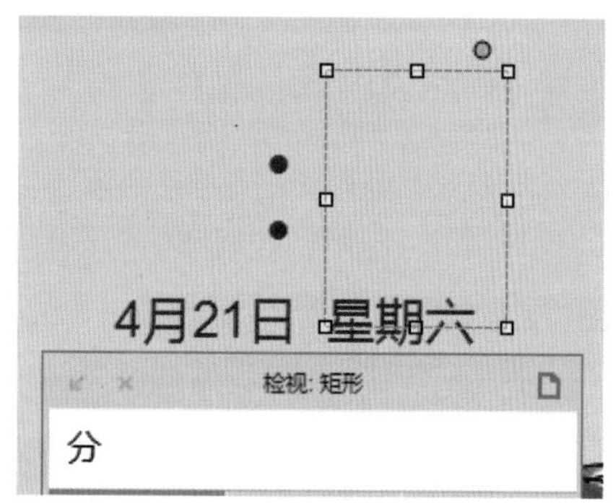

图 6-29

图 6-30

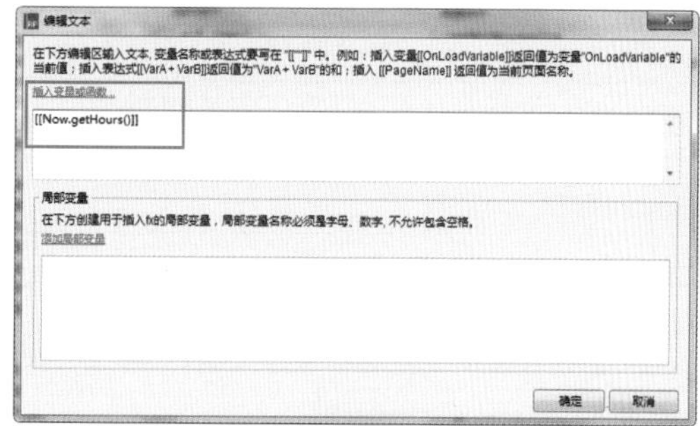

图 6-31

04 单击“确定”按钮，获取小时函数。使用相同的方法，为“分”元件添加函数，如图 6–32 所示。

05 在工作区内，文本标签如图 6–33 所示。单击“预览”按钮，在浏览器中可以查看添加函数的具体效果，如图 6–34 所示。

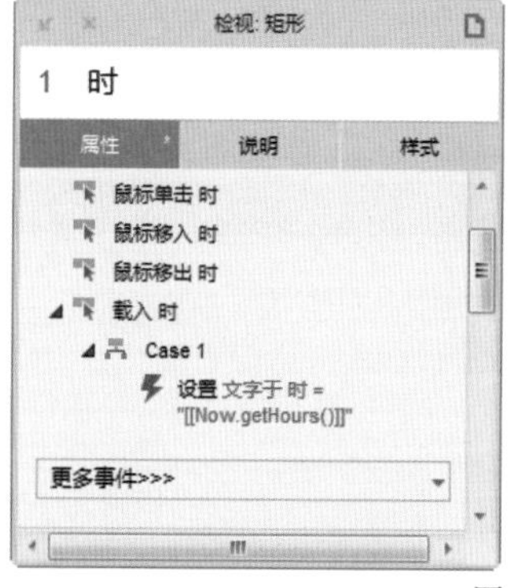

检视: 矩形
2 分
属性
说明
样式
鼠标单击 时
鼠标移入 时
鼠标移出 时
载入 时
Case 1
设置 文字于 分 = "[[Now.getMinutes()]]"
更多事件>>>

图 6-32

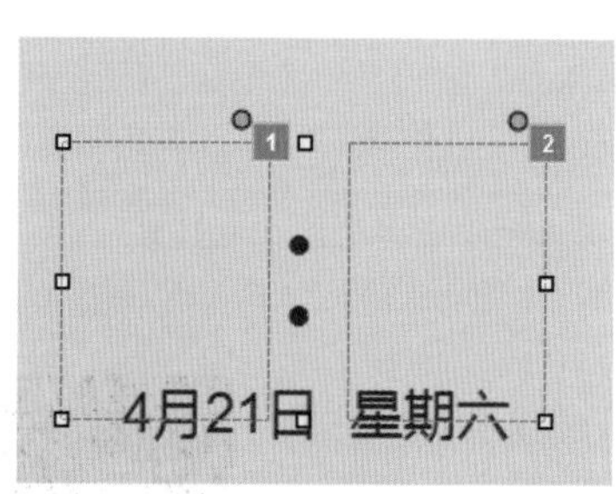

图 6-33

图 6-34

6.5 常见的函数

除了变量和布尔类型，Axure RP 8.0 中按照功能的不同将函数分为 9 类，分别是中继器 / 数据集、元件、页面、鼠标指针、字符串、数字、数学和日期。接下来逐一进行介绍。

6.5.1 中继器 / 数据集函数

单击“用例编辑”对话框右下角的 fx 按钮，进入“编辑文本”对话框，单击“插入变量和函数”选项，在“中继器 / 数据集”选项下是中继器 / 数据集函数，函数说明如表 6–1 所示。

表 6–1

函数名称	说明
Repeater	获得当前项的父中继器
visibleItemCount	返回当前页面中所有可见项的数量
itemCount	当前过滤器中项的数量
dataCount	当前过滤器中所有项的个数
pageCount	中继器对象中页的数量
pageindex	中继器对象当前的页数

关于中继器函数，将在本书的第 9 章中详细讲解，读者可参看相关章节，此处就不再详细讲解。

6.5.2 元件函数

单击“用例编辑”对话框右下角的 fx 按钮，进入“编辑文本”对话框，单击“插入变量和函数”选项，在“元件”选项下是元件函数，函数说明如表 6–2 所示。

表 6–2

函数名称	说明
x	获得元件的 X 坐标
y	获得元件的 Y 坐标
this	获得当前元件
width	获得元件的宽度
height	获得元件的高度
scrollX	动态面板元件在 X 轴滚动的距离，单位：px
scrollY	动态面板元件在 Y 轴滚动的距离，单位：px
text	元件的文本值
name	元件的名称
top	获得元件的 Y 坐标，即顶部 Y 坐标的值
left	获得元件的 X 坐标，即左侧 X 坐标的值
right	获得元件右侧的 X 坐标，right–left= 元件的宽度
bottom	获得元件底部的 Y 坐标，bottom–top= 元件的高度

实例 22——制作查看商品大图效果

本实例将使用“设置图片”用例来还原产品详情展示图片的展示效果，制作过程比较简单，利于用户轻松掌握元件函数的使用。

01 新建 Axure RP 文档，使用图片元件插入图片，将其命名为 Setbigpic，复制图片并调整其大小，排列效果如图 6–35 所示。继续使用相同的方法导入另一个图片，并分别将它们命名为 pic1、pic2、pic3 和 pic4，如图 6–36 所示。

▶源文件：素材&源文件\第6章\制作查看商品大图效果.rp

▶操作视频：视频\第6章\制作查看商品大图效果.mp4

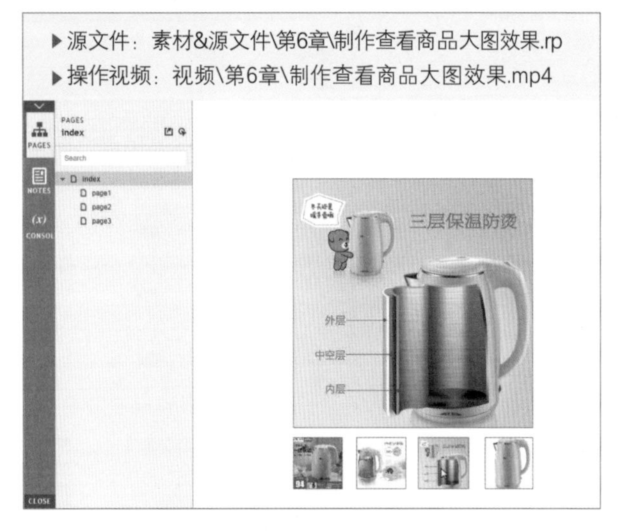

图 6-35

图 6-36

02 选择 pic1，双击“鼠标移入时”选项，在“用例编辑”对话框中选择“设置图片”动作，并勾选 Setbigpic 元件，如图 6–37 所示。

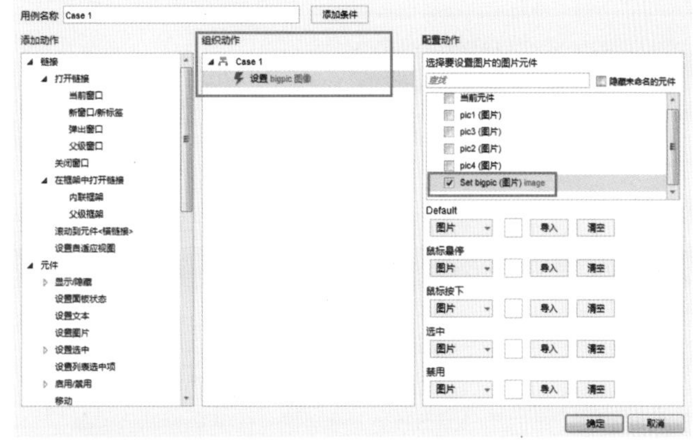

图 6-37

03 在 Default 下单价“导入”按钮，再次选择第一张图片导入，如图 6–38 所示。设置完成后，单击“确定”按钮，“检视：图片”面板如图 6–39 所示。

04 使用相同的方法为 pic2 添加交互，工作区如图 6–40 所示。制作完成后预览效果如图 6–41 所示。

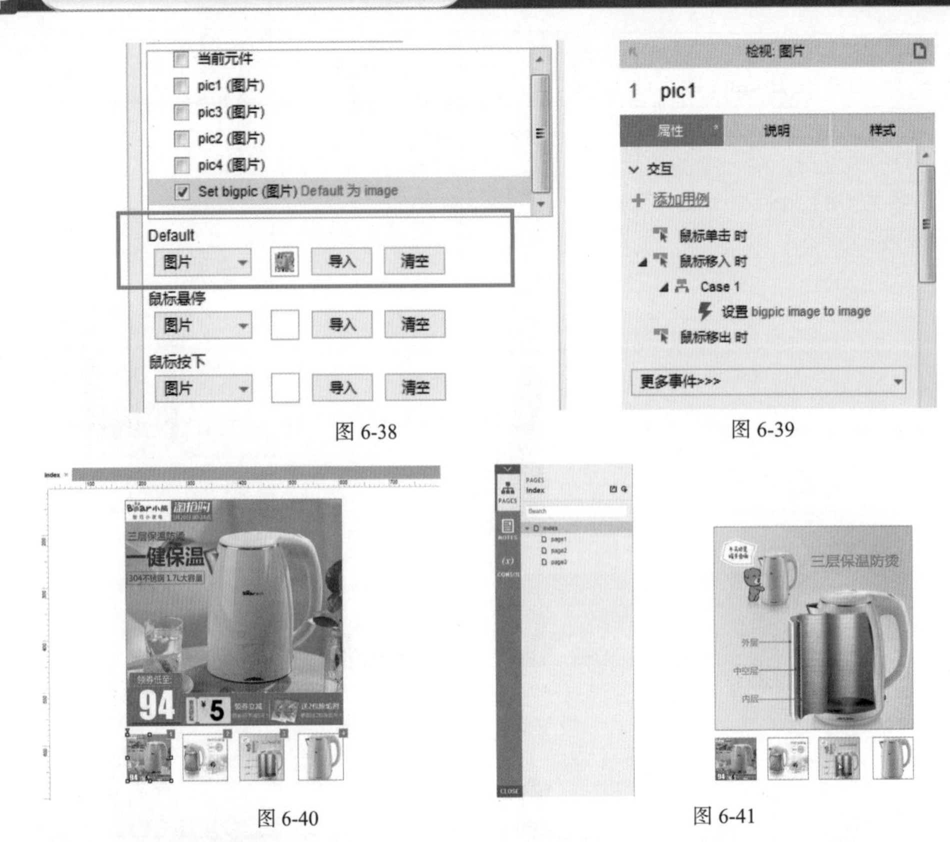

图 6-38　　图 6-39

图 6-40　　图 6-41

6.5.3 页面函数

单击“用例编辑”对话框右下角的 fx 按钮，进入“编辑文本”对话框，单击“插入变量和函数”选项，在“页面”选项下是页面函数，函数说明如表 6–3 所示。

表 6–3

函数名称	说明
PageName	获得当前页面的名称

6.5.4 鼠标指针函数

单击“用例编辑”对话框右下角的 fx 按钮，进入“编辑文本”对话框，单击“插入变量和函数”选项，在“窗口”选项下是窗口函数，函数说明如表 6–4 所示。

表 6–4

函数名称	说明
Cursor.x	鼠标指针所在的 X 坐标
Cursor.y	鼠标指针所在的 Y 坐标
DragX	本次拖动事件元件沿 X 轴拖动的距离
DragY	本次拖动事件元件沿 Y 轴拖动的距离
TotalDragX	元件沿 X 轴拖动的总距离（在一次 OnDragStart 和 OnDragDrop 函数之间）
TotalDragY	元件沿 Y 轴拖动的总距离（在一次 OnDragStart 和 OnDragDrop 函数之间）

实例 23——制作放大镜效果

下面带领用户使用鼠标指针函数，模拟操作京东、淘宝等大型购物网站的商品图片放大功能。

01 新建 Axure RP 文档，使用图片元件插入图片，调整其大小，并将其命名为“小图”，如图 6–42 所示。将动态面板元件拖入页面中，将其命名为“大图”，效果如图 6–43 所示。

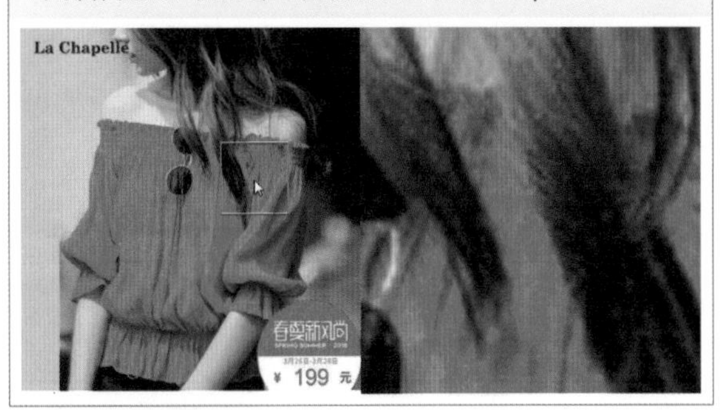

图 6-42

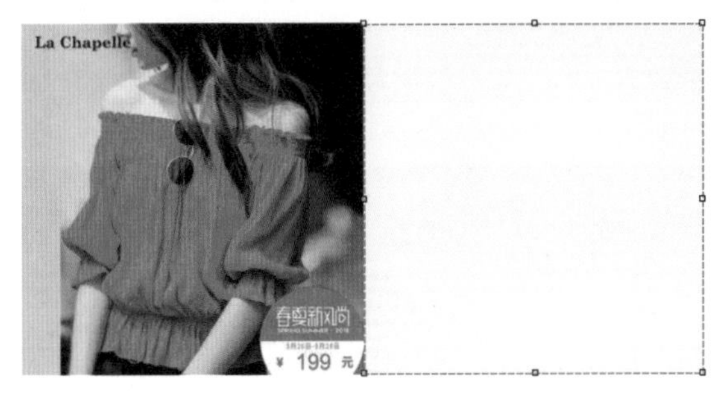

图 6-43

02 双击编辑 State1 为其添加背景图片，返回 index 页面，再次拖入一个矩形元件，将其命名为“放大镜”，修改填充颜色为浅绿色，如图 6–44 所示。

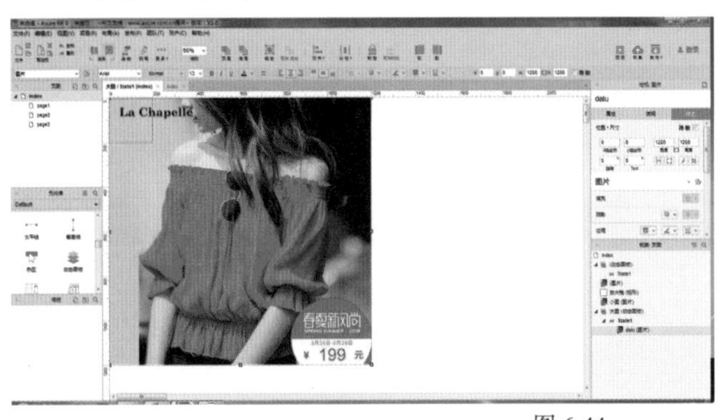

图 6-44

03 选择“小图”，双击“鼠标移入时”事件，单击“显示 / 隐藏”动作，设置参数如图 6–45 所示。单击“确定”按钮，双击“鼠标移出时”事件，选中“显示 / 隐藏”动作，设置参数如图 6–46 所示。

图 6-45

图 6-46

04 单击工作区，在“更多事件”下拉列表中选择“页面鼠标移动时”，双击“鼠标移动时事件”，选择“移动”动作，选择“放大镜”复选框，选择“绝对位置”，继续选择 fx 设置参数，如图 6–47 所示。

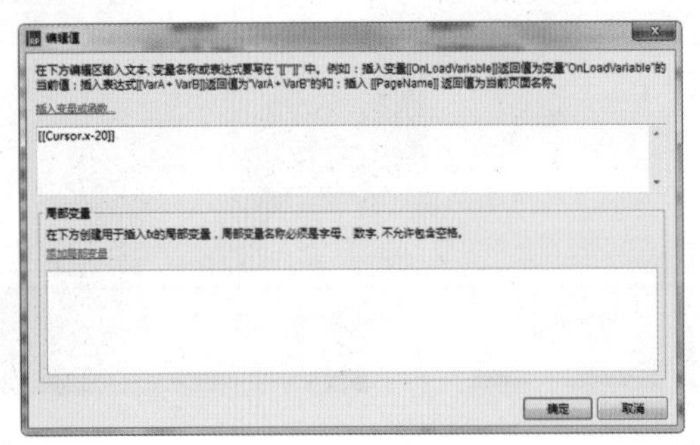

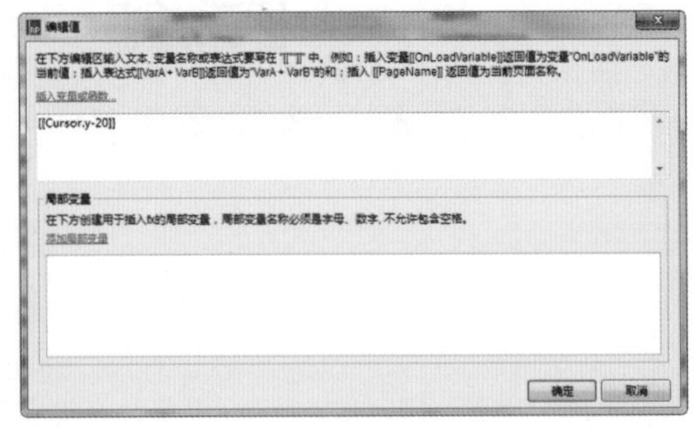

图 6-47

05 设置完成后，完成效果如图 6–48 所示。继续选择 datu 复选框，选择“绝对位置”选项，如图 6–49 所示。

图 6-48

图 6-49

06 单击 X 后的 **fx** 图标，设置指针函数，如图 6–50 所示。采用同样的方式，设置 Y 的值，如图 6–51 所示。

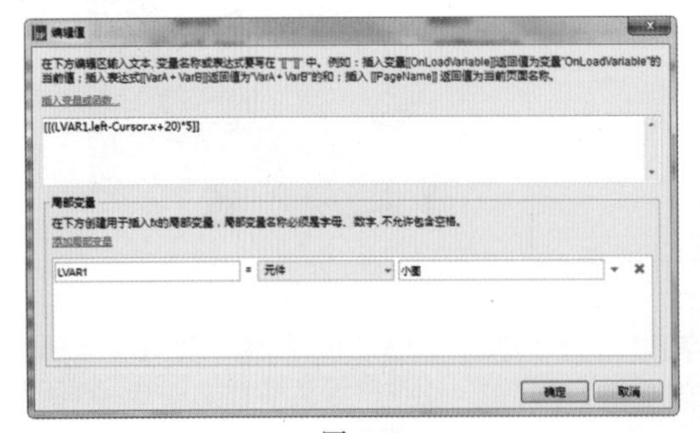

图 6-50

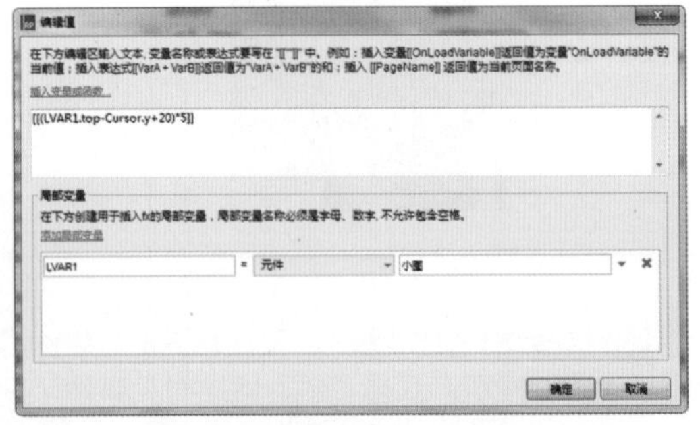

图 6-51

07 设置完成后，单击“确定”按钮，返回 index 页面，单击“预览”按钮，在浏览器中预览效果，如图 6–52 所示。

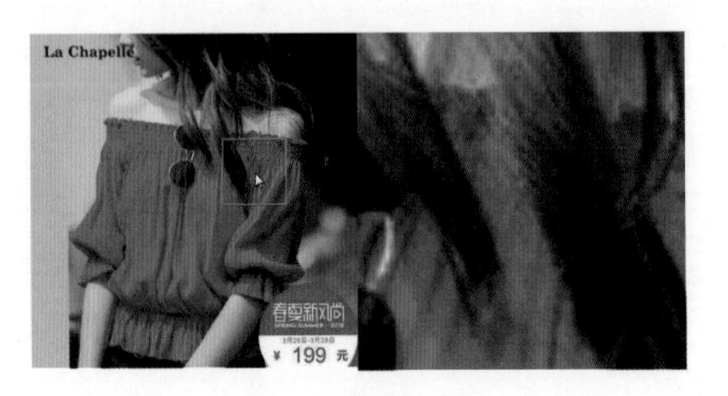

图 6-52

6.5.5 字符串函数

单击“用例编辑”对话框右下角的 fx 按钮，进入“编辑文本”对话框，单击“插入变量和函数”选项，在“字符串”选项下是字符串函数，函数说明如表 6–5 所示。

表 6–5

函数名称	说明
length	返回指定字符串的字符长度
charAt(index)	返回在指定位置的字符，index 参数表示字符的位置，从 0 开始
charCodeAt(index)	返回在指定位置字符的 Unicode 编码，index 参数表示字符的位置，从 0 开始
concat('string')	连接两个或多个字符串，参数表示连接的字符串
indexOf('searchValue')	某个指定字符串在该字符串中首次出现的位置，值可为 0~ 字符串长度 –1，searchValue 表示查找的指定字符串
lastIndexOf('searchValue')	某个指定字符串在该字符串中最后一次出现的位置，值可为 0~ 字符串长度 –1，searchValue 表示查找的指定字符串
replace('searchvalue', 'newvalue')	将字符串中的某个字符串替换为另外的字符串。其中，searchvalue 表示被替换的字符串，newvalue 表示替换成的字符串
slice(str, end)	提取字符串的片段，并返回被提取的部分
split('separator', limit)	将字符串按照一定规则分隔成字符串组，数组的各个元素以 "," 分隔。其中，separator 参数表示用于分隔的字符串，limit 表示数组的最大长度
substr(start, length)	字符串截取函数，从 start 位置提取 length 长度的字符串。当从第一个字符截取时，start 的值等于 0
substring(from, to)	字符串截取函数，截取字符串从 from 位置到 to 位置的子字符串，当从第一个字符截取时，from 等于 0
toLowerCase()	将字符串的全部字符都转换为小写
toUpperCase()	将字符串的全部字符都转换为大写
trim	删除字符串的首尾空格
toString()	转换为字符串并返回

6.5.6 数字函数 (Number)

单击“用例编辑”对话框右下角的 fx 按钮，进入“编辑文本”对话框，单击“插入变量和函数”选项，在 Number 选项下是数字函数，函数说明如表 6–6 所示。

表 6–6

函数名称	说明
toExponential(decimalPoints)	把值转换为指数计数法
toFixed(decimalPoints)	将数字转换为小数点后有指定位数的字符串，decimalPoints 参数表示小数点的位数
toPrecision(length)	将数字格式化为指定的长度，length 参数表示长度

6.5.7 数学函数

单击“用例编辑”对话框右下角的 fx 按钮，进入“编辑文本”对话框，单击“插入变量和函数”选项，在“数学”选项下是数学函数，函数说明如表 6–7 所示。

表 6–7

函数名称	说明
+	加，返回前后两个数的和
–	减，返回前后两个数的差
*	乘，返回前后两个数的乘积

（续表）

函数名称	说明
/	除，返回前后两个数的商
%	余，返回前后两个数的余数
abs(x)	返回 X 的绝对值
acos(x)	返回 X 的反余弦值
asin(x)	返回 X 的反正弦值
atan(x)	返回 X 的反正切值
atan2(x,y)	返回从 X 轴到 (X,Y) 的角度
ceil(x)	对 X 进行上舍入操作
cos(x)	返回 X 的余弦值
exp(x)	返回 X 的 e 指数值
floor(x)	对 X 进行下舍入操作
log(x)	返回 X 的自然对数
max(x,y)	返回 X 和 Y 两个数的最大值
min(x,y)	返回 X 和 Y 两个数的最小值
pow(x,y)	返回 X 的 Y 次幂
random()	返回 0 到 1 的随机数
sin(x)	返回 X 的正弦值
sqrt(x)	返回 X 的平方根
tan(x)	返回 X 的正切值

实例 24——制作商品结算按钮

在使用 Axure RP 交互设计时，函数可以用在条件公式和需要赋值的地方，其基本语法是用双方括号包含，变量值和函数用英文句号连接。

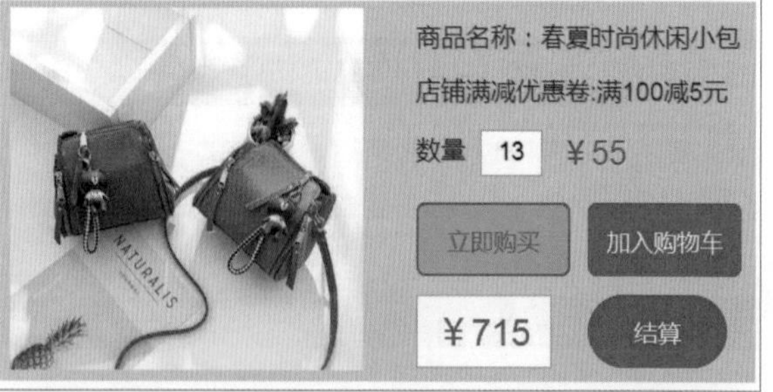

01 新建一个 Axure RP 文档。使用“矩形 3”元件和文本标签元件完成页面的制作，如图 6-53 所示。继续使用主要按钮元件完成页面的制作，如图 6-54 所示。

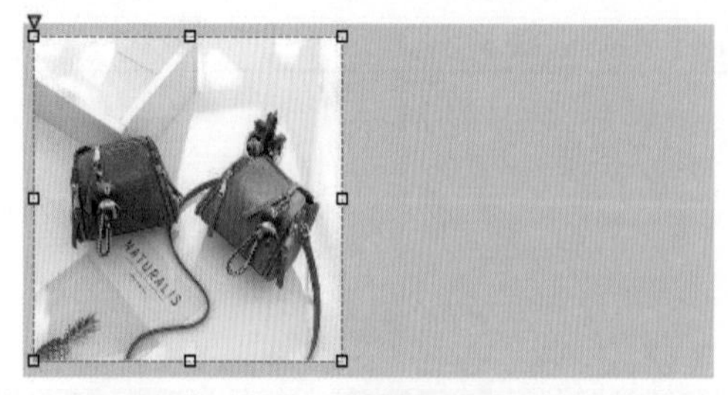

图 6-53

图 6-54

02 使用文本标签元件和文本框元件在工作区添加控件，如图 6-55 所示。文本框元件命名为“数量”，红色的数字文本标签元件命名为“单价”，如图 6-56 所示。

图 6-55

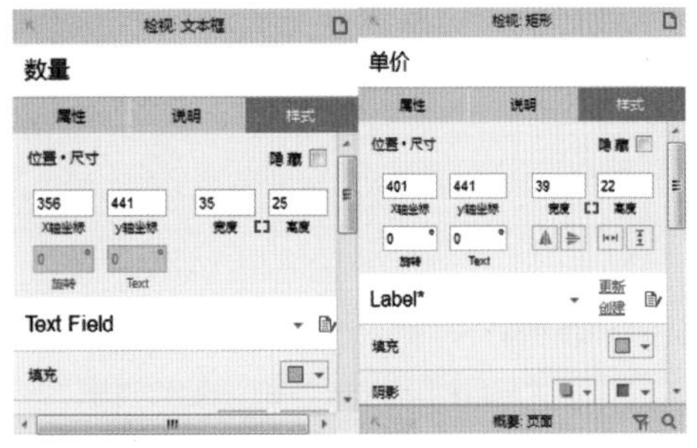

图 6-56

03 使用文本框元件和主要按钮元件在工作区添加控件，如图 6–57 所示。文本框元件命名为“总金额”，按钮元件命名为“结算”，如图 6–58 所示。

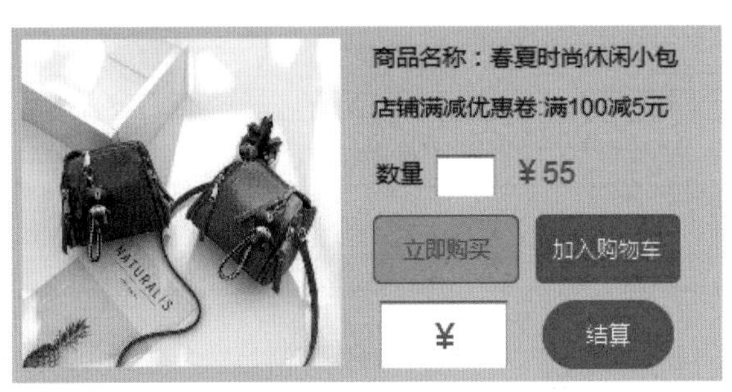

图 6-57

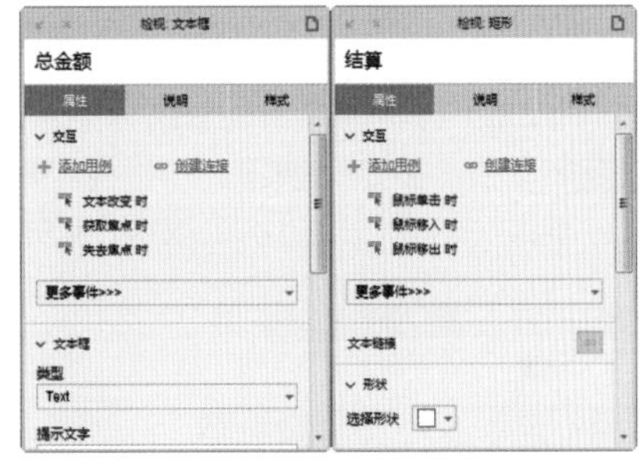

图 6-58

04 选中“结算”按钮元件，双击“鼠标单击时”添加用例。在该对话框中，添加动作“设置变量值”后，单击“添加全局变量”按钮，新添加 a 和 b 两个变量，如图 6–59 所示。

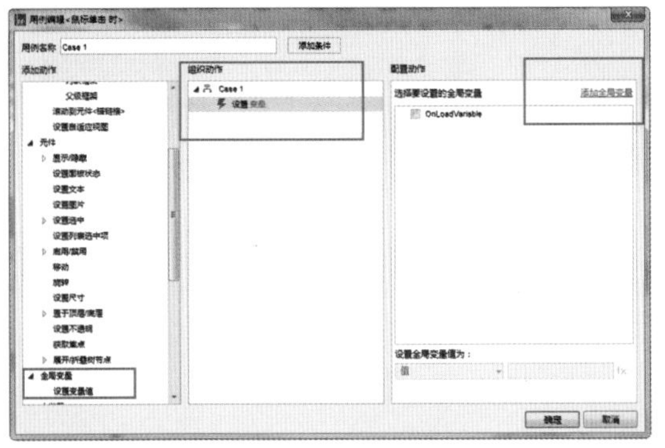
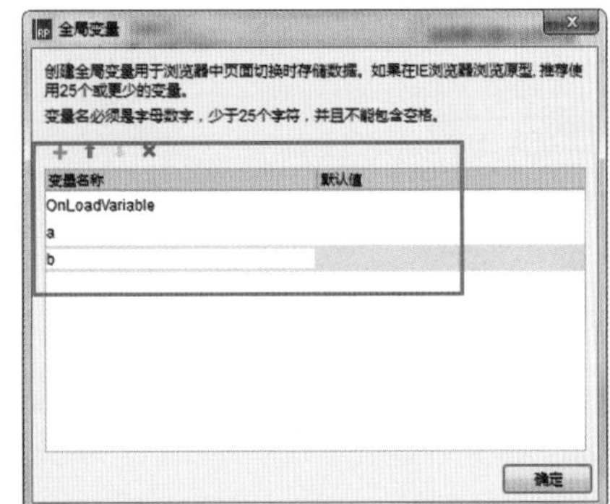

图 6-59

05 单击“确定”按钮，勾选 a 复选框，设置全局变量为元件文字、数量，如图 6–60 所示。继续勾选 b 复选框，设置全局变量值为 55，如图 6–61 所示。

图 6-60

图 6-61

06 添加“设置文本”动作，勾选“总金额”复选框，单击对话框右下角的 fx 按钮，单击“编辑文本”对话框中的“插入变量或函数”选项，插入如图 6-62 所示的变量。

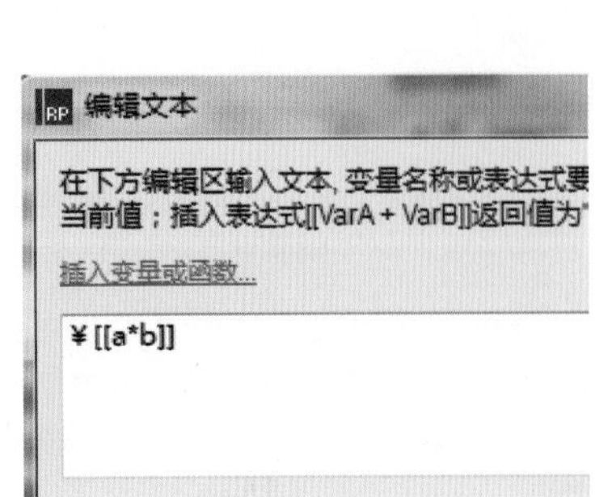

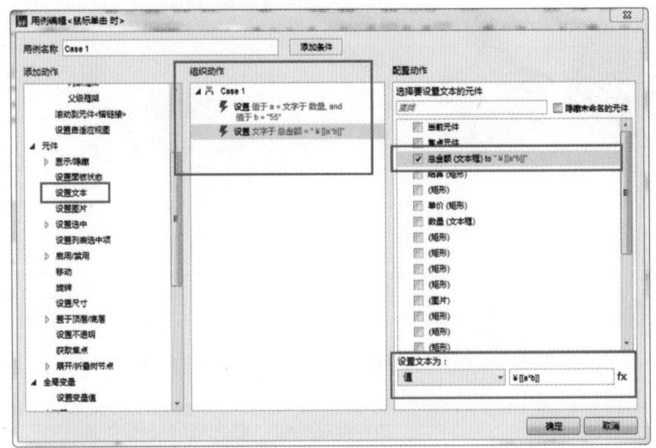

图 6-62

07 单击“确定”按钮，“检视：矩形”面板如图 6-63 所示。单击预览按钮，在浏览器中填写数量，单击“结算”按钮预览效果，如图 6-64 所示。

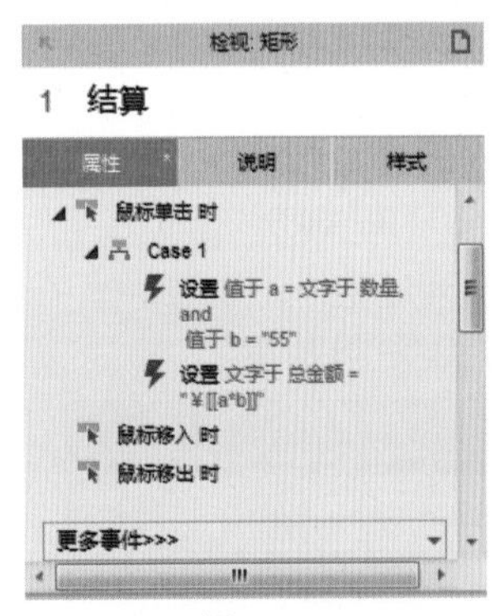

图 6-63

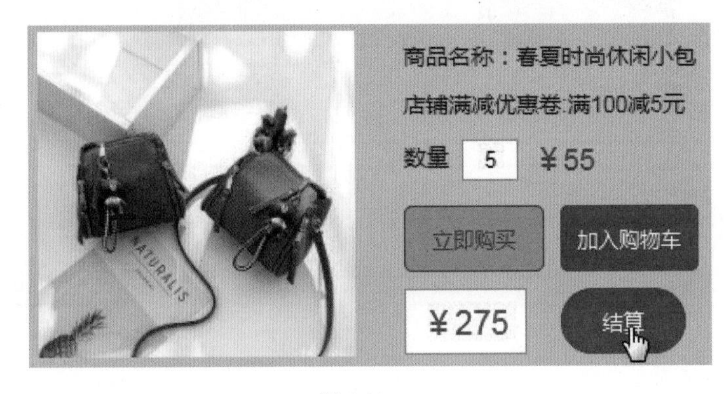

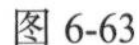

图 6-64

6.5.8 日期函数

单击“用例编辑”对话框右下角的 fx 按钮，进入“编辑文本”对话框，单击“插入变量和函数”选项，在“日期”选项下是日期函数，函数说明如表 6-8 所示。

表 6-8

函数名称	说明
Now	返回计算机系统当前设定的日期和时间值
GenDate	获得生成 Axure 原型的日期和时间值
getDate()	返回 Date 对象属于哪一天的值，可取值 1~31
getDay()	返回 Date 对象为一周中的哪一天，可取值 0~6，周日的值为 0
getDayOfWeek()	返回 Date 对象为一周中的哪一天，表示为该天的英文表示，如周六表示为 Saturday
getFullYear()	获得日期对象的 4 位年份值，如 2015
getHours()	获得日期对象的小时值，可取值 0~23
getMilliseconds()	获得日期对象的毫秒值
getMinutes()	获得日期对象的分钟值，可取值 0~59
getMonth()	获得日期对象的月份值
getMonthName()	获得日期对象的月份的名称，根据当前系统时间关联区域的不同，会显示不同的名称
getSeconds()	获得日期对象的秒值，可取值 0~59

（续表）

函数名称	说明
getTime()	获得 1970 年 1 月 1 日迄今为止的毫秒数
getTimezoneOffset()	返回本地时间与格林威治标准时间 (GMT) 的分钟值
getUTCDate()	根据世界标准时间，返回 Date 对象属于哪一天的值，可取值 1~31
getUTCDay()	根据世界标准时间，返回 Date 对象为一周中的哪一天，可取值 0~6，周日的值为 0
getUTCFullYear()	根据世界标准时间，获得日期对象的 4 位年份值，如 2015
getUTCHours()	根据世界标准时间，获得日期对象的小时值，可取值 0~23
getUTCMilliseconds()	根据世界标准时间，获得日期对象的毫秒值
getUTCMinutes()	根据世界标准时间，获得日期对象的分钟值，可取值 0~59
getUTCMonth()	根据世界标准时间，获得日期对象的月份值
getUTCSeconds()	根据世界标准时间，获得日期对象的秒值，可取值 0~59
parse(datestring)	格式化日期，返回日期字符串相对 1970 年 1 月 1 日的毫秒数
toDateString()	将 Date 对象转换为字符串
toISOString()	返回 ISO 格式的日期
toJSON()	将日期对象进行 JSON(JavaScript Object Notation) 序列化
toLocaleDateString()	根据本地日期格式，将 Date 对象转换为日期字符串
toLocaleTimeString()	根据本地时间格式，将 Date 对象转换为时间字符串
toLocaleString()	根据本地日期时间格式，将 Date 对象转换为日期时间字符串
toTimeString()	将日期对象的时间部分转换为字符串
toUTCString()	根据世界标准时间，将 Date 对象转换为字符串
UTC(year,month,day,hour, minutes sec, millisec)	生成指定年、月、日、小时、分钟、秒和毫秒的世界标准时间对象，返回该时间相对 1970 年 1 月 1 日的毫秒数
valueOf()	返回 Date 对象的原始值
addYears(years)	将某个 Date 对象加上若干年份值，生成一个新的 Date 对象
addMonths(months)	将某个 Date 对象加上若干月值，生成一个新的 Date 对象
addDays(days)	将某个 Date 对象加上若干天数，生成一个新的 Date 对象
addHous(hours)	将某个 Date 对象加上若干小时数，生成一个新的 Date 对象
addMinutes(minutes)	将某个 Date 对象加上若干分钟数，生成一个新的 Date 对象
addSeconds(seconds)	将某个 Date 对象加上若干秒数，生成一个新的 Date 对象
addMilliseconds(ms)	将某个 Date 对象加上若干毫秒数，生成一个新的 Date

实例 25——制作查看实时日期效果

▶ 源文件：素材&源文件\第6章\制作查看实时日期效果.rp

▶ 操作视频：视频\第6章\制作查看实时日期效果.mp4

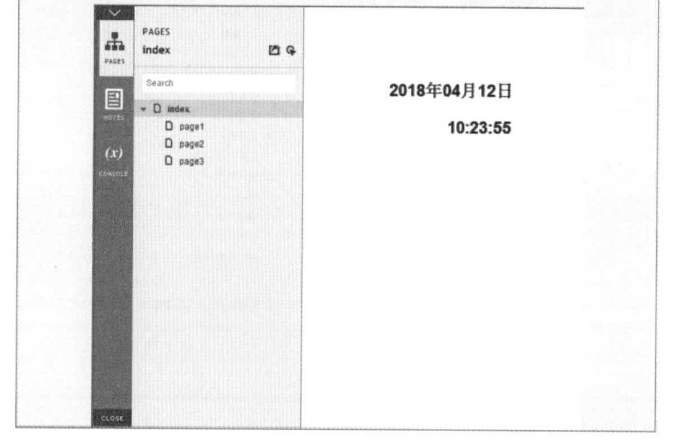

接下来制作一个非常简单又实用的实例，使用日期函数让原型设计根据计算机系统设定的日期和时间返回当前的日期和时间。

01 新建 Axure RP 文档，将“二级标题”元件拖入页面中，修改文本内容，如图 6-65 所示。分别将两个元件命名为“日期”和“时间”，如图 6-66 所示。

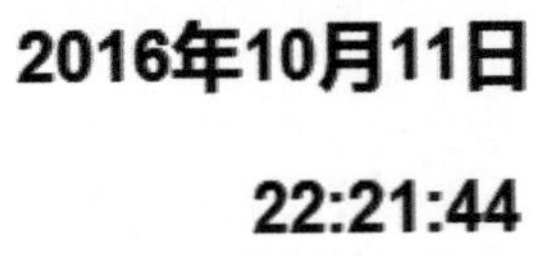

2016年10月11日
22:21:44

图 6-65

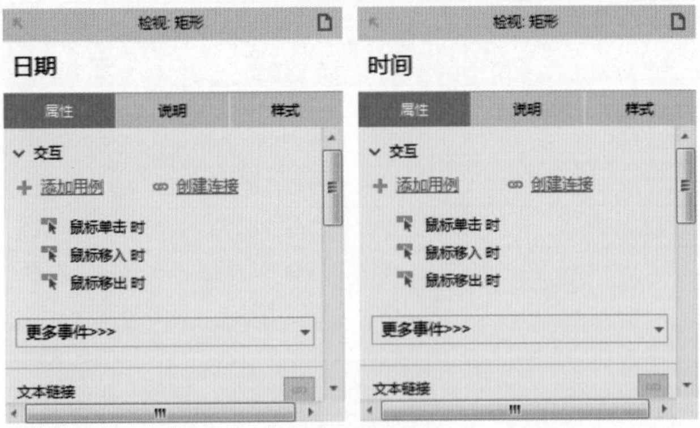

检视: 矩形
日期
属性
说明
样式
交互
添加用例
创建连接
鼠标单击 时
鼠标移入 时
鼠标移出 时
更多事件>>>
文本链接
检视: 矩形
时间
属性
说明
样式
交互
添加用例
创建连接
鼠标单击 时
鼠标移入 时
鼠标移出 时
更多事件>>>
文本链接

图 6-66

02 选中两个元件，单击鼠标右键，在弹出的快捷菜单中选择“转换为动态面板”命令，转换效果如图 6–67 所示。将动态面板命名为“动态时间”，如图 6–68 所示。

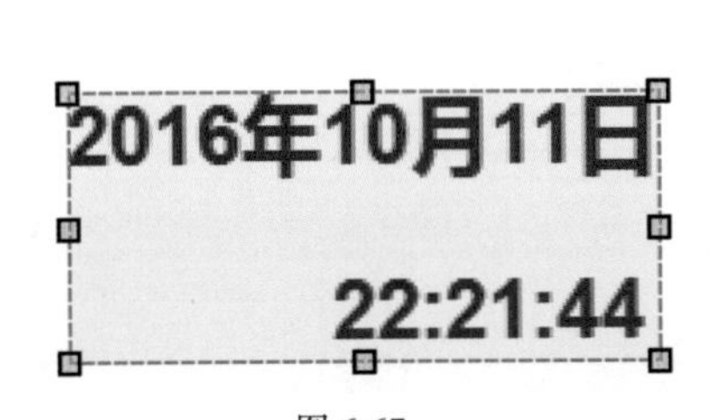

2016年10月11日
22:21:44

图 6-67

检视: 动态面板
动态时间
属性
说明
样式
交互
添加用例
鼠标单击时
状态改变时
拖动开始时
拖动时
拖动结束时
向左拖动结束时
向右拖动结束时
载入时

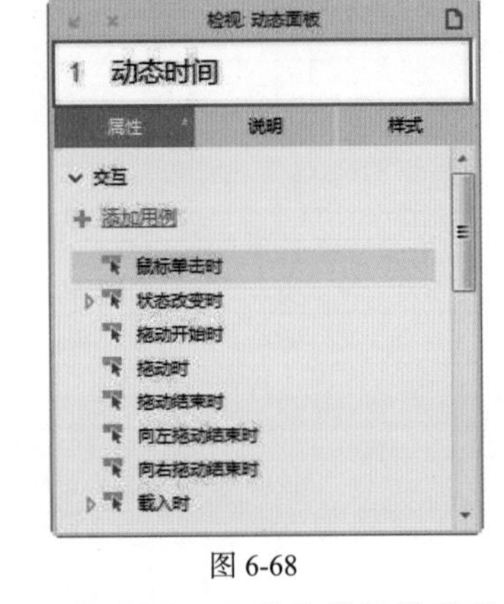

图 6-68

03 在“概要：页面”面板中 State1 项目上单击鼠标右键，在弹出的快捷菜单中选择“复制状态”命令，复制效果如图 6–69 所示。双击“属性”选项卡下的“载入时”事件，添加“设置面板状态”动作，选择状态为 Next，勾选“向后循环”复选框，“循环间隔”设置为 1000 毫秒，如图 6–70 所示。

概要: 页面
index
动态时间 (动态面板)
State1
时间 (矩形)
日期 (矩形)
State2
时间 (矩形)
日期 (矩形)

图 6-69

用例名称
Case 1
添加条件
添加动作
组织动作
配置动作
Case 1
选择要设置状态的动态面板
当前元件
选择状态
Next
向后循环
循环间隔
1000
毫秒
进入动画
退出动画
确定
取消

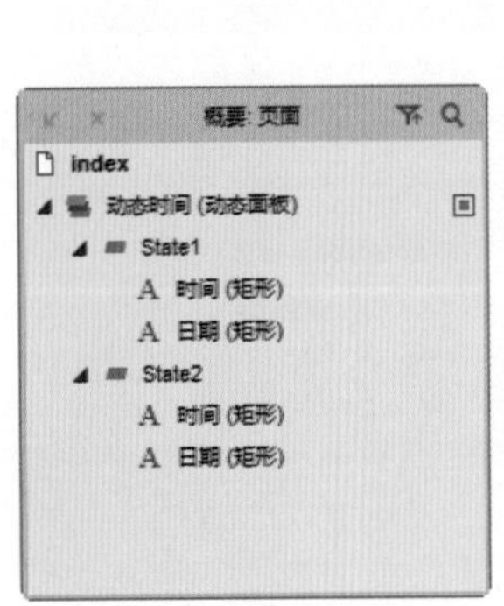

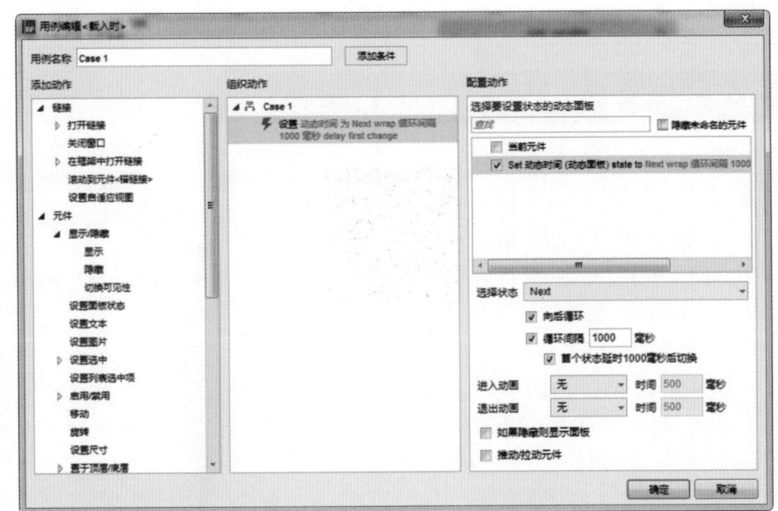

图 6-70

04 单击“确定”按钮，双击“状态改变时”事件，添加“设置文本”动作，勾选两个“日期”复选框，如图 6–71 所示。单击 fx 按钮，在“编辑文本”对话框中插入函数，如图 6–72 所示。

图 6-71

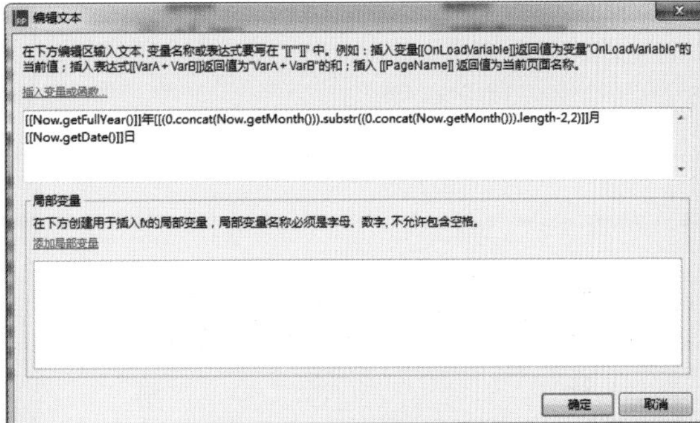

图 6-72

提示

concat() 这个函数是在字符串后面附加字符串，主要是在月、日、时、分、秒之前加上 0。substr() 这个函数是从字符串的指定位置开始，截去固定长度的字符串，起始位置从 0 开始；length 的主要功能是取得目标字符串的长度。

05 单击“确定”按钮，勾选两个“时间”复选框，在“编辑文本”对话框中插入如图 6–73 所示的函数。单击“确定”按钮，“用例编辑”对话框如图 6–74 所示。

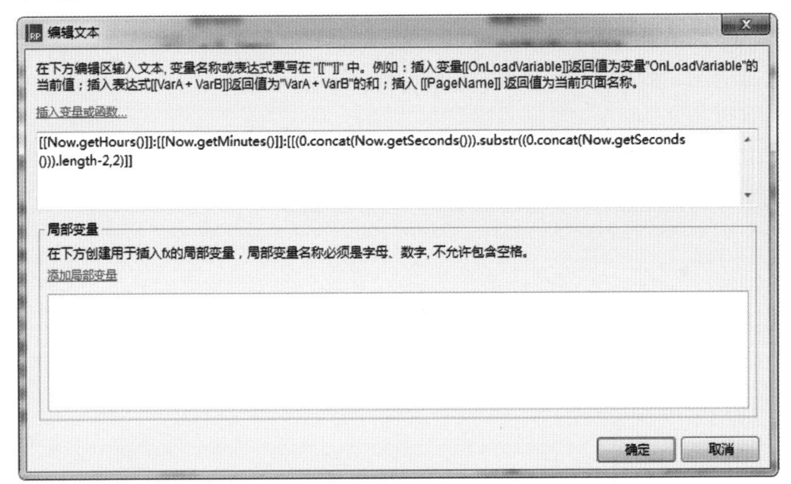

图 6-73

图 6-74

06 单击“确定”按钮，页面效果如图 6–75 所示。单击工具栏上的“预览”按钮，页面预览效果如图 6–76 所示。

图 6-75

图 6-76

知识点讲解：日期函数

日期的获取和连接并不困难，这里的难点是如何将 1 位文字转换为 2 位文字，上一步提到的函数是关键。以秒为例，先在获取到的秒前面加 0，比如：010、05。最后要保留的是两位数，其实就是最后两位数，但是 Axure RP 中没有 Right() 函数，所以只能迂回取得。

① 获取添加 0 后的长度。

② 用长度减去 2，作为截取字符串的起始位置。

③ 截取的长度为 2。

例如：010，从字符串下标为 1 的位置开始，取两位，结果为 10； 05，从字符串下标为 0 的位置开始，取两位，结果为 05。这就是需要的效果。

第 7 章 动态面板元件的使用

动态面板是 Axure RP 8.0 中非常重要的一种元件。它的功能非常强大，且操作简单，便于理解。本章将针对动态面板元件的使用方法和技巧进行讲解，让读者通过使用该元件添加交互事件，了解并熟悉其强大的功能。

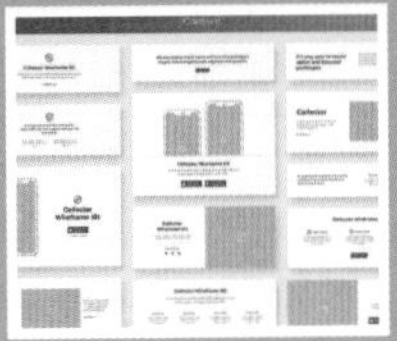

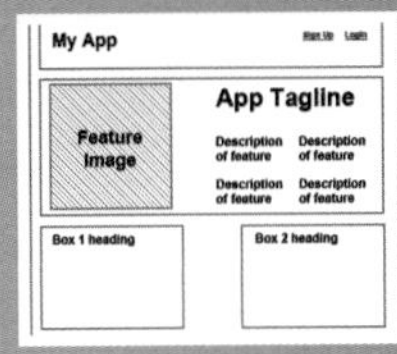
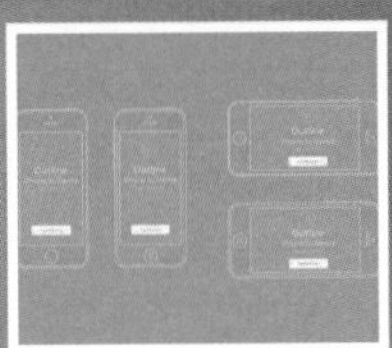

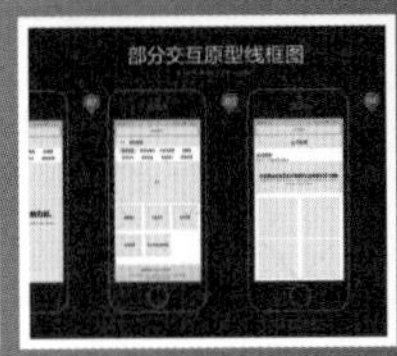

7.1 熟悉动态面板元件

动态面板元件是 Axure RP 中功能最强大的元件，是一个化腐朽为神奇的元件。通过这种元件，客户可以实现很多其他原型软件不能实现的动态效果。动态面板可以被简单地看作拥有很多种不同状态的一个超级元件。选中动态面板元件，将其拖入页面中，效果如图 7–1 所示。

双击动态面板元件，弹出“面板状态管理”对话框，如图 7–2 所示。用户可以在该对话框中为动态面板添加不同的状态。

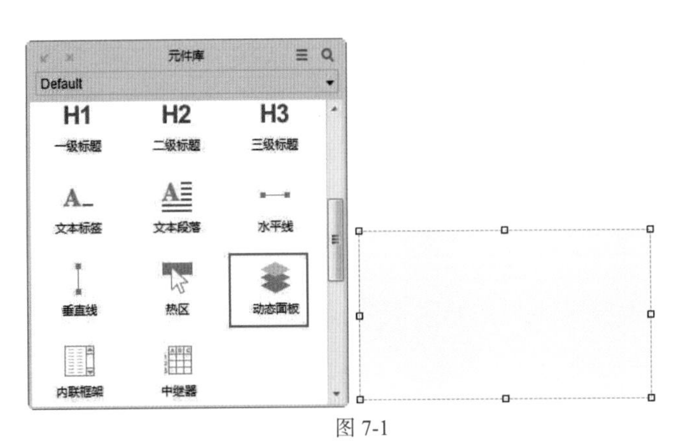

图 7-1

图 7-2

- **动态面板名称：**此处可以为动态面板指定名称。
- **添加**：单击该按钮，可以添加状态。
- **复制**：单击该按钮，可以为当前选中状态创建一个副本。
- **上移 / 下移**：单击该按钮，可以调整状态的顺序。
- **编辑状态**：单击该按钮，将进入当前状态的编辑状态。
- **编辑全部状态**：单击该按钮，将进入所有状态的编辑状态。
- **移除状态**：单击该按钮，将删除当前所选状态。

> **提示**
>
> 一个动态面板通常由多个面板组成。为了便于查找使用，对于每一个面板都要重新指定名称，尽量不要使用默认的名称。

实例 26——添加动态面板

在 Axure RP 8.0 中动态面板是重要的元件之一。使用动态面板可以完成大部分的网页交互效果，让用户实现高级的交互功能，实现原型的高保真度。动态面板包含有多个状态，每个状态可包含一系列控件。

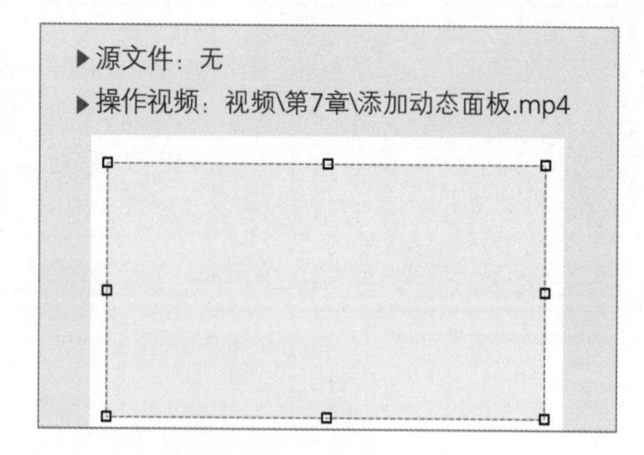

▶源文件：无

▶操作视频：视频\第7章\添加动态面板.mp4

01 将动态面板元件从“元件库”面板拖入页面中，如图 7–3 所示。

02 双击动态面板元件，弹出“面板状态管理”对话框，为其指定名称为“创建动态面板”，如图 7–4 所示。单击“添加”按钮，添加两个面板，并分别修改其名称，如图 7–5 所示。

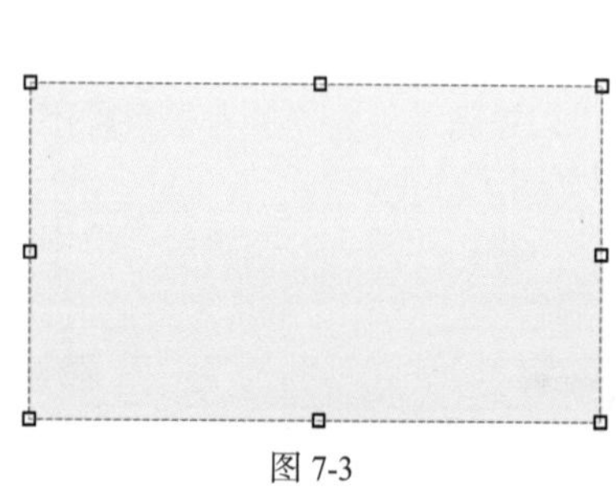

图 7-3

图 7-4

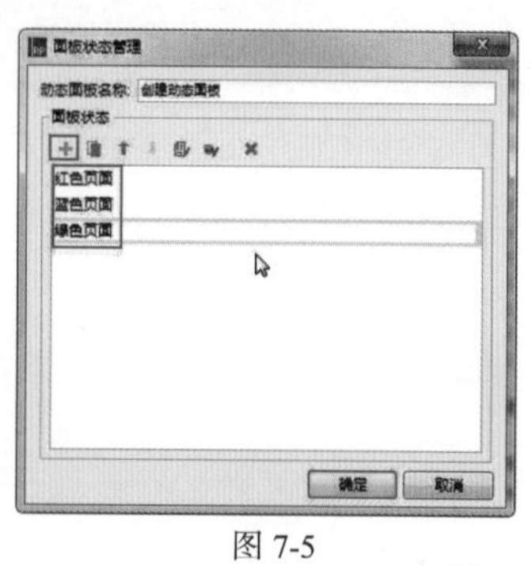

图 7-5

03 单击“编辑全部状态”按钮，可以看到同时打开 4 个页面，即 3 个状态页和一个 index 页，如图 7–6 所示。用户可以分别在不同的状态页中进行编辑操作。操作完成后保存页面，可返回 index 页面，添加交互效果。

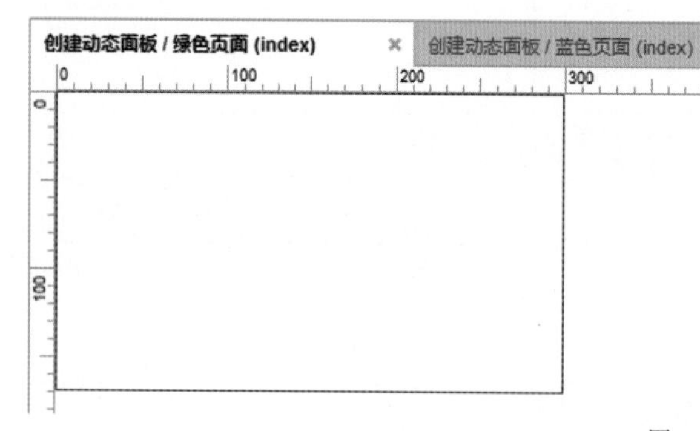

图 7-6

04 一个动态面板中可以包含若干个不同的页面。用户可以通过在“检视：面板状态”面板中添加交互，实现丰富的页面效果，如图 7–7 所示。

图 7-7

提示

动态面板在 Axure RP 元件库中属于比较特殊的一个元件，这个元件看似简单，但实际上拥有非常复杂的功能，是原型设计中制作交互效果的重要元件之一。

实例 27——制作导航选中效果

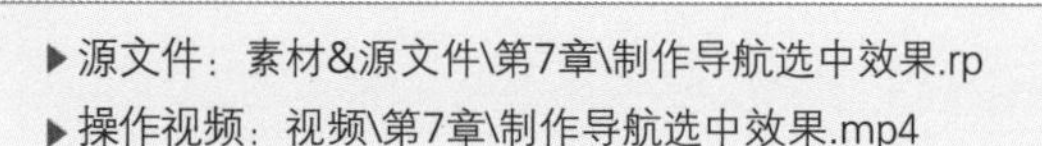

动态面板是唯一可以使用“拖动”事件的元件。用户可以设置拖动开始时、拖动时、拖动结束时、向左 / 向右拖动结束时的交互效果。

01 新建一个 Axure RP 文件。将动态面板元件拖入页面中，效果如图 7–8 所示。双击动态面板元件，在弹出的“面板状态管理”对话框中新建两个状态，如图 7–9 所示。

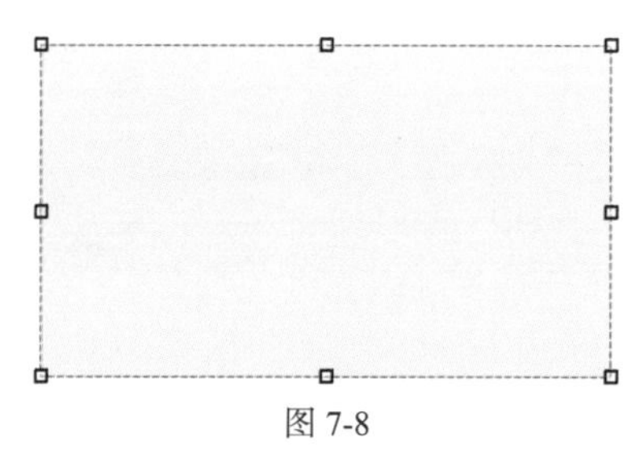

图 7-8

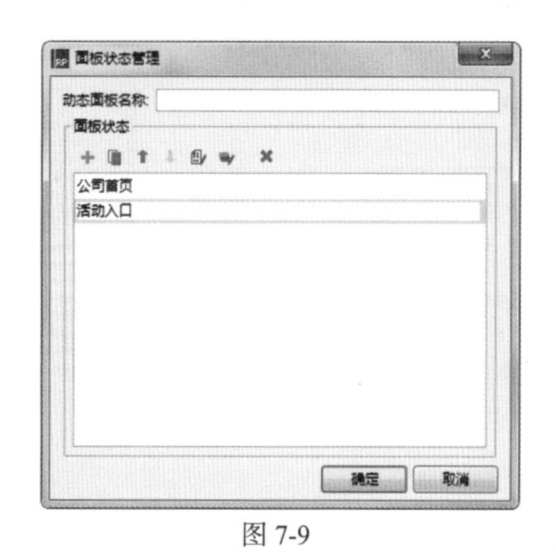

图 7-9

02 选择“活动入口”状态，单击“编辑状态”按钮，使用“矩形工具”制作如图 7–10 所示的页面。使用“文本标签”完成如图 7–11 所示的页面。

03 使用相同方法进入“公司首页”状态，编辑页面效果，返回 index 页面，添加内容，如图 7–12 所示。将热区元件拖入页面中，并调整其大小和位置，如图 7–13 所示。

04 选中热区，双击“检测：热区”面板“属性”选项卡下的“鼠标单击时”按钮，如图 7–14 所示。在弹出的“用例编辑 < 鼠标单击时 >”对话框中选择“设置面板状态”动作，如图 7–15 所示。

05 勾选“配置动作”下的“使用动态面板”复选框，设置“选择状态”为“活动入口”，如图 7–16 所示，单击“确定”按钮，完成设置。使用相同的方法，为“公司首页”状态添加动作，如图 7–17 所示。

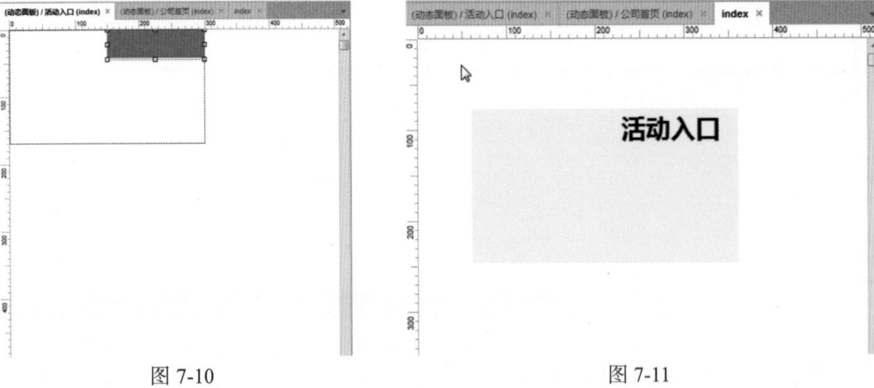

图 7-10　　　　图 7-11

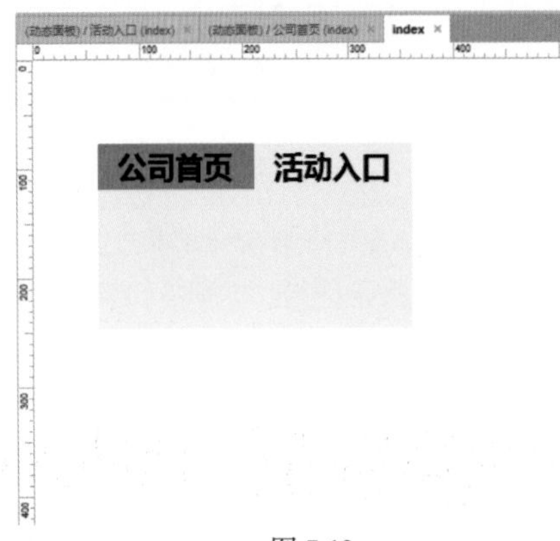

图 7-12

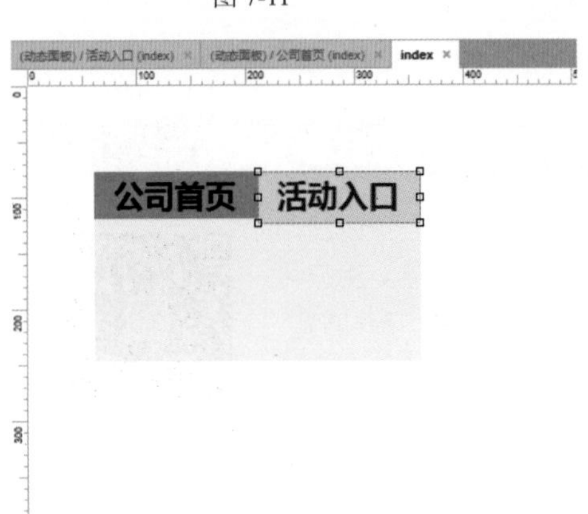

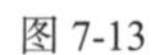

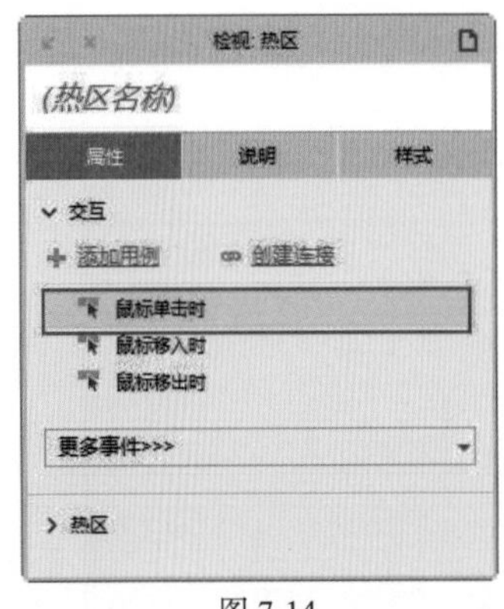

图 7-14

图 7-15

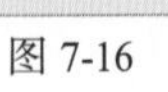

图 7-17

06 将文件保存，单击“预览”按钮，原型预览效果如图 7-18 所示。

公司首页　活动入口　　公司首页　活动入口

图 7-18

提示

在使用动态面板制作页面时，为了避免多个页面中元素位置无法对齐的情况，可以使用准确的坐标帮助定位。

实例 28——制作轮播图效果

动态面板的应用非常灵活，制作的效果也是千变万化，接下来继续通过一个操作实例来深层次理解动态面板的使用技巧。

▶源文件：素材&源文件\第7章\制作轮播图效果.rp

▶操作视频：视频\第7章\制作轮播图效果.mp4

01 新建一个 Axure RP 文件。将动态面板元件拖入页面中，设置元件的坐标为 X:236,Y:160，尺寸为 W:1920,H:1200，重命名为“轮播图”，如图 7-19 所示。效果如图 7-20 所示。

图 7-19

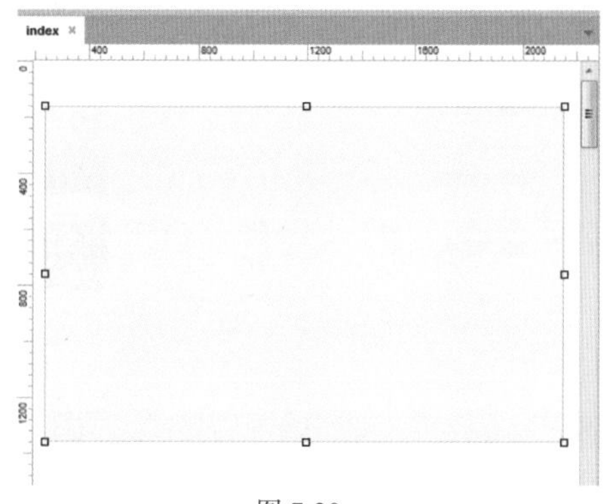

图 7-20

02 双击打开“面板状态管理”对话框，如图 7-21 所示。单击“添加”按钮，添加 4 个状态，并分别重命名，如图 7-22 所示。

03 双击“State 1”，进入 State 1 编辑页面，将图片元件从元件库中拖入页面中，并调整大小位置，如图 7-23 所示。双击图片元件，导入外部图片素材，如图 7-24 所示。

04 使用相同的方法为其他 4 个页面导入图片素材，“概要：页面”面板效果如图 7-25 所示。返回 index 页面，分别拖入 5 张图片并排列，如图 7-26 所示。

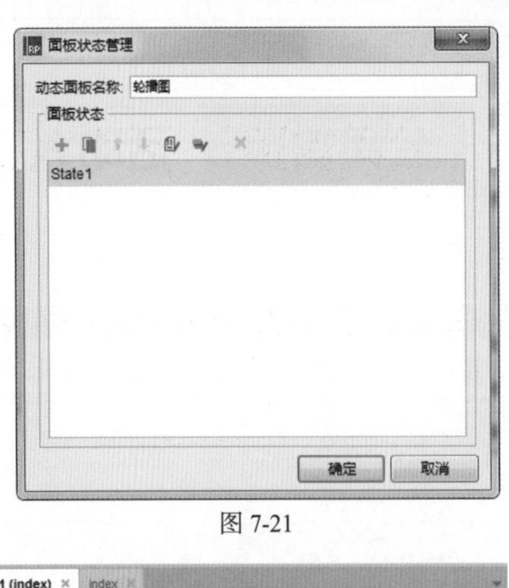

图 7-21

图 7-22

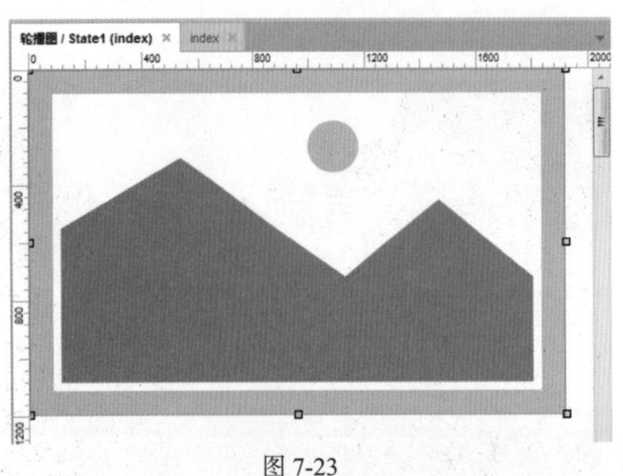

图 7-23

图 7-24

图 7-25

图 7-26

提示

可以通过拖动的方式，调整“概要：页面”面板上页面的顺序。此顺序将影响轮播图的播放顺序。

05 分别将小图命名为 1~5，如图 7–27 所示。选中“图片 1”元件，双击交互事件中的“鼠标移入时”事件，打开“用例编辑 < 鼠标移入时 >”对话框，在对话框中添加“设置面板状态”动作，如图 7–28 所示。

06 选中“图片 2”元件，双击“鼠标移入时”事件，在打开的“用例编辑 < 鼠标移入时 >”对话框中添加如图 7–29 所示的动作。设置“进入动画”和“退出动画”效果为“逐渐”，时间为 500 毫秒，如图 7–30 所示。

图 7-27

图 7-28

图 7-29

图 7-30

07 使用相同的方法将“图片 3~ 5”元件也添加相同的事件，如图 7–31 所示。执行“预览”命令，预览项目，在浏览器中图片可以进行切换，如图 7–32 所示。

图 7-31

图 7-32

提示

添加了进入动画和退出动画的动作，交互效果更加自然，效果看起来也更丰富。用户也可以勾选“推动 / 拉动元件”复选框，获得更丰富的效果。

7.2 转换为动态面板元件

除了采用从元件库中拖入的方式创建动态面板元件外，用户可以将页面中的任一对象转换为动态面板元件，更加方便用户制作符合自己要求的产品原型。

选中想要转换为动态面板的元件，单击鼠标右键，在弹出的快捷菜单中选择“转换为动态面板”命令，即可将其转换为动态面板元件，如图 7-33 所示。

从“元件库”面板中拖曳创建的动态面板元件，是先创建元件再编辑内容。而前面所讲的方法是先创建内容，然后再通过选择相应命令转换为动态面板元件。这两种方法没有什么实质区别。

图 7-33

提示

隐藏元件，元件显示为淡黄色遮罩。动态面板则显示为浅蓝色。页面中的母版实例显示为淡红色。用户可以通过执行“视图”>“遮罩”下的命令，选择是否使用特殊颜色显示对象。

实例 29——登录页面切换

本实例模拟网页版淘宝登录界面，在制作过程中使用户可以充分地了解和熟练动态面板元件的操作方法。

▶源文件：素材&源文件\第7章\登录页面切换.rp

▶操作视频：视频\第7章\登录页面切换.mp4

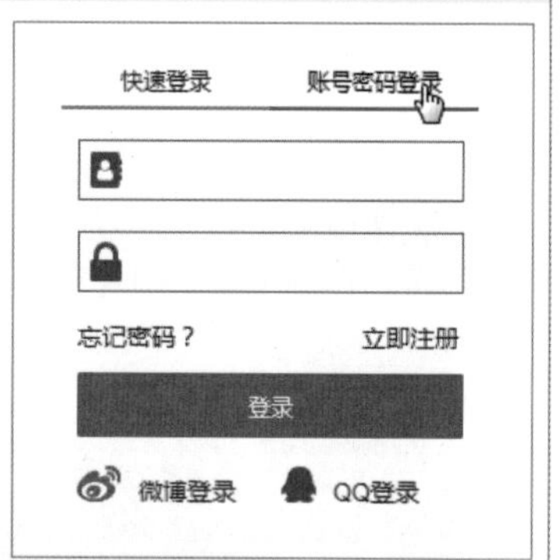

01 在工作区添加动态面板元件，设置参数如图 7-34 所示。双击动态面板元件，弹出“面板状态管理”对话框，添加“State2”，为动态面板设置名称，如图 7-35 所示。

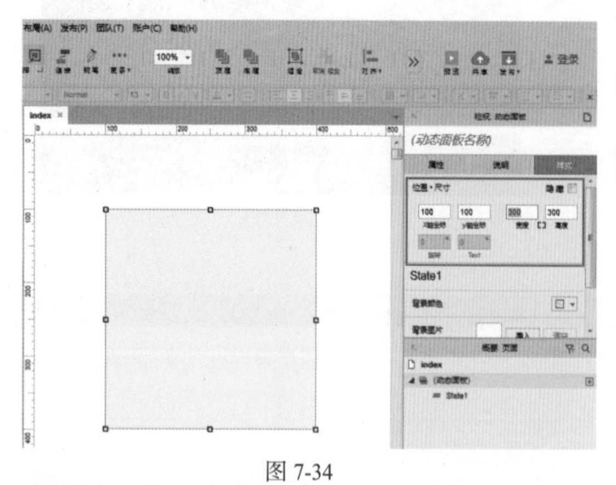

图 7-34

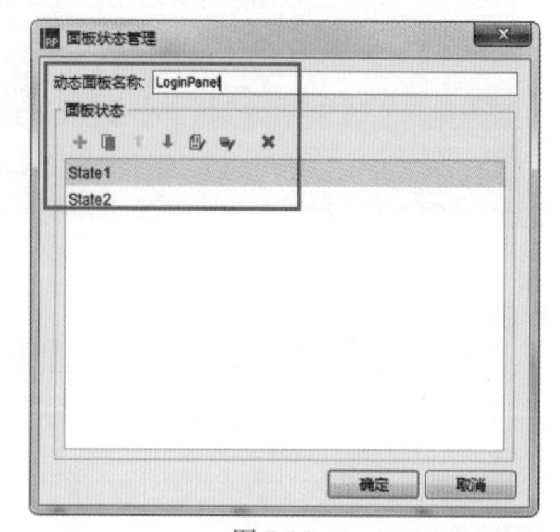

图 7-35

02 双击“State1”选项，进入面板编辑状态，使用“矩形 1”元件、图片元件和文本标签元件完成页面制作，如图 7-36 所示。设置完成后，返回到 index 页面，在“检视：动态面板”中勾选“自动调整为内容尺寸”复选框，如图 7-37 所示。

图 7-36

图 7-37

提示

用户可以在属性中勾选“自动调整为内容尺寸”复选框，或者也可以在动态面板元件上单击鼠标右键，在弹出的快捷菜单中选择“自动调整为内容尺寸”命令。

03 继续在“State2”状态页面中使用各种元件完成页面的制作，如图 7–38 所示。制作完成后，返回 index 页面，此时页面中动态面板只显示了一部分“State1”中的内容，如图 7–39 所示。

图 7-38

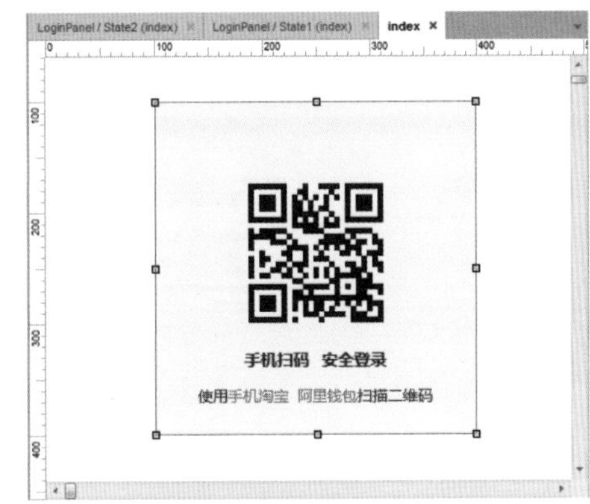

图 7-39

04 添加两个矩形元件到工作区，作为登录按钮摆放在动态面板的上层，设置默认样式为灰色字体与灰色边框，如图 7–40 所示。

05 在“检视：矩形”面板中设置“选中”的交互样式为黑色字体与橙色边框，并且勾选“快速登录”矩形的“选中”复选框，如图 7–41 所示 。

图 7-40

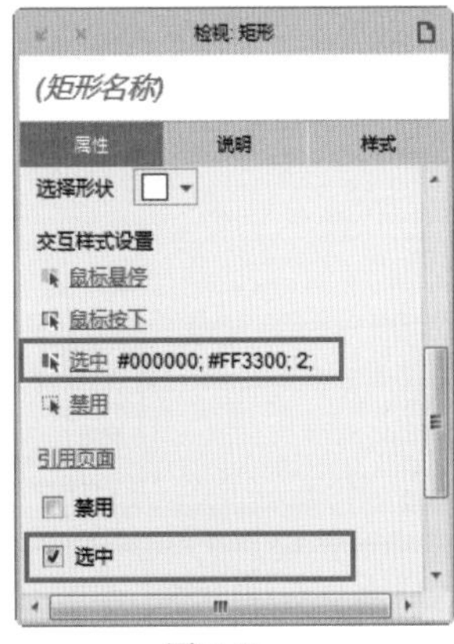

图 7-41

> **知识点讲解：为什么只勾选“快速登录”的“选中”复选框？**
>
> 因为勾选“快速登录”属性中的“选中”复选框，可以让用户看到在页面打开时“快速登录”即为选中后的默认状态。

06 在元件样式面板中设置这两个矩形只保留底部边框，如图 7–42 所示。同时选中两个矩形，在“属性”选项卡中设置选项组名称为 LoginButton，如图 7–43 所示。

图 7-42

图 7-43

07 为“快速登录”按钮添加“鼠标单击时”用例，弹出“用例编辑”对话框，选择“设置选中”动作，参数如图 7–44 所示。继续添加“设置面板状态”动作，参数如图 7–45 所示。

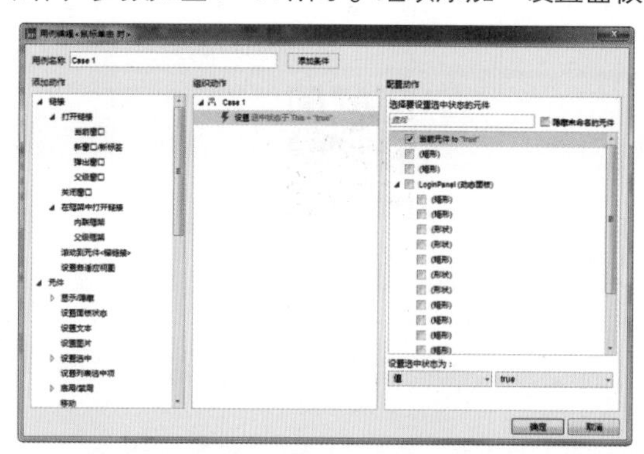

图 7-44

图 7-45

08 使用相同的方法为“账号密码登录”按钮添加“鼠标单击时”用例，如图 7–46 所示。单击“完成”按钮，页面效果如图 7–47 所示。

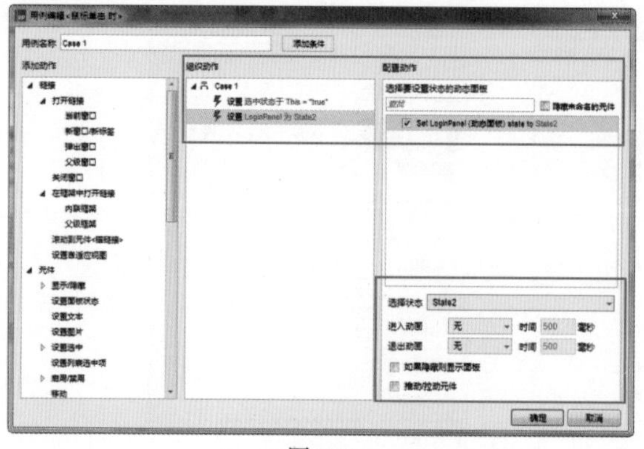

图 7-46

图 7-47

09 完成后，单击预览按钮，在浏览器中预览效果，如图 7–48 所示。

图 7-48

7.3 动态面板元件的作用

动态面板是 Axure RP 原型制作中使用非常频繁的一个元件，主要用途就是实现一些动态的交互效果。所以，如果动态面板使用不熟悉的话，对 Axure RP 原型的制作会有很大的影响。那么动态面板都能做什么呢？主要有以下几个方面。

- 隐藏与显示。
- 滑动效果。
- 拖动效果。
- 多状态效果。

以上这些效果都在移动面板的元件属性里面体现。那通过这几个属性都能实现什么样的功能呢？简单地举几个例子。

7.3.1 显示与隐藏效果

用户经常在做原型的时候，需要单击按钮后出现一些界面上没有的元素，例如下面的情况。

- **情景 A：**登录功能在不填写用户名时单击登录按钮，显示出要求用户填写用户名的提示。
- **情景 B：**当需要在用户执行某一个操作后弹出一个提示框。当用户单击提示框的“确定”按钮时提示框消失。

诸如以上情景都需要用到动态面板的显示隐藏效果。动态面板初始状态是隐藏还是显示，可以通过在动态面板上方单击鼠标右键，在弹出的快捷菜单中选择“设为可见(或设为隐藏)”命令来实现。

7.3.2 滑动效果

与显示隐藏效果不同，动态面板的滑动效果一般是通过其他交互事件来激发的，可能是点击某个按钮，也可能是页面加载时实现。例如：

- **情景 A：**网站上的一些滚动文字的效果。
- **情景 B：**点击登录按钮，登录面板的弹出收起效果。

一般滑动效果都需要有复杂的激发过程，例如通过页面的 OnPageLoad 事件。现在，在此不做过多讲解，以后将会通过实例的方式来进行介绍，更易懂一些。

7.3.3 拖动效果

动态面板的拖动效果，对于移动互联网产品原型来说是必需的，主要用于 App 的产品原型，用来实现面板被拖动时产生的一些效果。

- **情景 A：**手机的滑动解锁功能。
- **情景 B：**手机页面的纵向浏览功能。
- **情景 C：**手机页面的横向换页功能。

……

动态面板的拖动作用非常重要，结合与之有关的系统自带变量能做出各种各样的效果。例如，Axure RP 本身是没有随机数功能的，但是在拖动动态面板的时候，是可以实现随机数功能的。

7.3.4 多状态效果

动态面板的多状态效果，是在网站原型中应用非常普遍的。同时多状态效果大大减少了使用动态面板的数量。

例如：隐藏一个面板，显示另外一个动态面板的效果，就可以用同一个动态面板的不同状态来实现；还有动态面板的滑进滑出效果有时也可以通过状态更换来实现。

又如：动态面板的滑动效果，就是分别用动态面板滑动与动态面板状态切换来实现的，在网页的原型中选项卡效果也可以通过动态面板状态切换来实现。

动态面板的不同状态还能实现图片轮播效果、图形转动效果等。

在 Axure RP 中，可以把元件或多个元件转换成动态面板，其实是把这些元件放在了一个动态面板的状态 1 里面，也就是说动态面板其实是一个多层的容器，容器的每一层可以包含多个元件。

用户可以在动态面板管理器中（软件界面的右下角，没有的话在“导航栏”>“视图选项”中勾选）去给动态面板添加多个状态，同时能够调整这些状态的顺序，来达到不同的显示效果。动态面板默认显示动态面板管理器中最上面的那个状态。

第8章 中继器元件的使用

当原型中有重复的对象时，可以使用中继器元件来实现。中继器元件的使用可以使原型效果更加逼真，制作效率更高。本章中将针对中继器元件的相关内容进行讲解，帮助读者了解中继器元件的组成以及中继器数据集和项目列表的操作。

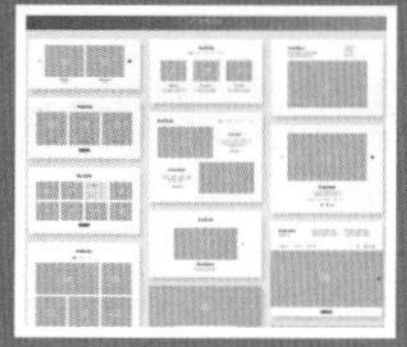

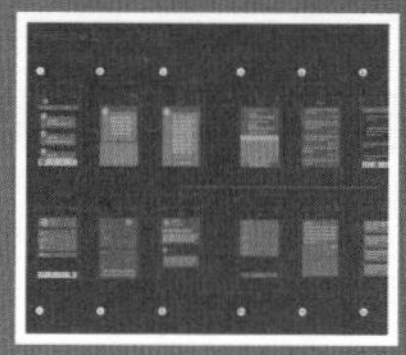

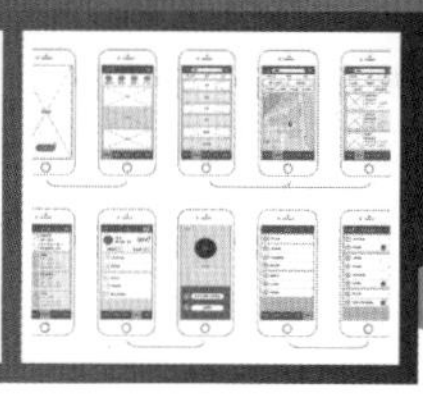

8.1 中继器元件的基本组成

中继器元件是一种高级元件，是一个存放数据集的容器，通常使用它来显示商品列表、联系人信息列表和数据表等。

中继器元件是由中继器数据集中的数据项填充的，数据项可以是文本、图片或页面链接。将中继器元件拖入 Axure RP 页面编辑区内，如图 8–1 所示。选中后双击中继器元件，就会进入“中继器”面板，如图 8–2 所示。在这里可以对中继器进行编辑和设置。

默认情况下，中继器的显示数量与“检视：中继器”面板中的数据行一致。默认元件为一列 3 行，如图 8–3 所示。

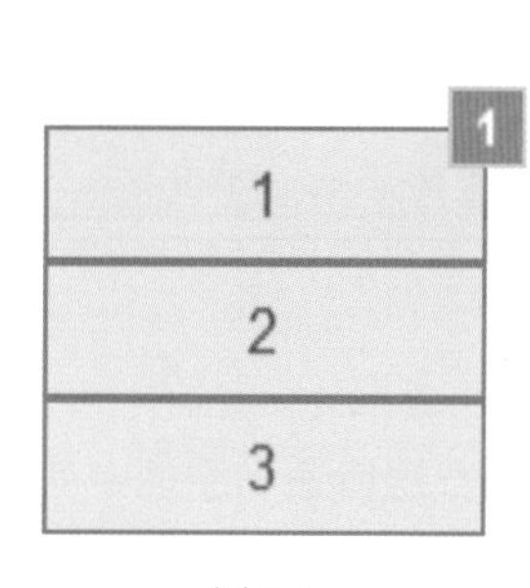

图 8-1

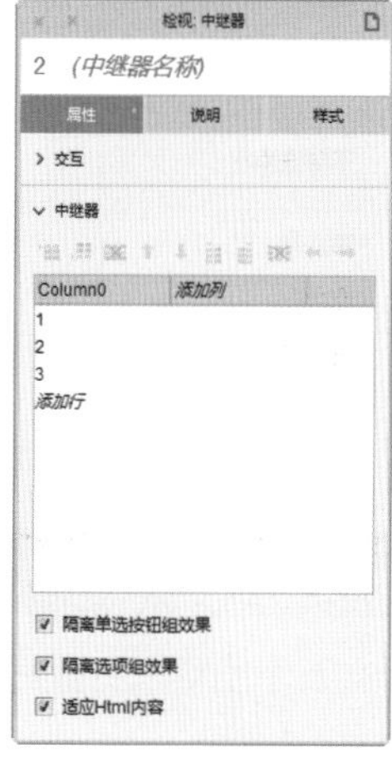

图 8-2

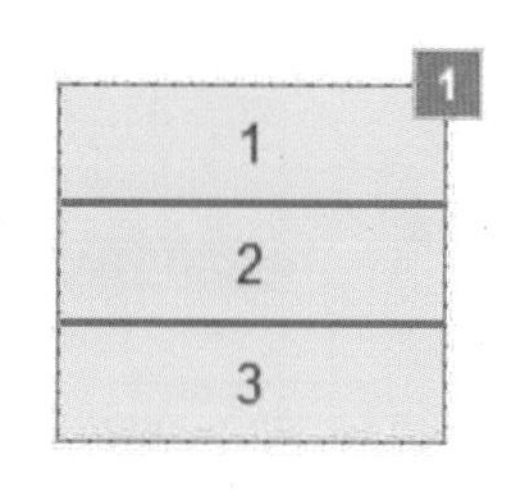

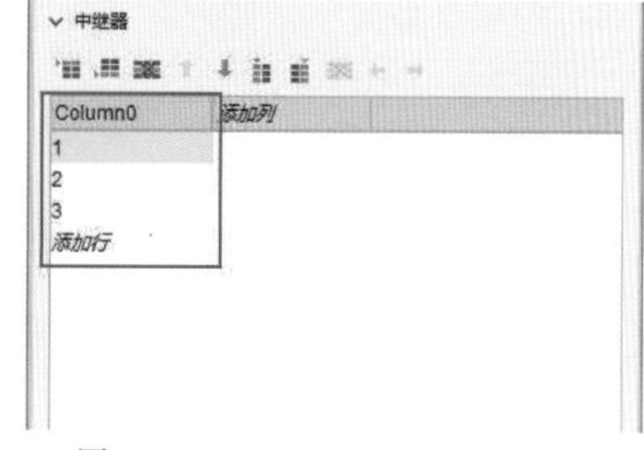

图 8-3

8.1.1 数据集

数据集就是一个数据表，位于“检视：中继器”面板的底部，如图 8–4 所示。数据集可以包含多行多列。单击“添加行”或“添加列”即可完成行或者列的添加。也可以通过单击顶部的图标完成添加、删除等操作，如图 8–5 所示。

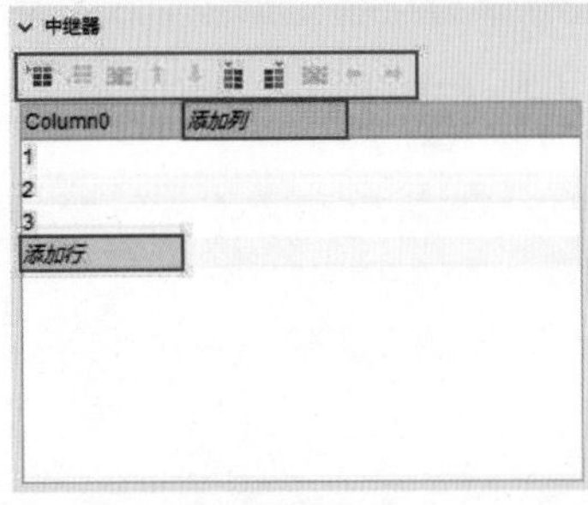

图 8-4

图 8-5

提示

双击列名可以对其进行编辑。需要注意的是，列名只能为字母、数字和“_”，且不能以数字开头。

数据集中的内容可以包含文本、导入图片和引用页面，图片的导入和页面的引用可以通过在单元格上单击鼠标右键，选择相应的命令来进行，如图 8–6 所示。

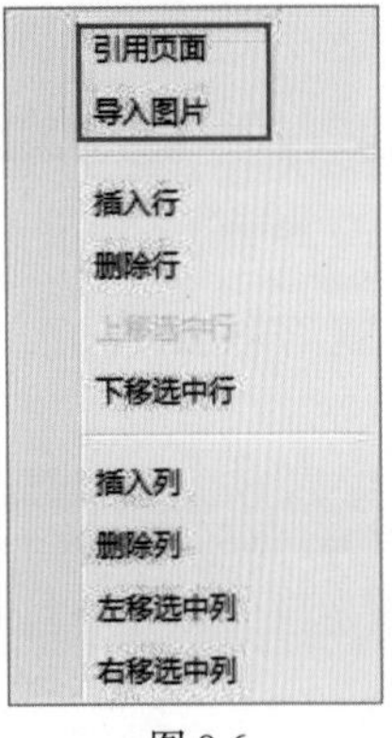

图 8-6

技巧

数据集的表格可以直接进行编辑。如果遇到数据较多时，可以选择在 Excel 中进行编辑，然后通过复制粘贴的方式，将数据粘贴到数据集中。

提示

从 Excel 复制到数据集中的数据末尾会有一个多余的空行，为了避免不必要的错误，要将其删除。

8.1.2 项目交互

项目交互主要用来将数据集中的数据传递到原型中的元件并显示出来，或者根据数据集中的数据执行相应的动作。

项目交互只有 3 个触发事件：载入时、每项加载时和项目调整尺寸时，如图 8–7 所示。比较常用的事“每项加载时”，如果需要把数据集中的某些数据直接显示到模板的元件上，就可以在这里添加用例动作，如图 8–8 所示。

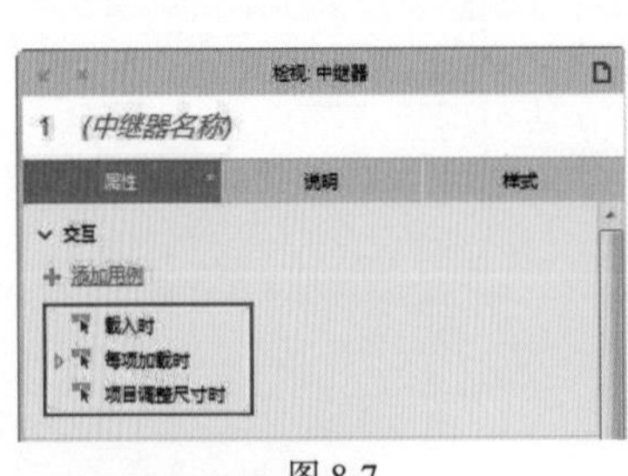

图 8-7

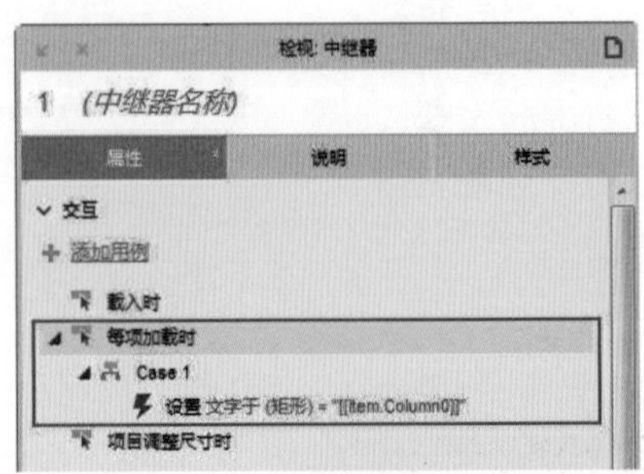

图 8-8

8.1.3 样式设置

选中中继器元件，用户可以在“检视：中继器”面板中对其进行样式的设置，如图 8–9 所示。

通过样式设置可以调整中继器的排版、布局和分页等样式。

在“布局”选项下，默认情况下为“垂直”布局方式。选择“水平”方式，元件则更改为水平布局，如图 8–10 所示。勾选“网格排布”复选框后，设置每排项目数，则布局效果如图 8–11 所示。

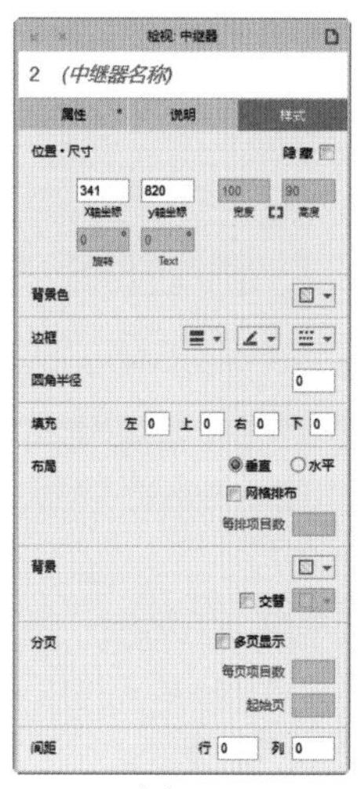

图 8-9

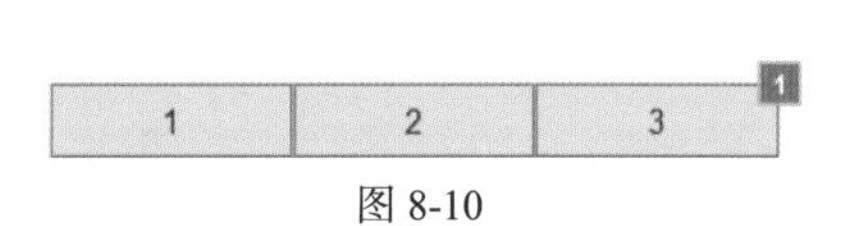

图 8-10

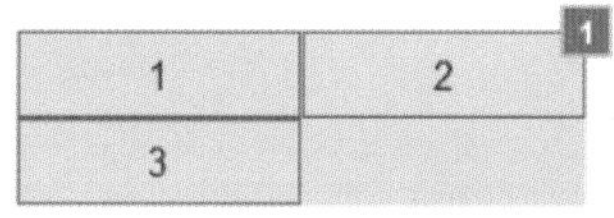

图 8-11

提示

用户可以在“背景”选项下设置背景颜色。背景色是指背景颜色的设置，如果被不透明的元件遮挡，则背景色不能显示。如果想要看到背景色的效果，可将元件的填充颜色取消或者设置一定的不透明度。

在“分页”选项下，用户可以设置中继器元件的分页显示功能。勾选“多页显示”复选框，用户可以在“每页项目数”文本框中输入每页项目的数量，在“起始页”文本框中设置起始页码，如图 8–12 所示。

图 8-12

实例 30——制作商品展示页面

在了解了中继器的基本组成和使用方法后，接下来将带领用户使用中继器元件制作一个简单的操作实例。

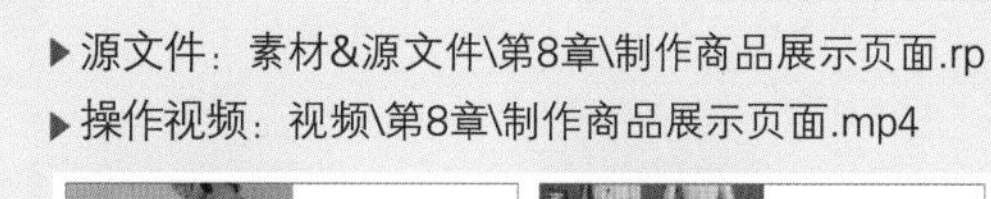

01 将中继器元件拖入页面中，如图 8–13 所示。双击进入编辑页，使用图片元件和文本标签元件完成如图 8–14 所示的页面制作。

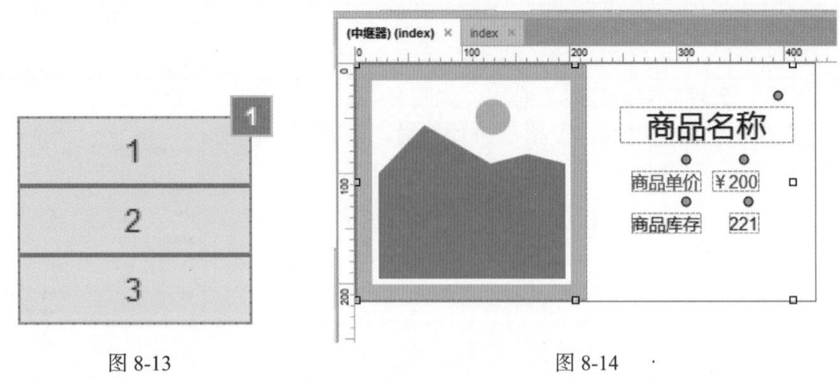

图 8-13　　　　图 8-14

02 分别为元件命名，如图 8–15 所示。返回 index 页面，在“检视：中继器”面板中输入各项产品的参数，在 pic 单元格中单击右键，在弹出的快捷菜单中选择“导入图片”命令，导入图片，完成效果如图 8–16 所示。

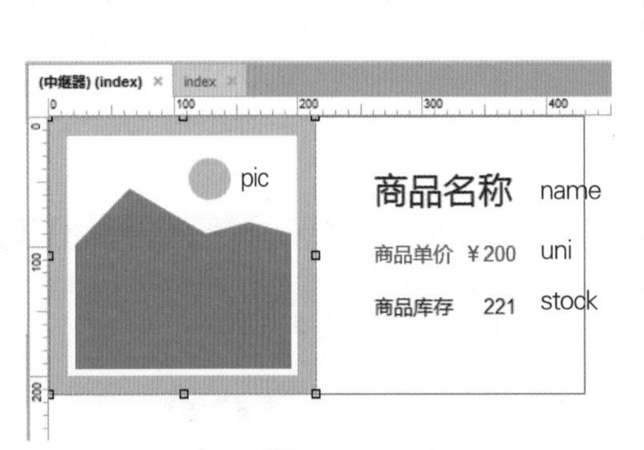

图 8-15

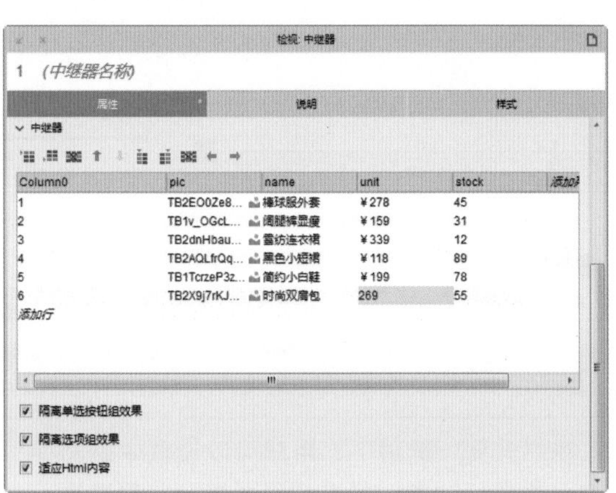

图 8-16

03 在“检视：中继器”面板中“样式”选项卡下设置“布局”为“水平”，勾选“网格排布”复选框，设置“每排项目数”为 2，行和列的“间距”都设置为 10，如图 8–17 所示。

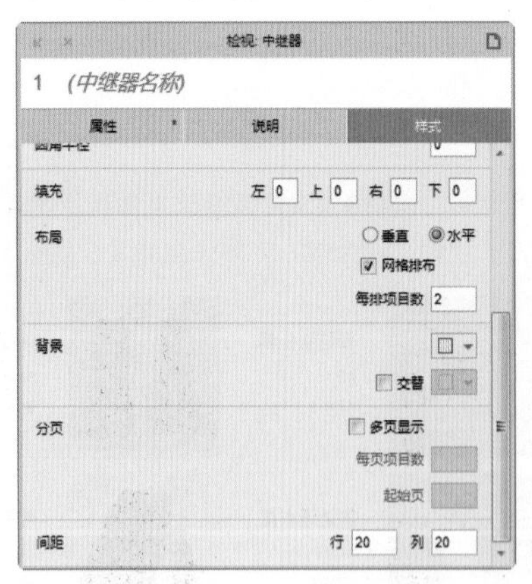

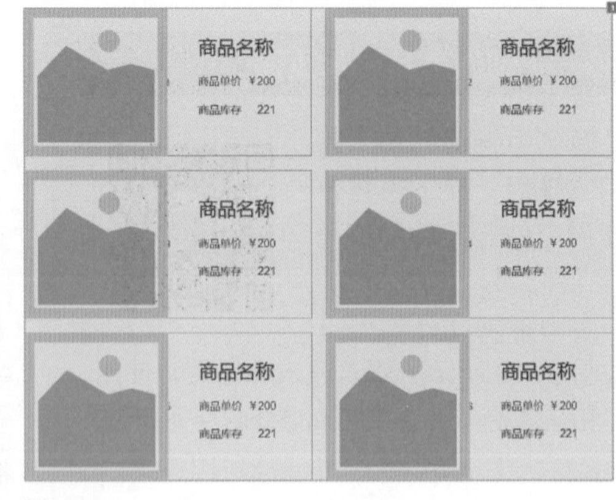

图 8-17

04 双击“Case 1”，在“用例编辑 < 每项加载时 >”对话框中勾选 name，单击 fx 按钮，在“编辑文本”对话框中单击“插入变量和函数”选项，选择如图 8–18 所示。使用相同方法分别为 unit、stock 设置值，如图 8–19 所示。

05 单击添加“设置图片”动作，勾选 pic 复选框，在 Default 中选择“值”，单击 fx 按钮，添加变量值如图 8–20 所示。返回 index 页面，页面效果如图 8–21 所示。

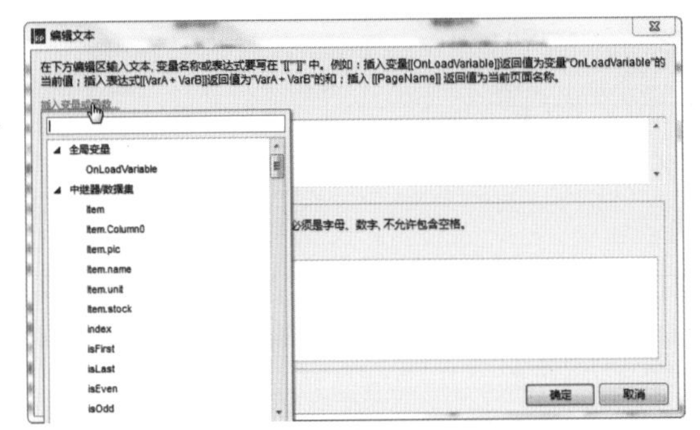

图 8-18

图 8-19

图 8-20

图 8-21

8.1.4 属性设置

中继器属性包括“取消单选按钮组效果”“取消选项组”和“适应 HTML 内容”三部分。这三个属性分别针对单选按钮、选项组和适配 HTML 时使用。

- **取消单选按钮组效果：**此选项控制是否在单选按钮组中只能选中一个按钮的效果。
- **取消选项组：**此选项控制操作是否在操作组中运行。
- **适应 HTML 内容：**此选项影响页面对 HTML 的适配效果。

实例 31——制作单选按钮效果

在用户已经会使用中继器元件的基础上，继续带领用户制作设置中继器各项参数的操作实例。

▶ 源文件：素材&源文件\第8章\制作单选按钮效果.rp

▶ 操作视频：视频\第8章\制作单选按钮效果.mp4

	姓名	年级	院系
单选按钮	路悠言	大一	英语系
单选按钮	顾夜白	大三	绘画系
单选按钮	贝微微	大二	计算机系

	姓名	年级	院系
单选按钮	路悠言	大一	英语系
单选按钮	顾夜白	大三	绘画系
单选按钮	贝微微	大二	计算机系

01 将中继器元件拖入页面中，双击进入编辑页，使用矩形元件和单选按钮元件完成如图 8-22 所示页面的制作，并为矩形命名。

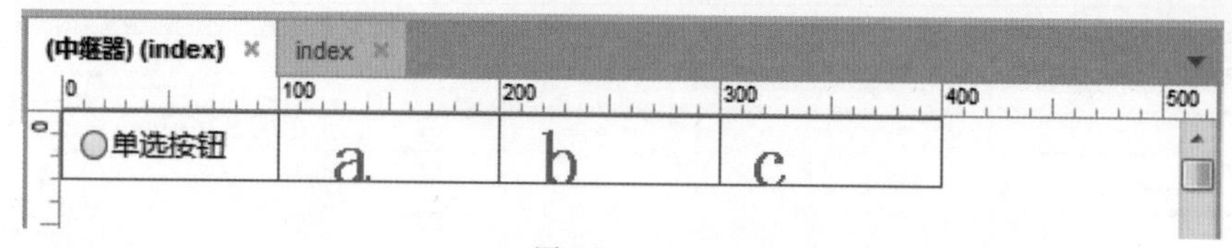

图 8-22

02 执行“项目”>“项目设置”命令，在“项目设置”对话框中选择“边框重合”单选按钮，获得更好的显示效果，如图 8–23 所示。将全部内容选中，单击工具栏上的“组合”按钮或按快捷键 Ctrl+G，将所选对象编组，并将其命名为 big，如图 8–24 所示。

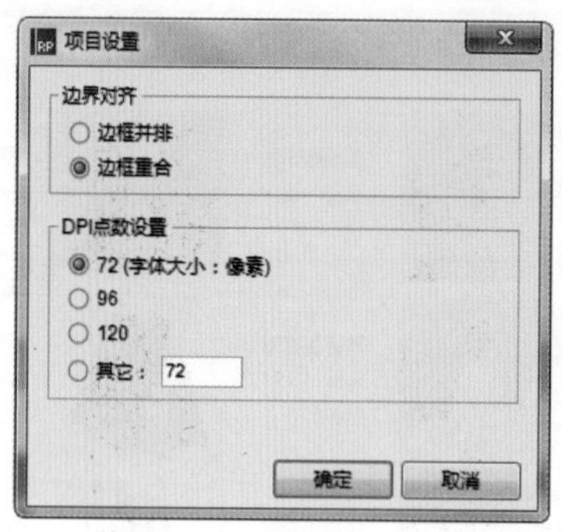

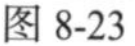

图 8-23

图 8-24

03 单击交互样式下的“选中”选项，设置其“填充颜色”为 #00FF66，如图 8–25 所示。在“设置选项组名称”文本框中设置选项组名称为 big，如图 8–26 所示。

图 8-25

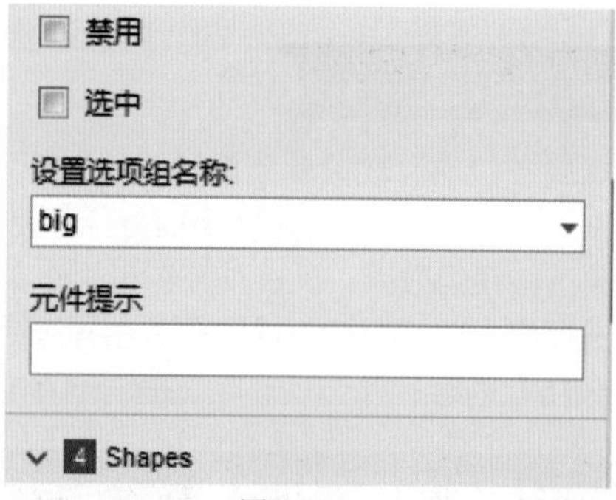

图 8-26

04 双击“鼠标单击时”事件，选择“选中”动作，勾选“中继器”复选框，设置参数如图 8–27 所示。返回 index 页面中，在“检视：中继器”面板下的属性面板中设置“中继器”的各项参数，如图 8–28 所示。

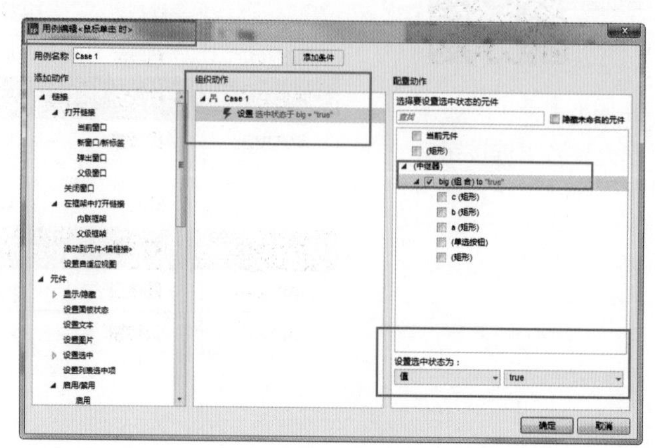

图 8-27

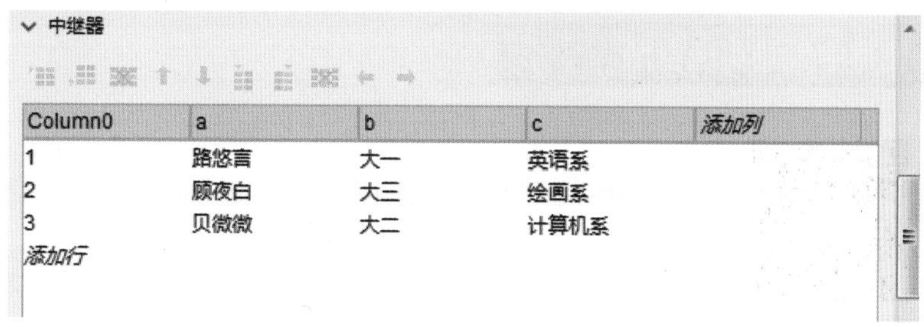

Column0	a	b	c	添加列
1	路悠言	大一	英语系	
2	顾夜白	大三	绘画系	
3	贝微微	大二	计算机系	
添加行				

图 8-28

05 继续添加动作，效果如图 8–29 所示。取消勾选“检视：中继器”面板底部的“取消选项组效果”复选框，如图 8–30 所示。

图 8-29

☑ 取消单选按钮组效果

☐ 取消选项组效果

☑ 适应Html内容

图 8-30

06 使用文本标签元件在工作区添加文字，单击工具栏上的“预览”按钮或者按 F5 键预览页面，预览效果如图 8–31 所示。

	姓名	年级	院系
单选按钮	路悠言	大一	英语系
单选按钮	顾夜白	大三	绘画系
单选按钮	贝微微	大二	计算机系

	姓名	年级	院系
单选按钮	路悠言	大一	英语系
单选按钮	顾夜白	大三	绘画系
单选按钮	贝微微	大二	计算机系

图 8-31

8.2 数据集的操作

掌握了中继器的组成后，接下来了解中继器数据集的操作。数据集可以完成添加、删除和修改等操作，并能够实时呈现。这就让原型产品的效果更加丰富、逼真。同时中继器还具有筛选功能，能够让数据按照不同的条件排列。

中继器动作中可以使用“数据集”动作控制中继器添加行、标记行和更新行等操作，各动作具体含义如下。

- **添加行**：为中继器的数据集添加行。
- **标记行**：为中继器的数据集标记行。
- **取消标记**：为中继器的数据集取消标记行。
- **更新行**：为中继器的数据集更新行。
- **删除行**：为中继器的数据集删除行。

实例 32——使用中继器实现自增

中继器的数据集就是个临时的数据库，这个控件的存在就是为了演示产品原型设计的读、存、删和改。

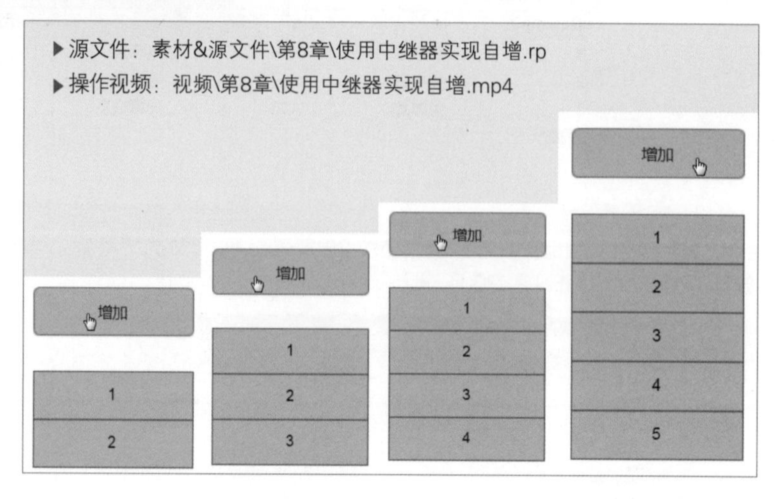

01 新建 Axure RP 文档。将按钮元件拖入页面中，修改按钮文字如图 8-32 所示。将中继器元件拖入页面中，双击修改中继器宽度，并将“数据集”栏目删除至 1 行，如图 8-33 所示。

增加

图 8-32

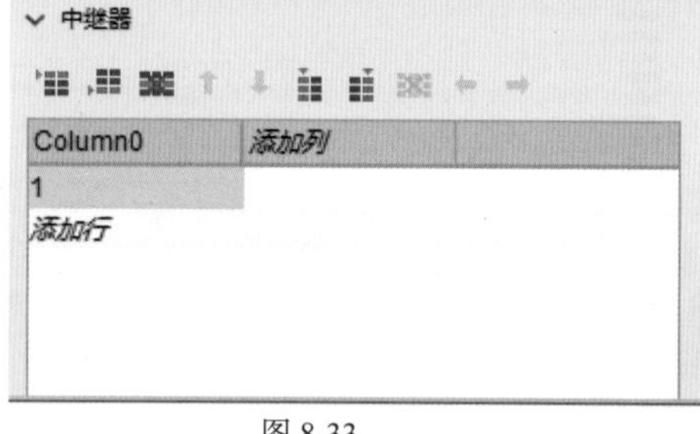

图 8-33

02 返回 index 页面，将中继器元件命名为 RE，如图 8-34 所示。选择按钮元件，双击“鼠标单击时”选项，添加“添加行”动作，勾选 RE 复选框，单击“添加行”按钮，如图 8-35 所示。

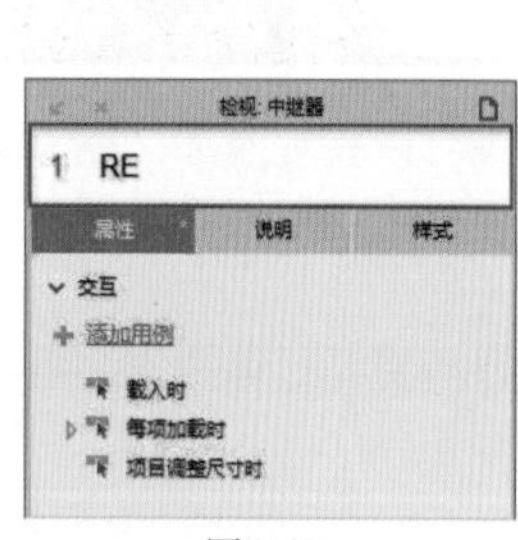

图 8-34

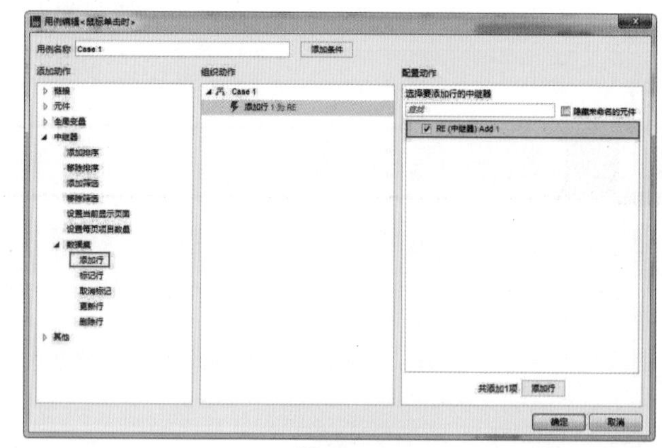

图 8-35

03 在弹出的“添加行到中继器”对话框中单击 fx 按钮，如图 8-36 所示。在弹出的“编辑值”对话框中单击“添加局部变量”按钮，设置各项参数，如图 8-37 所示。

04 单击“插入变量和函数”选项，插入变量的效果如图 8-38 所示。单击“确定”按钮，“添加行到中继器”对话框如图 8-39 所示。

05 单击两次“确定”按钮，页面效果如图 8-40 所示。单击工具栏上的“预览”按钮，预览效果如图 8-41 所示。

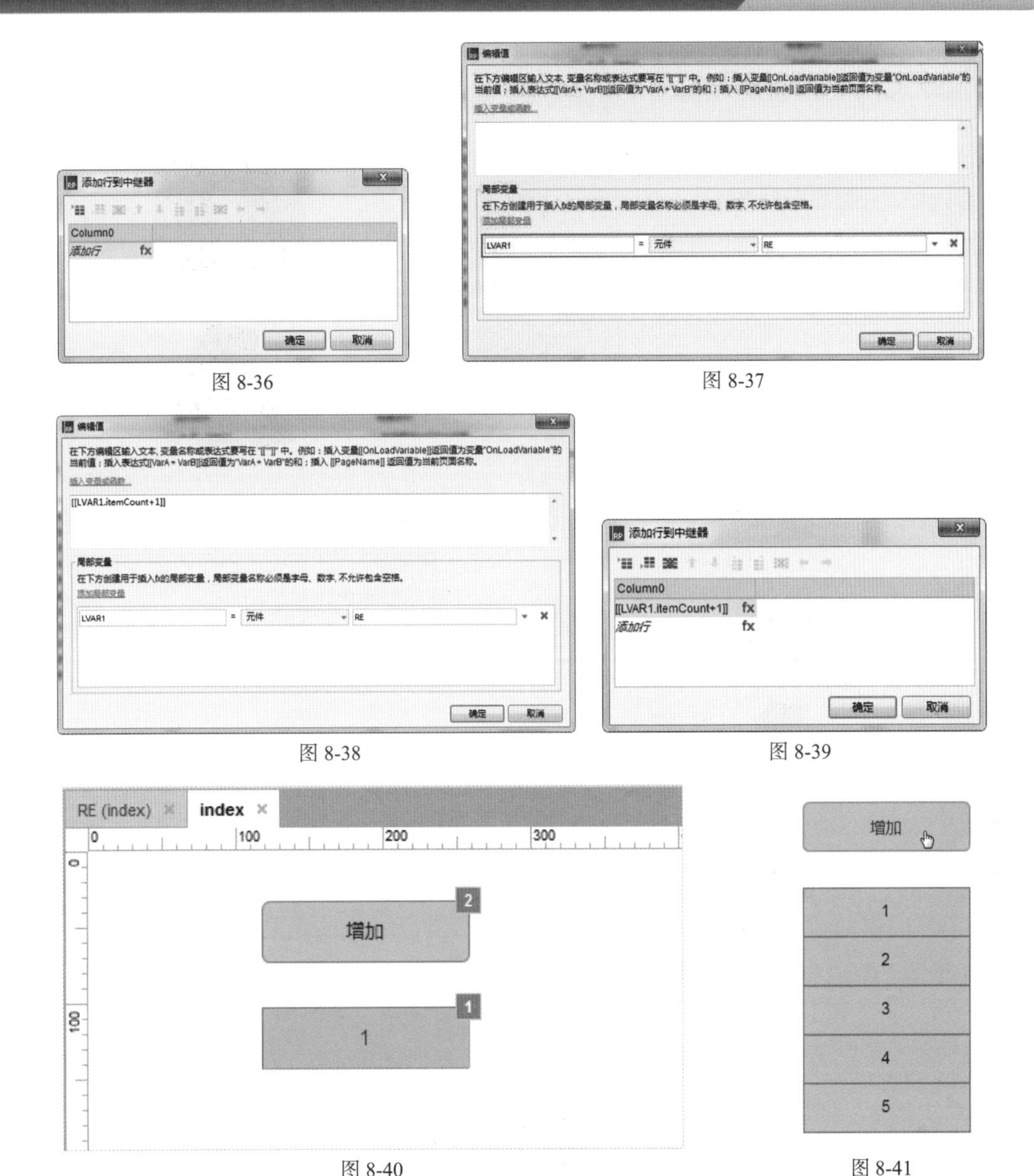

图 8-36　　图 8-37

图 8-38　　图 8-39

图 8-40　　图 8-41

提示

执行“项目”>“项目设置”命令，在“项目设置”对话框中选择“边缘重合”选项，可以使相连的边线自动重合，获得更好的显示效果。

8.3　项目列表操作

中继器中的项目列表通常是按照输入数据的顺序进行显示的。用户可以通过添加交互，实现更加丰富的显示效果，例如按照价格升降序排列等。

实例 33——使用中继器添加分页 1

Axure RP 8.0 很大的亮点就是中继器，它就是一个数据集，里面可以导入数据和图像，新增行、删除行、进行排序和筛选数据，高级交互常用。

01 打开 8.1.3 节中的文件，效果如图 8–42 所示。双击“检视: 页面”面板中的“载入时”事件，选择“设置每页项目数量”动作，勾选“中继器”复选框，设置显示数量为 4，如图 8–43 所示。

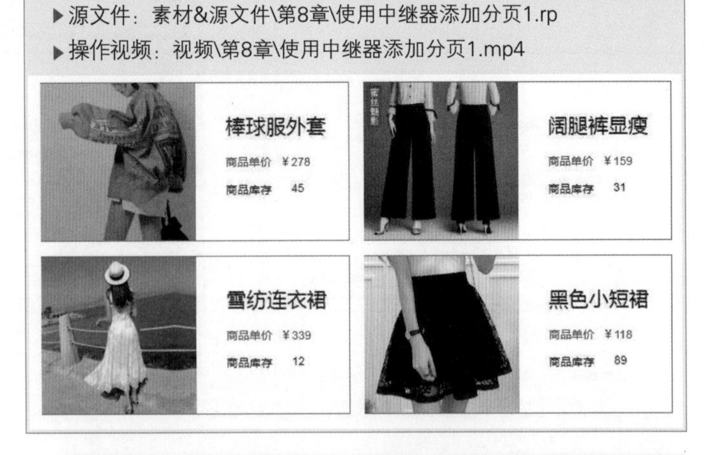
▶源文件：素材&源文件\第8章\使用中继器添加分页1.rp
▶操作视频：视频\第8章\使用中继器添加分页1.mp4

图 8-42

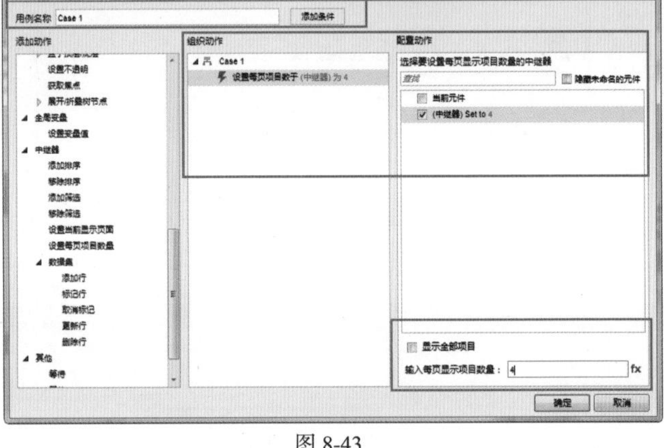
图 8-43

02 单击“确定”按钮后预览页面，预览效果如图 8–44 所示。要实现分页效果，也可以在“监视：中继器”面板中的“布局”选项下设置参数，获得分页效果，如图 8–45 所示。

图 8-44

图 8-45

提示

在面板中直接设置的分页效果将直接显示在页面中。而通过脚本实现的效果则只能在预览页面时才显示。

实例 34——使用中继器添加分页 2

继续接着上一个实例，为产品原型设计页面中的一些商品进行排序。

▶源文件：素材&源文件\第8章\使用中继器添加分页2.rp

▶操作视频：视频\第8章\使用中继器添加分页2.mp4

01 将按钮元件拖入页面中，调整大小、位置和文字内容，效果如图 8-46 所示。选中按钮，双击“检视：提交按钮”面板上的“鼠标单击时”事件。选择“添加排序”动作，选择按照价格进行“升序”排列，如图 8-47 所示。

图 8-46

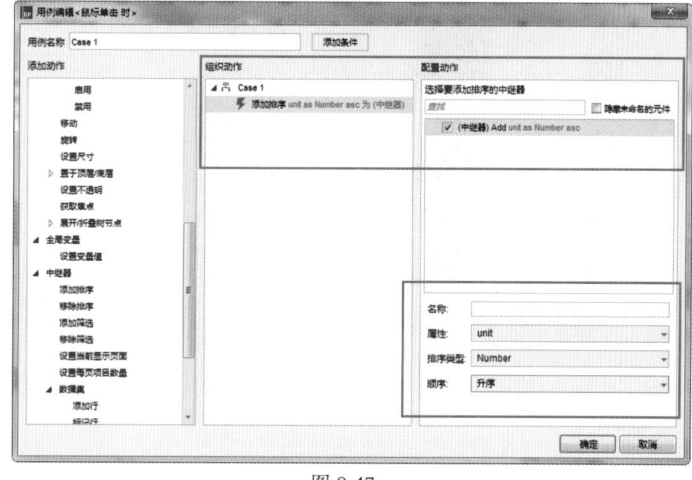

图 8-47

02 单击“确定”按钮，返回 index 页面，单击工具栏上的“预览”按钮，预览效果如图 8-48 所示。

图 8-48

实例 35——使用中继器添加分页 3

接着上一个操作实例，为产品原型设计的分页添加页面按钮选项，可以使用户在浏览器中方便快捷地查看分页效果。

01 继续使用按钮元件创建如图 8–49 所示的效果。选中首页按钮，双击“鼠标单击时”事件，选择“设置当前显示页面”动作，勾选“中继器”复选框，选择页面为 Value，效果如图 8–50 所示。

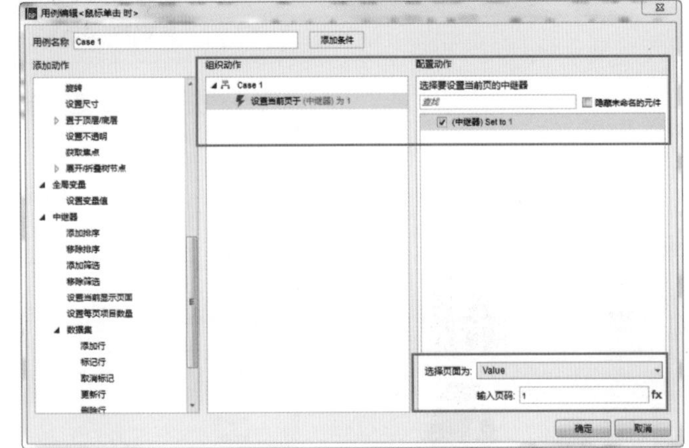

图 8-49　　图 8-50

02 使用同样方法为“尾页”按钮选择 Last，“上一页”按钮选择 Previous，“下一页”按钮选择 Next，完成效果如图 8–51 所示。

图 8-51

实例 36——使用中继器添加分页 4

中继器可以帮助用户在原型设计页面中保存数据，并且提供增删改查等功能，帮助用户完成复杂的交互场景。例如：添加一个好友后，好友列表中就新增一行对应的记录。上传一张照片后，在对应的地方多了一张照片等。

01 使用文本标签元件创建如图 8–52 所示的文本内容。继续创建一个文本标签，并指定名称为 dq，再次创建一个文本标签，指定名称为 All，如图 8–53 所示。

图 8-52

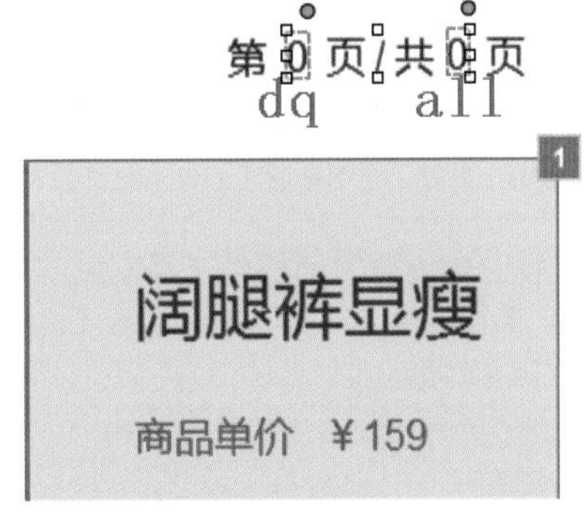

图 8-53

02 选择中继器元件，双击“载入时”事件，选择“设置文本”动作，勾选 dq 复选框，设置文本为“富文本”，如图 8–54 所示。单击“编辑文本”按钮。在“输入文本”对话框中单击底部的“添加局部变量”选项，设置如图 8–55 所示。

选择要设置文本的元件
查找
隐藏未命名的元件
焦点元件
dq (矩形) to ""
ALL (矩形)
(矩形)
chanpin (中继器)
kc (矩形)
JG (矩形)
(矩形)
(矩形)
name (矩形)
pic (图片)
(矩形)
(矩形)
设置文本为：
富文本
编辑文本...

图 8-54

图 8-55

03 单击“插入变量或函数”选项，选择 pageindex 函数，并在右侧设置显示文本样式，如图 8–56 所示。单击“确定”按钮。勾选 All 复选框，使用相同的方法添加文本，如图 8–57 所示。

图 8-56

图 8-57

提示

为了保证分页面中的每一个都能够正确显示总页数和当前页数，需要将显示页码的事件添加到所有控制按钮上。

04 在“检视：中继器”面板中选择刚刚创建的事件，按快捷键 Ctrl+C 或执行“复制”命令，如图 8–58 所示。选择底部“首页”按钮，在 Case 1 上单击鼠标右键，在弹出的快捷菜单中选择“粘贴”命令，如图 8–59 所示。

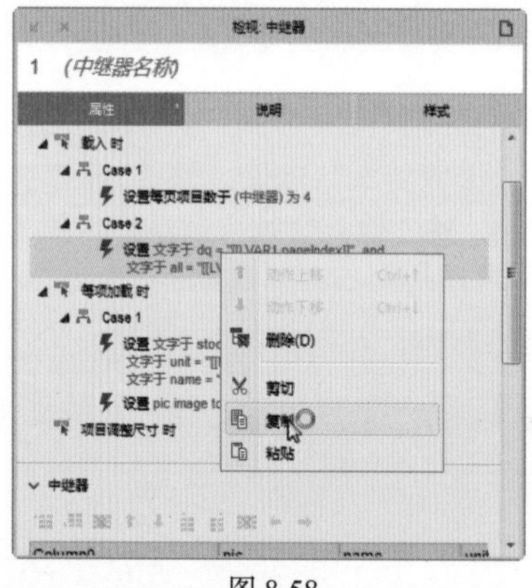

图 8-58

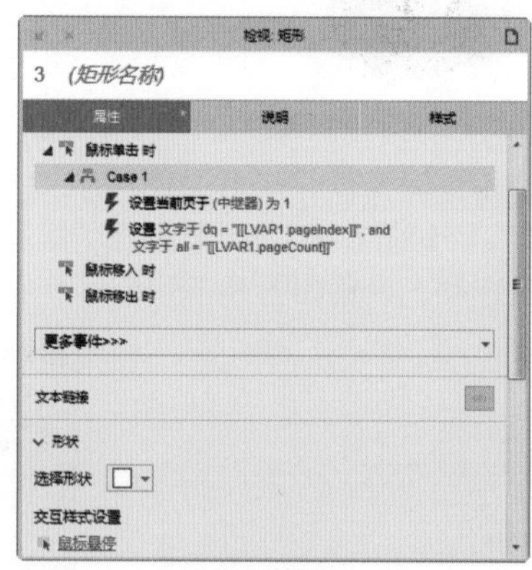

图 8-59

05 继续使用相同的方法，复制事件到其他几个按钮上。单击工具栏上的“预览”按钮，预览原型产品的效果，如图 8–60 所示。

图 8-60

第9章 网站产品原型的发布与输出

网站产品原型设计和制作完成后，需要将其发布与输出，方便团队使用。本章将介绍 Axure RP 8.0 发布与输出原型时的各种设置，以及调整预览时默认打开界面的方法等内容。Axure RP 8.0 中提供了几种生成器，包括默认的 HTML 生成器、Word 生成器、CSV 报告生成器和新增的打印生成器。

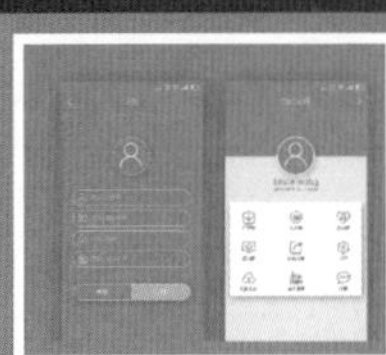

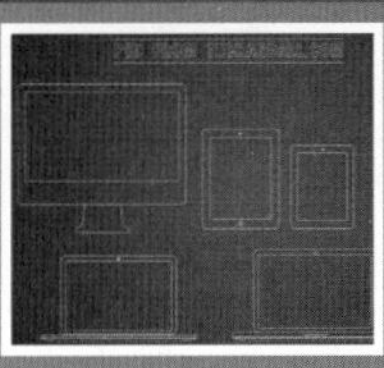
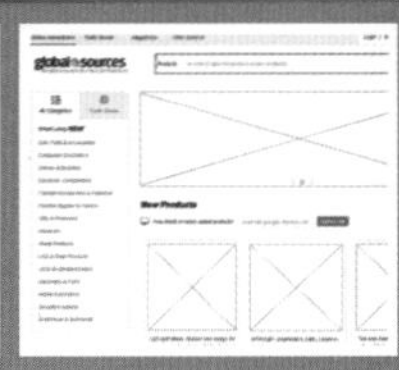

9.1 创建共享位置

在创建团队项目时，要做好准备工作。首先需要存储项目的空间位置，共享项目位置可以创建在以下位置。

- 共享的网络硬盘。
- 公司共享的 SVN 服务器。
- SVN 托管服务器，Beanstalk 或者 Unfuddle。

不管使用哪种方式，都需要有一个地址，有了这个地址用户就可以创建团队项目了。

9.1.1 下载安装 SVN 软件

在本书中将使用 VisualSVN Server 服务端和 TortoiseSVN 客户端搭配工作。现在 Subversion 已经迁移到 apache 网站上了，下载地址如下。

http://subversion.apache.org/packages.html#windows，如图 9-1 所示。

Windows

- CollabNet (supported and certified by CollabNet; *requires registration*)
- SlikSVN (32- and 64-bit client MSI; maintained by Bert Huijben, SharpSvn project)
- TortoiseSVN (optionally installs 32- and 64-bit command line tools and svnserve; supported and maintained by the TortoiseSVN project)
- VisualSVN (32- and 64-bit client and server; supported and maintained by VisualSVN)
- WANdisco (32- and 64-bit client and server; supported and certified by WANdisco; *requires registration*)
- Win32Svn (32-bit client, server and bindings, MSI and ZIPs; maintained by David Darj)

图 9-1

> **提示**
>
> SVN(Subversion) 是近年来崛起的版本管理工具。目前，绝大多数开源软件都使用 SVN 作为代码版本管理软件。如何快速建立 Subversion 服务器，并且在项目中使用起来，这是大家最关心的问题。通过 Subversion 使用几个命令可以非常容易地建立一套服务器环境。

分别下载 VisualSVN Server 和 TortoiseSVN 客户端，在 TortoiseSVN 下载页面的底部可以选择下载中文语言包，如图 9-2 所示。

Open Source
SOURCEFORGE.NET® 2007
COMMUNITY CHOICE AWARDS
WINNER: BEST PROJECT/ UTILITY FOR DEVELOPERS

Open Hub
3531
USERS
I USE IT

Language packs

Country	32 Bit	64 Bit	Separate manual (PDF)	
Albanian	Setup	Setup	Translate to Albanian	
Arabic	Setup	Setup	Translate to Arabic	
Bulgarian	Setup	Setup	Translate to Bulgarian	
Catalan	Setup	Setup	Translate to Catalan	
Chinese, simplified	Setup	Setup	TSVN	TMerge
Chinese, traditional	Setup	Setup	Translate to trad. Chinese	
Croatian	Setup	Setup	Translate to Croatian	
Czech	Setup	Setup	TSVN	TMerge
Danish	Setup	Setup	Translate to Danish	
Dutch	Setup	Setup	TSVN	TMerge

图 9-2

VisualSVN Server 是一个集成的 SVN 服务端工具，并且包含 mmc 管理工具，是一款 SVN 服务端不可多得的好工具。在使用 VisualSVN Server 之前，需要首先安装该工具。网站中为用户提供了 32 位和 64 位两个版本的选择，如图 9–3 所示。用户可以根据个人情况选择下载。

VisualSVN for Visual Studio 2015 and older
Includes Apache Subversion 1.9.7 command line tools.
A professional grade Subversion integration plug-in for Microsoft Visual Studio. VisualSVN is intended to be installed on workstations used by software developers.
Learn more about VisualSVN integration for Visual Studio

Download
Version: 5.1.9
Size: ~5 MB

VisualSVN Server
Includes Apache Subversion 1.9.7 command line tools.
The most favored way to setup and maintain an enterprise level Apache Subversion server on the Microsoft Windows platform. VisualSVN Server is useful either for home, small business or enterprise users.
Learn more about VisualSVN Server for Windows

Download 32-bit
Download 64-bit
Version: 3.8.0
Size: ~9 MB

VisualSVN Repository Configurator
VisualSVN Repository Configurator is a standalone application which allows non-administrative users to manage VisualSVN Server repositories remotely.
Learn more about Repository Management Delegation

Download
Version: 3.8.0
Size: ~1 MB

图 9-3

下载完成后，双击 VisualSVN Server 安装包，开始安装 VisualSVN Server，弹出如图 9–4 所示的对话框。单击 Next 按钮，弹出用户协议对话框，如图 9–5 所示。

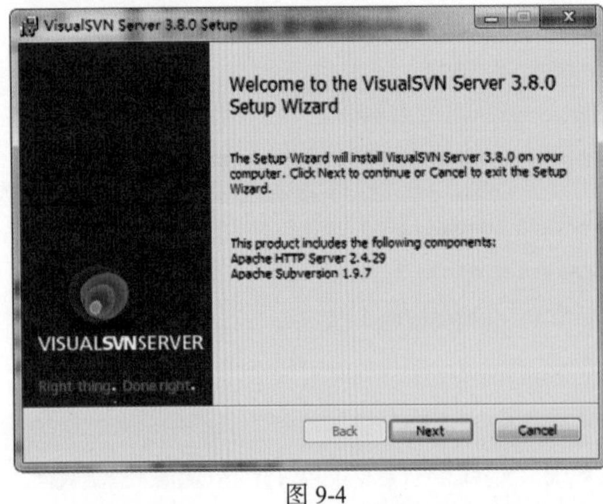

图 9-4

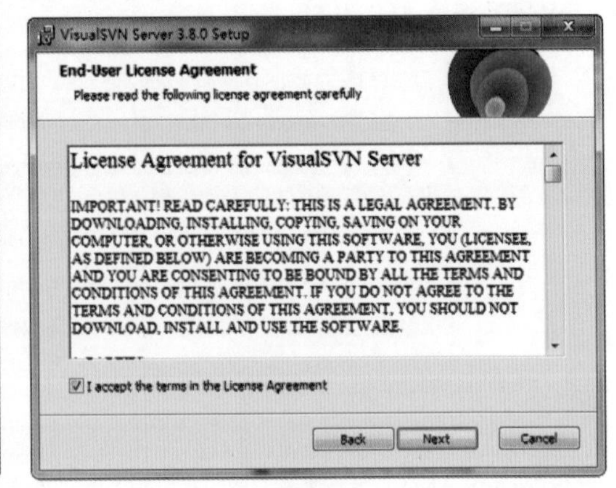

图 9-5

勾选同意协议复选框，单击 Next 按钮，进入如图 9–6 所示的对话框，单击 Next 按钮。单击对话框中的 Standard Edition 按钮，如图 9–7 所示。

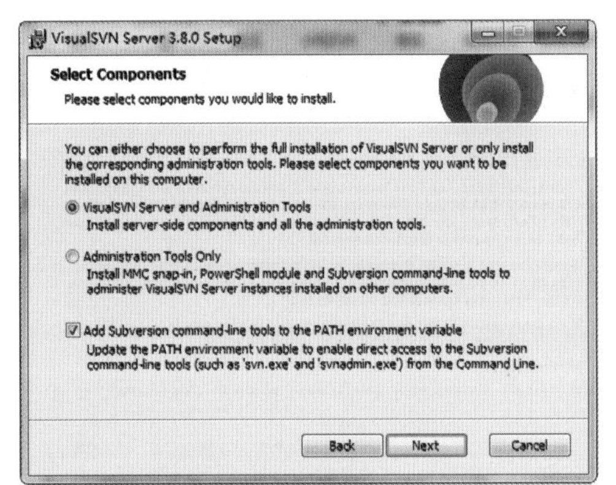

图 9-6

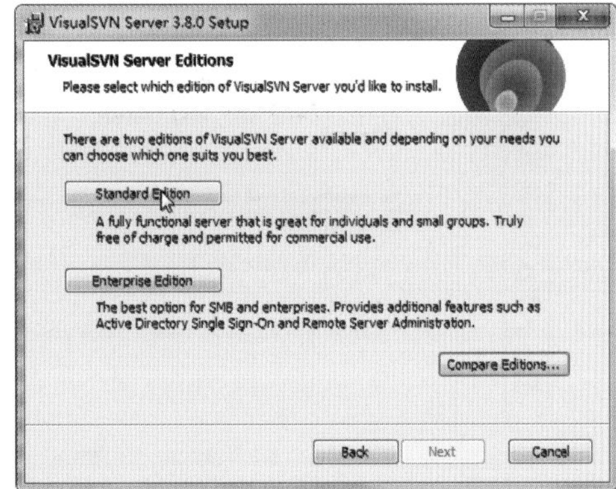

图 9-7

在 Location 中指定 VisualSVN Server 的安装目录，在 Repositories 中指定版本库目录，在 Server Port 中指定一个端口，勾选 Use secure connection(使用安全连接) 复选框，如图 9–8 所示。单击 Next 按钮，如图 9–9 所示。

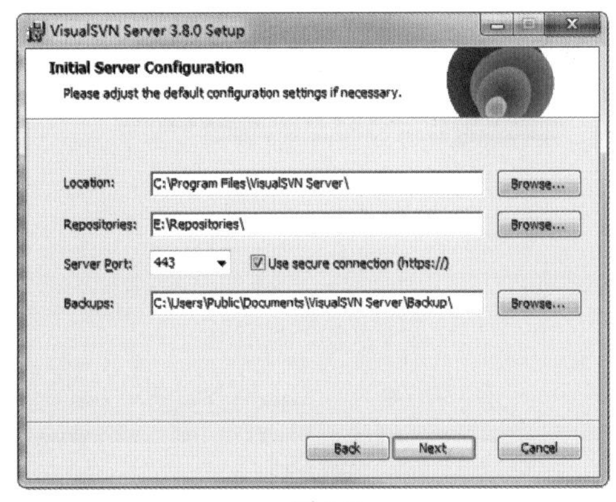

图 9-8

图 9-9

单击 Install 按钮，开始安装过程，如图 9–10 所示。稍等片刻，在弹出的对话框中单击 Finish 按钮，即可完成安装，如图 9–11 所示。

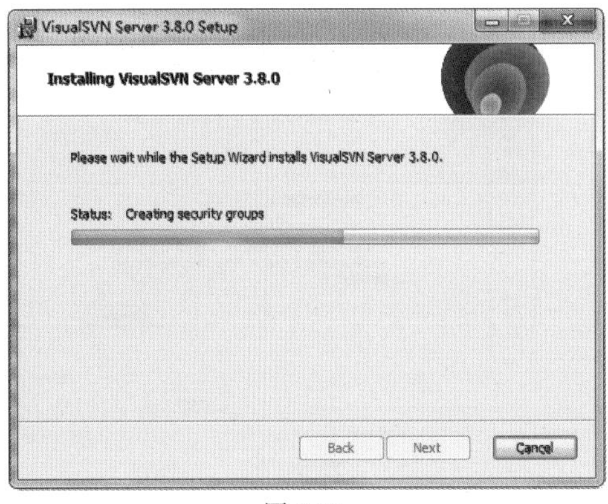

图 9-10

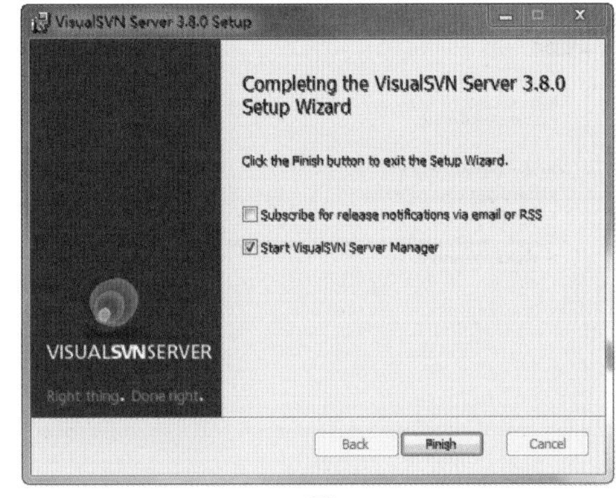

图 9-11

接下来安装 TortoiseSVN，TortoiseSVN 是 Subversion 版本控制系统的一个免费开源客户端，可以超越时间地管理文件和目录。文件保存在中央版本库，除了能记住文件和目录的每次修改以外，版本库与普通文件服务器很像。SVN 为程序开发团队提供常用的代码管理，下面介绍 TortoiseSVN 的安装。

下载 TortoiseSVN 安装程序后，双击 TortoiseSVN 安装包，弹出如图 9–12 所示的对话框。单击 Next 按钮，勾选同意协议复选框，单击 Next 按钮，如图 9–13 所示。

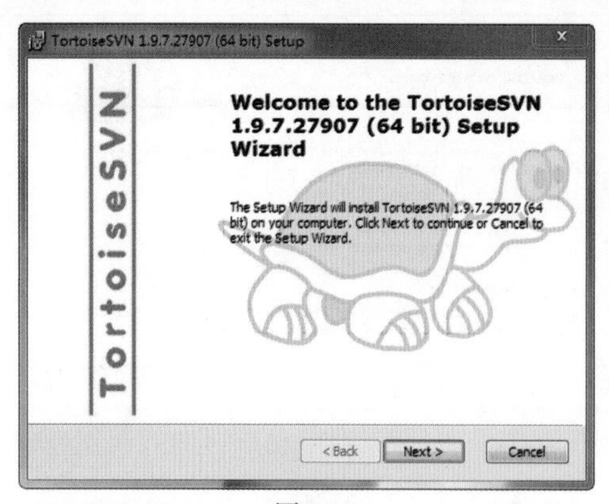

图 9-12

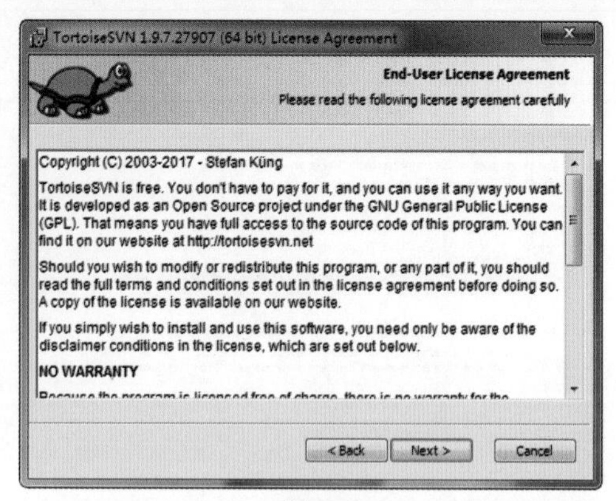

图 9-13

保持默认安装地址，单击 Next 按钮，进入如图 9–14 所示的对话框。继续单击 Next 按钮，开始安装过程，如图 9–15 所示。

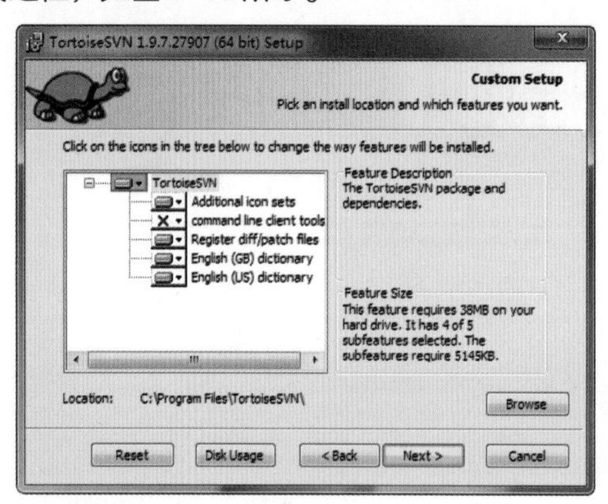

图 9-14

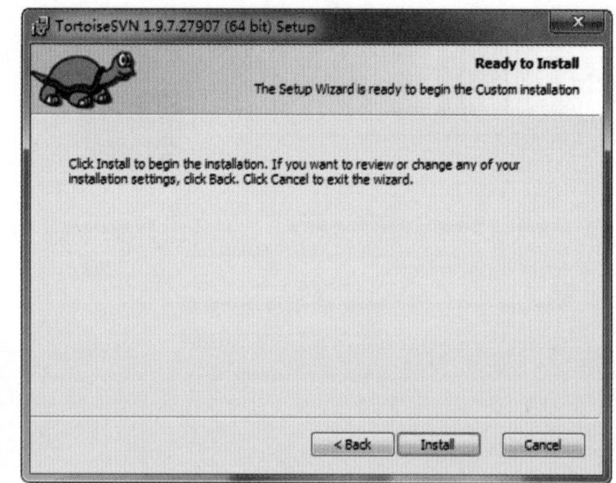

图 9-15

可以看到安装的过程，如图 9–16 所示。稍等片刻，单击 Finish 按钮，即可完成软件的安装，如图 9–17 所示。

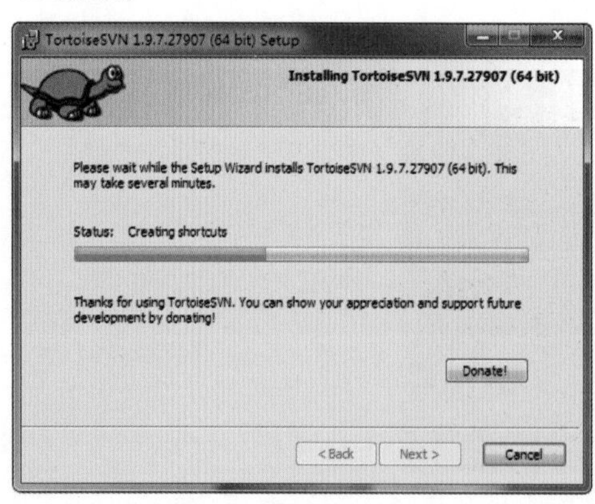

图 9-16

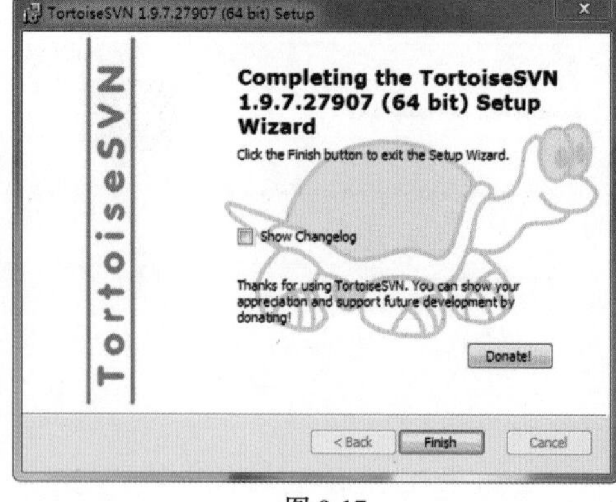

图 9-17

提示

在安装过程中，会提示关闭一些应用程序，按照提示单击 OK 按钮即可。如果没有关闭则不能正常安装。

接下来开始安装中文语言包，运行中文语音包，按照提示单击 Next 按钮即可完成安装，如图 9–18 所示。

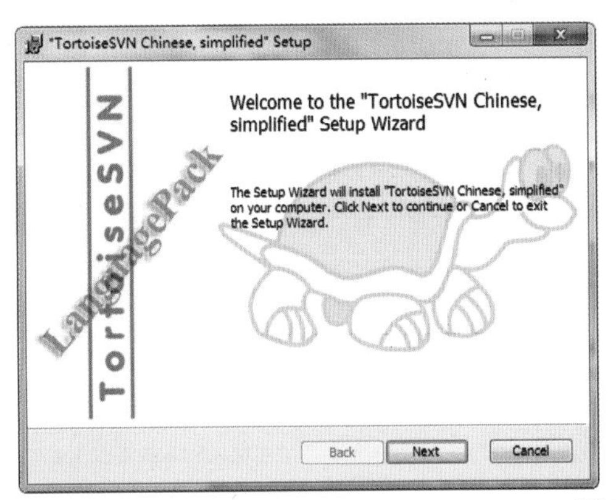

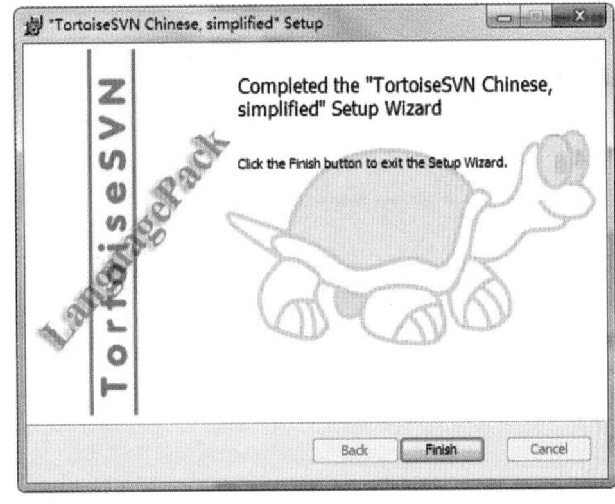

图 9-18

安装完成后，在桌面上单击鼠标右键，在弹出的快捷菜单中选择 TortoiseSVN>Settings 命令，如图 9–19 所示。在弹出的对话框中设置 Language 为中文，如图 9–20 所示。

图 9-19

图 9-20

9.1.2 创建版本库

在“开始”菜单中找到 VisualSVN Server Manager，启动后效果如图 9–21 所示。窗口右侧显示版本库的各种信息。在左侧窗口 Repositories 文件夹上单击鼠标右键，在弹出的快捷菜单中选择“新建” > repository 命令，弹出相应的对话框，如图 9–22 所示。

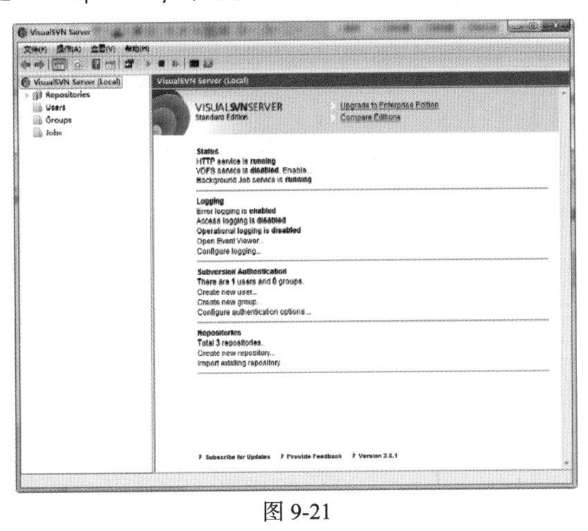

图 9-21

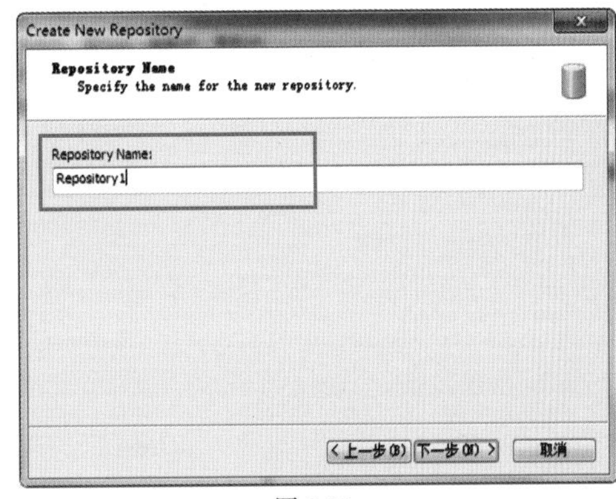

图 9-22

在弹出的 Create New Repository 对话框中保持默认，单击“下一步”按钮， 如图 9–23 所示。为版本库指定一个名称，如图 9–24 所示。

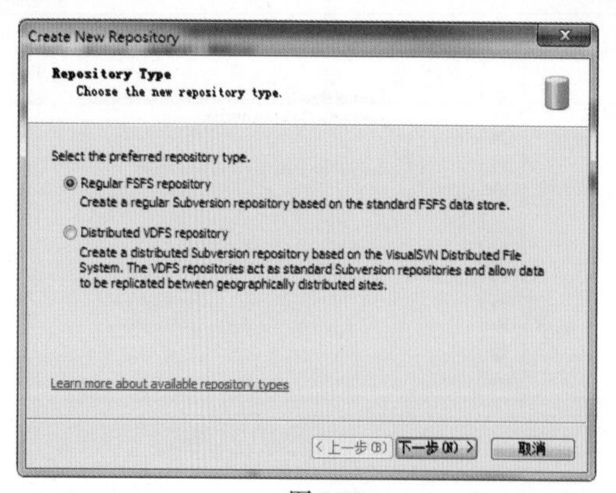

图 9-23

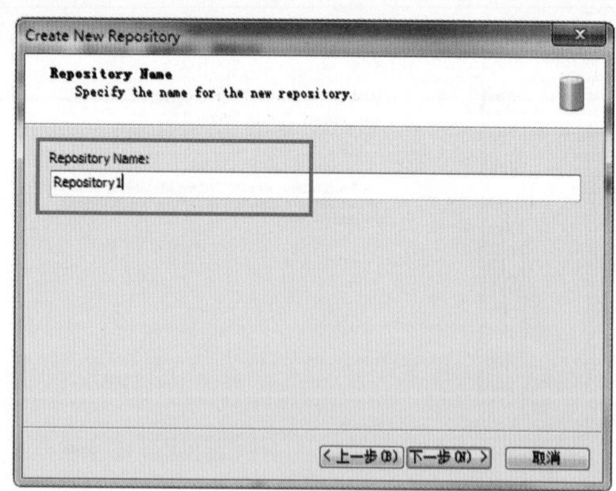

图 9-24

提示

版本库名称可以包含字母、数字、破折号、点或下画线。开始和结束都不能使用点。

单击“下一步”按钮，选择包含默认文件夹，如图 9–25 所示。单击“下一步”按钮，保持默认属性，单击 Create 按钮，如图 9–26 所示。

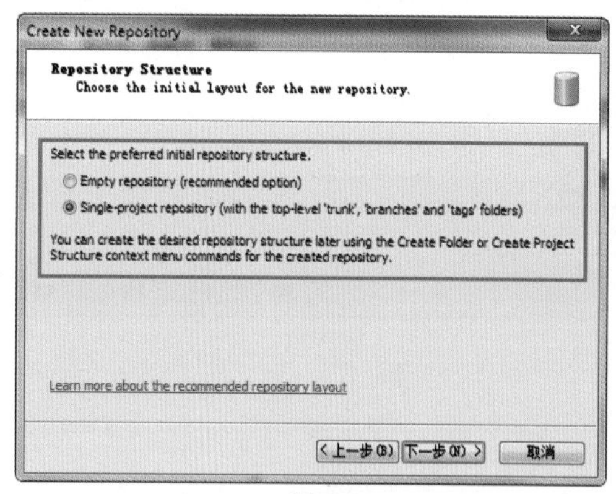

图 9-25

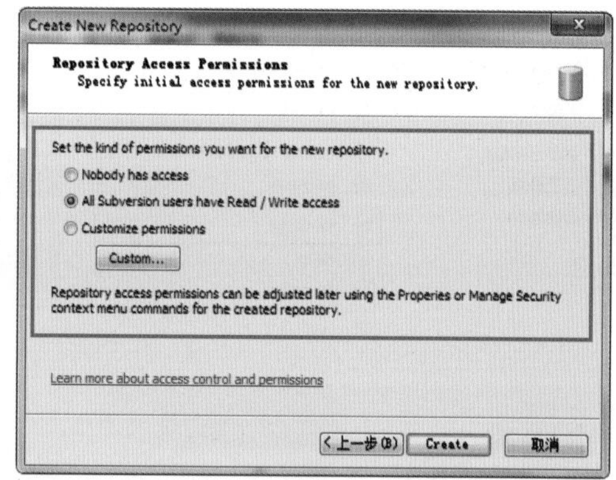

图 9-26

弹出 Create New Repository 对话框，版本库各项参数如图 9–27 所示。单击 Finish 按钮完成创建，返回 VisualSVN Server 对话框，即可查看版本库，创建版本库过程中会默认建立 trunk、branches 和 tags 3 个文件夹，如图 9–28 所示。

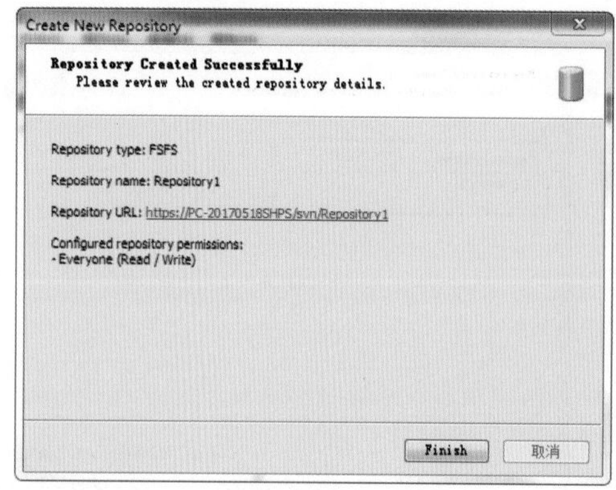

图 9-27

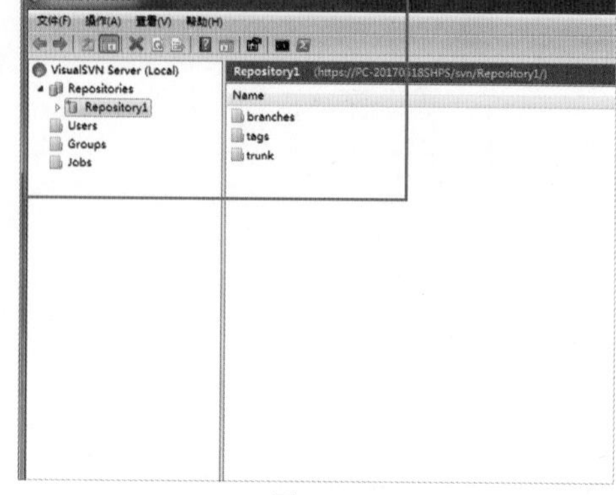

图 9-28

将项目导入版本库中，找到安装的项目文件夹，选中文件夹，单击鼠标右键，在快捷菜单中选择 TortoiseSVN > “导入”命令，如图 9–29 所示。弹出“导入”对话框，如图 9–30 所示。

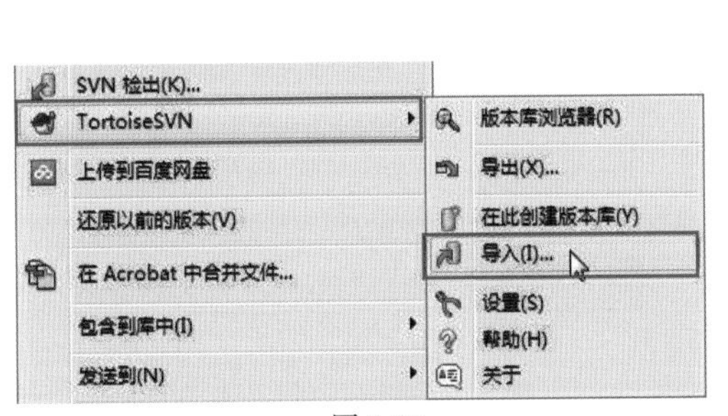

图 9-29

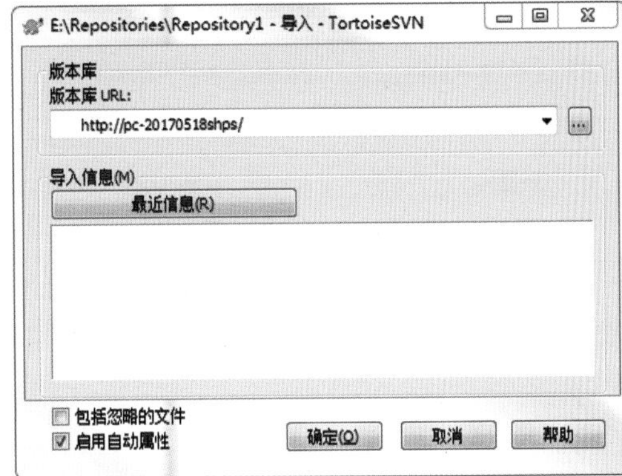

图 9-30

知识点讲解：怎样找到项目文件夹的位置？

(1) 项目文件夹的位置就是图 9–8 中设置的位置。

(2) 同时用户也可以选中 Repository1 项目，单击鼠标右键，在弹出的快捷菜单中选择 repository 命令，然后继续在弹出的“Properties for/svn/Repository1”对话框中选择 details 选项卡，此对话框中记录了项目的详细信息，包括项目的存储路径，如图 9–31 所示。

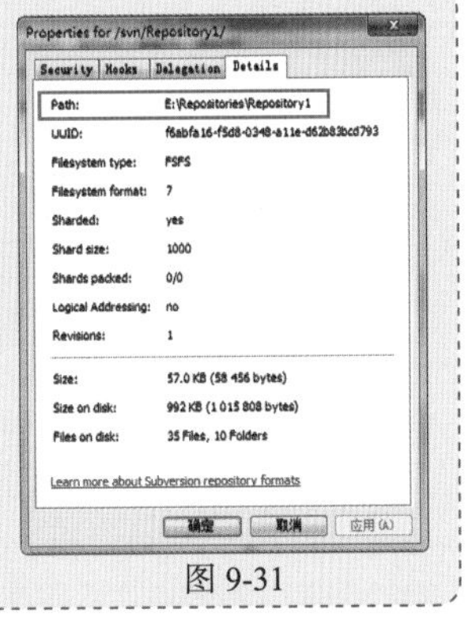

图 9-31

返回 VisualSVN Server 对话框，在版本库上单击鼠标右键，在弹出的快捷菜单中选择 Copy URL to Clipboard 命令，如图 9–32 所示。

弹出提示对话框，如图 9–33 所示。单击 Create User 按钮，弹出 Create New User 对话框，在该对话框中设置名称及密码，如图 9–34 所示。

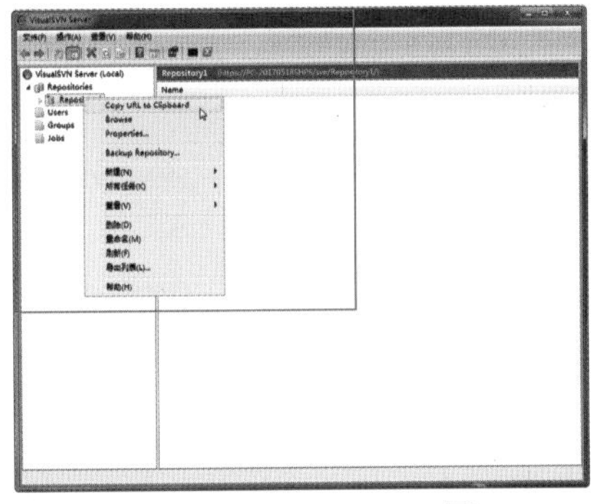

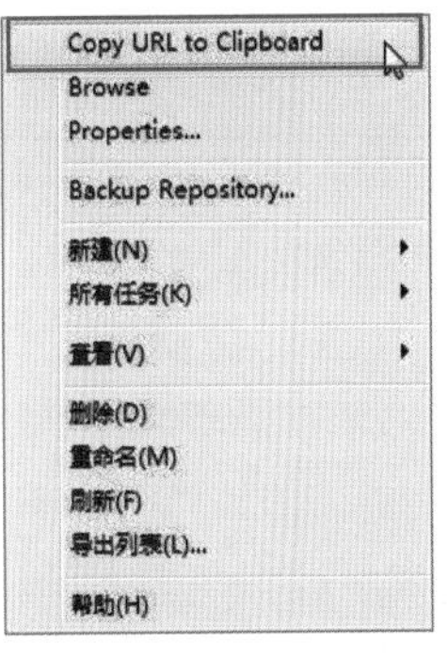

图 9-32

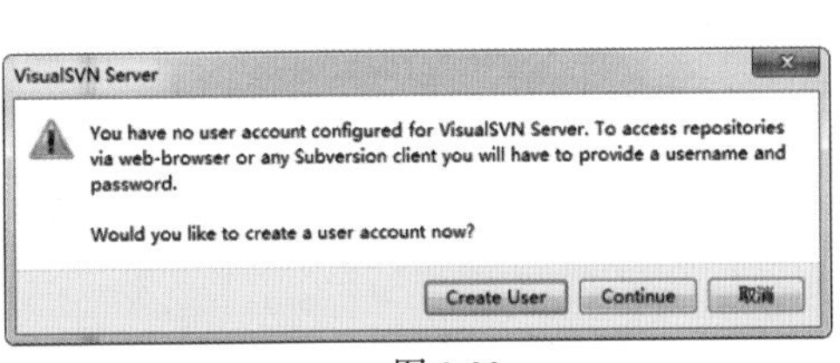

图 9-33

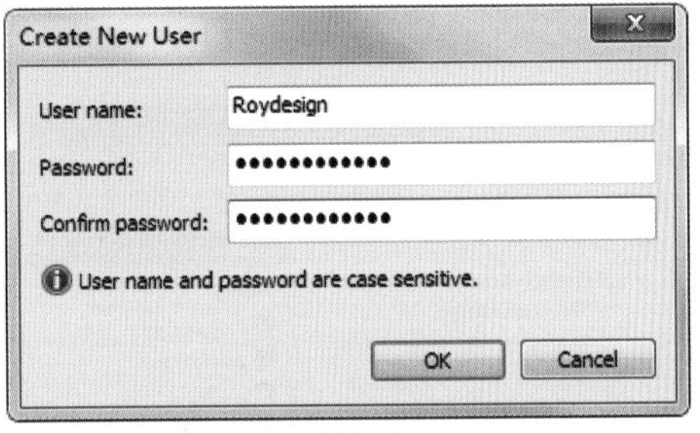

图 9-34

再次选中项目文件夹，单击鼠标右键，在弹出的快捷菜单中选择 TortoiseSVN > “导入”命令，弹出“导入”对话框，输入“版本库 URL”和“导入信息”内容，如图 9–35 所示。

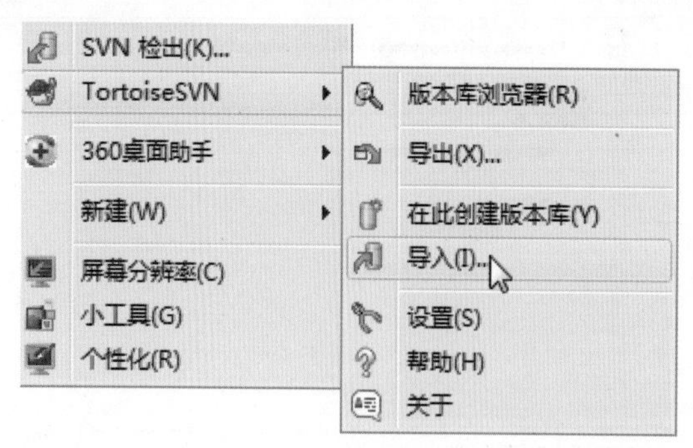

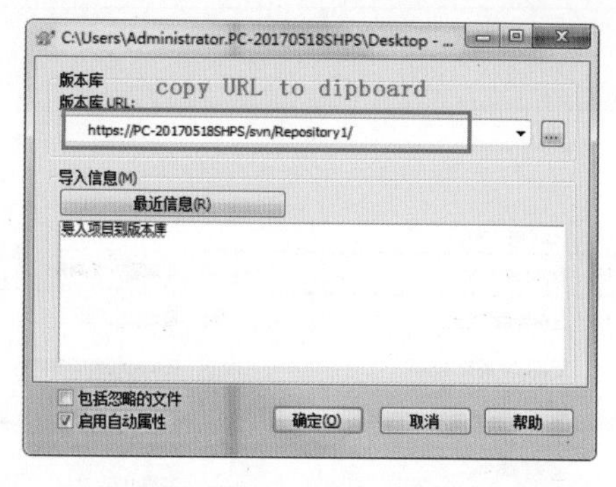

图 9-35

单击“确定”按钮，弹出“认证”对话框，在该对话框中输入前面创建的新用户及密码，如图 9–36 所示。单击“确定”按钮，用户会看到所选中的项目将导入版本库中，如图 9–37 所示。

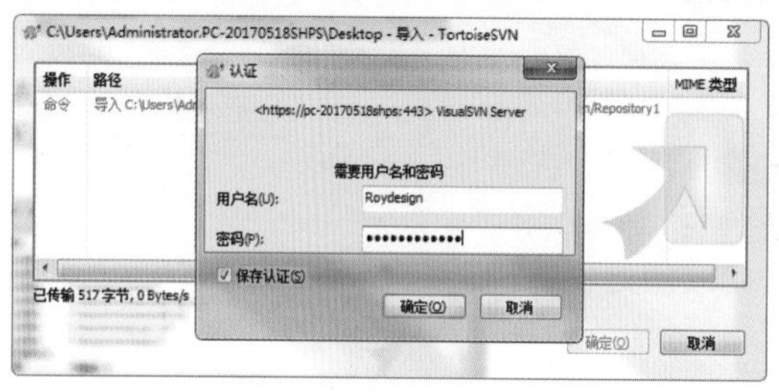

图 9-36

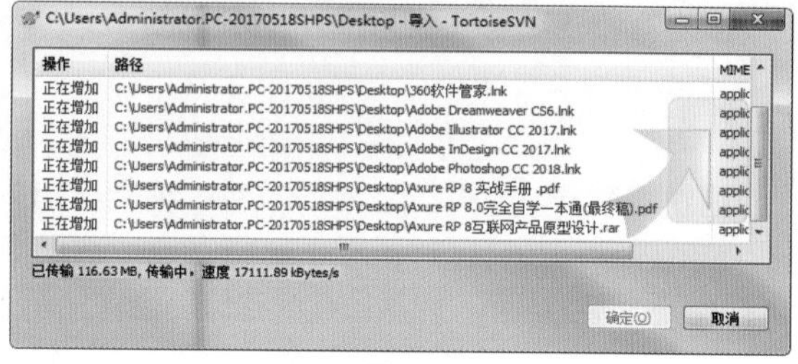

图 9-37

项目导入版本库以后，不能随便让任何人都能读写版本库，所以需要建立用户组和用户，返回 VisualSVN Server 对话框，选择 Users 选项，单击鼠标右键，在弹出的快捷菜单中选择“新建” > User 命令，如图 9–38 所示。弹出 Create New User 对话框，需要再次创建用户，如图 9–39 所示。

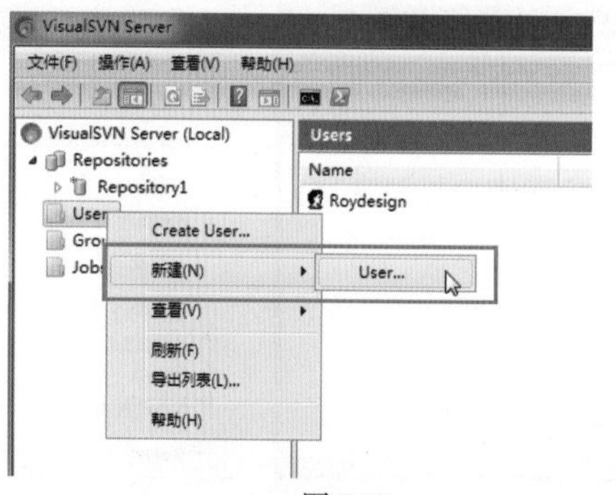

图 9-38

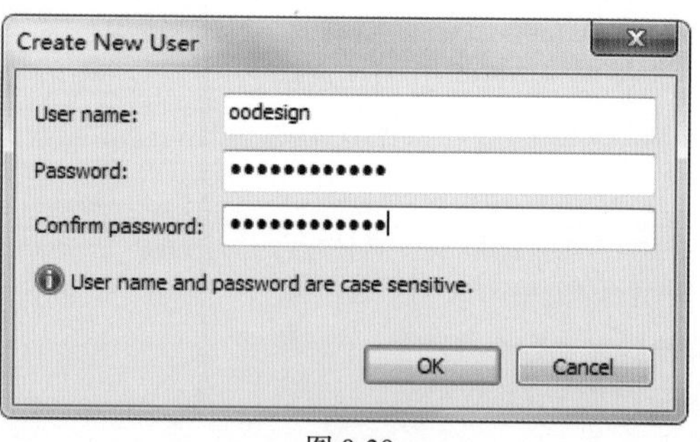

图 9-39

使用相同的方法继续创建 6 个用户，如图 9–40 所示。选择 Groups 选项，单击鼠标右键，在弹出的快捷菜单中选择“新建” > Group 命令，如图 9–41 所示。

图 9-40

图 9-41

6 个用户分别代表 3 个开发人员、2 个测试人员和 1 个项目经理。

在弹出的对话框中设置 Group name 为 Developers，单击 Add 按钮，在弹出的对话框中选择 3 个 designer，加入这个组，单击 OK 按钮，如图 9–42 所示。使用相同的方法创建其他组，如图 9–43 所示。

图 9-42

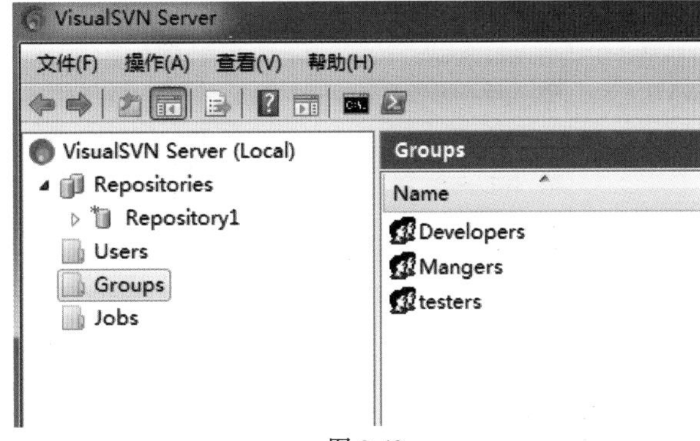

图 9-43

在 VisualSVN Server 窗口中，选择 Repository1 选项，单击鼠标右键，在快捷菜单中选择 Properties 命令，在弹出的对话框中，选择 Security 选项卡，如图 9–44 所示。在对话框中单击 Add 按钮，在弹出的对话框中选择 Developers、Managers 和 testers 3 个组，如图 9–45 所示。

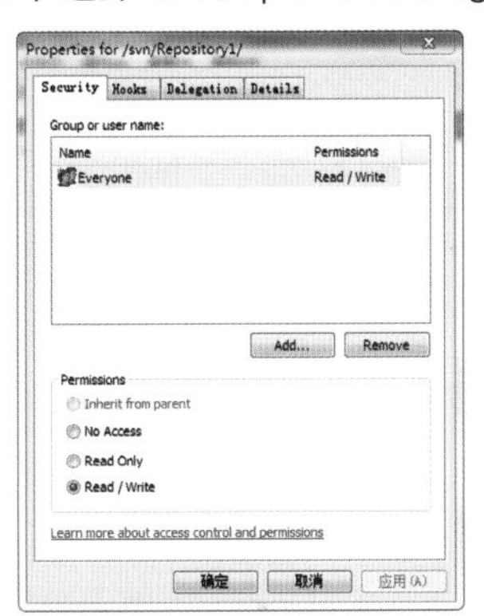

图 9-44

图 9-45

单击 OK 按钮，添加效果如图 9–46 所示。将 Developers 和 Managers 的权限设置为 Read/Write，将 testers 的权限设置为 Read Only，如图 9–47 所示。

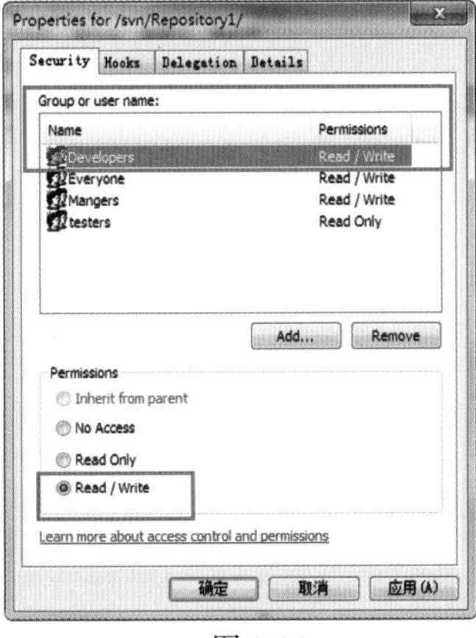

图 9-46

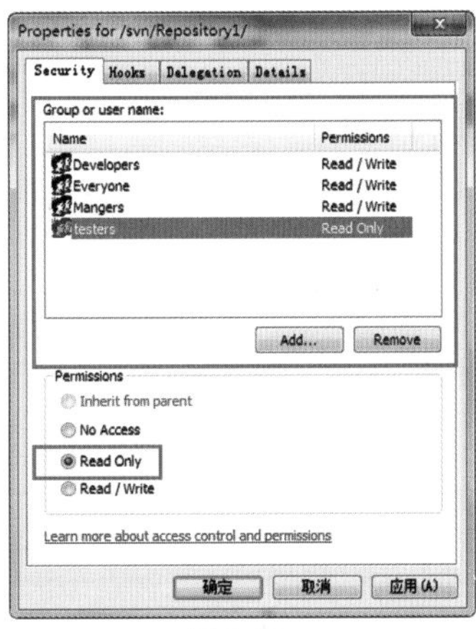

图 9-47

完成以上步骤的操作，服务端设置完成。接下来用客户端去检出代码。在桌面空白处单击鼠标右键，在快捷菜单中选择“SVN 检出”命令，如图 9–48 所示。在弹出的对话框中填写版本库 URL（具体获取方式在讲解上传项目到版本库时讲过）并选择检出目录，如图 9–49 所示。

图 9-48

图 9-49

单击“确定”按钮，开始检出项目，如图 9–50 所示。检出完成之后，打开工作副本文件夹（工作项目文件夹），会看到所有文件和文件夹都有一个绿色的对勾标志，如图 9–51 所示。

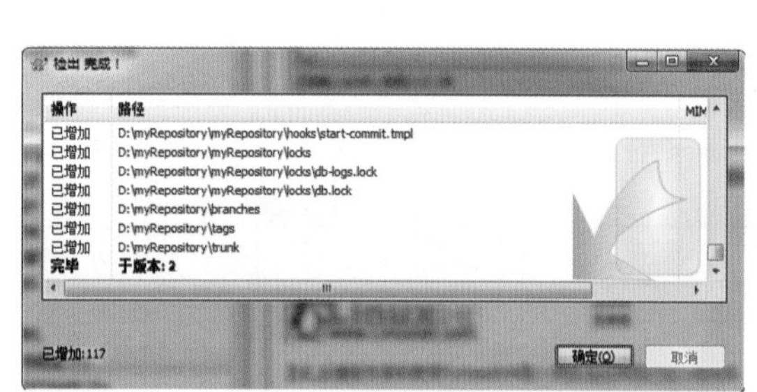

图 9-50

图 9-51

提示

项目文件夹的位置，用户可以参考图 9–49 上的位置信息。

9.2 TortoiseSVN 客户端应用

完成 TortoiseSVN 客户端安装后，用户就可以在客户端完成上传文件、修改文件等操作。这些操作将可以被多个同级用户看到，便于整个团队项目的创建。

9.2.1 新建共享文件

用户如果需要在文件夹中新建一个新的共享文件，则需要使用 SVN 提交功能将文件上传到指定文件夹中。

实例 37——使用 Repository1 共享文档

下面继续学习如何使用 Repository1 共享文档，即在工作文件夹中添加新的共享文档。

01 打开工作项目文件夹（绿色对勾文件夹），在该文件中添加一个 readme 文件夹，用户会发现创建的 readme 文件夹显示为问号，如图 9–52 所示。在 readme 文件夹上单击鼠标右键，在弹出的快捷菜单中选择 TortoiseSVN > “增加”命令，如图 9–53 所示。

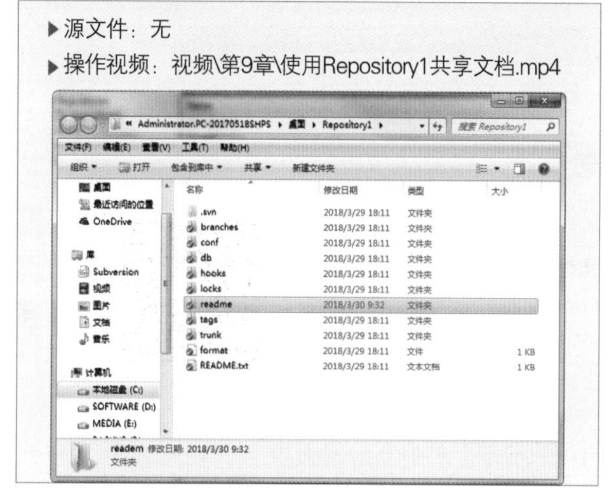

图 9-52

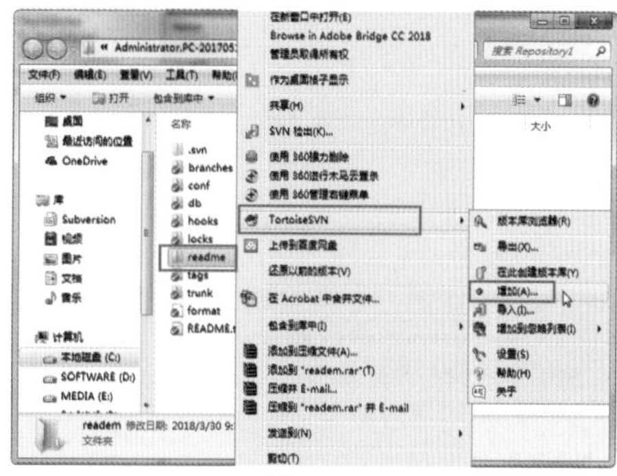

图 9-53

02 弹出如图 9–54 所示的对话框，单击“确定”按钮，弹出“加入完成”对话框，如图 9–55 所示。

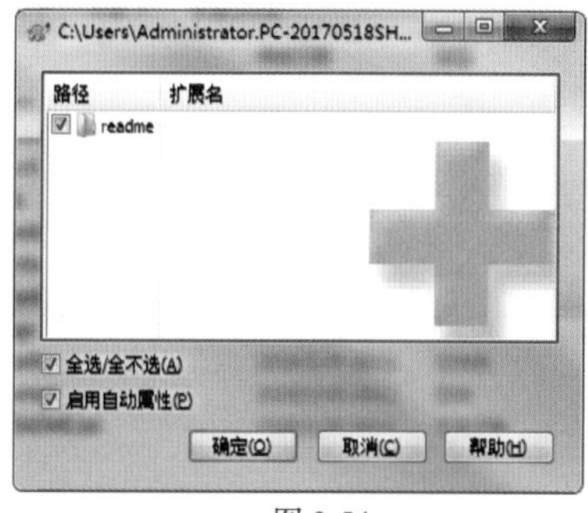

图 9-54

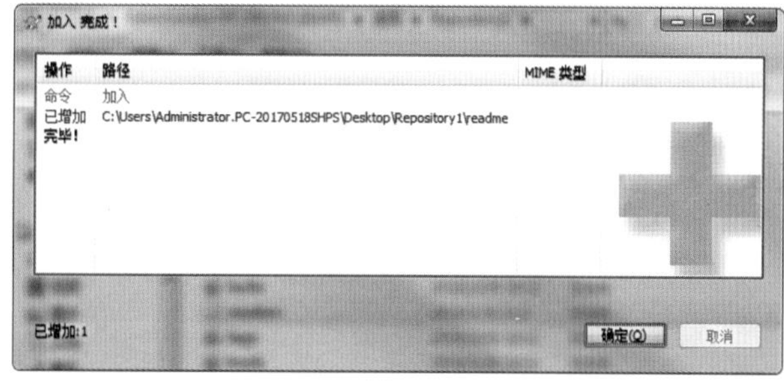

图 9-55

03 返回工作项目文件夹中选择 readme 文件夹，单击鼠标右键，在弹出的快捷菜单中选择“SVN 提交”命令，输入用户名和密码，单击“确定”按钮，完成提交，如图 9–56 所示。

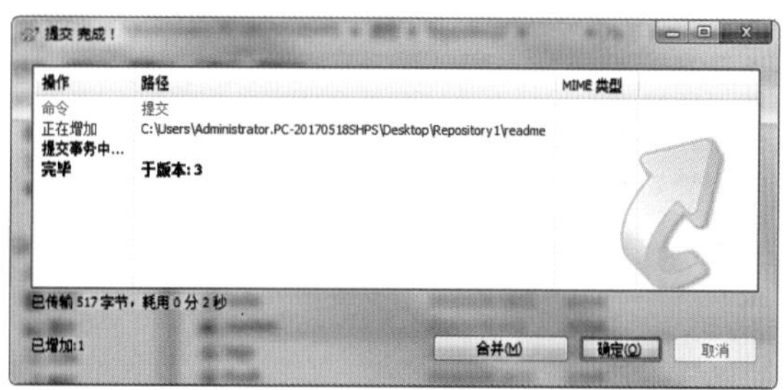

图 9-56

9.2.2 修改共享文档

除了新建共享文件外，用户还可以对共享文件夹中的任意文件进行修改，以完成原型的创建任务。

实例 38——设置 Repository1 共享文档

上一实例中用户学习了如何创建新的共享文档，接下来帮助用户学习如何设置共享文档。

▶源文件：无

▶操作视频：视频\第9章\设置Repository1共享文档.mp4

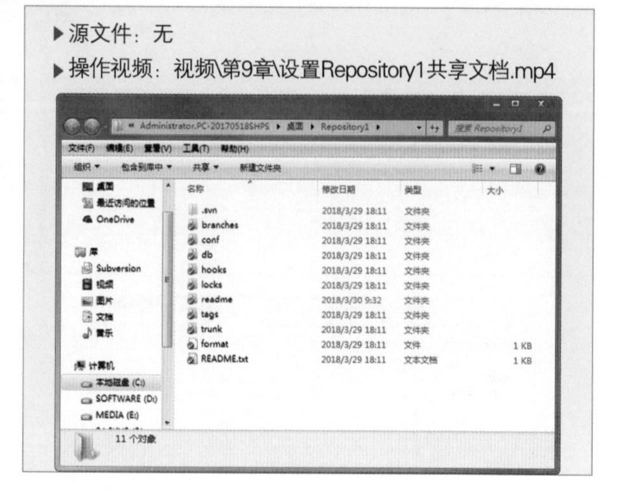

01 在工作项目文件夹中新建一个 come.txt 的共享文件，如图 9-57 所示。打开 come.txt 文件，在文本中添加内容，如图 9-58 所示。

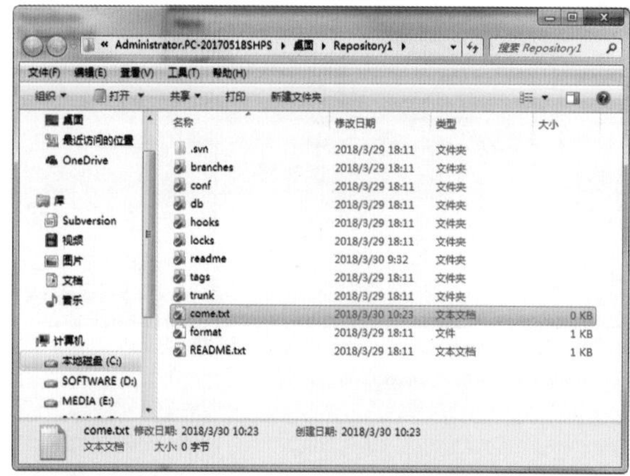

图 9-57

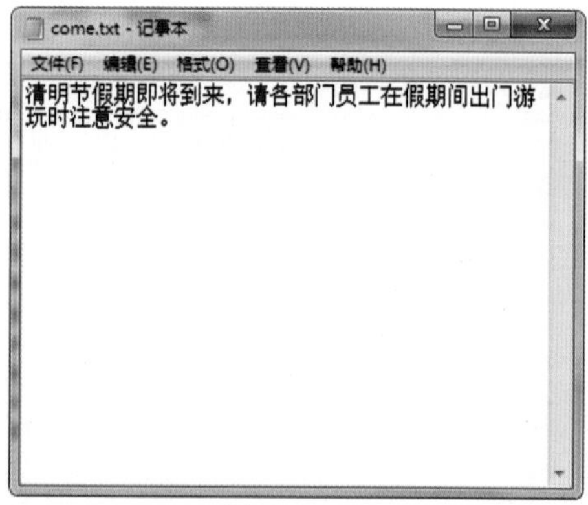

图 9-58

02 将文件保存后关闭，文件的图标变成红色的感叹号，如图 9-59 所示。通过提交更改上传文件后，感叹号即可消失，提交修改对话框如图 9-60 所示。

名称	修改日期	类型
.svn	2018/3/29 18:11	文件夹
branches	2018/3/29 18:11	文件夹
conf	2018/3/29 18:11	文件夹
db	2018/3/29 18:11	文件夹
hooks	2018/3/29 18:11	文件夹
locks	2018/3/29 18:11	文件夹
readme	2018/3/30 9:32	文件夹
tags	2018/3/29 18:11	文件夹
trunk	2018/3/29 18:11	文件夹
come.txt	2018/3/30 10:29	文本文档
format	2018/3/29 18:11	文件
README.txt	2018/3/29 18:11	文本文档

图 9-59

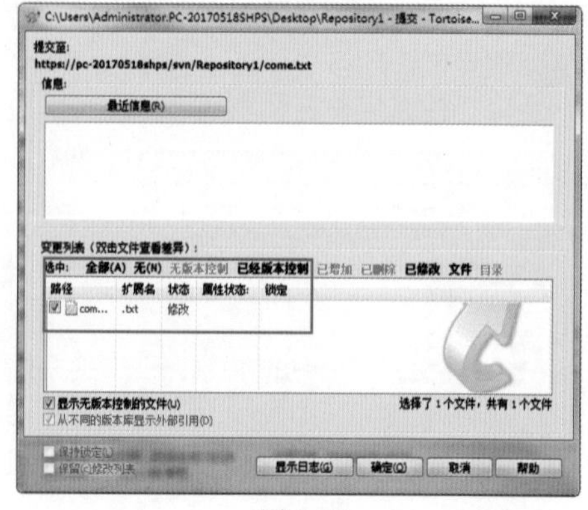

图 9-60

03 单击“确定”按钮，“提交 完成”对话框如图 9–61 所示。更改文件名为 come on.txt，文件图标如图 9–62 所示。

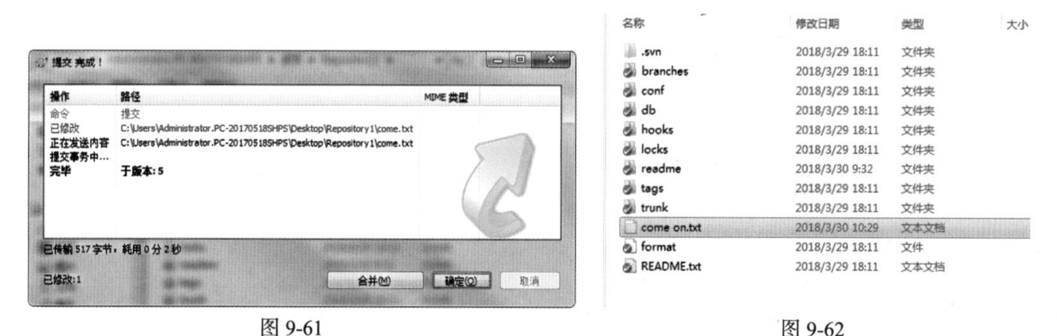

图 9-61　　　　图 9-62

04 选中 come on.txt 文件，单击鼠标右键，在弹出的快捷菜单中选择 TortoiseSVN > “加入”命令，如图 9–63 所示。将文件提交后，单击鼠标右键，在弹出的快捷菜单中选择“刷新”命令，将文件夹刷新，效果如图 9–64 所示。

图 9-63

名称	修改日期	类型	大小
.svn	2018/3/29 18:11	文件夹	
branches	2018/3/29 18:11	文件夹	
conf	2018/3/29 18:11	文件夹	
db	2018/3/29 18:11	文件夹	
hooks	2018/3/29 18:11	文件夹	
locks	2018/3/29 18:11	文件夹	
readme	2018/3/30 9:32	文件夹	
tags	2018/3/29 18:11	文件夹	
trunk	2018/3/29 18:11	文件夹	
come on.txt	2018/3/30 10:29	文本文档	1 KB
format	2018/3/29 18:11	文件	1 KB
README.txt	2018/3/29 18:11	文本文档	1 KB

图 9-64

05 选择需要删除的文件，单击鼠标右键，在弹出的快捷菜单中选择 TortoiseSVN > “删除”命令，如图 9–65 所示。将文件删除后，单击鼠标右键，在弹出的快捷菜单中选择“SVN 提交”命令，弹出提示对话框，用户可以根据提示选择删除，如图 9–66 所示。

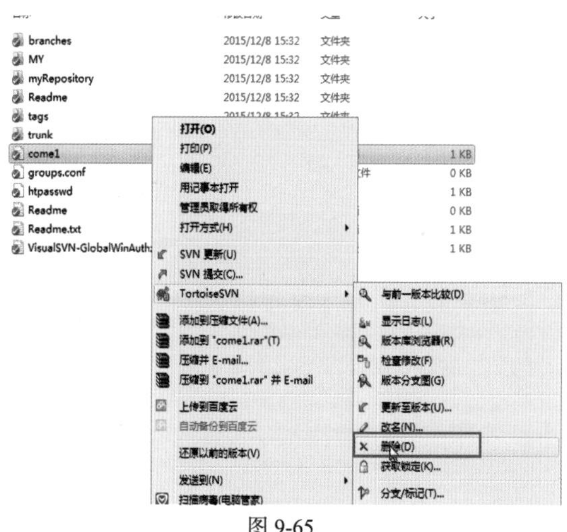

图 9-65

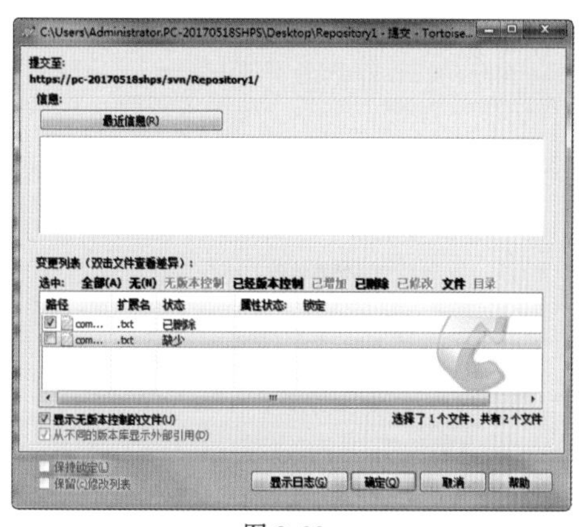

图 9-66

06 单击“确定”按钮后，弹出“认证”对话框，输入密码及用户名后，弹出“提交 完成”对话框，如图 9–67 所示。可将想要删除的文件删除。

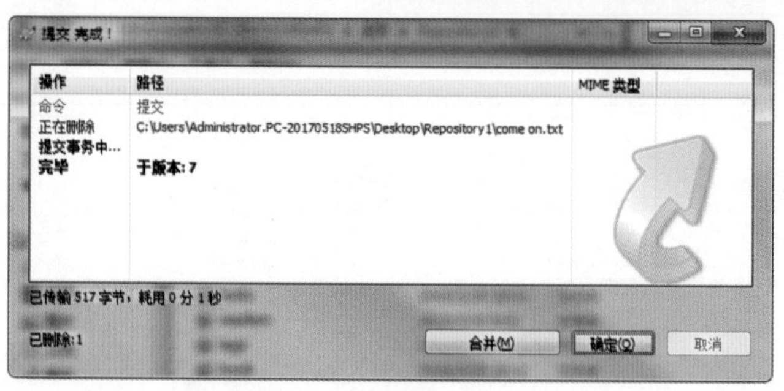

图 9-67

9.3 使用团队项目

一个大的项目通常不是一个人完成的，需要几个甚至几十个人共同来完成。创建团队项目可以使团队中的所有用户及时共享最新信息，全程参与到项目的研发制作中。

9.3.1 创建团队项目

执行“文件”>“新建”命令，新建一个 Axure RP 文档。执行“团队”>“从当前文件创建团队项目”命令，如图 9-68 所示。即可开始创建团队项目。

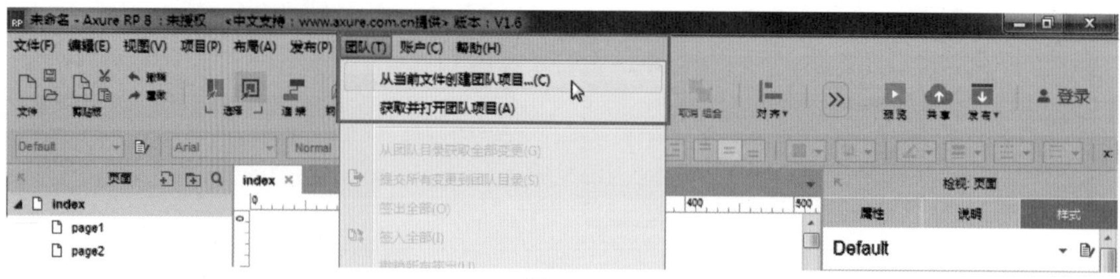

图 9-68

用户也可以执行“文件”>“新建团队项目”命令，如图 9-69 所示。在弹出的“创建团队项目”对话框中创建项目，如图 9-70 所示。

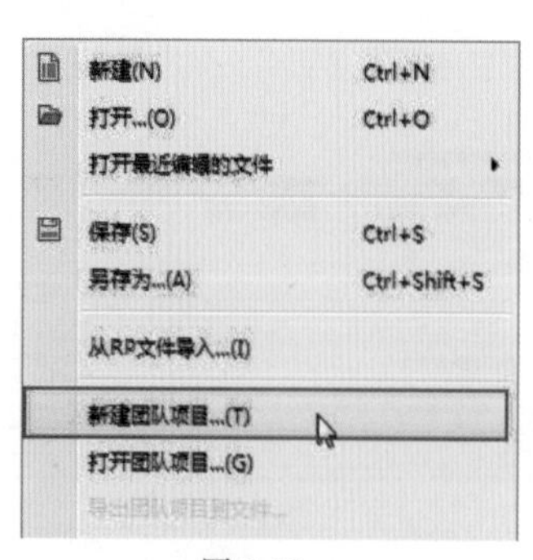

图 9-69

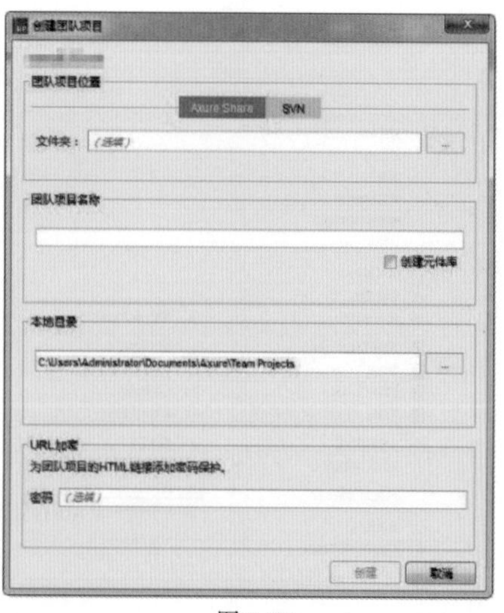

图 9-70

单击“创建团队项目”对话框中的 SVN 选项卡，单击团队目录后的按钮，选择工作项目文件夹位置（绿色对勾标识的文件夹）。

提示

在选择团队目录位置时，可以直接复制粘贴 URL 或 SVN 的地址。用户也可以在工作项目文件夹（绿色对勾文件夹）直接新建文件，将文件添加到版本控制中（前面讲解的添加文件操作），在选择团队目录时直接选择该文件位置，创建团队项目。

在“团队项目名称”文本框中输入项目的名称，如图 9-71 所示。在“团队目录”选项后单击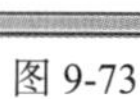按钮，选择本地项目保存的位置，如图 9-72 所示。

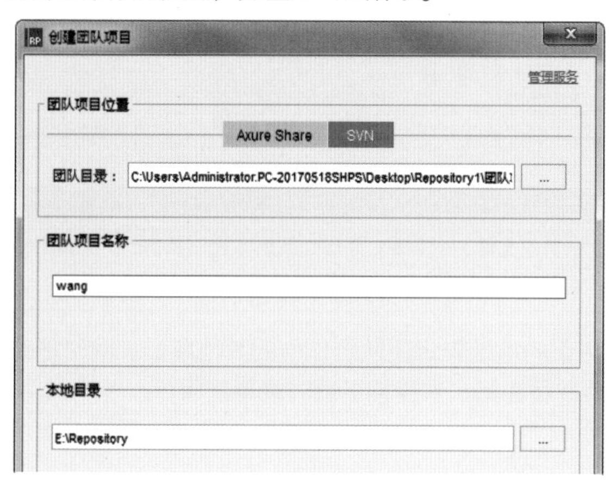

图 9-71

图 9-72

提示

在给团队项目命名时，要保持简短的项目名称，在名称中如果包含多个独立的单词，要使用连字符或者首字母大写，不要出现空格，因为项目名称会在 URL 使用，所以要避免空格。

单击“创建”按钮，弹出创建进度窗口，如图 9-73 所示。当创建成功后，弹出提示对话框，如图 9-74 所示。

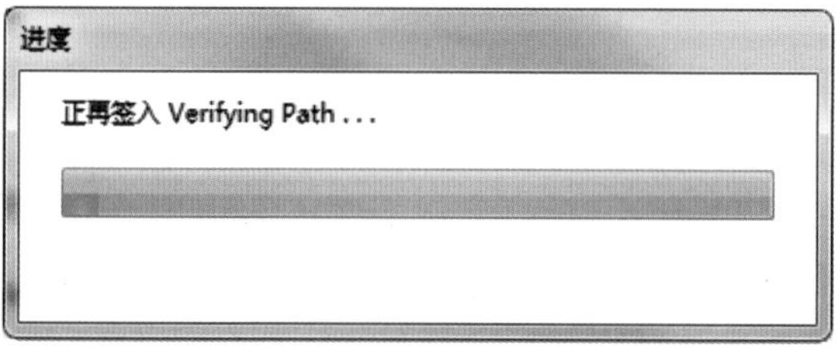

图 9-73

图 9-74

提示

团队目录选项是本地项目保存的位置，用户可以将该位置打开，会看到 Axure RP 团队项目创建了两个内容。

Axure RP 默认的保存格式是 Axure RP 标准文件格式，这种格式在同一时间只能有一个人进行访问和编辑，而 Axure RP 团队项目是为了支持团队合作可以多人进行访问，团队项目文件格式为 .rpprjg 格式，文件图标如图 9-75 所示。

图 9-75

打开工作项目文件夹（绿色对勾文件夹），用户会看到创建的团队项目，但是并没有显示“受控状态”，如图 9-76 所示。选择该项目，将文件添加到版本控制的状态（与前面讲解的添加文件的方法相同，这里不再详细讲解），文件显示效果如图 9-77 所示。

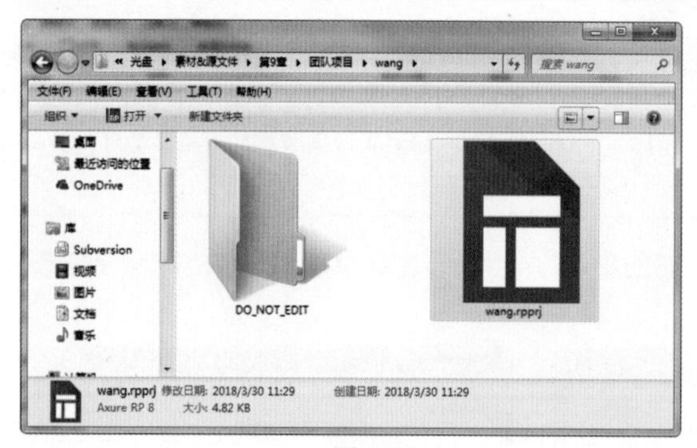

图 9-76

图 9-77

提示

用户如果先在项目文件夹（绿色对勾文件夹）中新建文件，并将该文件添加到版本控制状态，在选择团队目录时，如果选择的是该新建文件，不用再添加，只需要更新即可。

完成团队项目的创建后，需要将共享目录的地址告诉团队合作中的其他成员。同时把 SVN 服务器的用户名和密码准备好，团队合作中其他成员在第一次连接下载时需要使用。

9.3.2 打开团队项目

执行“文件”>“打开团队项目”命令，或者在菜单中选择“团队”>“获取并打开团队项目”选项，如图 9–78 所示。选择项目建成的文件夹位置（绿色对勾标识的文件夹），如图 9–79 所示。

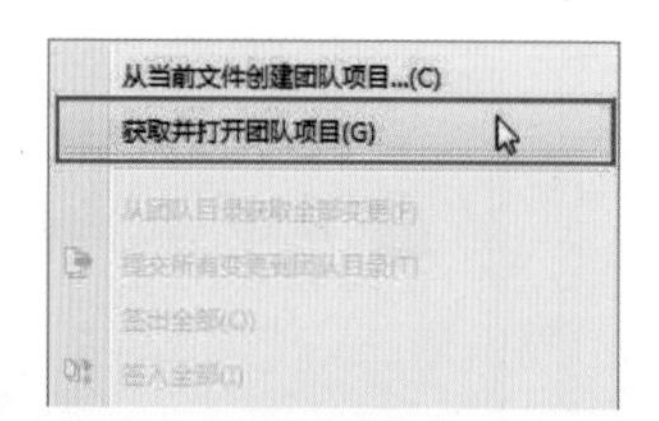

图 9-78

图 9-79

提示

用户在选择文件时会看到在 MY 团队项目文件夹有 db、dav 及 conf 子目录，说明在此台计算机上已经获取过该团队项目文件，不需要重复获取，直接执行“文件”>“打开”命令即可打开项目文件。

在团队目录选项中，默认位置为 C:\Users\Administrator\Documents\Axure\Team Projects，用户可以更改项目下载后存放的位置。单击 Get 键，Axure RP 会从服务器或者网络目录下载项目文件，项目成功获取后弹出如图 9–80 所示的对话框。将项目成功获取后，可以进行编辑。

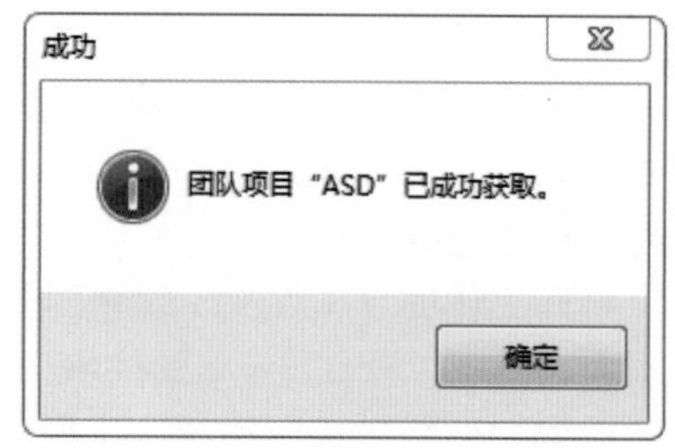

图 9-80

在团队项目中编辑文件，团队成员要签出所有需要的内容元素。如果其他团队成员也想要签出同一部分，会提示成员该部分已经被签出。当签出部分完成设计后，团队成员可以签入内容元素，同时其他的团队成员也可以对想要签出的内容元素进行编辑设计。

9.4 使用 Axure Share 

Axure Share 是用于存放 HTML 原型的 Axure 云主机服务。Axure Share 目前托管在 Amazon 网络服务平台，是一个相当可靠和安全的云环境。用户可以登录 https://share.axure.com/ 查看。

9.4.1 创建 Axure Share 账号

使用 Axure Share 需要创建一个账号。从 2014 年 5 月开始，Axure Share 就全部免费。每个账号可以创建 100 个项目，每个项目的大小限制为 100MB。

用户可以执行“发布” > “登录 Axure 账号”命令，弹出“登录”对话框，如图 9–81 所示。在“登录”对话框中选择“创建账号”选项，如图 9–82 所示。

图 9-81

图 9-82

用户可以在“创建账号”对话框中创建账号，也可以登录 https://share.axure.com 在网页中创建，如图 9–83 所示。

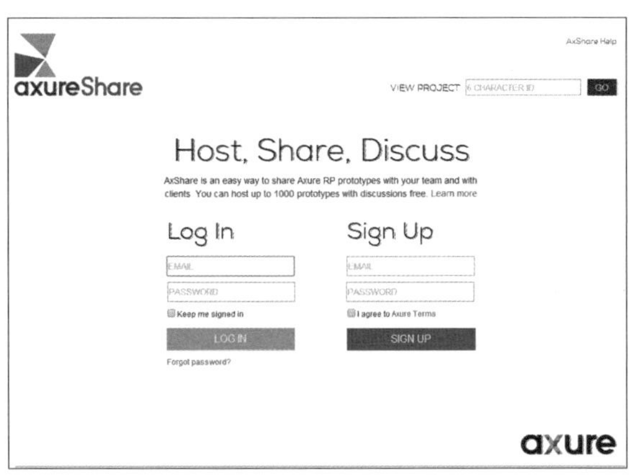

图 9-83

9.4.2 上传原型到 Axure Share

用户可以将原型托管在 Axure Share 上并与利益相关者分享。使用 HTML 原型的讨论功能可以让利益相关者与设计团队进行离线讨论。

用户可以在 Axure 网站中链接 Axure Share，也可以直接访问 https://share.axure.com。如图 9–84 所示是 Axure Share 登录页面，如图 9–85 所示是登录后的状态页面。

图 9-84

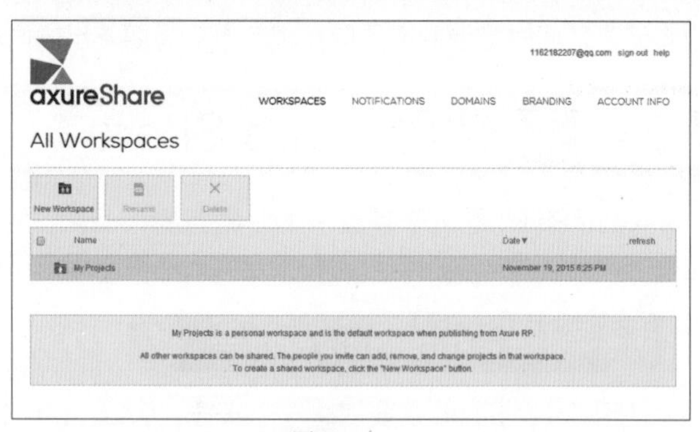

图 9-85

将原型文件存储于 Axure Share 托管服务上很简单，需要用户登录账号后进入登录界面，单击 New Workspace 按钮，如图 9–86 所示，弹出 Create a new workspace 对话框，如图 9–87 所示。

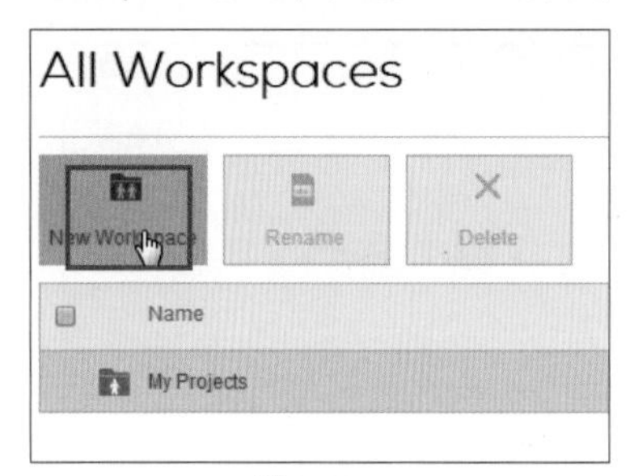

图 9-86

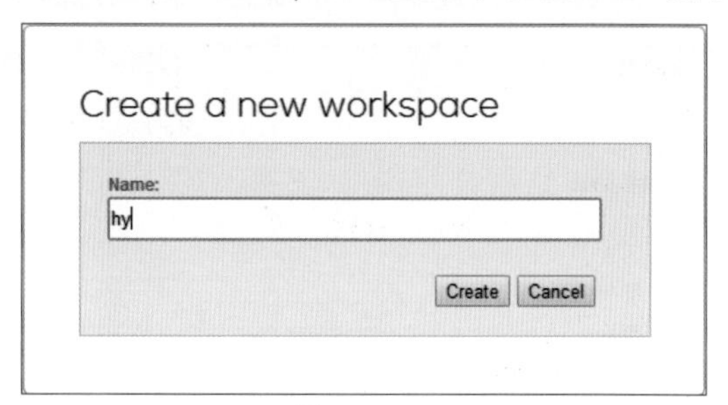

图 9-87

在对话框中输入项目文件夹名称，单击 Create 按钮进行创建，如图 9–88 所示。选中新建的项目文件夹，可以对该项目文件夹进行上传项目文件或者编辑等操作，如图 9–89 所示。

1162182207@qq.com sign out help
axureShare
WORKSPACES NOTIFICATIONS DOMAINS BRANDING ACCOUNT INFO
All Workspaces
New Workspace Rename Delete
Name Date ▾ refresh
My Projects November 19, 2015 6:25 PM
hy Owner: Me December 9, 2015 1:18 PM

图 9-88

1162182207@qq.com sign out help
axureShare
WORKSPACES NOTIFICATIONS DOMAINS BRANDING ACCOUNT INFO
All Workspaces
New Workspace Rename Delete
Name Date ▾ refresh
My Projects November 19, 2015 6:25 PM
hy Owner: Me December 9, 2015 1:18 PM

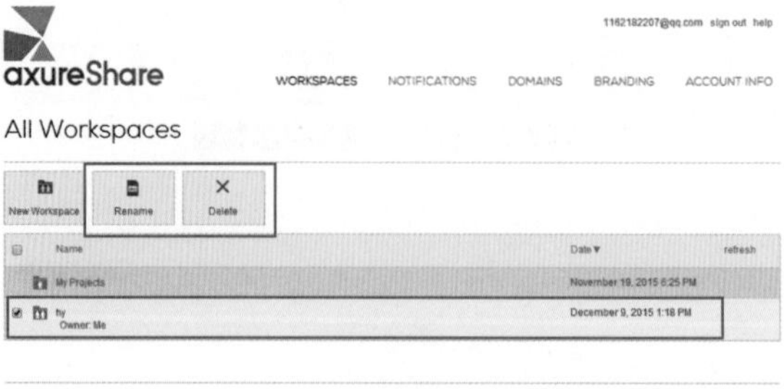

图 9-89

用户可以在网页中直接创建项目文件夹，也可以将项目上传到 Axure Share 中，执行“发布”>“发布到 Axure Share”命令，弹出“发布到 Axure Share”对话框，如图 9–90 所示。

- **配置：**可以设置 HTML 输出设置，单击“编辑”按钮即可弹出“生成 HTML”对话框，用户可以对其进行设置，如图 9–91 所示。

图 9-90

图 9-91

- **创建一个新项目：** 需要输入新项目的名称、密码及文件夹，选择文件夹时弹出“登录”对话框，需要读者登录 Axure Share 账号。如果读者已经登录了账号，可以选择前面一节中创建的项目文件夹。
- **替换现有项目：** 将新的原型替换原来的原型，但是需要输入原来原型的项目ID。

9.5 发布和查看原型

当项目完成后，单击工具栏中的“预览”按钮或按 F5 键，即可在浏览器中查看原型效果。用户可以选择浏览器和设置生成项目的位置。

单击工具栏上的“发布”按钮，在下拉菜单中选择“生成 HTML 文件”命令，如图 9-92 所示。弹出“生成 HTML”对话框，如图 9-93 所示。

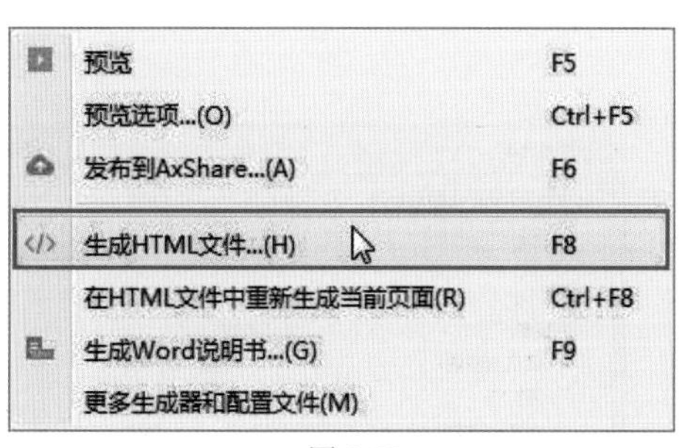

图 9-92

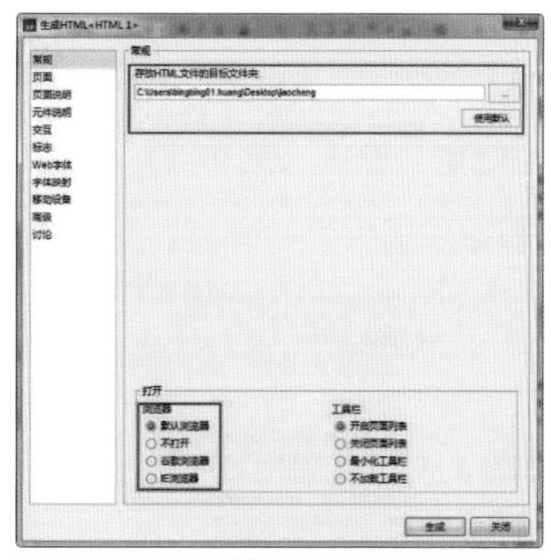

图 9-93

选择想要保存项目的位置，然后再选择默认打开浏览器。Axure RP 8.0 会自动识别当前系统中的浏览器供用户选择，默认选择 IE 浏览器。

提示

如果存储位置未创建，Axure RP 会为用户创建一个当前文件夹供用户使用。

单击“确定”按钮，在浏览器中可以看到生成的项目原型。对于 IE 浏览器，每次生成 Axure RP 项目并且在浏览器中打开的时候，会看到如图 9-94 所示的安全提示。

图 9-94

在提示上单击鼠标右键，在弹出的快捷菜单中选择“允许阻止的内容”命令即可，如图 9–95 所示。

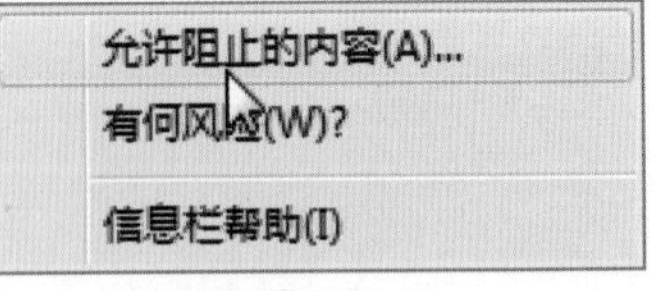

图 9-95

为了避免提示每次预览时都出现，用户可以在 IE 浏览器中执行“工具” > “Internet 选项”命令，弹出“Internet 选项”对话框，如图 9–96 所示。

在“高级”选项卡中勾选“允许活动内容在我的计算机上的文件中运行 *”复选框，如图 9–97 所示。重启 IE 浏览器，再生成项目时就不会弹出安全警告了。

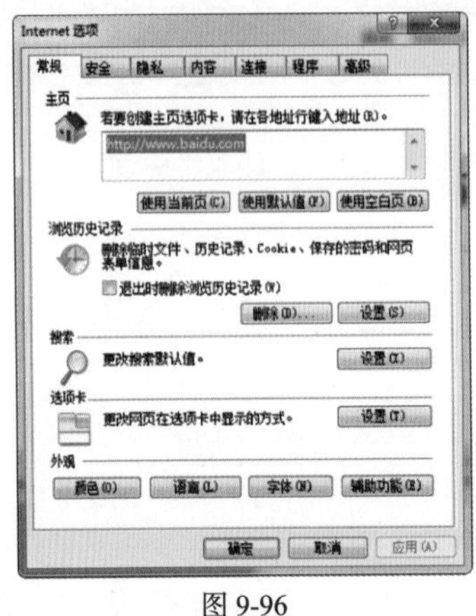

图 9-96

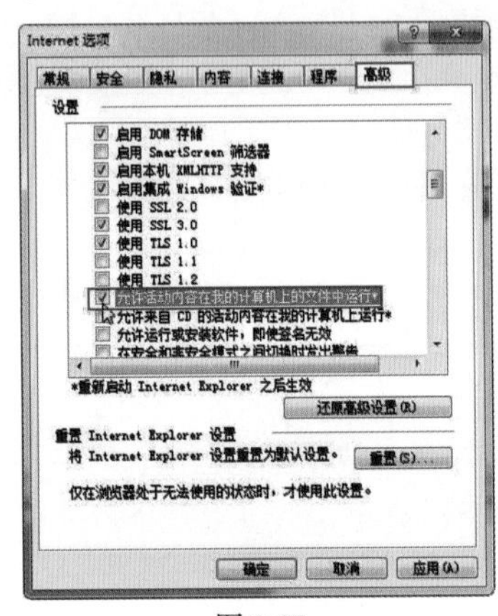

图 9-97

无论是在预览项目文件时，还是生成项目时，用户都会看到如图 9–98 所示的预览效果。页面会分成两部分，左侧是站点地图，右侧是效果，可以对其进行设置。执行“发布” > “预览设置”命令，弹出“预览选项”对话框，如图 9–99 所示。

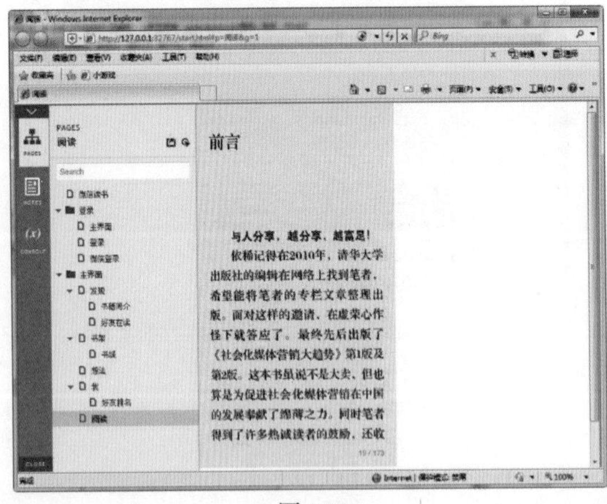

图 9-98

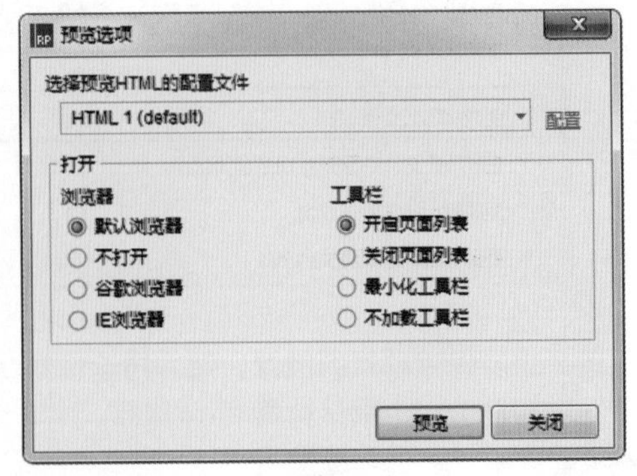

图 9-99

在“预览选项”对话框中可以设置预览时浏览器界面的分布。

1. 浏览器

- **默认浏览器：**是根据用户计算机中设置的默认浏览器，在该默认浏览器中打开。

- **不打开：**当选择不打开时，在预览时是不会有浏览器打开查看效果的。
- **IE 浏览器：**项目文件在指定的 IE 浏览器中打开。

2. 工具栏

- **开启页面列表：**选择此选项，预览原型时将显示左侧的页面列表内容。此选项为默认状态。
- **关闭页面列表：**选择此选项，预览原型时将不显示左侧的页面列表，只显示工具栏，如图 9–100 所示。
- **最小化工具栏：**选择此选项，预览原型将隐藏工具栏和页面列表，如图 9–101 所示。单击浏览器窗口左上角位置，即可显示工具栏和页面列表。

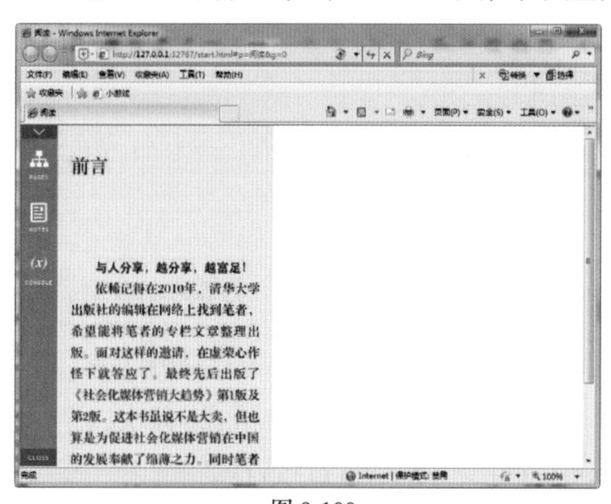

图 9-100

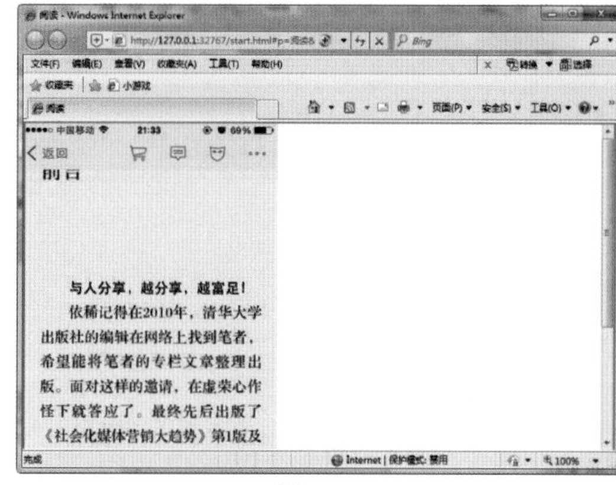

图 9-101

- **不加载工具栏：**选择此选项，预览原型将不显示工具栏和页面列表。

9.6 使用生成器

在输出项目文件之前，首先要了解生成器的概念。所谓生成器就是为用户提供的不同的生成标准。在 Axure RP 8.0 中一共有 HTML 生成器、Word 生成器、CSV 报告生成器和打印生成器 4 种生成器。接下来逐一进行介绍。

9.6.1 HTML 生成器

单击工具栏中的“发布”按钮，在下拉菜单中选择“生成 HTML 文件”命令，如图 9–102 所示，弹出“生成 HTML ”对话框，如图 9–103 所示。

图 9-102

图 9-103

在“生成 HTML ”对话框中可以配置默认 HTML 生成器的选项。可以创建多个 HTML 生成器，在大型项目中可以将图形切分成多个部分输出，以加快生成的速度。生成之后可以在 Web 浏览器中查看。

用户也可以执行“发布”>“更多生成器和配置文件”命令，弹出“管理配置文件”对话框，如图 9–104 所示。双击“HTML1(default)”选项，弹出“生成 HTML”对话框，如图 9–105 所示。在该对话框中完成更多设置。

图 9-104

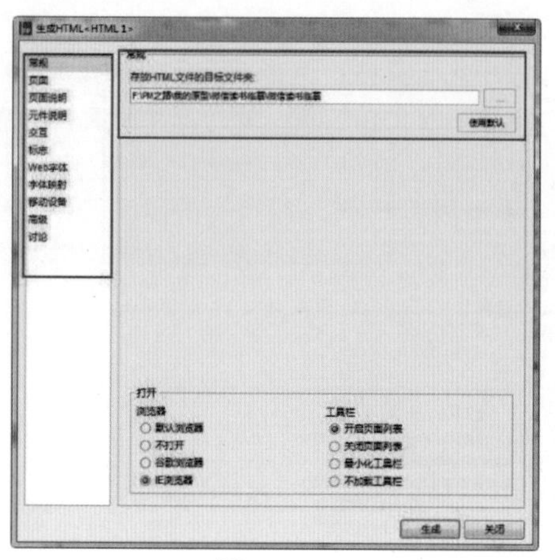

图 9-105

对话框中各项参数解释如下。

- **常规:** 选择“常规”选项，可以设置存放 HTML 文件的位置，单击如图 9–106 所示的按钮，弹出“浏览文件夹”对话框，可以设置文件保存的位置，如图 9–107 所示。

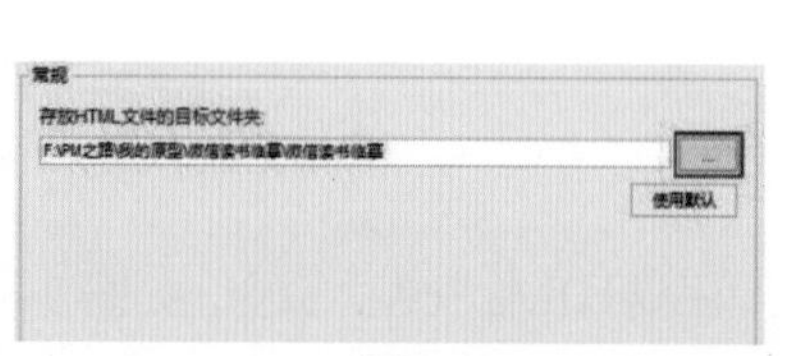

图 9-106

图 9-107

- **页面:** 选择“页面”选项，可以选择单独的页面，默认情况下，是生成所有页面的，如图 9–108 所示。取消勾选“生成所有页面”复选框，可以任意选择要生成的页面，如图 9–109 所示。

图 9-108

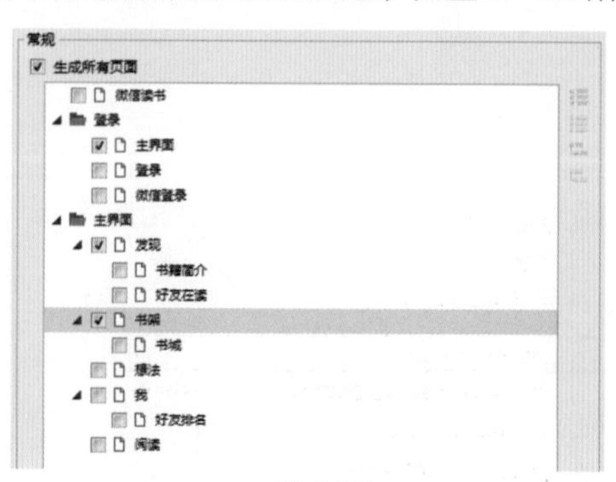

图 9-109

针对页面过多的情况，在项目文件中还提供了全部选中、全部取消、选中全部子页面及取消全部子页面 4 个按钮，如图 9–110 所示。

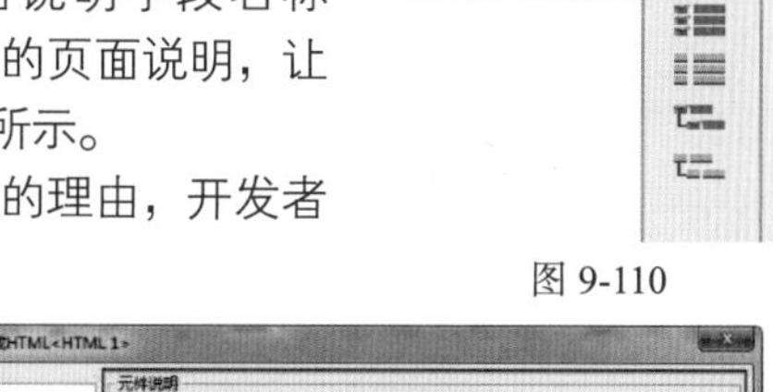

图 9-110

- **页面说明：**Axure RP 8.0 提供了一个简单的页面说明字段名称 Default，可以对页面说明重命名，也可以添加其他的页面说明，让 HTML 文档的页面说明更具有结构化，如图 9–111 所示。
- **元件说明：**在页面编辑区中的每个元件都有它存在的理由，开发者会将每个元件转换为代码，如图 9–112 所示。

图 9-111

图 9-112

- **交互：**指定用例交互行为，如图 9–113 所示。
- **标志：**可以导入标志并设置标题，如图 9–114 所示。

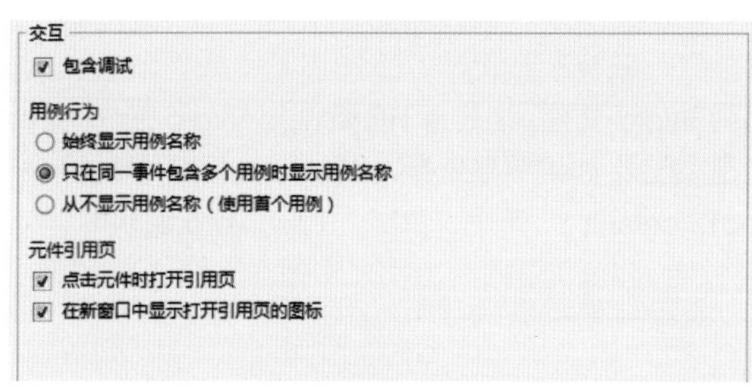

图 9-113

图 9-114

- **Web 字体：**在 Axure RP 8.0 中默认字体是 Arial 字体，可以通过元件样式编辑器修改元件的默认字体。这里的 Web 字体，也就是可以查看项目文件中哪里应用了 Web 字体，如图 9–115 所示。
- **字体映射：**创建一种新的字体映射关系，如图 9–116 所示。

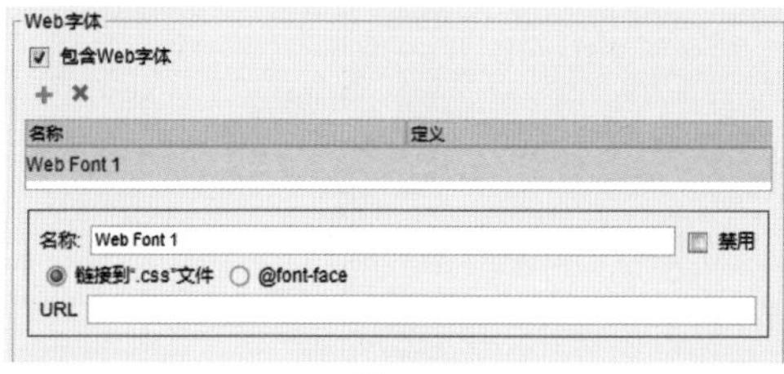

图 9-115

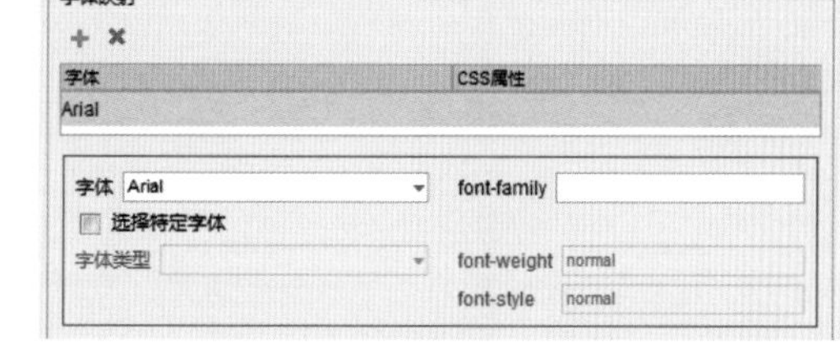

图 9-116

- **移动设备：**当输出原型是应用到移动设备时，可以设置适配移动设备的特殊原型，如图 9–117 所示。
- **高级：**可以设置项目文件输出时字体的大小及页面的草图效果，如图 9–118 所示。

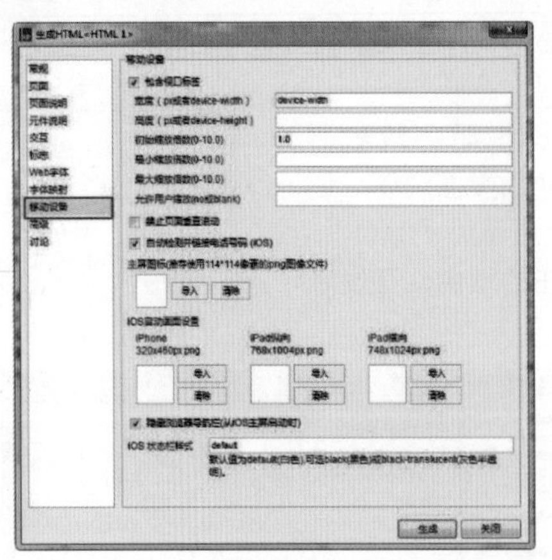

图 9-117

图 9-118

- **讨论：**可以让访问者在浏览时创建说明和恢复其他访问者的说明。用户需要有自己的 ID 对说明进行管理及保护，如图 9–119 所示。

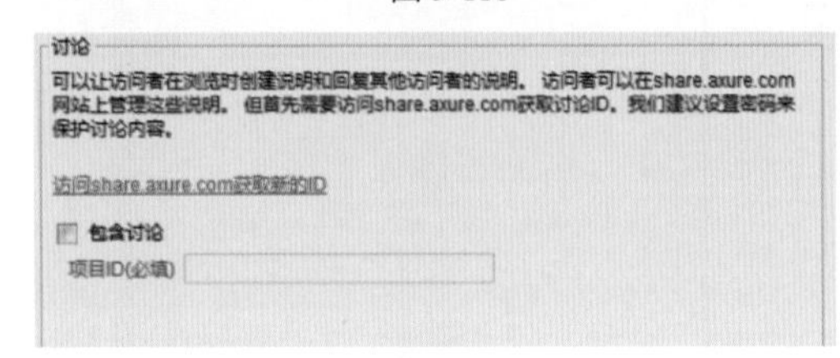

图 9-119

> **提示**
>
> 对于响应式的 Web 项目文件，HTML 原型是最好的展示方式。

9.6.2 Word 生成器

用户可以使用 Word 生成器将原型文件输出为 Word 文件。Axure RP 默认对 Word 2007 支持得比较好，并自带 Office 兼容包，生成的文件扩展名是 .docx。如果需要低版本的 Word，则需要转换一下。

双击“管理配置文件”对话框中的“Word Doc1 (default)”选项，弹出“生成 Word 说明书 (Word Doc 1)”对话框，如图 9–120 所示。

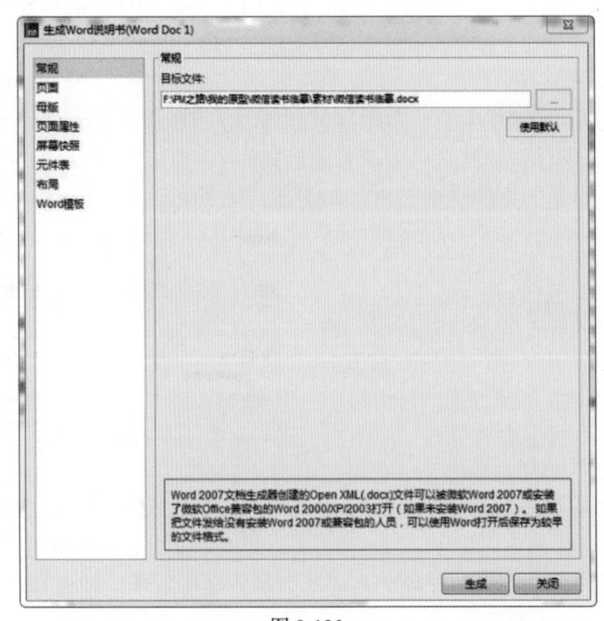

图 9-120

对话框中各项参数解释如下。

- **常规：** 设置项目文件保存的位置，调整 Web 浏览时的页面效果。
- **页面：** 和 HTML 生成器中的页面说明一样，可以让页面更具有结构化，如图 9–121 所示。用户可以选择是否输出包含标题部分。
- **母版：** 可以选择需要出现在 Word 文档中的母版及形式，如图 9–122 所示。

图 9-121

图 9-122

- **页面属性：** 在页面属性中，可以选择生成时需要包含的页面，提供了多种丰富的选项和配置页面信息，这些配置可以应用于 Axure RP 文件页面管理面板中所有的页面，如图 9–123 所示。
- **屏幕快照：** Axure RP 8.0 生成 Word 文档功能的一项特别节省时间的方式就是自动生成所有页面的屏幕快照。也就是说生成文档时，所有页面的屏幕快照都会自动更新，还可以同时创建编号脚注，如图 9–124 所示。

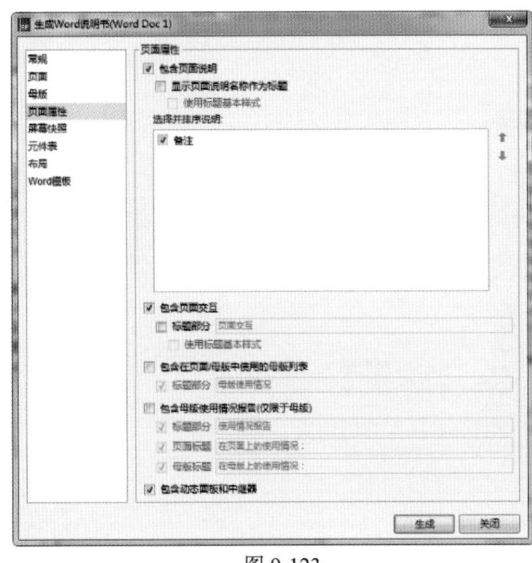

图 9-123

图 9-124

- **元件表：** 该选项提供了多种选项配置功能，可以对 Word 文档中包含的元件说明信息进行管理，如图 9–125 所示。
- **布局：** 布局设置，如图 9–126 所示，可以提供对 Word 文档页面布局的可选择性。
- **Word 模板：** Axure RP 会使用一个 Word 模板，基于前面各个选项的设置，将所有内容组织起来。在 Word 模板中可以导入模板，还可以创建模板，如图 9–127 所示。

图 9-125

图 9-126

图 9-127

提示

在项目文件输出时，Word 文档是最重要的，也是最容易的输出形式。

9.6.3 CSV 报告生成器

CSV 是一种通用的、相对简单的文件格式，被商业和科学领域用户广泛应用。最广泛的应用是在程序之间转移表格数据，而这些程序本身是在不兼容的格式上进行操作的（往往是私有的和无规范的格式）。因为大量程序都支持某种 CSV 变体，至少是作为一种可选择的输入 / 输出格式。

项目文件以纯文本形式存储表格数据（数字和文本）。文本意味着该文件是一个字符序列，不含必须像二进制数字那样被解读的数据。CSV 文件由任意数目的记录组成，记录间以某种换行符分隔；每条记录由字段组成，字段间的分隔符是其他字符或字符串，最常见的是逗号或制表符。通常，所有记录都有完全相同的字段序列。

双击“管理配置文件”对话框中的“CSV Report 1”选项，弹出“生成 Configure CSV Reports（CSV Report 1）”对话框，如图 9–128 所示。

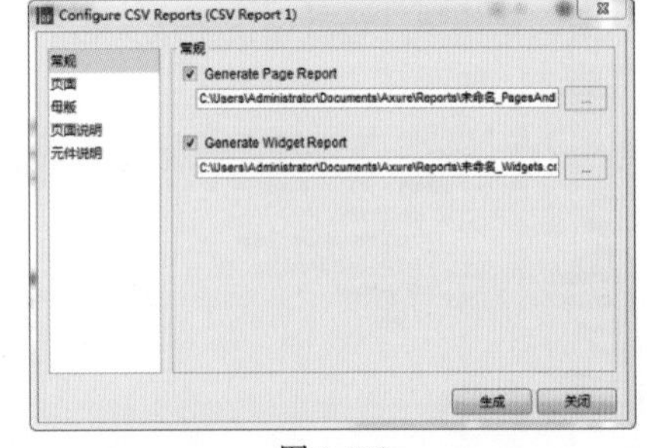

图 9-128

该对话框中各项参数解释如下。

- **常规：**分别设置页面报告和控件报告保存的位置，如图 9–129 所示。
- **页面：**和前面介绍的生成器中的页面说明一样，用户可以选择要生成的页面。
- **母版：**可以选择需要在 CSV 报告中出现的母版，如图 9–130 所示。

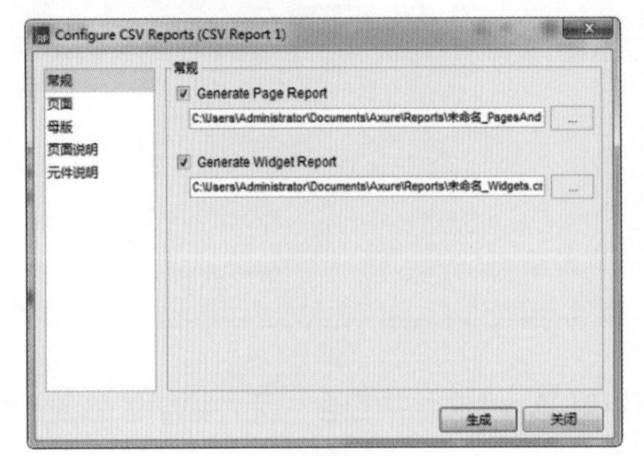

图 9-129

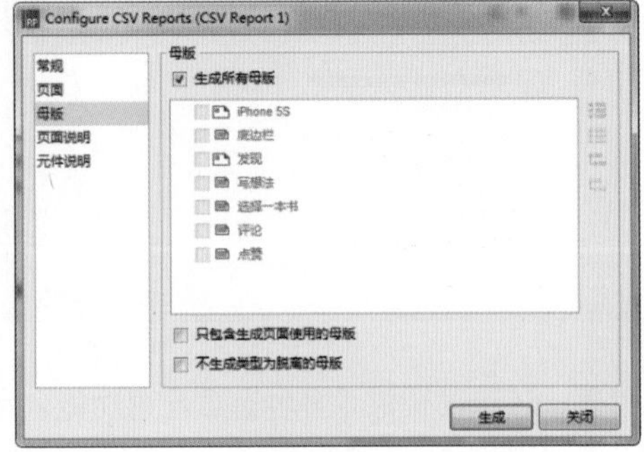

图 9-130

- **页面说明：**可以选择需要在 CSV 报告中出现的页面说明，如图 9–131 所示。
- **元件说明：**可以选择需要在 CSV 报告中出现的元件说明，如图 9–132 所示。

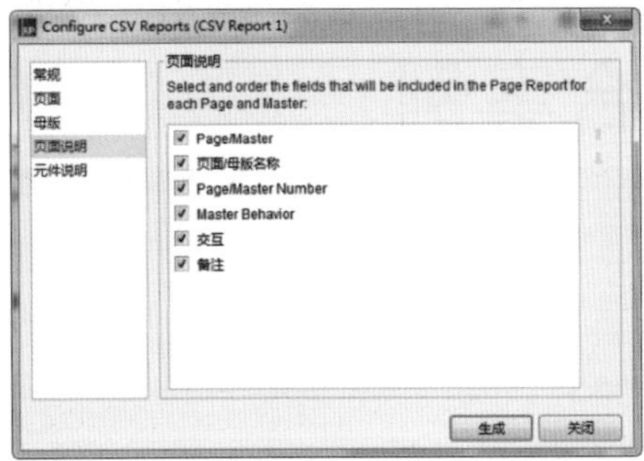

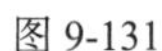

图 9-131

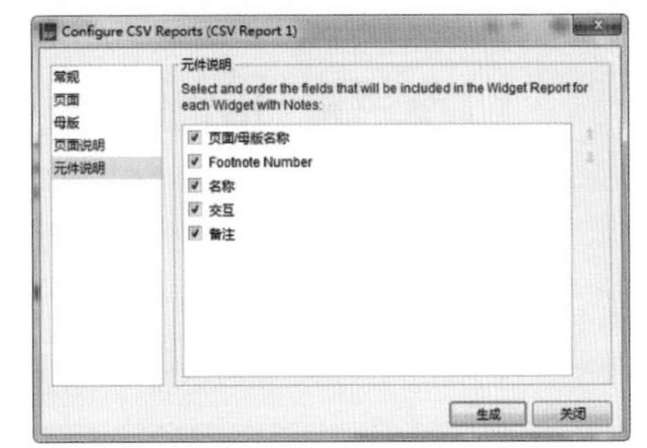

图 9-132

提示

CSV 文件格式的通用标准并不存在，但是在 RFC 4180 中有基础性的描述。使用的字符编码同样没有被指定。

9.6.4 打印生成器

打印生成器是 Axure RP 8.0 中新增加的生成器，是指如果需要定期打印不同的页面或母版，可以创建不同的打印配置项，这样就不需要每次都重新去配置打印属性。

在打印时，可以配置想打印页面的比例，无论是只有几页或文件的一整节，打印一组模板也变得非常简单。如果正在从 Axure RP 文件中打印多个页面，不必频繁地重复调整打印设置，可以为每个需要打印的页面创建单独的打印配置。

双击“管理配置文件”对话框中的“打印生成器”选项，弹出“打印 (Print 1)”对话框，如图 9–133 所示。

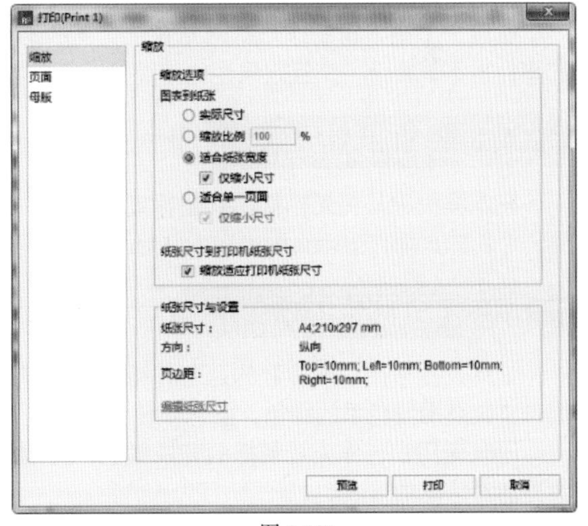

图 9-133

- **缩放：**可以用来设置缩放图标为纸张大小、全尺寸、缩放、按宽度适配及按页面适配几种规格。
- **页面：**选定需要打印的页面进行打印，如图 9–134 所示。
- **母版：**选定需要打印的母版进行打印，如图 9–135 所示。

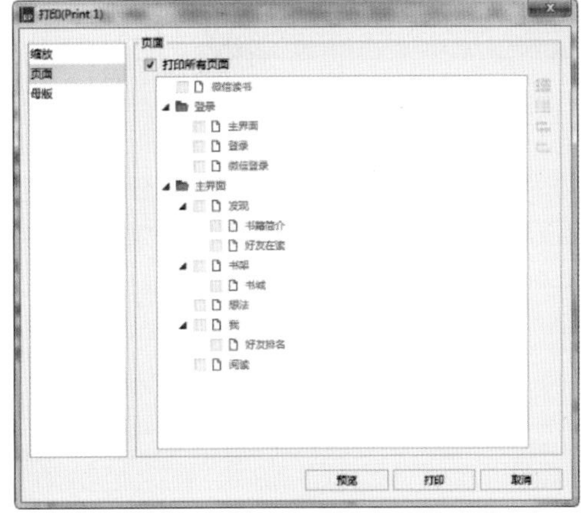

图 9-134

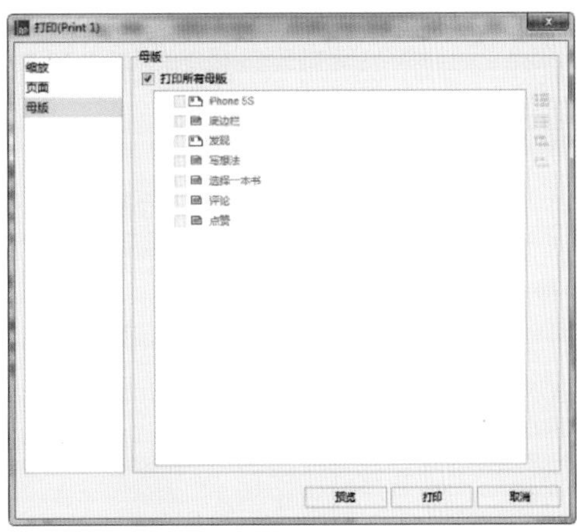

图 9-135

第10章 商业性综合案例

通过前面章节的学习，用户应该已经掌握了 Axure RP 的基本使用方法。在本章中将通过制作网站的产品原型，帮助用户深入了解 Axure RP 功能的同时，也帮助用户熟悉实际的工作流程和制作规范，这样就可以方便用户学以致用。

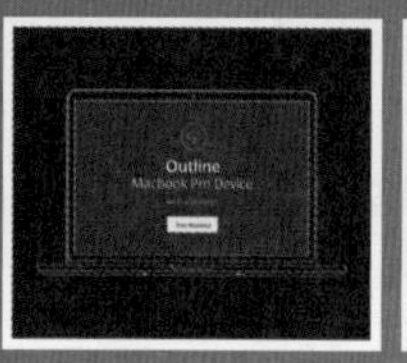

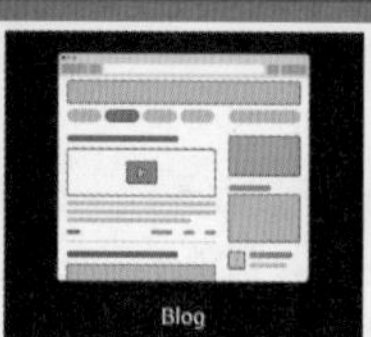

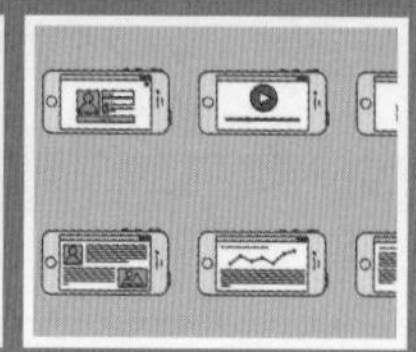

10.1 网站登录界面案例

在这一节中，将制作一款网站登录页面的原型设计。这款页面包含的内容比较少，用到的元件和事件也不算复杂，交互效果也比较简单，所以制作起来并没有太大的难度。

10.1.1 案例分析

在本案例中，将光标移动到图标或按钮上，图标或按钮的颜色会发生变化。单击按钮，将链接到一个新的页面，显示页面内容，并且页面之间可以相互跳转。

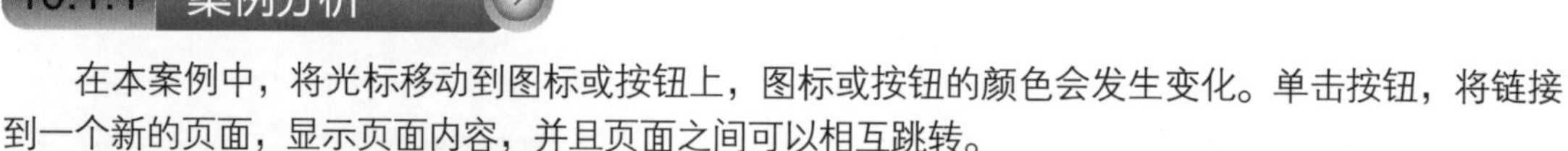

10.1.2 色彩分析

这款页面采用让人冷静的蓝色和给人以新鲜感的绿色作为主色调，为了强调页面的轻松感，在局部位置点缀同色系的绿色、蓝色和红色。

同时使用白色作为登录框的背景颜色，可以使浏览者清楚地看到登录框的结构与信息，方便了浏览者对信息的接收。

从总体效果来看，这款设计网站的登录页面既有设计类网站的严谨和时尚，又兼顾了购物网站的活泼。

主色调		点缀色		

10.1.3 设计思路

从大体上来看，登录页面内容结构简单，大面积的蓝色背景色下白色的登录框显得清楚别致。这样对于浏览者来说，既可以很好地接受网页提供的信息，又能快速地找到自己想要的信息加以操作，如图 10–1 所示。

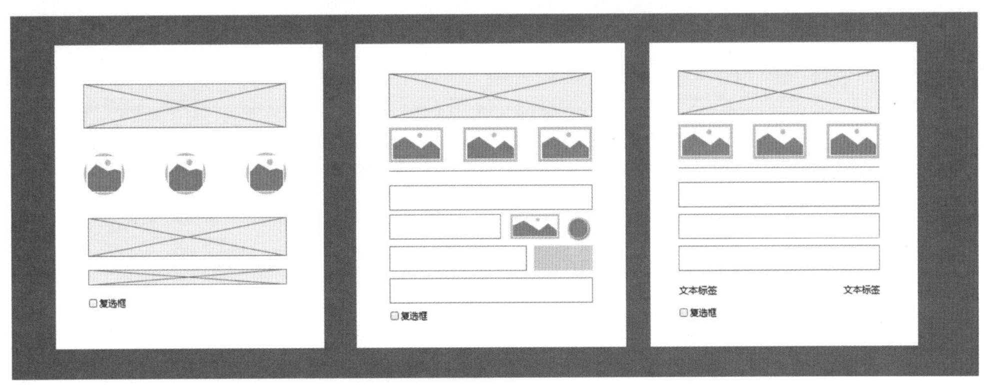

图 10-1

提示

任何网站的登录页面都不宜设置得过于花哨，同时交互效果也不宜设置得过于繁杂，容易引起浏览者的逆反心理，从而放弃对网站的浏览。

实例 39——制作按钮的不同状态

优秀的原型设计不仅能够从外观上给浏览者留下深刻的印象，还能使浏览者通过交互效果全面、快速地了解相关的页面信息。

▶ 源文件：素材&源文件\第10章\网站登录界面.rp

▶ 操作视频：视频\第10章\按钮的不同状态.mp4

01 打开 Axure RP 软件，新建 index 文档。在“样式”选项卡中设置背景颜色为 #1980FF，使用“矩形 1”元件在工作区添加控件，矩形的各项参数如图 10-2 所示。

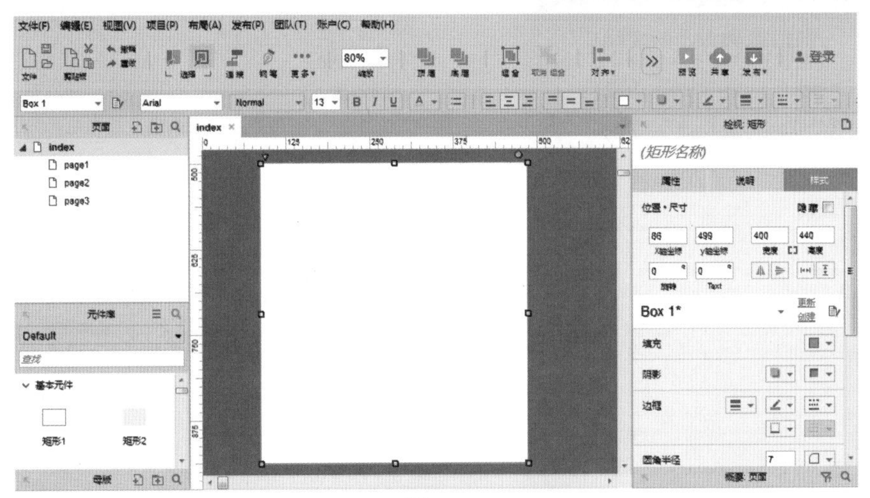

图 10-2

02 继续使用“矩形 1”元件在工作区添加控件，更改“登录”矩形的边框可见性和边框填充颜色为 # 00CC00，其他参数如图 10–3 所示。

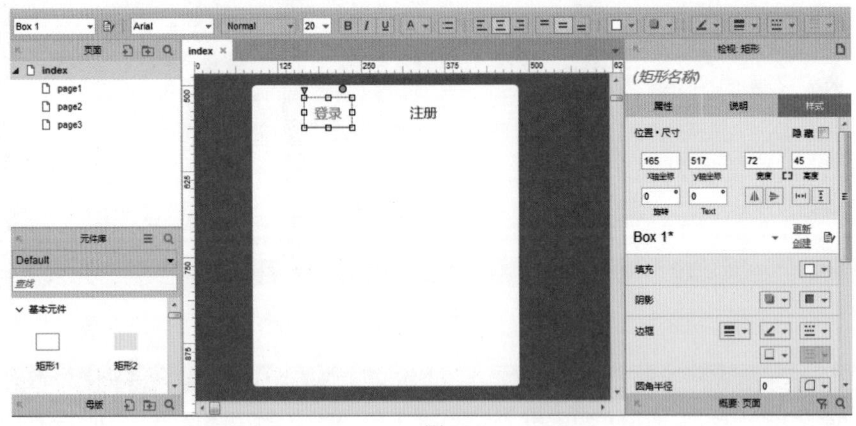

图 10-3

03 使用图片元件在工作区添加控件，并且使用相同方法完成相似的操作，如图 10–4 所示。分别为图标命名为“QQ 图标”“微信图标”和“微博图标”，如图 10–5 所示。

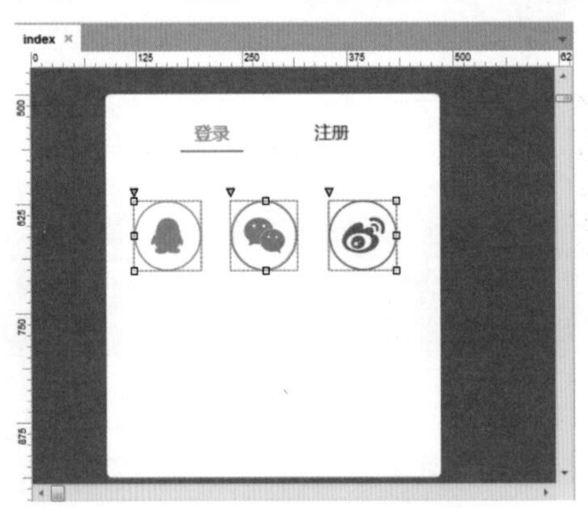

图 10-4

图 10-5

04 选中“QQ 图标”元件，在“属性”选项卡中单击“鼠标悬停”选项，弹出“交互样式设置”对话框，设置参数如图 10–6 所示。设置完成后，“属性”选项卡如图 10–7 所示，并且使用相同方法为“微信图标”和“微博图标”设置交互样式。

图 10-6

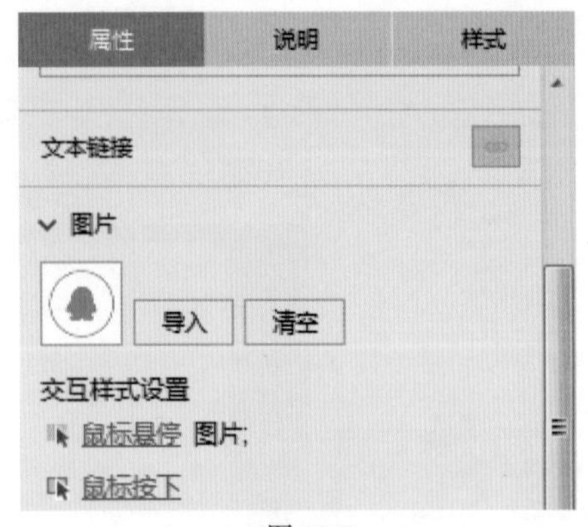

图 10-7

05 使用文本标签元件在工作区添加控件，并且使用相同方法完成相似的操作，具体参数如图 10–8 所示。

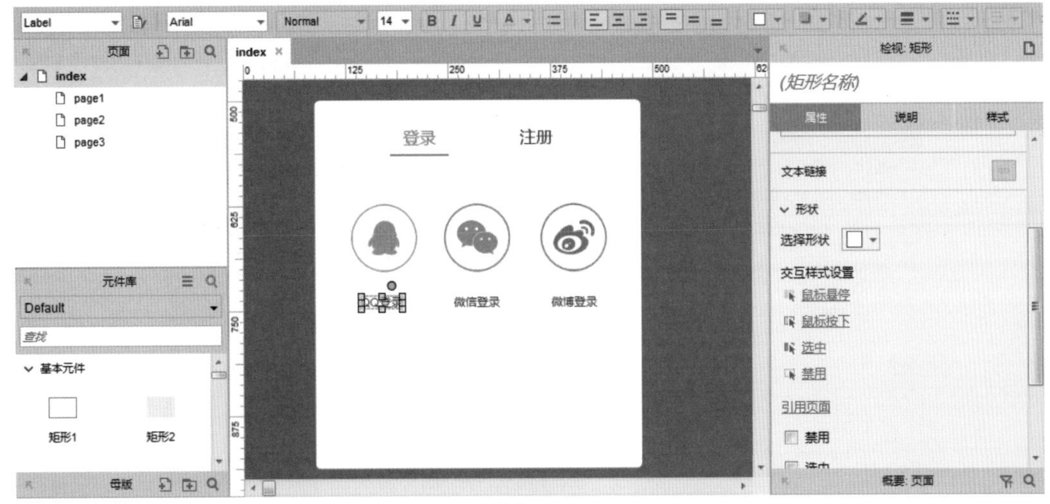

图 10-8

06 使用各种元件在工作区内添加控件，完成页面的绘制，如图 10–9 所示。单击“预览”按钮，在浏览器中查看交互效果，如图 10–10 所示。

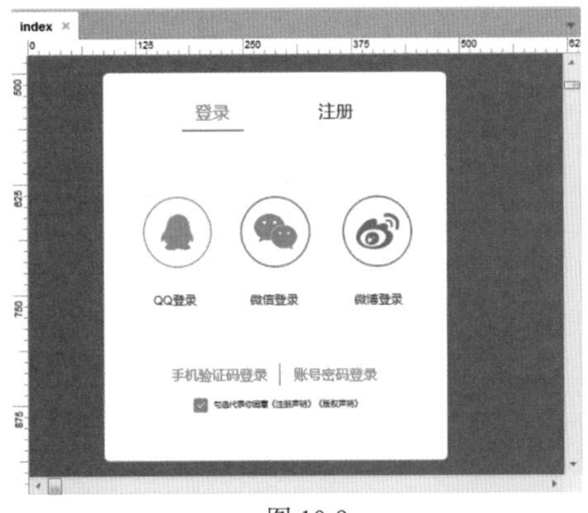

图 10-9

图 10-10

实例 40——切换不同的登录页面

使用 Axure RP 设计和制作原型设计，最重要的一个原因就是 Axure RP 可以设置丰富的交互效果，减轻了设计师在测验阶段的反复修改等劳心劳力的工作。

▶源文件：素材&源文件\第10章\网站登录界面.rp

▶操作视频：视频\第10章\切换不同的登录页面.mp4

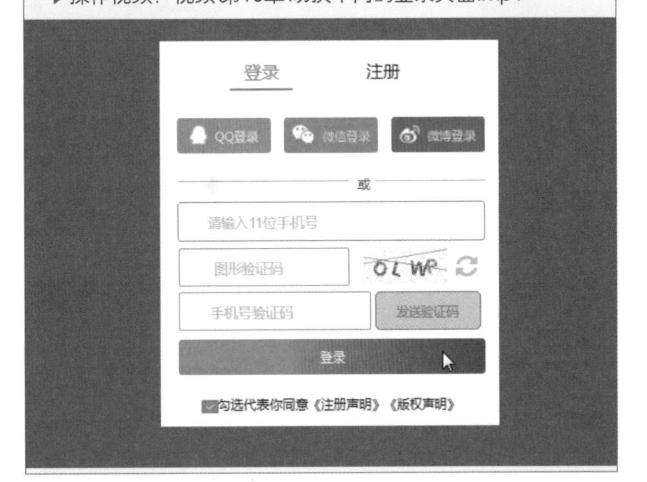

01 回到 index 页面，选中“手机验证码登录”元件，在“属性”选项卡中，单击“创建连接”选项，选择“page1”页面，如图 10–11 所示。在“page1”页面中，根据前面讲解过的操作步骤，制作页面的部分内容，如图 10–12 所示。

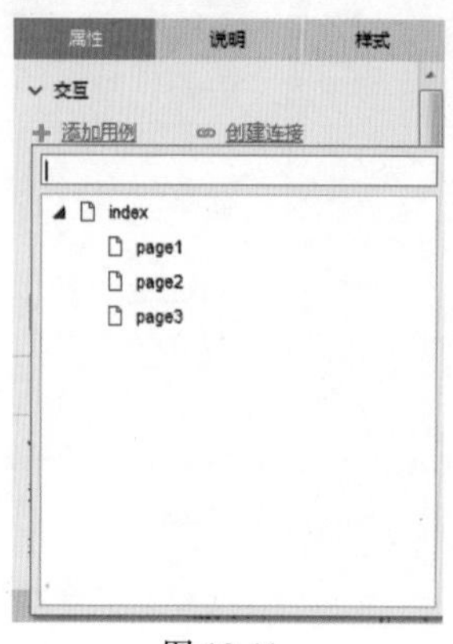

图 10-11

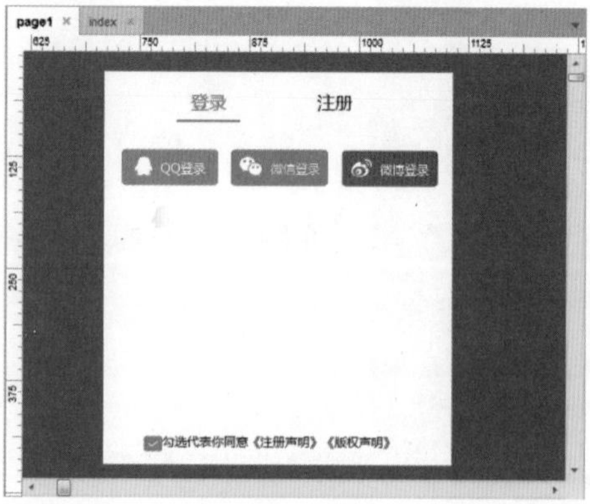

图 10-12

02 使用水平线元件和文本标签元件在工作区添加控件，如图 10–13 所示。继续使用矩形元件在工作区添加控件，如图 10–14 所示。

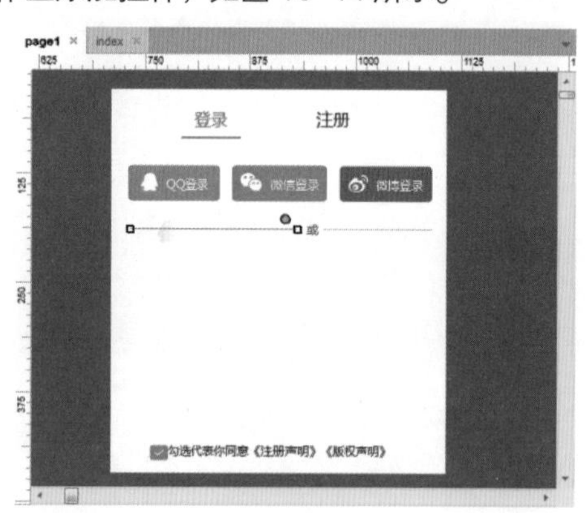

图 10-13

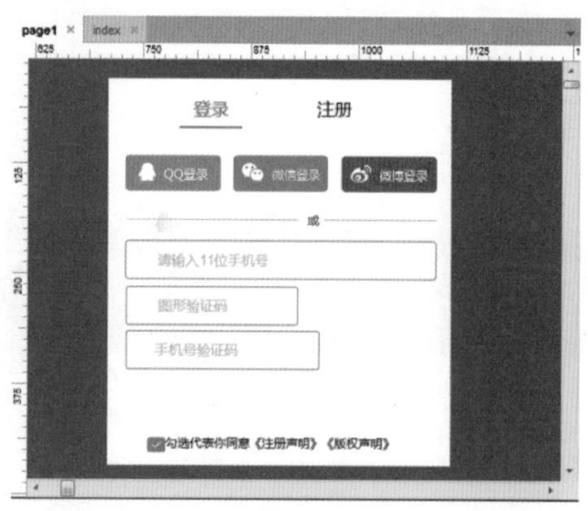

图 10-14

03 使用图片元件和图标元件在工作区添加控件，如图 10–15 所示。继续使用主要按钮元件在工作区添加控件，如图 10–16 所示。

图 10-15

图 10-16

04 在“样式”选项卡中设置“填充类型”为“渐变”，具体参数如图 10–17 所示。在“属性”选项卡中，单击“鼠标悬停”按钮，在弹出的“交互样式设置”对话框中，设置渐变填充样式，如图 10–18 所示。

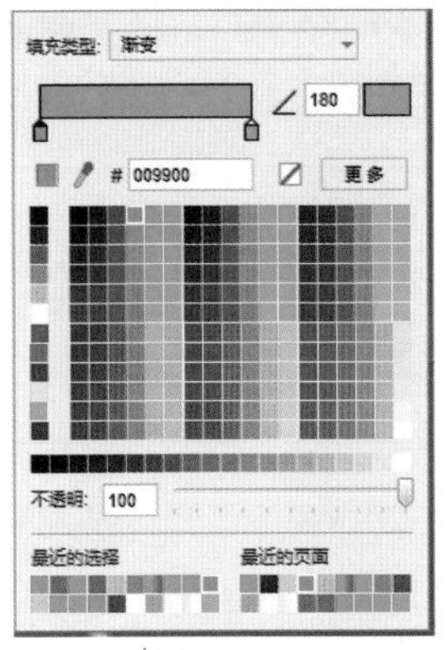

图 10-17

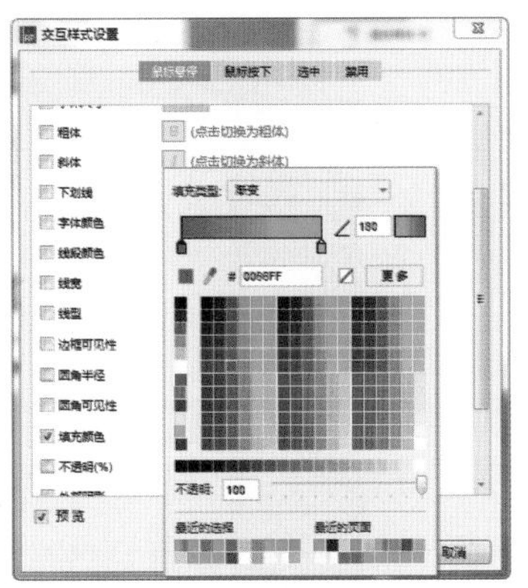

图 10-18

05 单击“预览”按钮，在浏览器中查看交互效果，单击“手机验证码登录”时页面进行跳转，如图 10–19 所示。

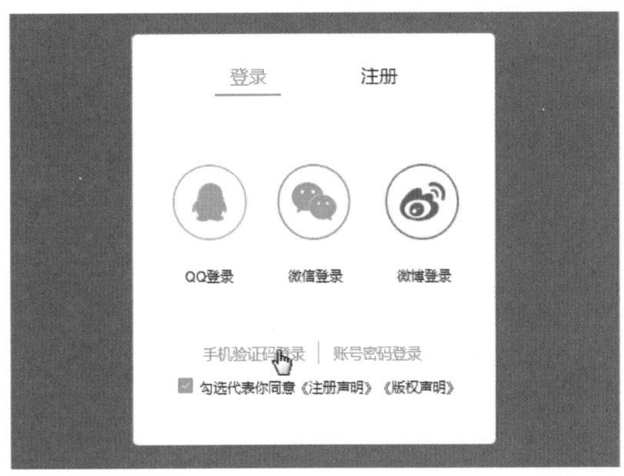

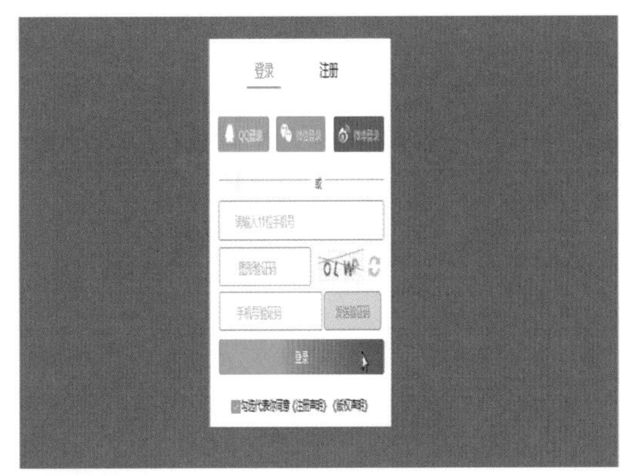

图 10-19

实例 41——按钮的不同状态 2

该例中，在主页面中为文字按钮添加了链接到新页面的动作，并且登录按钮实现了鼠标指针移入时显示不同状态的效果。

01 回到 index 页面，选中“账号密码登录”元件，在“属性”选项卡中，单击“创建连接”选项，选择“page2”页面，如图 10–20 所示。

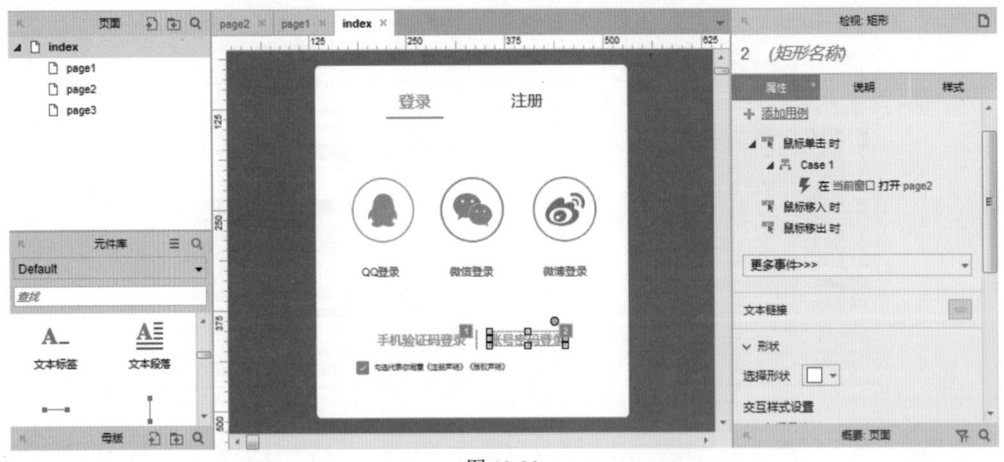

图 10-20

02 进入“page2”页面，根据前面的操作步骤制作页面，如图 10–21 所示。继续使用矩形元件和文本标签元件在工具区添加控件，完成页面的绘制，如图 10–22 所示。

图 10-21

图 10-22

03 单击“预览”按钮，在浏览器中查看交互效果，单击“账号密码登录”时页面进行跳转，如图 10–23 所示。

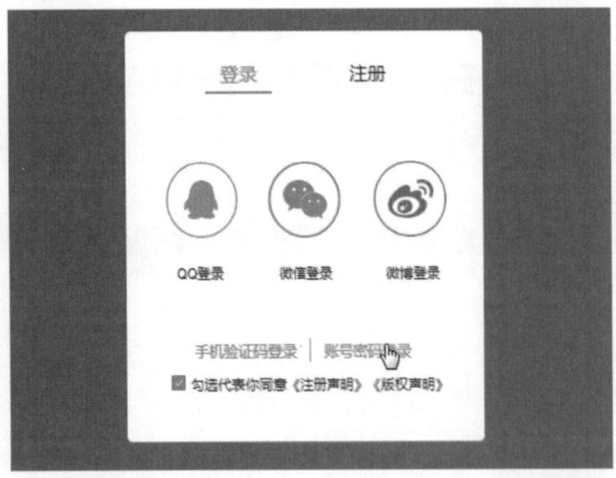

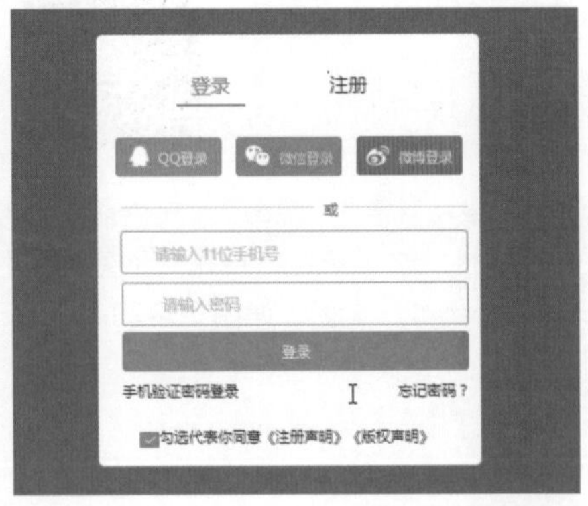

图 10-23

10.2 购物网站商品筛选案例

购物网站的原型设计包含商品价格排序和商品按需筛选的交互效果，用户可以从这两个交互效果中大致了解购物网站的一些交互事件，从而对今后在设计购物网站的原型时有所帮助。

10.2.1 案例分析

在复选框案例中，当鼠标指针进入复选框或者选项文本时，复选框呈现另一种颜色，离开时恢复原色；鼠标单击复选框或者选项文本时，复选框再切换选中样式。

在价格排序案例中，单击某个商品的“价格排序”按钮时，按钮右侧滑出对比栏，选中其中一项，商品根据选项内容进行价格排序。

在商品筛选案例中，中继器在每项数据加载时，可以通过对列值进行判断从而对元件进行控制。所以，如果想限制“筛选”按钮被单击时，不会重复添加数据，我们可以单独在中继器数据集中添加一列，用于记录选中的状态（见元件准备）；然后通过对这个状态值的判断，显示商品是否符合条件。

10.2.2 色彩分析

这款页面采用温暖青春的玫红色作为主色调，为了强调页面的轻松感，在局部位置点缀深红色、灰色和浅蓝色。从总体效果来看，这款页面既有购物网站的热情，又兼顾女性网站的浪漫。

主色调	点缀色		

10.2.3 设计思路

本案例模拟大型购物网站的设计风格来制作产品原型，其中最重要的还是交互效果的实现。案例效果其中一项是当鼠标指针移入“价格排序”按钮，显示选项列表。选项在鼠标指针进入时显示粉色文字，单击选项，商品列表进行相应的排序。原型设计的线框图如图 10-24 所示。

图 10-24

实例 42——自定义复选框

下面开始制作自定义复选框，用户可以根据自己的喜好或者客户的爱好进行复选框的制作。同时这个案例会作为其他案例的素材，所以用户需要对整个大案例进行预习工作，方便用户接下来其他步骤的制作。

▶源文件：素材&源文件\第10章\自定义复选框.rp

▶操作视频：视频\第10章\自定义复选框.mp4

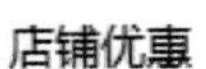

01 打开“元件库”面板，单击“选项”按钮，在弹出的下拉列表中选择“载入元件库”选项，在弹出的对话框中选择如图 10-25 所示的选项。在面板中搜索选择“对号”元件，如图 10-26 所示。

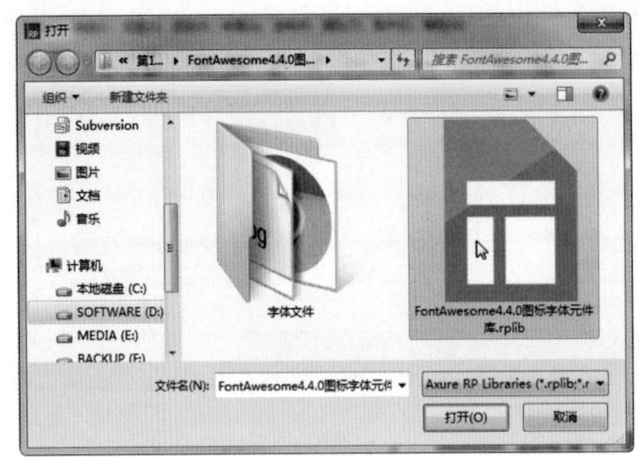

图 10-25

图 10-26

02 将对号元件拖入工作区内，在“样式”选项卡中修改元件的各个参数，如图 10-27 所示。继续使用文本标签元件在工作区添加控件，如图 10-28 所示。

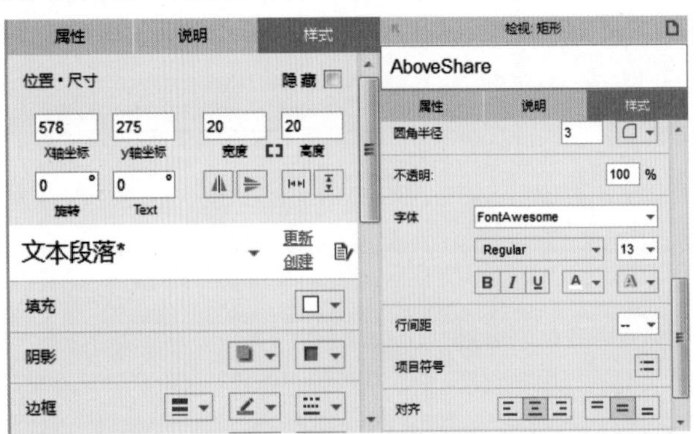

图 10-27

图 10-28

03 使用相同的方法制作矩形并命名为 BelowShape，如图 10-29 所示。选中 AboveShare 元件，在“属性”选项卡中设置“选中”的交互样式，如图 10-30 所示。

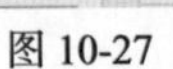

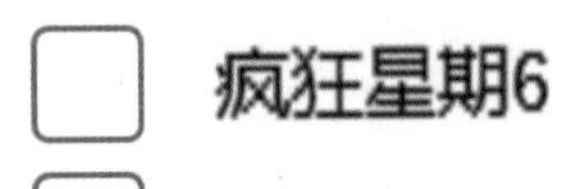

图 10-29

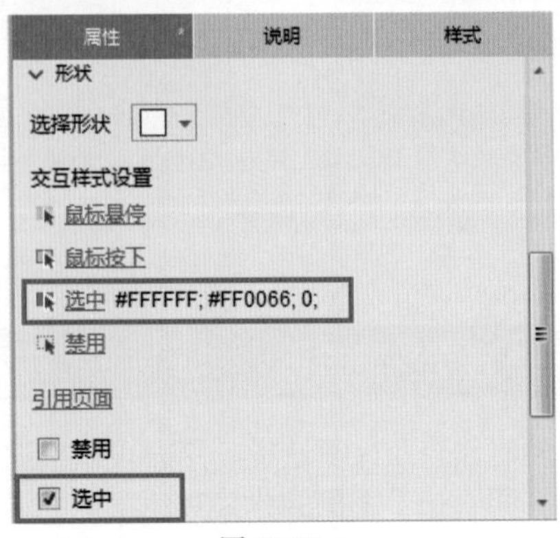

图 10-30

04 选中 BelowShape 元件，在“属性”选项卡中为元件添加“鼠标移入时”事件，在弹出的对话框中选择“显示”动作，设置参数如图 10–31 所示。

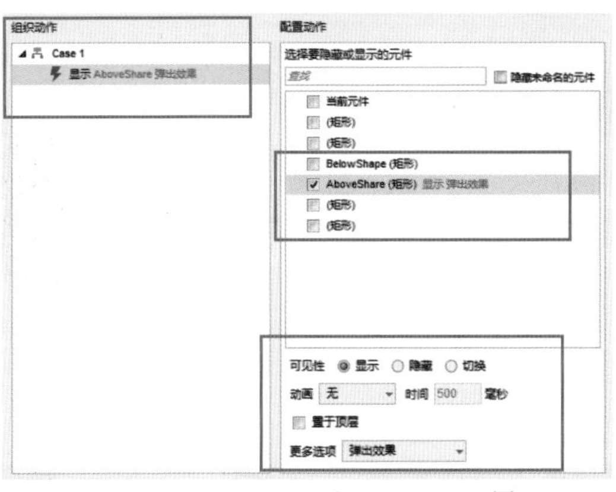

图 10-31

05 参考上一步为文本元件添加同样的交互，如图 10–32 所示。选中 AboveShare 元件，在“属性”选项卡中为元件添加“鼠标单击时”事件，如图 10–33 所示。

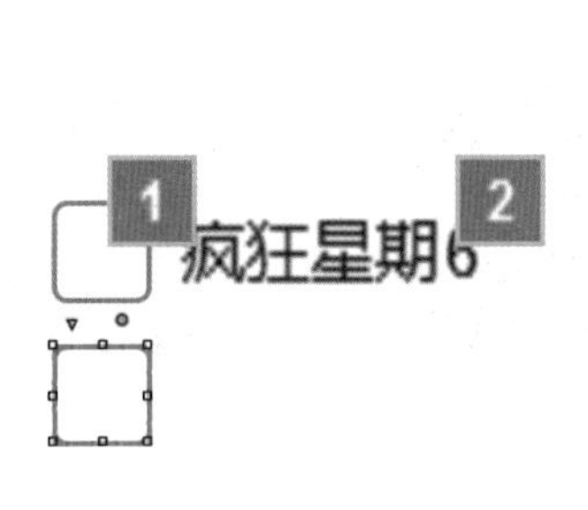

图 10-32

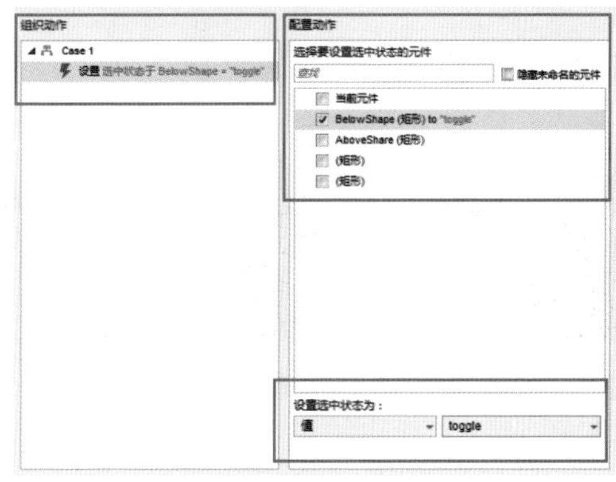

图 10-33

06 移动 AboveShare 元件至 BelowShape 元件上方，如图 10–34 所示。使用相同方法完成相似内容的操作，如图 10–35 所示。

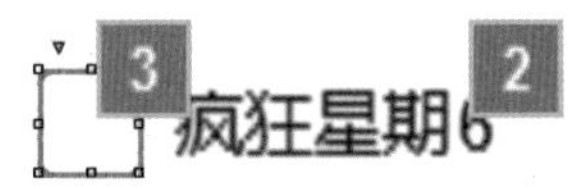

图 10-34

图 10-35

07 在第一个选项的文字部分上单击鼠标右键，在弹出的快捷菜单中选择“转换为图片”命令，然后双击转换后的图片元件导入素材图片，将图片的宽、高分别设置为 136、22，如图 10–36 所示。

图 10-36

提示

如果浏览器中不显示交互效果，用户可以将上方的矩形元件隐藏，再进行预览命令。

实例 43——商品价格排序

接下来将模拟实现购物网站中的价格排序效果。这种交互效果还可以具体设置为升序排列或者降序排列，也就是可以实现从高到低和从低到高两种排列方式，方便用户对原型设计的调整和修改。

01 使用中继器元件在工作区添加控件，将其命名为 list，如图 10–37 所示。双击中继器元件进入编辑状态，在“样式”选项卡中设置各项参数如图 10–38 所示。

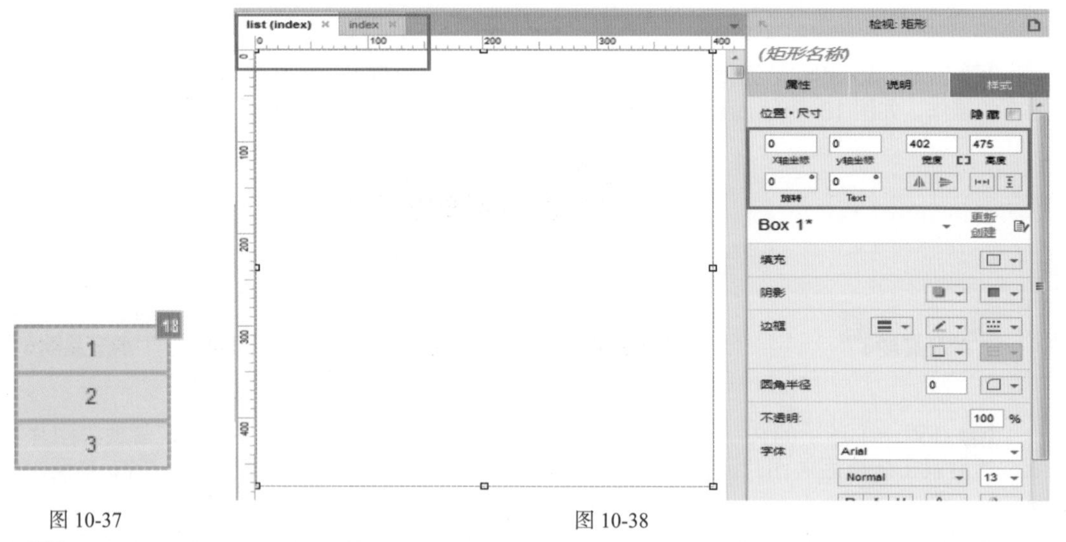

图 10-37　　　图 10-38

02 使用图片元件和文本标签元件在工作区添加控件，在“样式”选项卡中设置各项参数，如图 10–39 所示。“¥”和“销量”元件为单独元件，不与数字元件处于同一文本标签元件内。

图 10-39

03 回到 index 页面内，在“属性”选项卡中设置中继器的各项参数，共 20 行 4 列。4 列从左到右分别对应价格、销量、商品名称和图片路径，如图 10-40 所示。

中继器

price	sales	name	image
198.00	111件	(雾霾蓝)中长款韩版春季风衣	01.jpg
399.00	3289件	(卡其色)收腰显瘦中长款大衣	02.jpg
499.99	1.1万	2018春季新款毛呢外套大衣	03.jpg
599.00	8947件	春季韩版女装百搭休闲风衣	04.jpg
1899.00	2233件	(粉色)2018春季新款休闲外套	05.jpg
688.99	3.2万	(枚红色)2018秋冬新款过膝大衣	06.jpg
999.99	1.5万	(黑色)毛呢大衣2018秋冬新款	07.jpg

中继器

price	sales	name	image
328.00	1006件	(雾霾蓝)中长款2018新款春装	12.jpg
1498.00	120件	(黑色)毛呢外套2018春秋新款	13.jpg
168.00	5570件	2018春秋复古格子长袖毛呢外套	14.jpg
330.00	890件	(黑色)春装宽松长款过膝大衣	15.jpg
350.00	3219件	(黑色)2018秋冬新款显瘦毛呢大衣	16.jpg
760.99	5723件	(咖啡色)春季新款显瘦轻薄风衣	17.jpg

图 10-40

04 继续在“样式”选项卡中设置中继器的布局和间距，各项参数如图 10-41 所示。为中继器的“每项加载时”事件添加“Case1”，设置价格、销量和商品名称与工作区的元件相关联，如图 10-42 所示。

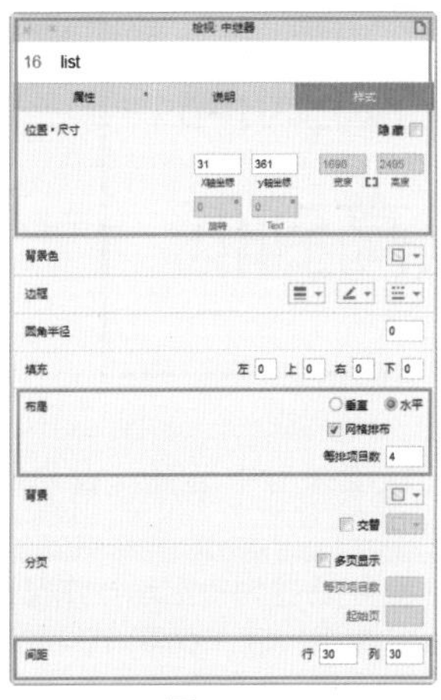

图 10-41

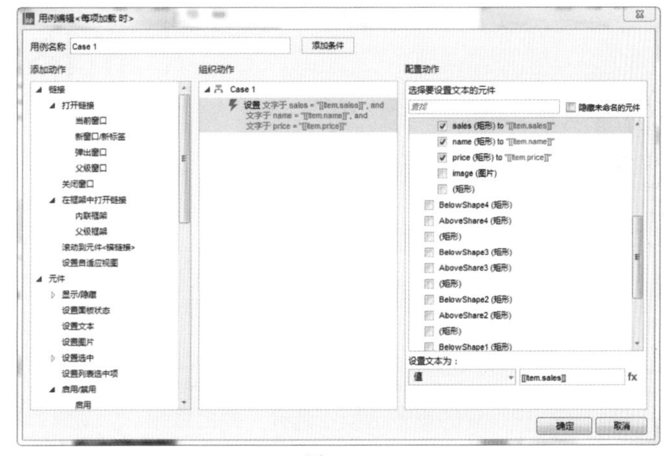

图 10-42

05 继续设置图片动作与工作区的元件相关联，如图 10–43 所示。单击“确定”按钮，工作区原型效果如图 10–44 所示。

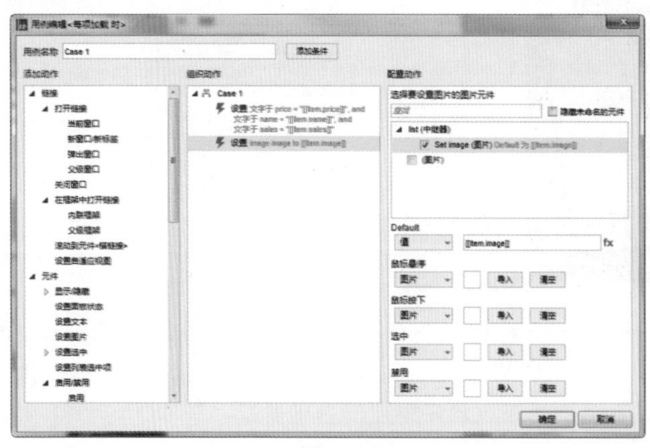

图 10-43

图 10-44

06 使用矩形元件、文本框元件、单角符 – 下元件和提交按钮在工作区添加控件，如图 10–45 所示。

图 10-45

07 使用动态面板元件为工作区添加控件，如图 10–46 所示。双击动态面板，弹出“面板状态管理”对话框，再次双击“State1”，进入编辑状态，使用“矩形 1”元件和文本标签元件添加控件，如图 10–47 所示。

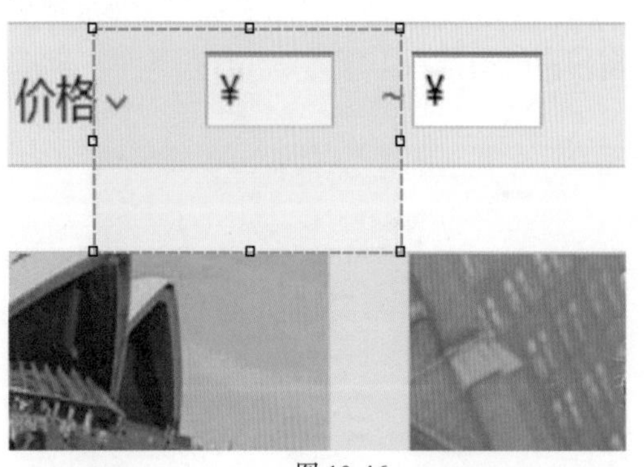

图 10-46

图 10-47

08 回到 index 页面，选择动态面板，单击鼠标右键，在弹出的快捷菜单中选择“设为隐藏”命令，如图 10–48 所示。

09 为“价格排序”按钮的“鼠标移入时”事件添加“Case1”，设置可见性为“显示”并勾选“动态面板”复选框，在设置的更多选项中选择“弹出效果”。设置为“弹出效果”后，如图 10–49 所示。

图 10-48

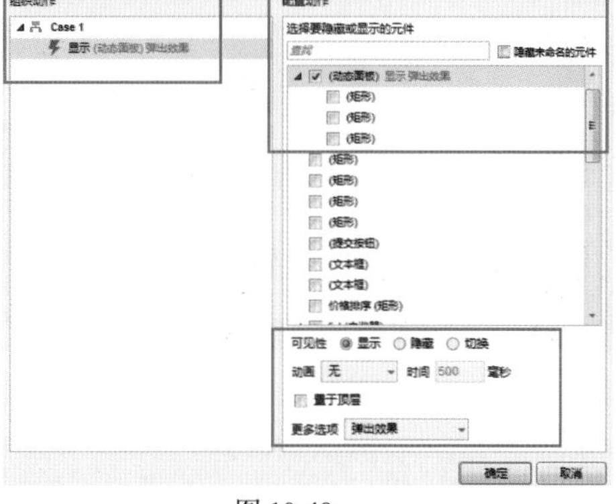
图 10-49

提示

设置为“弹出效果”后，在浏览器中查看交互效果时，显示出来的动态面板就会在光标移出时自动隐藏，而无需再添加交互。

10 在“属性”选项卡中为“价格从低到高”元件设置“鼠标悬停”的交互样式，设置文字颜色如图 10–50 所示。并为其“鼠标单击时”事件添加“添加排序”动作，配置动作中的各项参数，如图 10–51 所示。

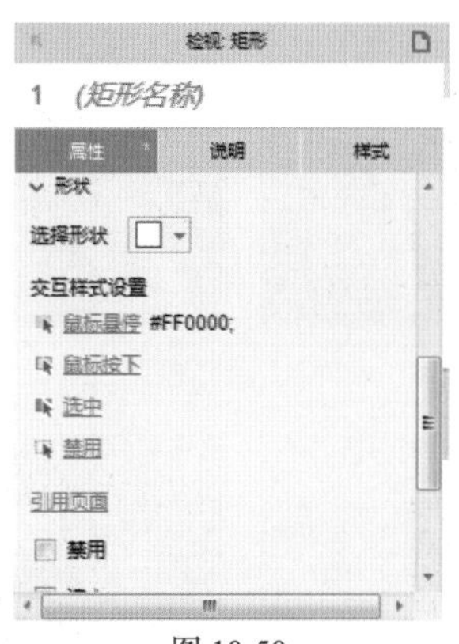
图 10-50

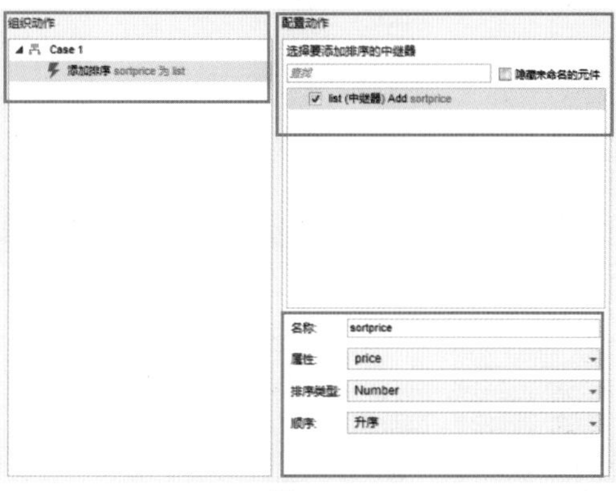
图 10-51

11 继续添加“隐藏”动作，各项参数如图 10–52 所示。使用相同的方法完成“价格从高到低”元件的交互操作，如图 10–53 所示。

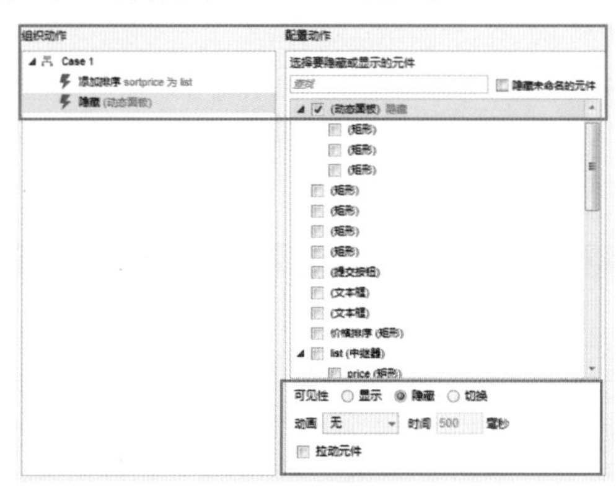
图 10-52

图 10-53

12 设置完成后，单击“预览”按钮，在浏览器中查看原型设计的各种交互设置是否可行，如图 10–54 所示。

图 10-54

实例 44——商品新款筛选

为原型设计添加完按价格排序的交互效果后，接下来为原型设计添加按需求筛选商品的交互效果。

▶源文件：素材&源文件\第10章\商品新款筛选.rp

▶操作视频：视频\第10章\商品新款筛选.mp4

01 先在数据集中添加 2 列数据，列名分别是 promotion 与 newstyle，表示促销与新款的数据列；具有属性的商品列值为 true，不具有属性的商品列值为 false，如图 10–55 所示。

02 根据实例 41，底层的复选框会被进行选中状态的切换；在“12.12 专属狂欢节”底层复选框的“选中时”事件中添加 Case1，设置动作“添加筛选”到中继器 list，如图 10–56 所示。设置完成功后，“属性”选项卡如图 10–57 所示。

> **提示**
>
> 配置中不勾选“移除其他筛选”选项，确保能够多条件筛选。筛选“名称”为 filterpromotion；筛选“条件”为“[[Item.promotion=='true']]”，切记要使用英文书写状态下的单引号。

03 为该元件的“取消选中时”事件中添加“Case1”，设置动作为“移除筛选”中继器“list”，在“被移除的筛选名称”文本框中填写上一步的筛选名称“filterpromotion”，如图 10–58 所示。

	image	promotion	newstyle	添加列
长款韩版春季风衣	01.jpg	true	false	
腰显瘦中长款大衣	02.jpg	false	true	
新款毛呢外套大衣	03.jpg	false	true	
女装百搭休闲风衣	04.jpg	true	false	
3春季新款休闲外套	05.jpg	true	false	
018秋冬新款过膝大衣	06.jpg	false	true	
大衣2018秋冬新款	07.jpg	true	false	
2018春季新款过膝风衣	08.jpg	true	true	
新款轻薄风衣外套	09.jpg	true	false	
版中长款毛呢外套	10.jpg	false	true	

	image	promotion	newstyle	添加列
中长款2018新款春装	12.jpg	true	true	
毛呢外套2018春秋新款	13.jpg	false	true	
复古格子长袖毛呢外套	14.jpg	true	false	
春装宽松长款过膝大衣	15.jpg	false	true	
018秋冬新款显瘦毛呢大衣	16.jpg	false	ture	
春季新款显瘦轻薄风衣	17.jpg	true	true	
春装韩版时尚名媛气质大衣	18.jpg	true	false	
2018春秋新款显瘦大衣	19.jpg	false	false	
过膝中长款千鸟格风衣	20.jpg	false	true	

图 10-55

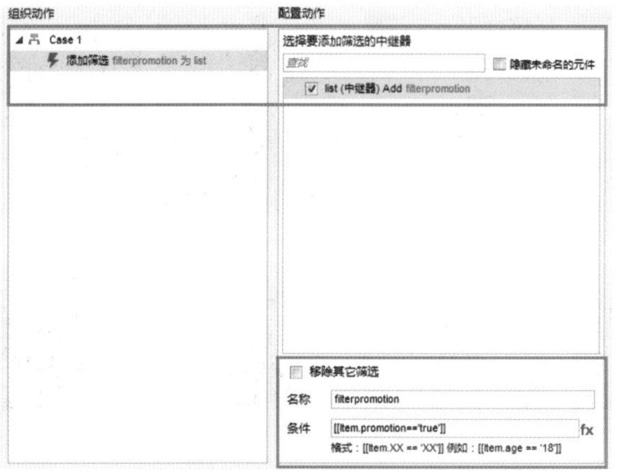

图 10-56

图 10-57

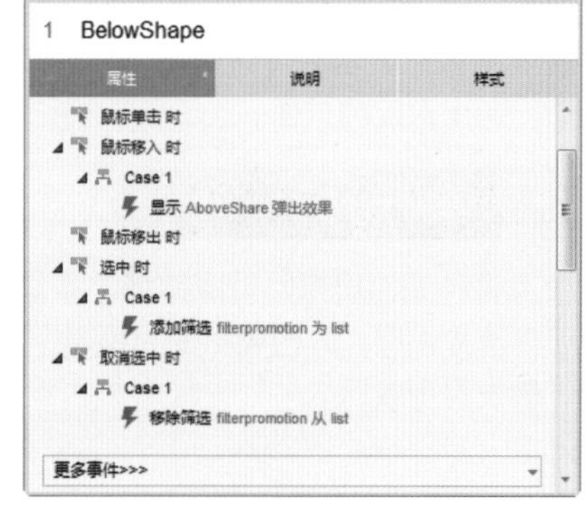

图 10-58

提示

书写英文单词时，字母的大小写必须统一。

04 参考操作步骤 02~03，为“秋冬新款”底层复选框添加交互，不同的是筛选名称为 filternewstyle，筛选条件为 [[Item. newstyle=='True']]，如图 10-59 所示。

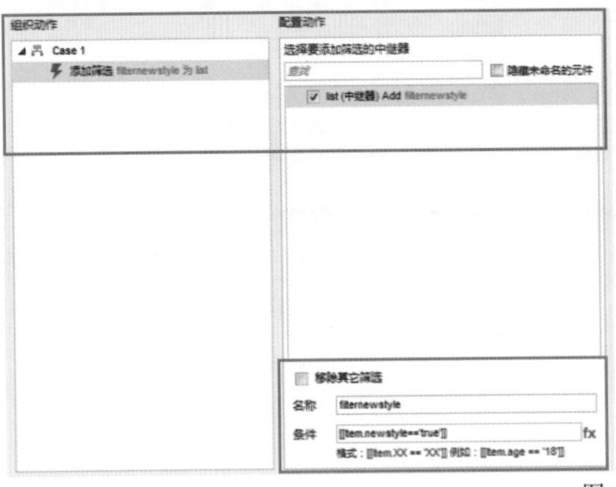
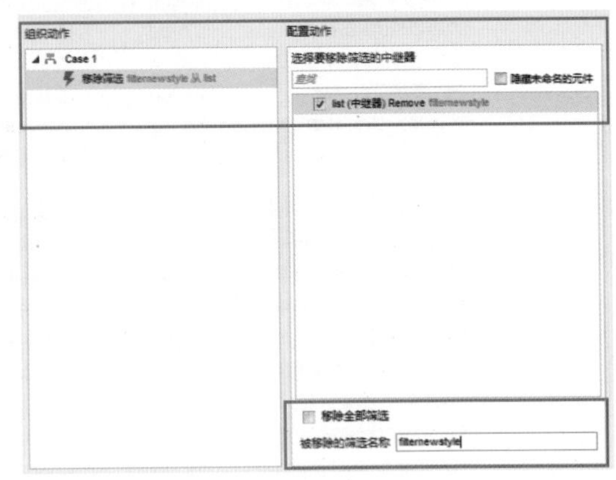

图 10-59

05 设置完成后，“属性”选项卡如图 10-60 所示。单击“预览”按钮，在浏览器中查看交互效果，如图 10-61 所示。

图 10-60

图 10-61

10.3 网页版微博案例

当用户单击某个按钮或者图片时，自动弹出一条新的内容，显示页面文字或大图。这种效果在网站中非常常见。本例将制作一个新浪微博查看大图和用户评论的页面，当用户单击小图或者评论按钮时，弹出对应的页面。

10.3.1 案例分析

使用各种元件模拟网页版微博单条信息的页面，在单击页面中的缩略图时，弹出高清大图。继续单击高清大图时，大图收回变为缩略图。单击转发图标或选项文字时，弹出转发页面，单击“×”文本，转发页面收回。

10.3.2 色彩分析

这款页面采用温暖朴实的浅土黄色作为主色调，为了强调页面的轻松感，在局部位置点缀橙黄色、灰色和深蓝色。从总体效果来看，这款页面既有信息类网站的干净大气，又兼顾时讯网站的严瑾。

主色调	点缀色

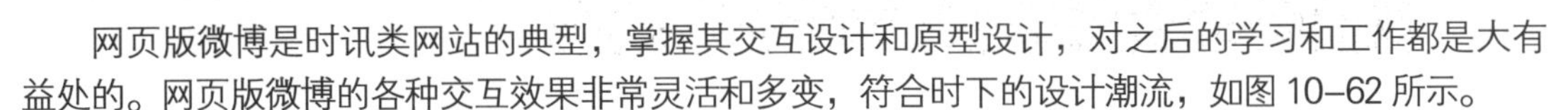

10.3.3 设计思路

网页版微博是时讯类网站的典型，掌握其交互设计和原型设计，对之后的学习和工作都是大有益处的。网页版微博的各种交互效果非常灵活和多变，符合时下的设计潮流，如图 10–62 所示。

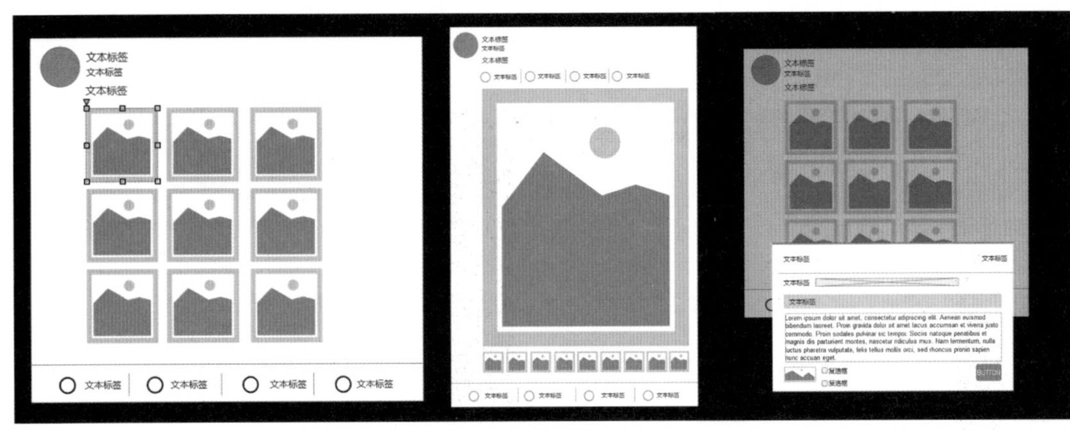

图 10-62

实例 45——微博首页单条信息 

本例使用“裁剪工具”、文本标签和图标元件等控件，绘制网页版微博单条信息页面，希望用户可以熟练掌握各种元件的使用方法。

▶源文件：素材&源文件\第10章\微博首页单条信息.rp

▶操作视频：视频\第10章\微博首页单条信息.mp4

01 新建一个 Axure RP 文件，在“检视：页面”面板的“样式”选项卡中导入背景图片，各项参数如图 10–63 所示。

图 10-63

02 使用矩形元件在工作区添加控件，如图 10-64 所示。设置矩形元件的描边为无，圆角半径为 10，矩形的位置信息和颜色信息如图 10-65 所示。

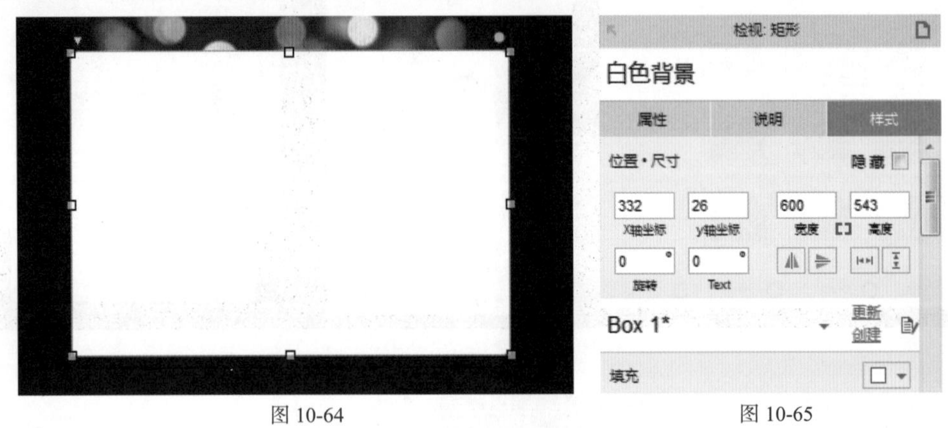

图 10-64　　图 10-65

03 使用图片元件在工作区添加一个 60×60 像素的头像控件，图片的圆角半径为 30，如图 10-66 所示。继续使用文本标签元件在工作区添加“微博名”“微博来源”和“微博正文”等控件，如图 10-67 所示。

图 10-66　　图 10-67

04 使用图片元件继续在工作区添加控件，等比例缩放图片后对图片进行裁剪，如图 10-68 所示。裁剪时，如果图片宽度较长，需要调整裁剪框的宽度。调整好裁剪框后，单击“裁剪”按钮，如图 10-69 所示。

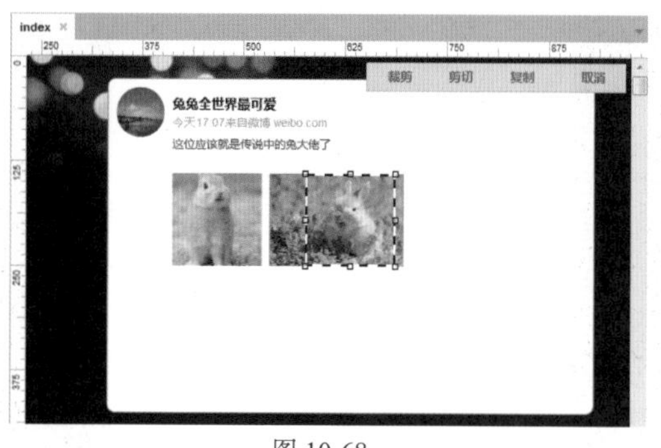

图 10-68

图 10-69

提示

将图片导入工作区内，用户需要将图片裁剪为 110×110 像素。这时候，用户可以使用“样式”选项卡下的“保持宽高比例”选项，将图片的宽或者高调整为 110 像素，再单击鼠标右键，在弹出的快捷菜单中选择“裁剪图片”命令。

05 裁剪时，如果图片高度较大，需要调整裁剪框的高度，如图 10–70 所示。继续使用图片元件和“裁剪工具”在工作区添加控件，如图 10–71 所示。

图 10-70

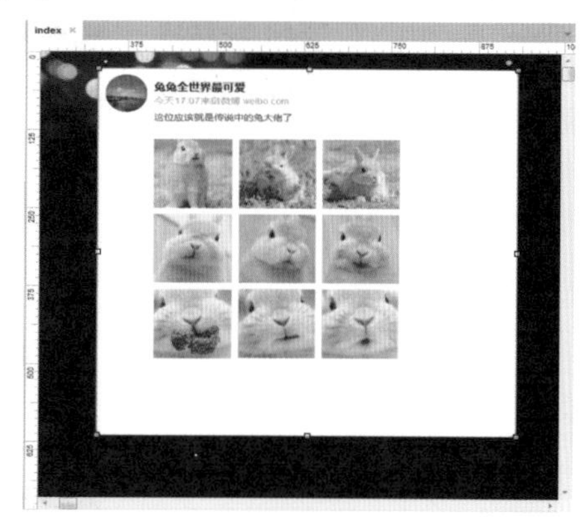
图 10-71

06 使用水平线元件和垂直线元件在工作区添加控件，如图 10–72 所示。继续使用图标字体元件库在工作区添加控件，如图 10–73 所示。

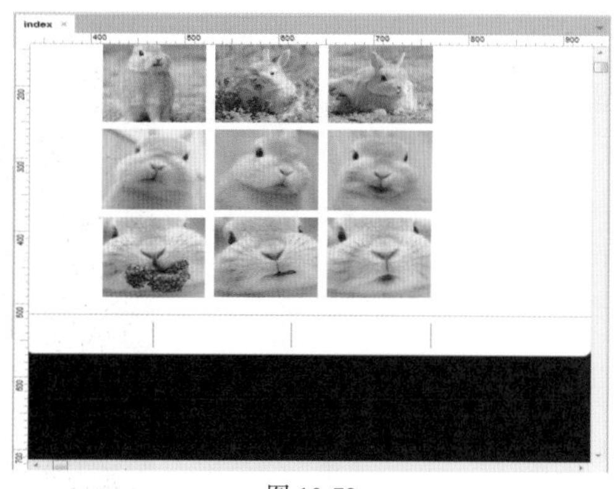
图 10-72

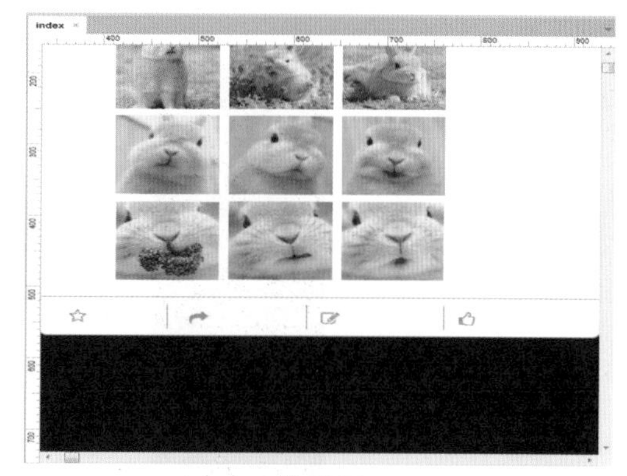
图 10-73

07 使用文本标签元件在工作区添加控件，如图 10–74 所示。完成后，单击“预览”按钮，在浏览器中预览页面效果，如图 10–75 所示。

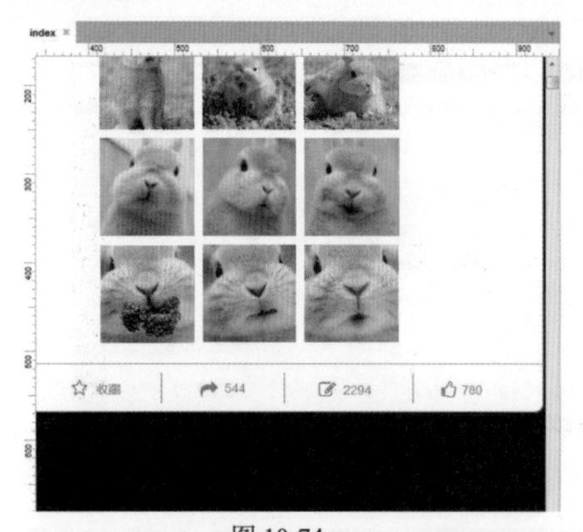

图 10-74

图 10-75

实例 46——微博查看大图

在该例中，将制作网页版微博中查看大图的交互效果。该例的操作步骤简单易懂，非常适合初步接触 Axure RP 的用户。

▶源文件：素材&源文件\第10章\微博查看大图.rp

▶操作视频：视频\第10章\微博查看大图.mp4

01 使用动态面板元件在工作区添加控件，双击动态面板，在弹出的对话框中再次双击“State1”，进入动态面板编辑状态，如图 10-76 所示。使用图片元件和垂直线元件在工作区内添加控件，如图 10-77 所示。

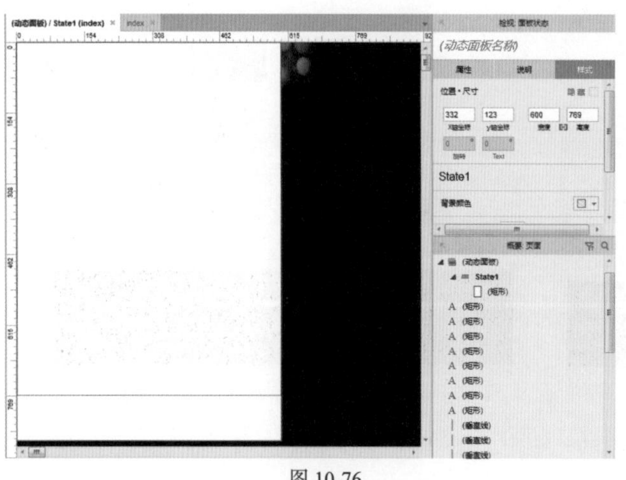

图 10-76

图 10-77

02 在“样式”选项卡中为图片元件命名，设置元件的宽度和高度，具体参数如图 10-78 所示。使用图标字体元件库和文本标签元件在工作区内添加控件，如图 10-79 所示。

图 10-78

图 10-79

03 继续使用图片元件和“裁剪工具”在工作区内添加 50×50 像素的控件，如图 10–80 所示。使用相同方法完成相似控件的添加，如图 10–81 所示。

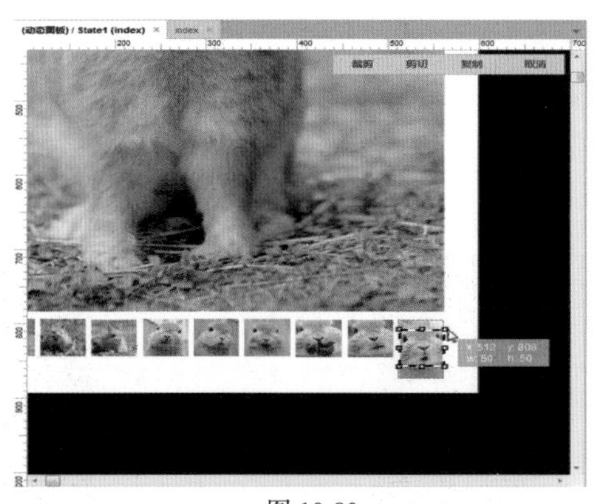

图 10-80

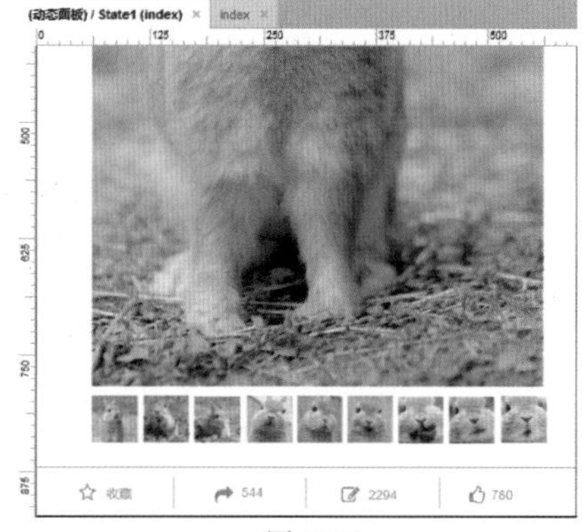

图 10-81

04 回到 index 页面，在“概要：页面”面板中选中第一个图片元件，为“鼠标单击时”事件添加“显示 / 隐藏”动作，如图 10–82 所示。

提示

回到 index 页面后，选中动态面板并单击鼠标右键，在弹出的快捷菜单中选择“设置隐藏”命令，将动态面板隐藏。

05 再次回到动态面板编辑页面，选中 bigpic1 元件，为“鼠标单击时”事件添加“显示 / 隐藏”动作，如图 10–83 所示。

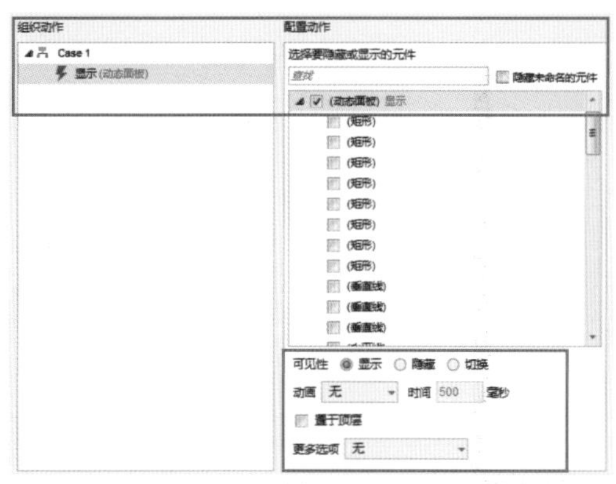

图 10-82

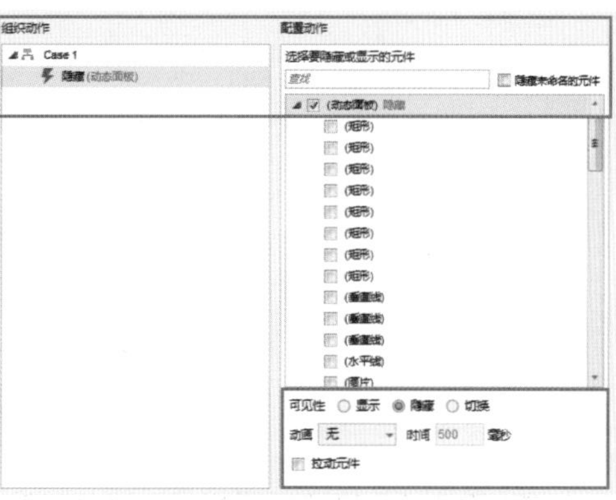

图 10-83

06 完成交互事件的添加后，单击“预览”按钮，在浏览器中查看原型的交互效果，如图 10–84 所示。

图 10-84

实例 47——微博转发页面

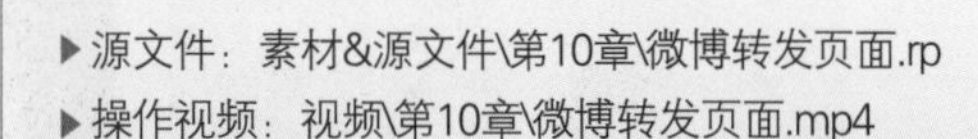
▶源文件：素材&源文件\第10章\微博转发页面.rp
▶操作视频：视频\第10章\微博转发页面.mp4

接下来制作网页版微博转发页面，该例中使用的事件动作，较之前有所不同。希望用户通过该例的操作学习，可以掌握和了解此事件动作。

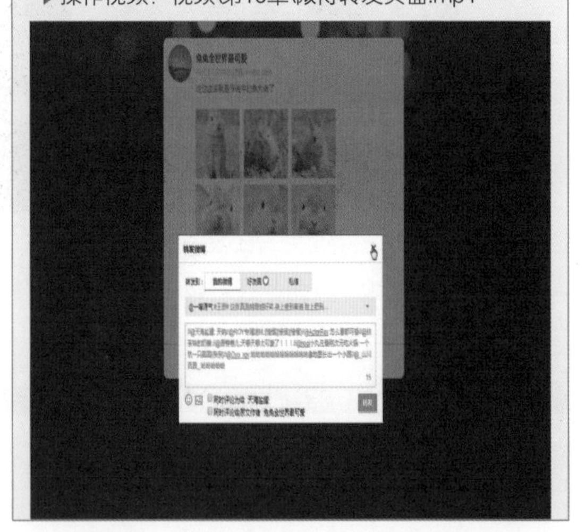

01 使用动态面板元件在工作区内添加控件，进入动态面板编辑页面，如图 10–85 所示。在“样式”选项卡中设置动态面板的各项参数，如图 10–86 所示。

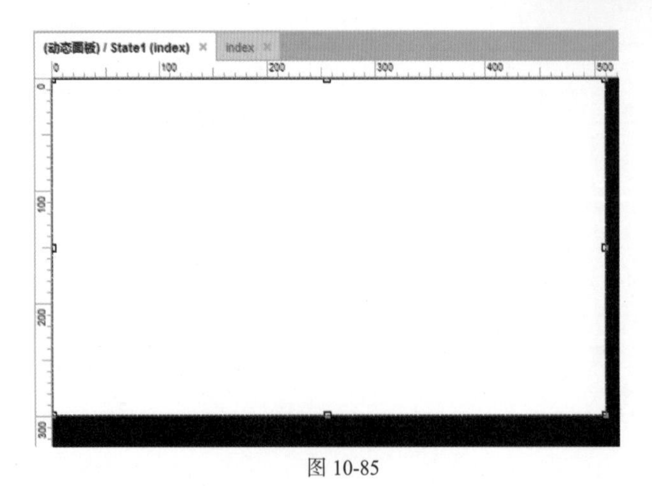

图 10-85

图 10-86

02 使用图片元件在工作区内添加控件，如图 10–87 所示。继续使用文本标签元件在工作区内添加控件，如图 10–88 所示。

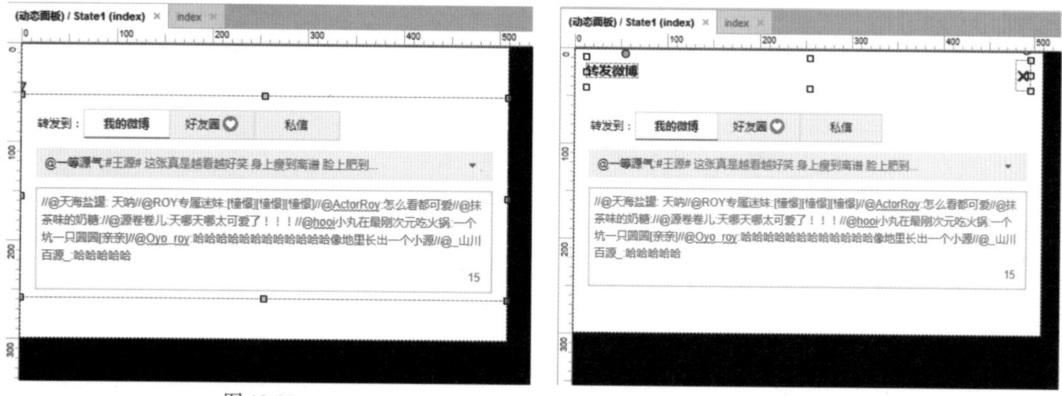

图 10-87　　图 10-88

03 使用水平线元件在工作区内添加控件，如图 10–89 所示。使用图片元件和复选框元件在工作区内添加控件，如图 10–90 所示。

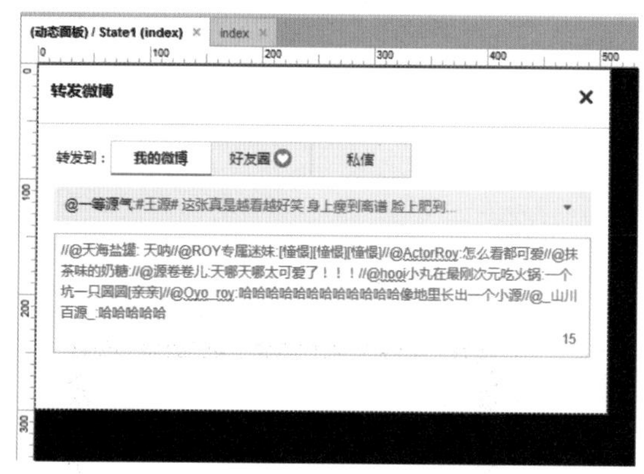

图 10-89

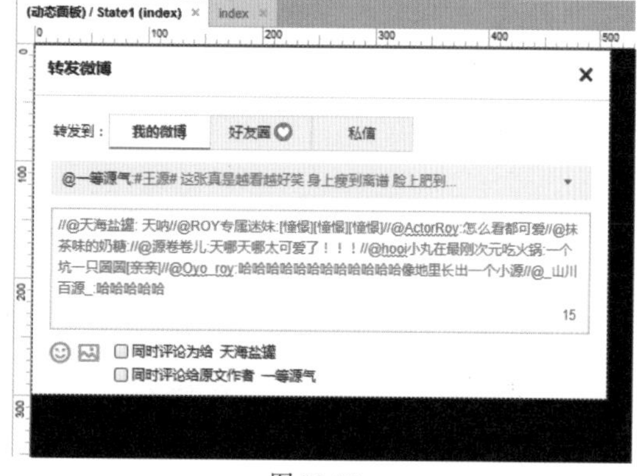

图 10-90

04 使用主要按钮在工作区内添加控件，在“样式”选项卡中设置按钮的各个参数，如图 10–91 所示。设置完成后，按钮的图像效果如图 10–92 所示。

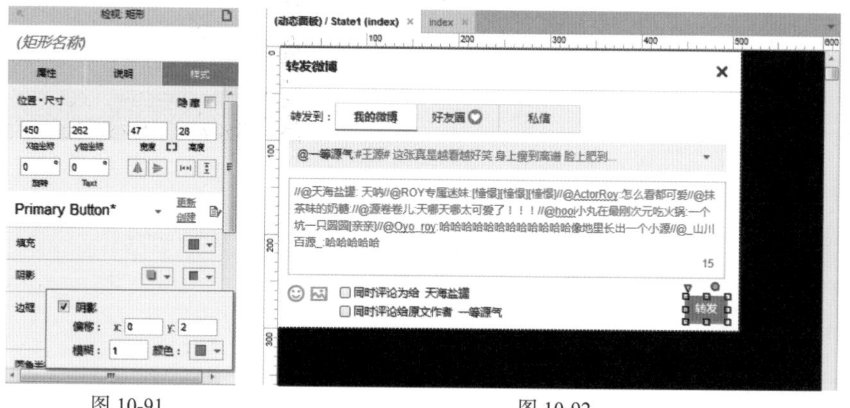

图 10-91　　图 10-92

05 选择“转发”元件，为其“鼠标单击时”事件添加“显示 / 隐藏”动作，参数设置如图 10–93 所示。选择“返回”元件，为其“鼠标单击时”事件添加“显示 / 隐藏”动作，参数设置如图 10–94 所示。

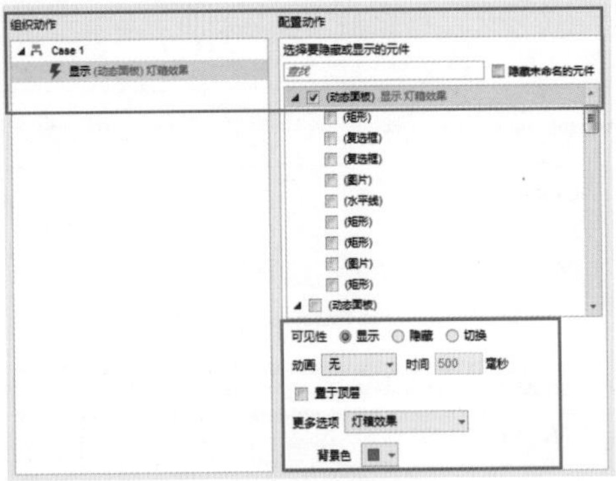

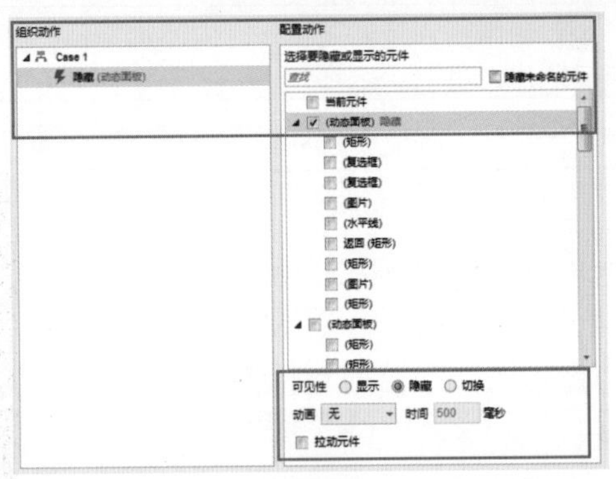

图 10-93

图 10-94

提示

用户设置完成“转发”元件的交互事件后，需要再次进入“zhuanfa”动态面板的编辑页面中，选中写有“×”的文本标签元件，将其命名为“返回”。随后在元件的“属性”选项卡中，单击“鼠标单击时”事件，在弹出的“鼠标单击时”对话框中，添加“显示/隐藏”动作，在配置动作栏目中，勾选“动态面板”复选框，单击“隐藏”按钮，如图 10-95 所示。最后单击“确定”按钮。

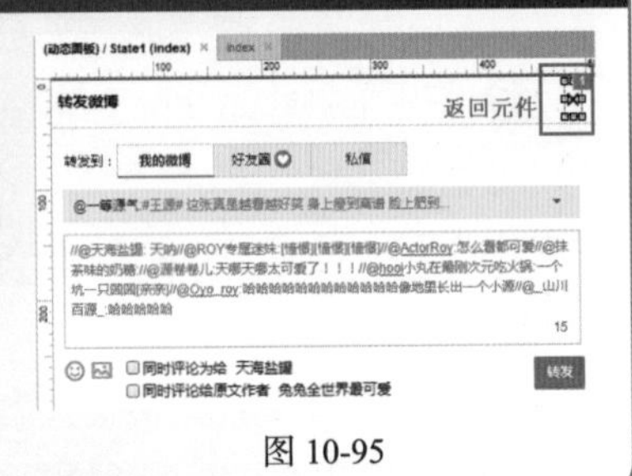

图 10-95

06 选择“转发”元件，在“属性”选项卡中复制“鼠标单击时”事件，继续选中“转发数字”元件，为其粘贴“鼠标单击时”事件，如图 10-96 所示。工作区原型设计的图像效果，如图 10-97 所示。

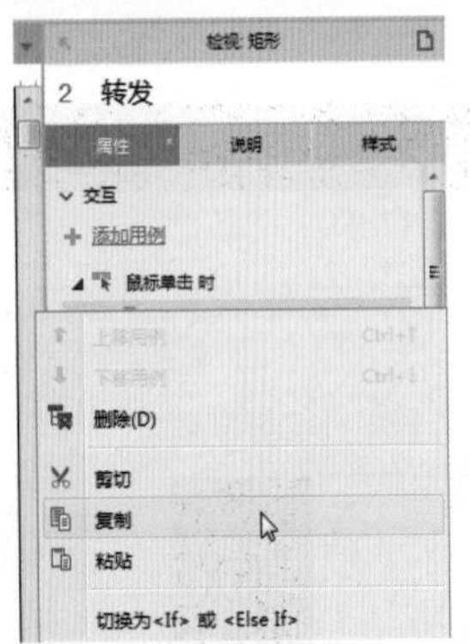

图 10-96

图 10-97

07 执行“发布”>“生成HTML文件”命令，弹出“生成HTML”对话框，如图 10-98 所示。在“常规”选项下设置存放HTML文件的位置，“页面”选项下选择只生成 index 页面，如图 10-99 所示。

图 10-98

图 10-99

08 单击“生成”按钮，稍等片刻，即可看到生成的 HTML 文件，如图 10–100 所示。双击 index.html 文件，测试页面效果，如图 10–101 所示。

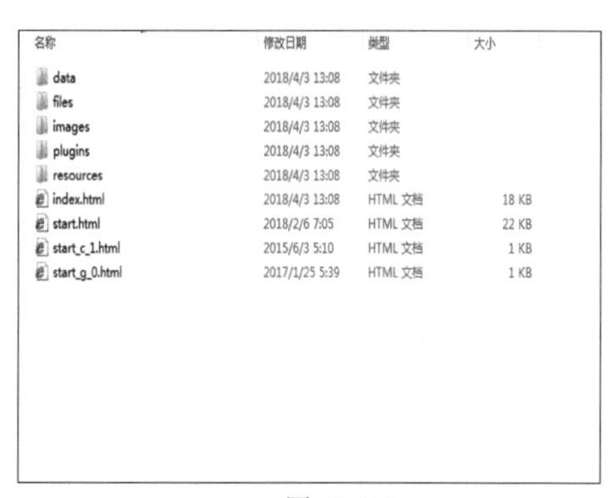

图 10-100

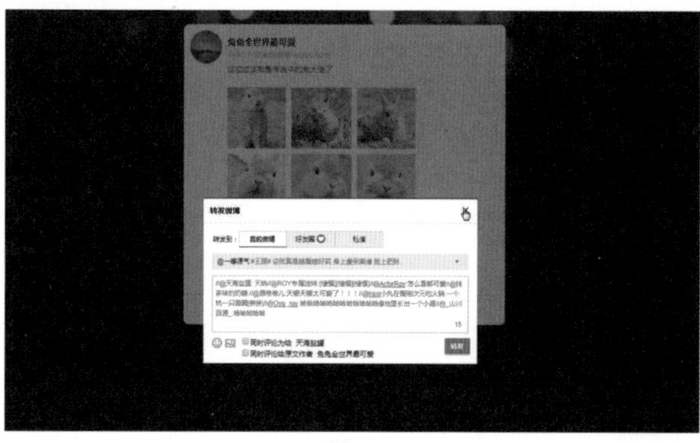

图 10-101

10.4 网页版百度首页案例

本节中的案例为“鼠标单击时”事件添加了各种链接类动作，操作简单，用户在实际操作中会发现每一个链接类动作都可以实现一个不同的交互效果。

10.4.1 案例分析

本案例中将针对链接动作分别进行演示，便于读者理解和运用。使用了“当前窗口”“新窗口 / 新标签”“弹出窗口”“父级窗口”“关闭窗口”和“内联框架”等链接类动作进行演示，有助于用户深刻理解各类链接动作的用途。

10.4.2 色彩分析

这款页面采用了具有理智、准确意象的蓝色为主色调，在局部位置点缀红色、灰色和深蓝色。从总体效果来看，这款页面既有搜索类网站的安全感，又兼顾信息类网站的活泼。

主色调	点缀色		

10.4.3 设计思路

该例的线框图如图 10–102 所示。从大体来看，该例使用的元件较少而且都容易操作，且操作时添加的事件动作同样简单易用，基本没有难点存在。用户在学习操作时，要注意各个事件动作的正确性。

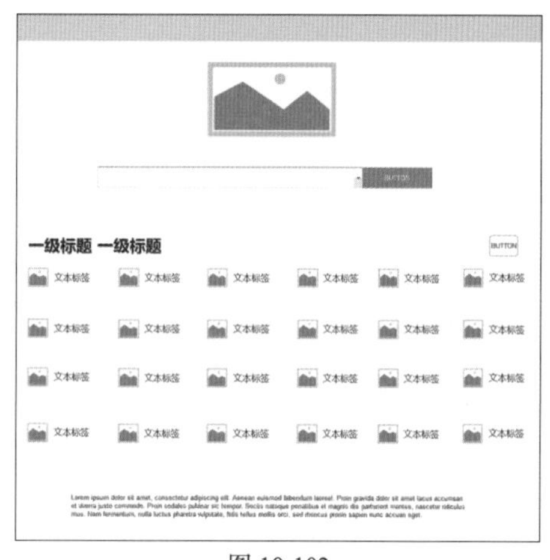

图 10-102

实例 48——百度首页搜索框

本例在主要按钮元件上应用了“鼠标单击时”事件，添加了“链接到新窗口”动作，实现在下拉列表中选择选项，并链接到对应页面的原型。

▶源文件：素材&源文件\第10章\网页版百度首页.rp

▶操作视频：视频\第10章\百度首页搜索框.mp4

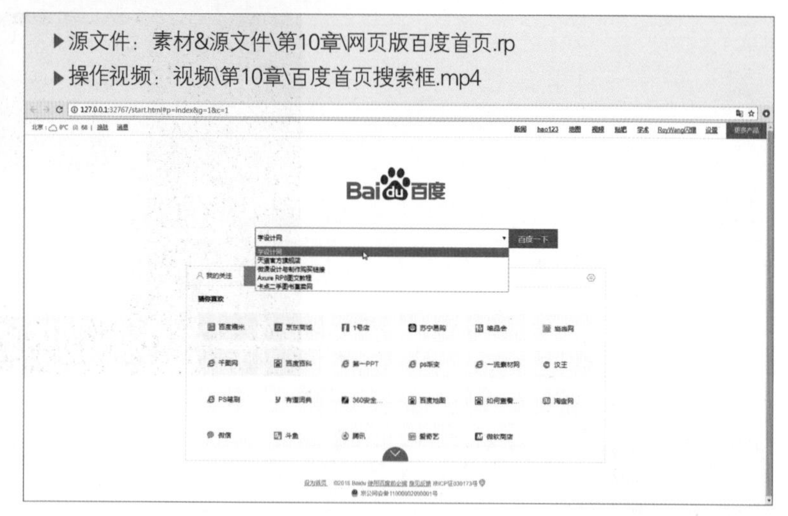

01 使用图片元件在工作区添加控件，如图 10-103 所示。在“检视：图片”面板下的“样式”选项卡中，图片元件各个参数如图 10-104 所示。

图 10-103

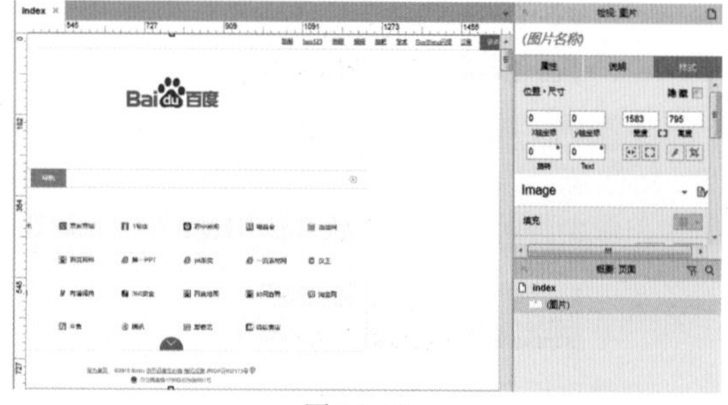

图 10-104

02 使用主要按钮元件在工作区内添加控件，如图 10-105 所示。在“检视：矩形”面板下的“样式”选项卡中，按钮元件的各个参数如图 10-106 所示。

图 10-105

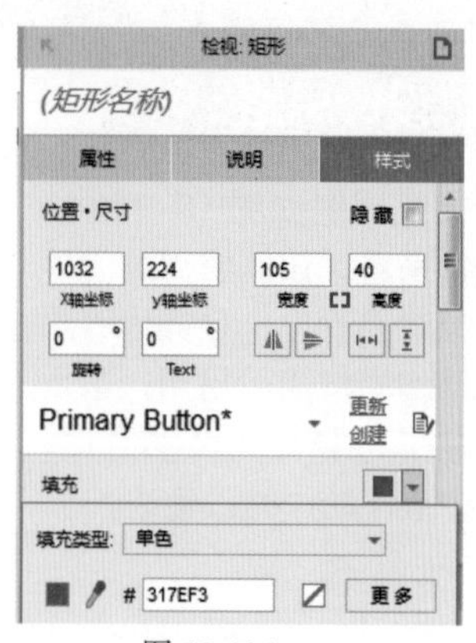

图 10-106

03 使用下拉列表框元件在工作区内添加控件，如图 10-107 所示。在“检视：下拉列表框”面板下的“样式”选项卡中，下拉列表元件的各个参数如图 10-108 所示。

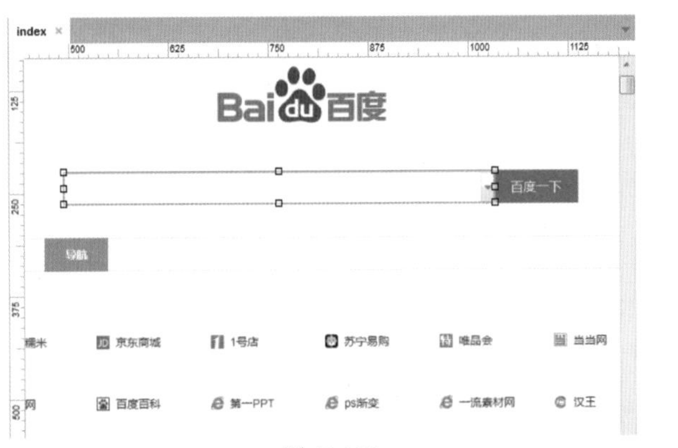

图 10-107

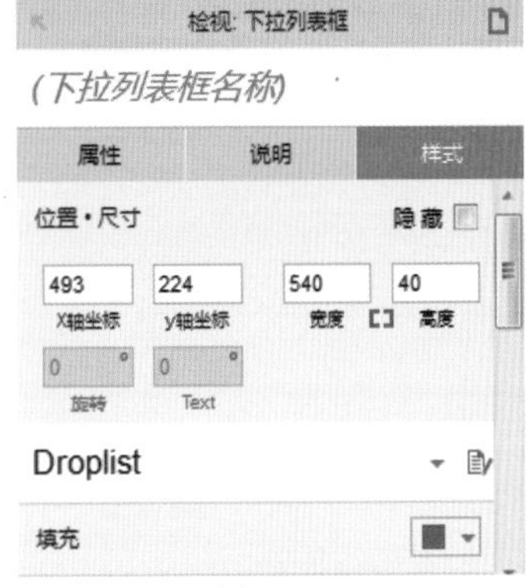

图 10-108

04 双击下拉列表框元件，弹出“编辑列表选项”对话框，如图 10–109 所示。在该对话框中添加详细参数，如图 10–110 所示。

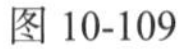

图 10-109

图 10-110

05 参数添加完成后，工作区内的图像效果如图 10–111 所示。双击“page1”页面进入页面，使用图片元件在工作区内添加控件，如图 10–112 所示。

图 10-111

图 10-112

06 回到 index 页面，选中按钮元件，为其“鼠标单击时”事件添加动作，如图 10–113 所示。完成后，原型设计如图 10–114 所示。

07 单击工具栏上的“预览”按钮，可以在浏览器中查看原型设计的页面效果和交互效果，如图 10–115 所示。

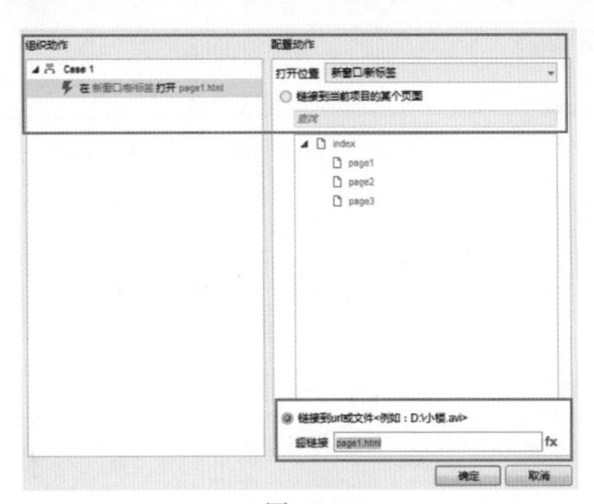

图 10-113

图 10-114

图 10-115

实例 49——制作链接页面

本例中为图标添加了“鼠标单击时”事件，使用户在单击图标后，页面会在当前窗口打开链接网页。

▶源文件：素材&源文件\第10章\网页版百度首页.rp

▶操作视频：视频\第10章\制作链接页面.mp4

01 接上一个实例，拖曳一个图片元件到 index 页面工作区内，双击元件，导入如图 10–116 所示的图片。

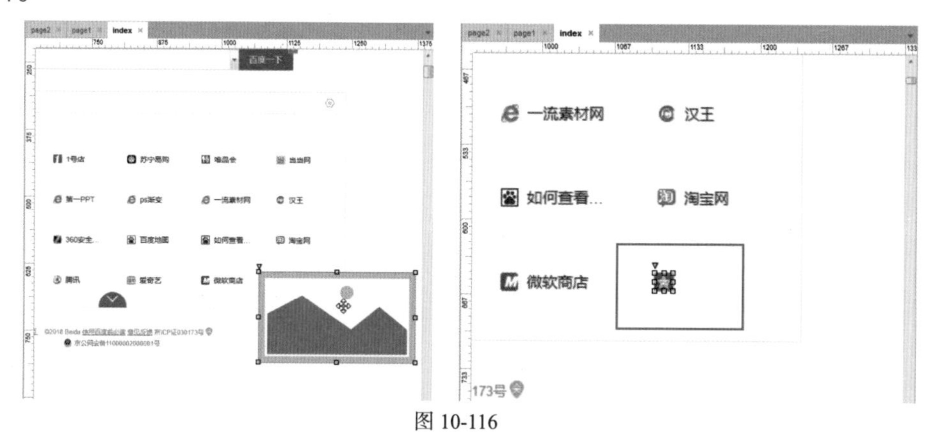

图 10-116

02 拖入一个文本标签元件，输入文本“QQ 空间”，如图 10–117 所示。设置文本样式，文本的具体参数设置如图 10–118 所示。

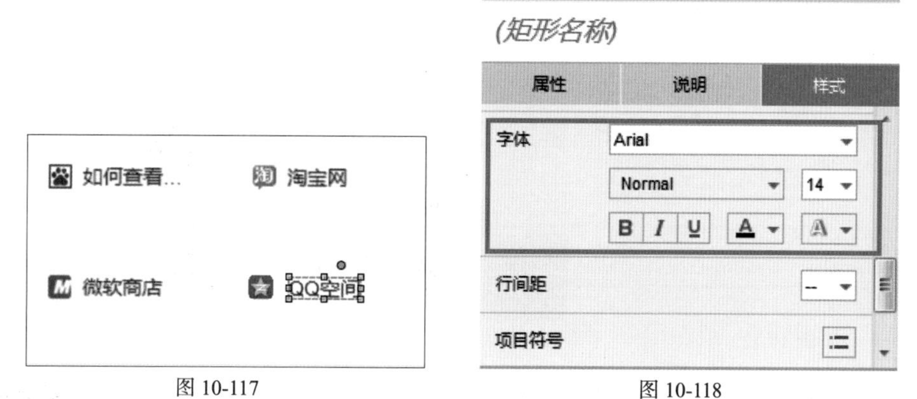

图 10-117　　图 10-118

03 选中图片元件，为该元件重命名为“空间图标”，如图 10–119 所示。双击“鼠标单击时”事件，打开“用例编辑”对话框，如图 10–120 所示。

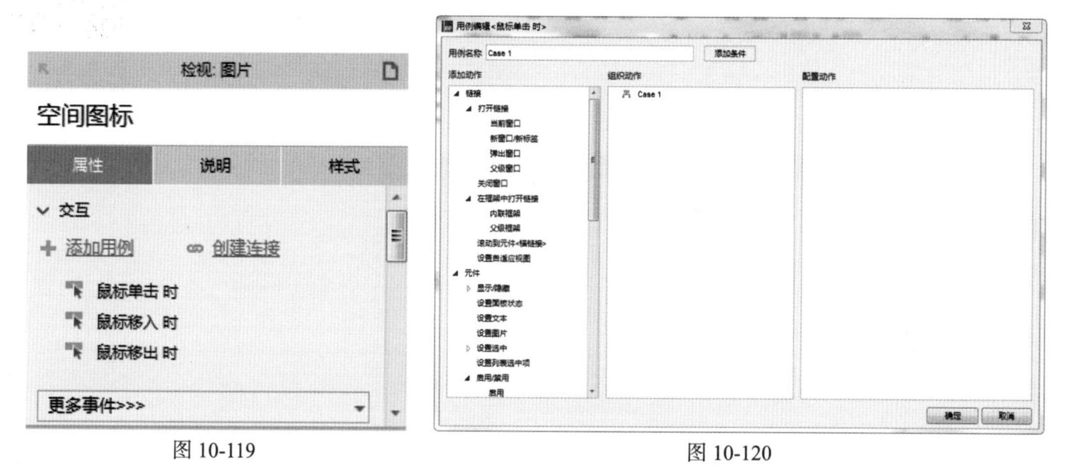

图 10-119　　图 10-120

04 在“添加动作”选项中，选择“当前窗口”选项，在“配置动作”选项中选择“链接到 url 或文件”选项，在超链接下输入链接地址，如图 10–121 所示。

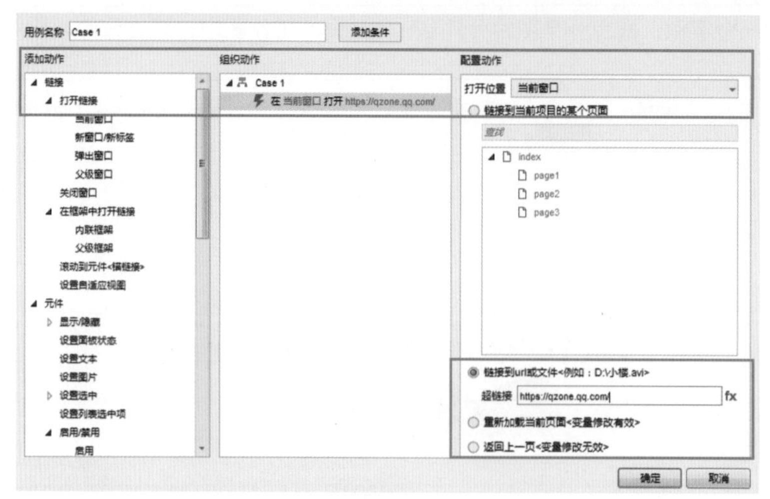

图 10-121

05 单击“确定”按钮，回到页面编辑区，如图 10–122 所示。单击工具栏上的“预览”按钮，预览效果如图 10–123 所示。

图 10-122

图 10-123

实例 50——新窗口和弹出窗口

本例中为按钮添加了“鼠标单击时”事件的“新窗口”和“弹出窗口”动作，当用户在浏览器中单击按钮，页面将会跳转到指定的新窗口或弹出窗口中。

▶源文件：素材&源文件\第10章\网页版百度首页.rp

▶操作视频：视频\第10章\新窗口和弹出窗口.mp4

01 接上一个实例，在“页面”面板中，将“page2”页面重命名为“新窗口”，如图 10–124 所示。双击新页面，在该页面中拖入一个按钮元件，如图 10–125 所示。

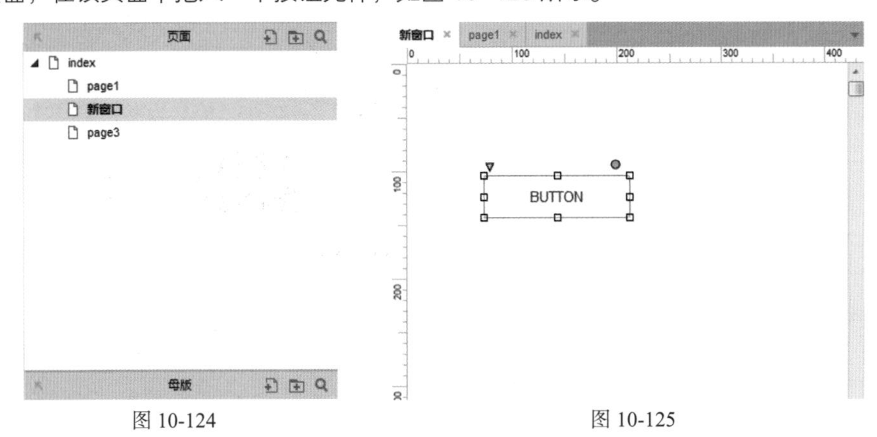

图 10-124　　图 10-125

02 设置字体为“微软雅黑”，字号为 13，字体颜色为 #333333，输入文字内容如图 10–126 所示。选中该元件，双击“鼠标单击时”事件，打开“用例编辑”对话框，如图 10–127 所示。

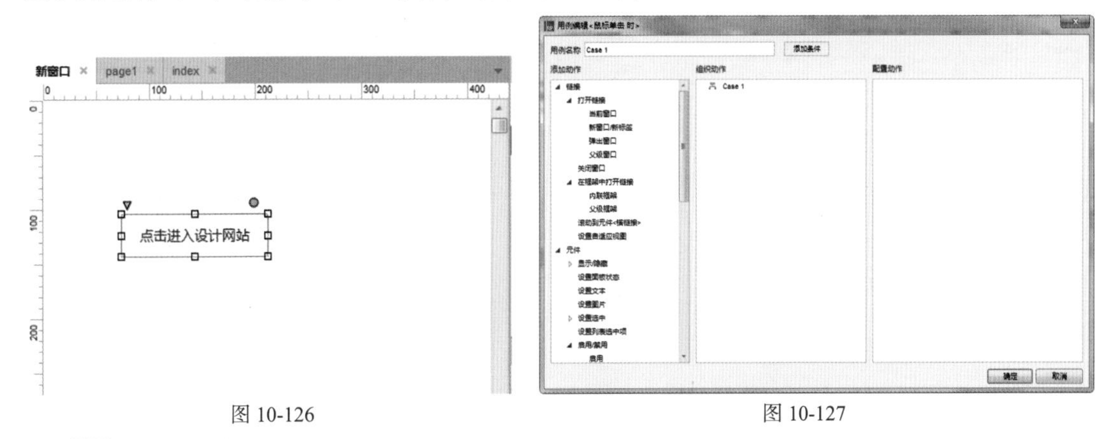

图 10-126　　图 10-127

03 在“添加动作”选项中，选择“链接”>“打开链接”下的“新窗口 / 新标签”选项，“组织动作”选项中显示如图 10–128 所示。在“配置动作”选项中选择“链接到 url 或文件”选项，在“超链接”文本框中输入链接地址，如图 10–129 所示。

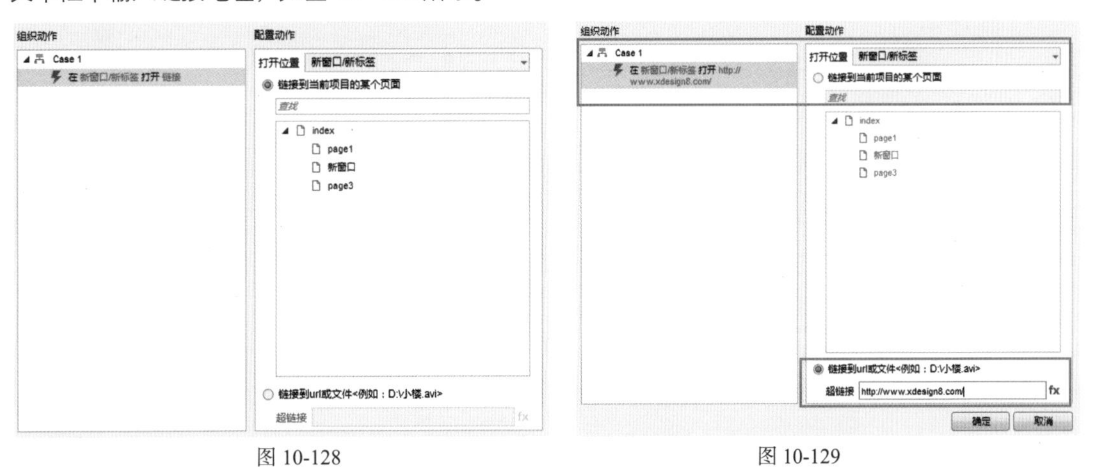

图 10-128　　图 10-129

04 单击“确定”按钮，回到页面编辑区，执行“预览”命令，预览项目，如图 10–130 和图 10–131 所示。

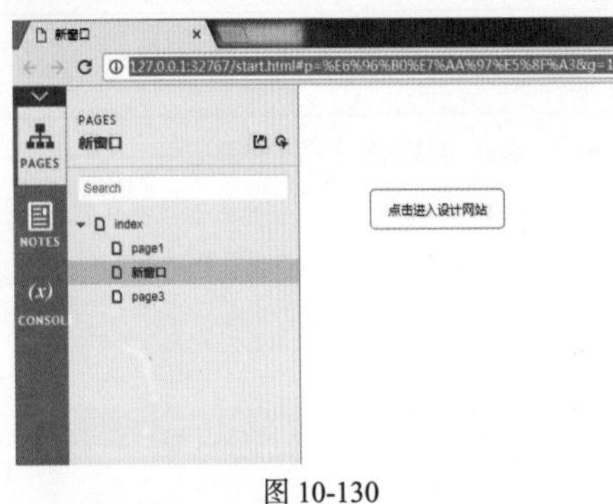

图 10-130

图 10-131

05 继续修改“page3”页面的名称为“弹出窗口”。在该页面中拖曳一个“提交”按钮，显示文本为“单击此按钮”，如图 10–132 所示。为按钮添加“鼠标单击时”事件，在“用例编辑”对话框中添加“弹出窗口”动作，如图 10–133 所示。

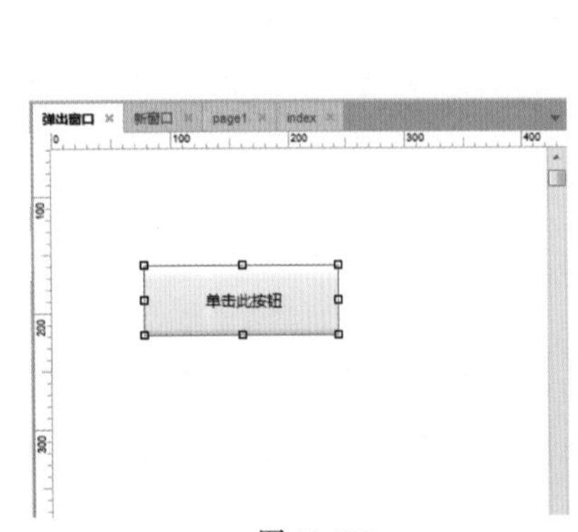

图 10-132

图 10-133

06 在“配置动作”选项中设置参数，如图 10–134 所示。单击“确定”按钮，回到页面编辑区中，如图 10–135 所示。

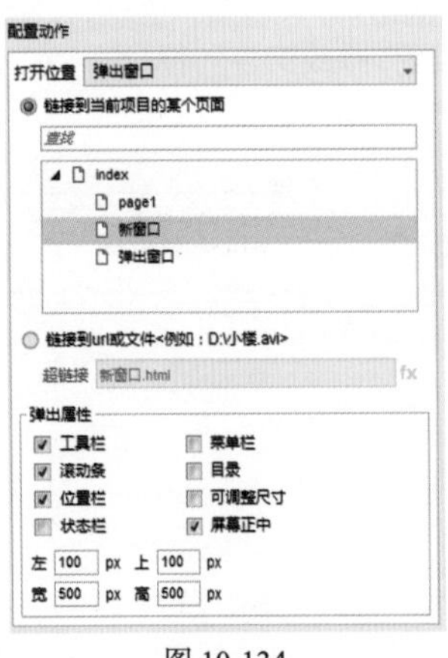

图 10-134

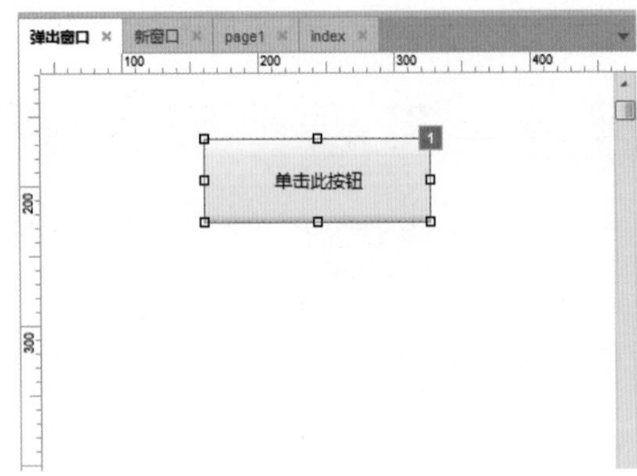

图 10-135

07 执行“预览”命令，预览项目，如图 10–136 所示。

图 10-136

在测试时，谷歌浏览器将不能正确显示效果。如果不能正确显示链接效果，可以选择不同的浏览器测试。

实例 51——父级窗口和内联框架

在该例中，用户可以实现父级窗口、关闭窗口并弹出提示框和内联框架等连接动作的交互效果。

▶ 源文件：素材&源文件\第10章\网页版百度首页.rp

▶ 操作视频：视频\第10章\父级窗口和内联框架.mp4

01 添加名称为“父级窗口”的页面，在主页面内添加子页面，如图 10-137 所示。双击进入子页面编辑区，拖入如图 10-138 所示的图片。

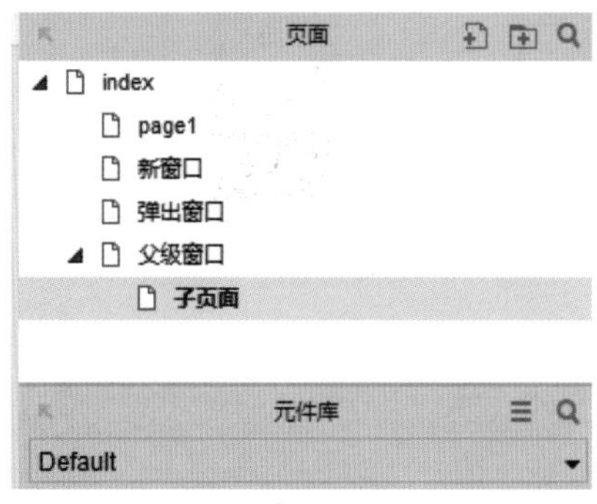

图 10-137

图 10-138

02 为图片元件添加“鼠标单击时”事件，弹出“用例编辑”对话框，如图 10–139 所示。单击“确定”按钮，回到页面编辑区，效果如图 10–140 所示。

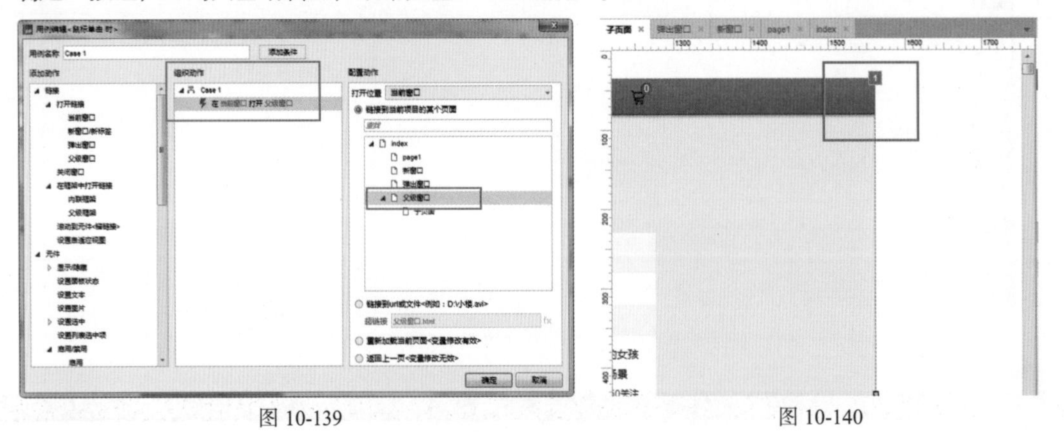

图 10-139　　图 10-140

03 进入“父级窗口”页面，添加主要按钮元件，输入如图 10–141 所示的文本。为该按钮元件添加“鼠标单击时”事件，弹出“用例编辑”对话框，如图 10–142 所示。

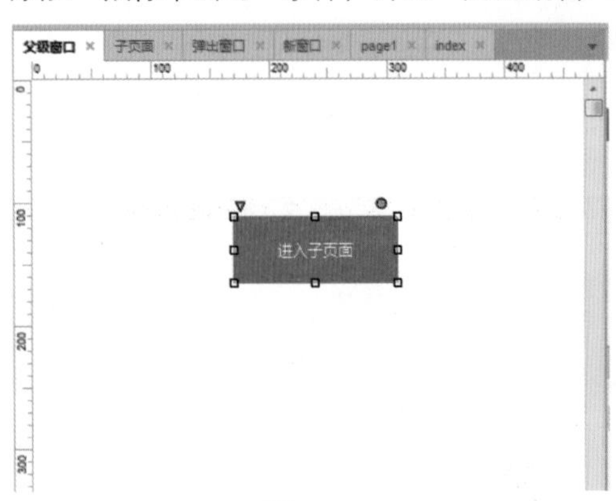

图 10-141

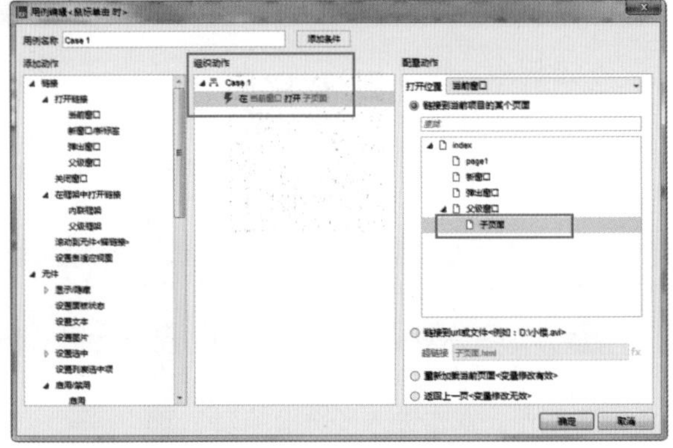

图 10-142

04 单击“确定”按钮，回到页面编辑区，执行“预览”命令，查看效果，如图 10–143 和图 10–144 所示。

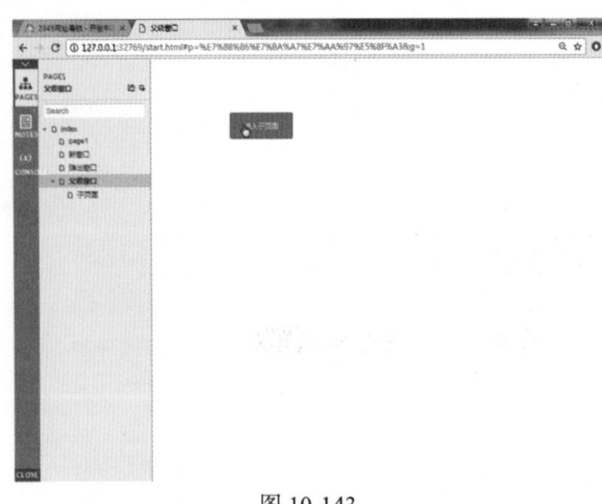

图 10-143

图 10-144

05 继续添加名称为“关闭窗口”的页面，在该页面中添加图片元件，如图 10–145 所示。为图片元件添加“鼠标单击时”事件，在“用例编辑”对话框中添加“关闭窗口”动作，如图 10–146 所示。

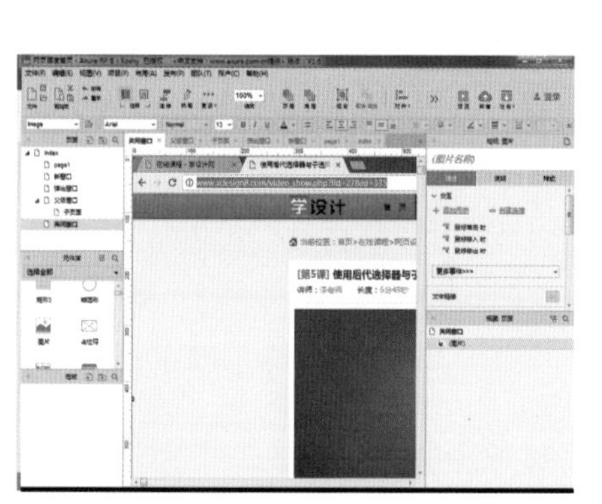

图 10-145

图 10-146

06 单击“确定”按钮，回到页面编辑区，如图 10–147 所示。执行“预览”命令，查看效果，在浏览器任意位置单击，弹出如图 10–148 所示的提示框。

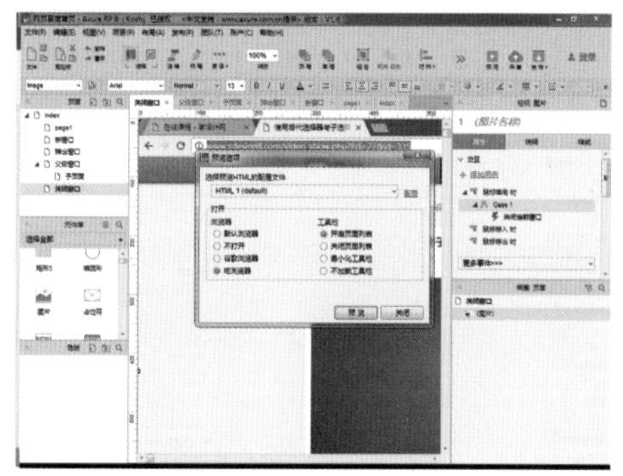

图 10-147

图 10-148

07 添加名称为“内联框架”的页面，在该页面中拖曳内联框架元件，如图 10–149 所示。继续拖曳表格元件，如图 10–150 所示。

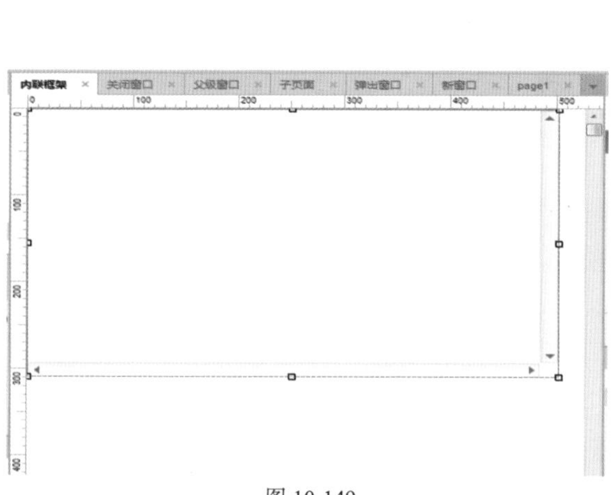

图 10-149

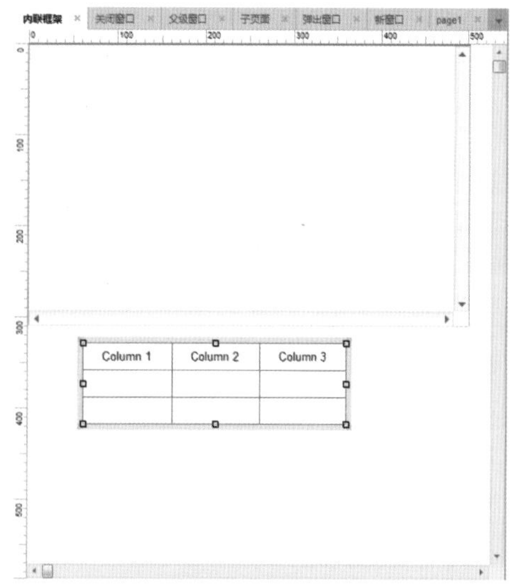

图 10-150

08 默认的表格元件是 3 行 3 列，用户可以根据需要对表格进行编辑，选中表格元件，单击鼠标右键，在快捷菜单中即可选择“删除行”或“删除列”命令，如图 10–151 所示。将表格调整为 1 行 2 列，如图 10–152 所示。

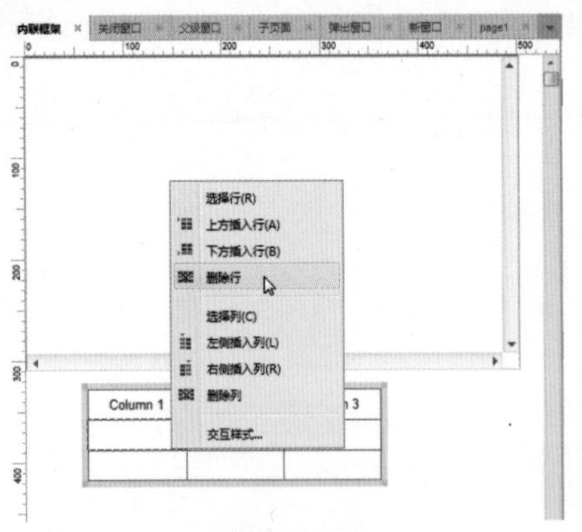

图 10-151

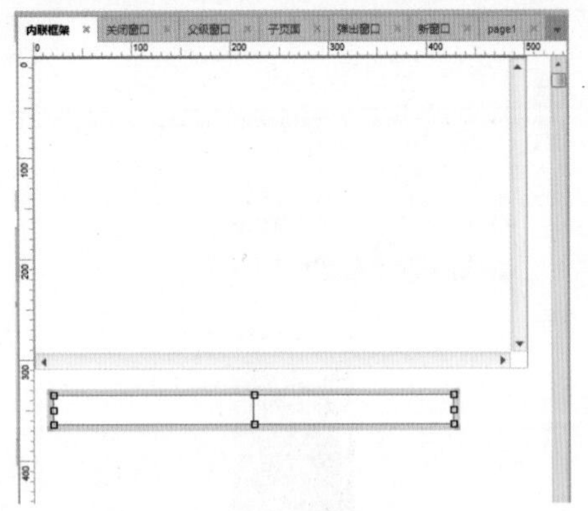

图 10-152

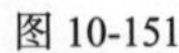

09 分别为单元格输入文字内容，如图 10–153 所示。为第一个单元格添加“鼠标单击时”事件，在“用例编辑”对话框中添加“内联框架”动作，如图 10–154 所示。使用相同的方法为第 2 个单元格添加事件和动作。

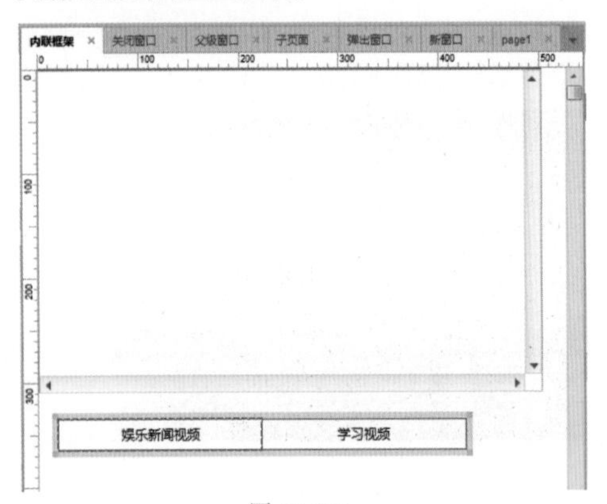

图 10-153

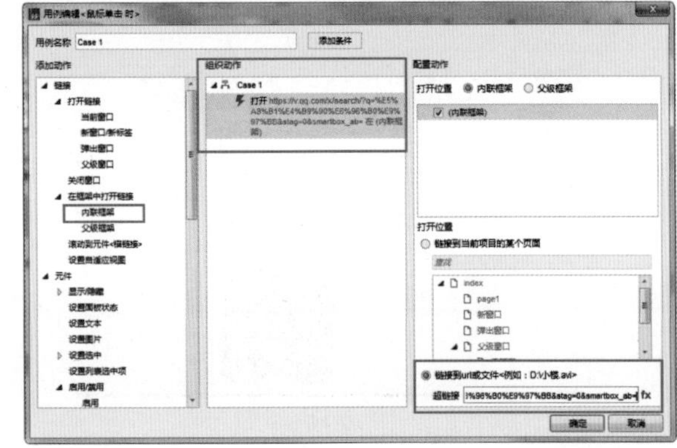

图 10-154

10 单击“确定”按钮，回到页面编辑区，如图 10–155 所示。执行“文件”>“保存”命令，将项目文件保存。执行“预览”命令，查看效果，如图 10–156 所示。

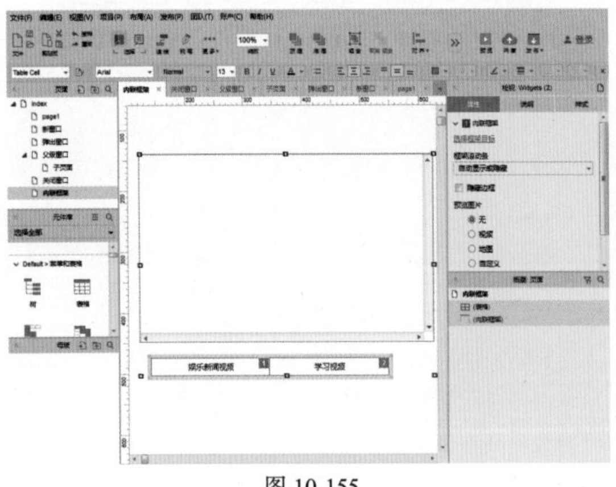

图 10-155

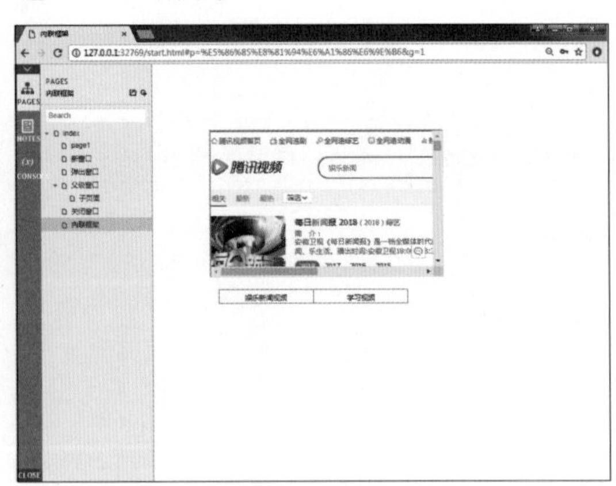

图 10-156